EUL VERLAG

Messung der Forschungsleistung in der Betriebswirtschaftslehre auf Basis der ISI-Zitationsindizes

Eine kritische Analyse anhand konzeptioneller Überlegungen und empirischer Befunde

Von der Fakultät für Wirtschaftswissenschaften der
Rheinisch-Westfälischen Technischen Hochschule Aachen
zur Erlangung des akademischen Grades eines Doktors der
Wirtschafts- und Sozialwissenschaften genehmigte Dissertation

vorgelegt von

Dipl.-Kfm. Christian Schmitz
aus Rhede

Berichter: Univ.-Prof. Dr. rer. pol. Harald Dyckhoff
Univ.-Prof. Dr. rer. pol. Wolfgang Breuer

Tag der mündlichen Prüfung: 21.10.2008

Dr. Christian Schmitz

Messung der Forschungsleistung in der Betriebswirtschaftslehre auf Basis der ISI-Zitationsindizes

Eine kritische Analyse anhand konzeptioneller Überlegungen und empirischer Befunde

EUL VERLAG

Bibliographische Information der Deutschen Bibliothek

Die Deutsche Bibliothek verzeichnet diese Publikation in der Deutschen Nationalbibliothek; detaillierte bibliographische Daten sind im Internet über <http://dnb.ddb.de> abrufbar.

D 82 (Diss. RWTH Aachen, 2008)

ISBN 978-3-89936-755-3
1. Auflage Dezember 2008

JOSEF EUL VERLAG GmbH
Brandsberg 6
D-53797 Lohmar
Tel.: +49 (0) 22 05 / 90 10 6-6
Fax: +49 (0) 22 05 / 90 10 6-88
http://www.eul-verlag.de
info@eul-verlag.de

Bei der Herstellung unserer Bücher möchten wir die Umwelt schonen. Dieses Buch ist daher auf säurefreiem, 100% chlorfrei gebleichtem, alterungsbeständigem Papier nach DIN 6738 gedruckt.

Meinen Eltern

Vorwort

Die Messung universitärer Forschungsleistung ist in den vergangenen Jahren verstärkt zum Gegenstand wissenschaftlicher Beiträge geworden. Bedingt durch die Ausgestaltung des wissenschaftlichen Wettbewerbs, werden in zahlreichen wissenschaftlichen Disziplinen insbesondere bibliometrische Indikatoren zur Leistungsmessung herangezogen. Die vorliegende Arbeit verfolgt in diesem Kontext das Ziel, die Eignung der ISI-Zitationsindizes als Instrument zur publikations- und zitationsanalytischen Messung der Forschungsleistung betriebswirtschaftlicher Forscher und Fachbereiche in Deutschland kritisch zu würdigen.

Die vorliegende Dissertationsschrift stellt das Ergebnis eines mehrjährigen Forschungsprozesses dar, auf dem mich viele Menschen auf vielfältige Art und Weise unterstützt haben. An dieser Stelle möchte ich stellvertretend einigen von ihnen meinen herzlichen Dank aussprechen.

Mein erster Dank gilt meinem Doktorvater Herrn Prof. Dr. Harald Dyckhoff. Seine stets wohlwollende Unterstützung meines Forschungsprojektes sowie die Bereitschaft, Lehrstuhlmittel für die umfangreichen Datenerhebungen bereitzustellen, haben erheblich zum erfolgreichen Abschluss der Arbeit beigetragen. Die fachlichen Diskussionen mit ihm und sein in mich gesetztes Vertrauen haben mich immer wieder neu motiviert. Darüber hinaus möchte ich Herrn Prof. Dr. Wolfgang Breuer für die Übernahme des Koreferates, die zügige Korrektur der Arbeit und die stets unkomplizierte Zusammenarbeit in diesem Prozess danken. Herr Prof. Dr. Hartwig Steffenhagen und Herr Prof. Dr. Oliver Lorz haben die Prüfungskommission komplettiert und mir durch die schnelle Terminfindung den Abschluss des Promotionsverfahrens erheblich erleichtert. Vielen Dank dafür!

Meinen ehemaligen Kollegen und Freunden vom LUT gebührt Dank für ihre fachliche Unterstützung und ihren Beitrag zur angenehmen und konstruktiven Atmosphäre am Lehrstuhl. Stellvertretend möchte ich mich bei den (ehemaligen) Mitgliedern der „AG Hochschulperformance“ Sylvia Rassenhövel und Dr. Roland Gilles bedanken sowie bei Marcel Clermont, der mich bei der redaktionellen und inhaltlichen Korrektur der Arbeit unterstützt hat. Carsten Otto und Rene Rimpler danke ich für ihre intensive Unterstützung bei der umfangreichen Datenerhebung. Des Weiteren möchte ich an dieser Stelle Kerstin Zechendorf dafür danken, dass sie als „Heart of the Department“ durch ihre fröhliche Art immer wieder für die nötige Aufheiterung und Ablenkung gesorgt hat.

Meiner lieben Freundin Miriam Wedemeiner danke ich für ihre Unterstützung und ihr Verständnis. Durch ihre Ermunterungen und die nötigen Ablenkungen hat sie entscheidend zum Gelingen dieser Arbeit beigetragen.

Ich widme dieses Buch meinen Eltern, die meinen akademischen Werdegang stets uneingeschränkt gefördert haben. Ihre liebevolle Unterstützung und ihr emotionaler Rückhalt haben die Anfertigung der vorliegenden Arbeit erst ermöglicht.

Düsseldorf, im Dezember 2008 Christian Schmitz

Inhaltsverzeichnis

Abbildungsverzeichnis

Tabellenverzeichnis

Abkürzungsverzeichnis

A&HCI	Arts & Humanities Citation Index
ABWL	Allgemeine Betriebswirtschaftslehre
BFuP	Betriebswirtschaftliche Forschung und Praxis
BMBF	Bundesministerium für Bildung und Forschung
BWL	Betriebswirtschaftslehre
CHE	Centrum für Hochschulentwicklung
CPP	Citations per publication
CWTS	Centre for Science and Technology Studies
DB	Der Betrieb
DBW	Die Betriebswirtschaft
DFG	Deutsche Forschungsgemeinschaft
DU	Die Unternehmung
FCSm	mean Field Citation Score
HRG	Hochschulrahmengesetz
ISI	Thomson Institute for Scientific Information
JCR	Journal Citation Reports
JCSm	mean Journal Citation Score
JEL	Journal of Economic Literature
JfB	Journal für Betriebswirtschaft
KuK	Kredit und Kapital
OECD	Organisation für wirtschaftliche Zusammenarbeit und Entwicklung
RAE	Research Assessment Exercise
SCI-X	Science Citation Index-Expanded
SII	Science Impact Index
SSCI	Social Sciences Citation Index
VHB	Verband der Hochschullehrer für Betriebswirtschaft e. V.
VWL	Volkswirtschaftslehre
WU-Wien	Wirtschaftsuniversität Wien
ZfB	Zeitschrift für Betriebswirtschaft
ZfbF	Zeitschrift für betriebswirtschaftliche Forschung
ZfP	Zeitschrift für Personalforschung

1 Einleitung

1.1 Aufgabenstellung

Nachdem Hochschulen in Deutschland von der breiten Öffentlichkeit lange als Institutionen mit gleich hohen Qualitätsniveaus wahrgenommen wurden, gewinnen in der jüngeren Zeit Leistungsvergleiche und Evaluationen im Hochschulbereich zunehmend an Bedeutung. In zahlreichen Rankings und Ratings wird versucht, die Leistungen von Hochschulen oder Fachbereichen in Forschung und/oder Lehre zu erfassen und auf Basis der verwendeten Indikatoren Rangfolgen oder Ranggruppen zu bilden. Das breite öffentliche Interesse an der Qualität der an Hochschulen betriebenen Forschung und Lehre findet seinen Ausdruck u.a. in der Veröffentlichung der Ergebnisse derartiger – zum Teil problematischer – Bewertungen in auflagenstarken Medien wie DIE ZEIT, DER SPIEGEL oder FOCUS.

Professionell erstellte Forschungsrankings sind diesbezüglich in zweierlei Hinsicht von hochschulpolitischer Bedeutung. Zum einen können sie im Hinblick auf die Allokation knapper Ressourcen als Grundlage einer effizienten Forschungsförderung dienen.[1] Dieser Zweck ist insbesondere vor dem Hintergrund knapper öffentlicher Mittel, die zur Finanzierung der Hochschulforschung bereit stehen, relevant. Zum anderen können sie von Wissenschaftlern und speziell dem wissenschaftlichen Nachwuchs zur Entscheidungsunterstützung bei der Auswahl eines geeigneten Standorts für die eigene Forschung bzw. Weiterbildung herangezogen werden.[2]

Fraglich ist, anhand welcher Kriterien die an Fachbereichen bzw. Hochschulen erbrachte Forschungsleistung bewertet bzw. gemessen werden kann. Bei der Bewertung des wirtschaftlichen Erfolgs von Unternehmungen ist es üblich, finanzielle Kennzahlen wie Gewinn- oder Rentabilitätsgrößen zu verwenden. Die von diesen Unternehmungen produzierten Güter werden auf Märkten abgesetzt, auf denen Angebot und Nachfrage über Preise koordiniert werden. Da die Preise die Bewertung der Güter durch die Marktteilnehmer widerspiegeln, erscheint es vertretbar, zur Bewertung des wirtschaftlichen Erfolgs von Unternehmungen auf globale Größen wie den Gewinn oder die Rentabilität des eingesetzten Kapitals zurückzugreifen. Eine Übertragung dieser Methodik auf die Messung universitärer Forschungsleistungen scheitert jedoch daran, dass die an Universitäten erbrachten Forschungsleistungen zu einem

[1] Vgl. Ursprung (2003), S. 177.

[2] Vgl. Ursprung (2003), S. 177. Zur Notwendigkeit von Hochschulrankings vgl. auch Bayer (2000), S. 548f., und Küpper/Ott (2002), S. 614f.

großen Teil unentgeltlich abgegeben und nicht über einen Markt mit Preisen bewertet werden.[3]

Die Beschäftigung mit der Fragestellung, wie universitäre Forschungsleistung erfasst werden kann, bedingt, zunächst den Zweck der Hochschulforschung zu konkretisieren. Angelehnt an CHALMERS kann diesbezüglich das Ziel der Wissenschaften als die Produktion neuen öffentlichen Wissens über die Welt aufgefasst werden.[4] Dies umfasst sowohl die Gewinnung bzw. den Erwerb von Wissen als auch die Verbreitung der wissenschaftlichen Erkenntnisse. Da neue wissenschaftliche Erkenntnisse im Bereich der universitären Forschung in zahlreichen wissenschaftlichen Disziplinen vorwiegend in schriftlicher Form kommuniziert werden, werden zur Operationalisierung universitärer Forschungsleistung in diesen Disziplinen insbesondere Publikationsindikatoren verwendet. Bei der Konstruktion solcher Publikationsindikatoren tritt unweigerlich die Schwierigkeit auf, die unterschiedliche Qualität der einbezogenen Publikationen angemessen zu berücksichtigen. Eine Hilfestellung bietet diesbezüglich die Zitationsanalyse. Grundgedanke der Zitationsanalyse ist es, die Resonanz, die Publikationen in der Scientific Community hervorrufen, zu messen und auf diese Weise Rückschlüsse auf ihre Qualität zu ziehen.[5]

Da eine manuelle Auszählung von Publikationen und der auf sie entfallenden Zitationen in den zitatgebenden Publikationen mit einem hohen Aufwand verbunden ist, erscheint es zweckmäßig, Publikations- und Zitationsanalysen mit Hilfe routinemäßig erstellter Zitationsindizes durchzuführen. Die Anzahl verfügbarer Zitationsindizes, die zu diesem Zweck eingesetzt werden können, ist gering. In Bezug auf das Angebot interdisziplinär ausgerichteter Zitationsindizes besitzt das *Thomson Institute for Scientific Information (ISI)* mit dem *Social Sciences Citation Index (SSCI)*, dem *Science Citation Index-Expanded (SCI-X)* und dem *Arts & Humanities Citation Index (A&HCI)* eine marktbeherrschende Stellung, die in der jüngeren Vergangenheit von einigen Autoren als Monopol charakterisiert wurde.[6]

KIESER verweist nicht unkritisch auf die besondere Bedeutung des von ISI angebotenen SSCI, der insbesondere in den USA im Rahmen der Forschungsevaluation sozialwissenschaftlicher Disziplinen eine wichtige Rolle spielt. Er mutmaßt, dass gewichtete Zitationsindikatoren auch in die deutsche Evaluationsdiskussion Eingang finden könnten.[7] DILGER greift diese Ausfüh-

[3] Vgl. Bolsenkötter (1986), S. 41.
[4] Vgl. Chalmers (1999), S. 23.
[5] Vgl. Garfield (1979b), S. 62f.
[6] Vgl. z.B. Müller (2003), S. 10, van Raan (2005b), S. 54, und Weingart (2003), S. 8. Zu einer Übersicht weiterer interdisziplinär ausgerichteter Zitationsindizes vgl. Knackstedt/Winkelmann (2006), S. 56f.
[7] Vgl. Kieser (1998), S. 216.

rungen in seinem Plädoyer für einen sozialwissenschaftlichen Zitationsindex auf. Da nur sehr wenige deutschsprachige Zeitschriften im SSCI vertreten sind, schlägt er die Anfertigung eines deutschsprachigen sozialwissenschaftlichen Zitationsindexes vor.[8]

Etwa acht Jahre nach DILGERS Plädoyer kann konstatiert werden, dass (noch) kein deutschsprachiger sozialwissenschaftlicher Zitationsindex verfügbar ist, vielmehr aber Publikationen in internationalen Fachzeitschriften auf dem Gebiet der Betriebswirtschaftslehre (BWL) eine zunehmende Bedeutung beigemessen wird. Ebenso liegen erste Studien vor, in denen mit Hilfe des SSCI Publikations- und Zitationsindikatoren für betriebswirtschaftliche Fachbereiche ermittelt werden. STERNBERG/LITZENBERGER untersuchen bspw. die Forschungsleistung der Wirtschafts- und Sozialwissenschaftlichen Fakultät der Universität zu Köln und weiterer ausgewählter Fakultäten in der BWL und anderen sozialwissenschaftlichen Disziplinen/Fächern anhand der im SSCI erfassten Veröffentlichungen und der auf sie entfallenden Zitationen. Sie begründen die Auswahl des SSCI u.a. wie folgt: *„The SSCI is currently by far the most commonly used source worldwide for comparative bibliometric analyses of disciplines and faculties in the field of economics and social sciences."*[9] WINTERHAGER ET AL. legen ihrer Analyse der Sichtbarkeit Deutschlands in international führenden Zeitschriften der Wirtschaftswissenschaften, die sie im Auftrag des Bundesministeriums für Bildung und Forschung (BMBF) durchführten, ebenfalls den SSCI zugrunde.

Obwohl der SSCI auf internationaler Ebene als renommiert gilt, wird seine Eignung zur Messung der Forschungsleistung deutschsprachiger Betriebswirte über Publikationen und Zitationen durchaus kritisch beurteilt. DILGER hält eine Reduktion der Forschungsevaluation auf den SSCI für problematisch, da dieser durch die unzureichende Abdeckung deutschsprachiger Zeitschriften systematisch verzerrt sei.[10] MACHARZINA ET AL. halten den SSCI für *„fragwürdig, weil in ihm fast alle erstklassigen deutschsprachigen Fachzeitschriften fehlen, er dafür aber viele drittklassige Journale enthält."*[11] Vor diesem Hintergrund scheint eine eingehende Untersuchung des SSCI im Hinblick auf seine Eignung als Instrument zur Leistungsmessung in der BWL dringend geboten.

Aus betriebswirtschaftlicher Sicht liegt ein Forschungsgegenstand dieser Dissertation in der Messung der Leistung von (Hochschul-)Betrieben mittels des SSCI. Es wird konkret das Ziel verfolgt, die Eignung des SSCI als Instrument zur publikations- und zitationsanalytischen Messung der Forschungsleistung deutschsprachiger Betriebswirte kritisch zu würdigen. Da

---

8 Vgl. Dilger (2000), S. 473f.
9 Sternberg/Litzenberger (2005), S. 31, mit Verweis auf Verbeek et al. (2002).
10 Vgl. Dilger (2000), S. 476.
11 Macharzina et al. (2006), S. 5.

spätere Analysen zeigen, dass ein nicht zu vernachlässigender Anteil der Publikationen und Zitationen deutschsprachiger Betriebswirte im SCI-X erfasst ist, wird auch dieser Zitationsindex in die Untersuchung einbezogen.

Der zweite Forschungsgegenstand dieser Dissertation ist die Gewinnung empirischer Erkenntnisse über die Sichtbarkeit und Wahrnehmung der deutschen BWL in der internationalen Forschung.

Aus den Forschungsgegenständen und damit verbundenen Zielsetzungen dieser Dissertation leiten sich zahlreiche Forschungsfragen ab, die in den Kapiteln dieser Dissertation erörtert werden. Die Entwicklung dieser Forschungsfragen bedingt eine ausführliche Aufarbeitung des Stands der Forschung, die den Rahmen dieser Einleitung sprengen würde. Eine detaillierte Synopse der Forschungsfragen, die in den nachfolgenden Kapiteln behandelt werden, befindet sich am Ende des Abschnitts 2.6 auf S. 47.

1.2 Chronologie des Forschungsprozesses und Einordnung publizierter Forschungsergebnisse

Diese Dissertation ist das Ergebnis eines mehrjährigen Forschungsprozesses, aus dem mehrere Publikationen in renommierten deutschsprachigen Fachzeitschriften hervorgegangen sind. Ausgangspunkt des Forschungsprojekts war die Frage nach der Wahrnehmung deutschsprachiger Hochschullehrer für Betriebswirtschaft in der internationalen Forschung. Diese Fragestellung wurde in Form einer explorativ angelegten Pilotstudie erörtert. Die Ergebnisse dieser Pilotstudie wurden von DYCKHOFF/THIEME/SCHMITZ in der Zeitschrift *Die Betriebswirtschaftslehre* (DBW) im Jahr 2005 publiziert. Parallel zu dieser Studie wurden am Lehrstuhl grundsätzliche Überlegungen zur Entwicklung einer Ziel- und Indikatorenstruktur im Hinblick auf die Beurteilung der Forschungsleistung betriebswirtschaftlicher Fachbereiche angestellt. Die Überlegungen mündeten in einer Publikation der Autoren DYCKHOFF/RASSENHÖVEL/GILLES/SCHMITZ in der Zeitschrift *Wirtschaftswissenschaftliches Studium* (WiSt) im Jahr 2005.

Aufbauend auf den Ergebnissen der Pilotstudie wurde vom Verfasser dieser Dissertation eine Hauptstudie durchgeführt, in der die internationale Sichtbarkeit und Wahrnehmung der BWL im Zeitraum von 1990 bis 2004 anhand der im SSCI und SCI-X erfassten Publikationen und Zitationen detailliert untersucht wird. Die in dieser Studie gewonnenen Erkenntnisse geben wertvolle Hinweise auf die Entwicklung der Publikationstätigkeit und die Rezeption deutschsprachiger Hochschullehrer für Betriebswirtschaft in der internationalen Forschung und besitzen Relevanz im Hinblick auf die Fragestellung, inwieweit SSCI und SCI-X sinnvoll zur Forschungsleistungsmessung in der deutschen BWL eingesetzt werden können. Die Ergebnisse dieser Studie sind Gegenstand des von DYCKHOFF/SCHMITZ in 2007 in der DBW veröffentlichten Beitrags.

Parallel zur Bearbeitung der Hauptstudie erfolgte eine ausführliche Analyse der Erfassung betriebswirtschaftlich relevanter Zeitschriften in SSCI und SCI-X. Die Vollständigkeit der Zeitschriftenerfassung und die Qualität der erfassten Zeitschriften besitzen hohe Relevanz in Bezug auf die Eignung dieser Zitationsindizes als Instrument zur Messung der Forschungsleistung in der BWL. Die Ergebnisse dieser Analyse wurden vom Verfasser dieser Dissertation in 2006 in Form eines Arbeitsberichts[12] vorab veröffentlicht. Die Publikation einer – von CLERMONT/SCHMITZ erstellten – wesentlich erweiterten Fassung dieses Arbeitsberichts, in der auch die Datenbank SCOPUS in die Untersuchung einbezogen wird, erfolgt 2008 in der *Zeitschrift für Betriebswirtschaft* (ZfB).

1.3 Aufbau und Gang der Schrift

Der Aufbau dieser Dissertation weicht vom chronologischen Verlauf des Forschungsprozesses ab. Die von der Chronologie abweichende Einbindung der bereits veröffentlichten Forschungsergebnisse in diese Dissertation ermöglicht zum einen eine sinnvolle Integration der noch nicht publizierten Forschungsergebnisse und bezweckt zum anderen eine weitgehend geschlossene Darstellung der gesamten Thematik. Darüber hinaus ermöglicht die nachfolgend präsentierte Struktur die Nutzung der Forschungsergebnisse, die in einem späten Stadium des Forschungsprozesses erzielt wurden, zur kritischen Würdigung von Forschungsergebnissen, die zu einem früheren Zeitpunkt erzielt wurden. Um denjenigen Lesern, die schon mit den bereits veröffentlichten Teilergebnissen dieser Dissertation vertraut sind, die Lektüre zu erleichtern, wird bei der nachfolgenden Vorstellung der Struktur im Fußnotentext explizit verdeutlicht, wo welche Teilergebnisse integriert werden.

Diese Dissertation besteht neben der Einleitung und dem Resümee aus den Teilen A, B und C.

In Teil A werden zentrale Begriffe der Dissertation sowie die Grundlagen einer indikatorenbasierten Leistungsmessung von Hochschulforschung erörtert. Im zweiten Kapitel wird eine nicht ausschließlich auf den konkreten Anwendungsfall der BWL beschränkte Ziel- und

[12] Vgl. Schmitz (2006).

Indikatorenstruktur der Hochschulforschung entwickelt.[13] Darüber hinaus werden bisherige Untersuchungen zur Messung der Forschungsleistung in der BWL systematisiert, so dass der dieser Dissertation zugrunde liegende Forschungsbedarf präzisiert werden kann. In Kapitel 3 wird zunächst der Zusammenhang zwischen bibliometrischen Leistungsindikatoren und dem wissenschaftlichen Wettbewerb detailliert herausgearbeitet. Des Weiteren erfolgt eine ausführliche Erörterung der in der wissenschaftlichen Literatur mitunter kontrovers diskutierten Fragestellung, inwieweit Zitationsraten als Maß wissenschaftlicher Qualität gelten können. Zur Klärung dieser Frage wird u.a. ein Überblick über Studien gegeben, die sich empirisch mit der Relevanz von Zitationsmotiven sowie der Validität von Zitationsindikatoren auseinandersetzen.

Im Fokus des Teils B stehen konzeptionelle Überlegungen zur Eignung der ISI-Zitationsindizes zur indikatorenbasierten Messung der Forschungsleistung in der BWL. Gegenstand des vierten Kapitels ist zunächst die Darstellung von Aufbau und Abfragemöglichkeiten der ISI-Zitationsindizes. Im Anschluss daran wird detailliert untersucht, inwieweit die aus der Sicht der deutschsprachigen Hochschullehrer für Betriebswirtschaft als betriebswirtschaftlich relevant eingestuften Periodika für die ISI-Zitationsindizes ausgewertet werden.[14] Kapitel 5 thematisiert die Berechnung verschiedener Zitationsindikatoren auf Basis der ISI-Zitationsindizes sowie ihre Interpretation. Die Darstellung der Methodik erfolgt anhand einer Studie der Europäischen Kommission zur Messung der Forschungsleistung europäischer Institutionen auf dem Gebiet der VWL sowie der Studie von STERNBERG/LITZENBERGER zur Messung der Forschungsleistung ausgewählter wirtschafts- und sozialwissenschaftlicher Fakultäten in Deutschland. Kapitel 6 widmet sich dem Ranking betriebswirtschaftlich relevanter Zeitschriften mit Hilfe der ISI-Zitationsindizes. Konkret werden Möglichkeiten und Grenzen von Rankings betriebswirtschaftlich relevanter Zeitschriften anhand der von ISI in den *Journal Citation Reports* (JCR) bereitgestellten Daten analysiert.

Teil C beschäftigt sich mit der Sichtbarkeit und Wahrnehmung deutschsprachiger Hochschullehrer für Betriebswirtschaft in der internationalen Forschung. In Kapitel 7 werden die Ergebnisse einer empirischen Untersuchung vorgestellt, in der anhand der ISI-Zitationsindizes die besonders häufig zitierten Beiträge deutschsprachiger Hochschullehrer für Betriebswirtschaft

---

[13] Die in Abschnitt 2.3 präsentierte Ziel- und Indikatorenstruktur ist von Dyckhoff et al. (2005a) publiziert worden.

[14] Kapitel 4 basiert auf Schmitz (2006) bzw. in Teilen auf Clermont/Schmitz (2008).

ermittelt und hinsichtlich verschiedener Fragestellungen ausgewertet werden.[15] Die in dieser eher explorativ angelegten Pilotstudie gewonnenen Ergebnisse bieten wertvolle Erkenntnisse im Hinblick auf die Ausgestaltung der Hauptstudie, die in Kapitel 8 vorgestellt wird. In diesem Kapitel werden Sichtbarkeit und Wahrnehmung deutschsprachiger Hochschullehrer für Betriebswirtschaft in der internationalen Forschung anhand der in den ISI-Zitationsindizes erfassten Publikationen und Zitationen detailliert untersucht. Dabei wird insbesondere analysiert, wie sich die Publikationstätigkeit im Zeitablauf entwickelt hat, welche Zeitschriften besonders frequentiert werden, wie Publikationen und Zitationen auf die Hochschullehrer verteilt sind und welche Hochschullehrer und Fachbereiche besonders zur Wahrnehmung der BWL in der internationalen Forschung beitragen.[16]

Die Dissertation schließt mit einem Resümee und Ausblick in Kapitel 9, in dem zunächst die wichtigsten Erkenntnisse der Dissertation nochmals herausgestellt werden. Im Ausblick wird der Forschungsbedarf im Hinblick auf den Einsatz von Leistungsmessungen im Hochschulbereich und die damit verbundenen Anreizwirkungen aufgezeigt.

---

[15] Kapitel 7 basiert auf Dyckhoff et al. (2005b). Die in der Pilotstudie erzielten Ergebnisse werden vor dem Hintergrund der in Kapitel 4 untersuchten Zeitschriftenabdeckung der ISI-Zitationsindizes kritisch gewürdigt.

[16] Kapitel 8 basiert in weiten Teilen auf Dyckhoff/Schmitz (2007).

Teil A: Grundlegende Überlegungen zur Leistungsmessung der Hochschulforschung

2 Indikatorenbasierte Leistungsmessung der Hochschulforschung in der Betriebswirtschaftslehre

2.1 Bedarf zur Leistungsmessung und -beurteilung im Hochschulbereich

Das Interesse an den Leistungen bzw. der Messung der Leistungen von Hochschulen steigt. Es artikuliert sich in der Veröffentlichung von Rankings und Ratings universitärer Fachbereiche in auflagestarken Medien wie DIE ZEIT, DER SPIEGEL oder FOCUS. Der Unterschied von Rankings und Ratings ist diesbezüglich darin zu sehen, dass in Rankings eine Rangliste der Rankingobjekte erstellt wird, in Ratings dagegen eine Einstufung in Rangklassen bzw. Leistungsgruppen vorgenommen wird.[17] Disziplinenbezogene Rankings bzw. Ratings universitärer Fachbereiche, die primär auf die Forschungsleistung fokussieren, werden auch in einschlägigen wissenschaftlichen Fachzeitschriften veröffentlicht. Neben solchen Rankings und Ratings finden in der Wissenschaft immer häufiger Evaluationen statt, in denen die Leistungen ganzer Universitäten und Disziplinen, Fachbereiche, Institute, Forschungsgruppen und einzelner Forscher nachträglich durch von außen kommende Experten begutachtet werden.[18]

Da die Leistungsmessung und -beurteilung im Hochschulbereich mit erheblichem finanziellen Aufwand verbunden ist, stellt sich gerade in Zeiten knapp bemessener öffentlicher Haushalte die Frage, welche Zwecke mit ihr verfolgt werden. Leistungsmessungen in Form von Rankings bzw. Ratings dienen zunächst dazu, die Leistungen universitärer Fachbereiche in Forschung und/oder Lehre transparent zu machen. Sie können auf diese Weise als Orientierungshilfe für Studienanfänger und Studierende dienen, die – zumindest in Deutschland – stärker als in der Vergangenheit die Qualität der Hochschulen in Forschung und Lehre in ihre Entscheidung über die Auswahl des Hochschulorts einfließen lassen.[19]

Insbesondere in den USA stellen Hochschulrankings ein wichtiges Instrument für den Wettbewerb zwischen Universitäten dar. Studierende konkurrieren dort um die Aufnahme an besonders gut gerankten Universitäten und umgekehrt die Universitäten um die besten Studierenden.[20] In diesem Kontext ist zu berücksichtigen, dass Hochschulen nicht nur eine Ausbildungsleistung an den Studierenden erbringen, sondern darüber hinaus auch eine Selektions- bzw. Sortierleistung für Unternehmen, die die Informationsasymmetrie auf dem Markt für

---

17 Zu diesem Begriffsverständnis vgl. Jansen (2007), S. 3f., und auch Bayer (2004), S. 27ff.

18 Vgl. Frey (2007), S. 207. Zu Gemeinsamkeiten und Unterschieden von Ranking-Verfahren und Evaluationsverfahren vgl. Bayer (2004), S. 46f.

19 Vgl. Bayer (2000), S. 548.

20 Vgl. Mueller (2007), S. 137, und Küpper/Ott (2002), S. 614f. Das Bewerbungs- und Auswahlverfahren zur Verteilung der Studienplätze amerikanischer Hochschulen ist wesentlich umfangreicher und langwieriger als das in Deutschland. Zu einer ausführlichen Beschreibung vgl. Schwirten (2000).

Humankapital reduziert und so den Unternehmen die Allokation von Bewerbern auf zu besetzende Stellen erleichtert.[21] Da die Unternehmen i.d.R. außerhalb des Hochschulbetriebs stehen, ist es für sie jedoch schwierig, kompetent zu beurteilen, inwieweit Hochschulen bei der Immatrikulation ernsthaft selektiert und die Studierenden im Rahmen ihres Studiums gut ausgebildet und in „Güteklassen“ eingeteilt haben.[22] Hochschulrankings können in diesem Zusammenhang von Hochschulen dazu genutzt werden, um mittels geeigneter Indikatoren Signale über die Qualität ihrer Leistungen auszusenden und so die Informationsasymmetrie auf dem Markt für Filterdienste zu reduzieren.

Primär auf die Forschung fokussierte Rankings können dagegen von betroffenen Wissenschaftlern und dem wissenschaftlichen Nachwuchs zur Entscheidungsfindung im Hinblick auf die Auswahl eines geeigneten Standorts für die eigene Forschung bzw. Weiterbildung herangezogen werden.[23]

Neben der Informationsfunktion für Studierende, Wissenschaftler und Unternehmen ist die Leistungsmessung und -beurteilung im Hochschulbereich relevant im Hinblick auf eine effiziente Ressourcenallokation. So ist z.B. die Hochschulforschung im Wesentlichen dadurch gekennzeichnet, dass aus dem Einsatz von Humanressourcen und materiellen Ressourcen als Inputfaktoren mittels verschiedener Transformationen wissenschaftliche Erkenntnisse als Output entstehen, die in verschiedenen wissenschaftlichen Disziplinen in unterschiedlichen Formen – in erster Linie jedoch über Publikationen – kommuniziert werden.[24] Um zu prüfen, inwieweit die vorwiegend aus Steuergeldern finanzierten Forschungstätigkeiten effizient durchgeführt werden, sind die eingesetzten Ressourcen in Relation zum Forschungsertrag zu setzen. Im Hinblick auf die Effektivität als dem Grad der Zielerreichung sind dagegen die Forschungserträge in Relation zu vereinbarten Zielvorstellungen zu betrachten.[25]

Die Prüfung, inwieweit Hochschulen oder ihnen untergeordnete Organisationseinheiten die ihnen anvertrauten knappen Mittel effizient einsetzen und im Hinblick auf die verfolgten Ziele effektiv arbeiten, ist keineswegs ein Selbstzweck, sondern gewissermaßen Voraussetzung für die im deutschen Hochschulbereich zunehmend betriebene leistungsbezogene Budgetierung von Universitäten. Die Zunahme der leistungsorientierten Mittelzuweisung betrifft

---

[21] Vgl. Franck (2000), S. 23f.

[22] Vgl. Franck (2001), S. 143.

[23] Vgl. Ursprung (2003), S. 177. Kieser (2005), S. 169, vertritt dagegen die Ansicht, dass sich Wissenschaftler nicht an etablierten Forschungsrankings orientieren, sondern dass es gewissermaßen zum Basiswissen der Wissenschaftler gehört „dass sie angeben können, wohin man streben muss, wenn man in Bezug auf Forschung höher streben, Karriere machen will.“

[24] Vgl. Jansen et al. (2007), S. 125f.

[25] Vgl. Kuhlmann/Heinze (2004), S. 66.

in diesem Kontext sowohl die Ebene der staatlichen Hochschulfinanzierung als auch die interne Steuerung von Hochschulen. Durch die zunehmende Flexibilisierung der Hochschulhaushalte und der damit verbundenen Autonomie in der Bewirtschaftung staatlich zugewiesener Mittel besteht für die Hochschulen die Möglichkeit, die interne Mittelvergabe in gewissen Grenzen an Leistungsindikatoren und Zielvereinbarungen zu knüpfen.[26] Diese zunehmende Bedeutung der leistungsorientierten Mittelvergabe im Hochschulsektor findet ihren Ausdruck auch in dem Gesetz zur Reform der Professorenbesoldung, das vom deutschen Bundestag am 16. Februar 2002 beschlossen wurde. Die Hauptintention dieses Gesetzes ist es, die Vergütung der Professoren durch die Einführung variabler Vergütungsbestandteile leistungsorientierter zu gestalten.[27] Da im Gesetzentwurf u.a. die Vergabe variabler Leistungsbezüge für besondere Leistungen in der Forschung vorgesehen ist, ist es erforderlich, die Forschungsleistung der von dieser Regelung betroffenen Hochschullehrer zu erfassen bzw. zu beurteilen.

Neben den genannten Zwecken ist die Messung und Beurteilung von Forschungsleistung überdies für die empirische Wissenschaftsforschung relevant. So bedingt z.B. die Klärung der Fragestellungen, welche individuellen und institutionellen Erfolgsbedingungen an die Erstellung herausragender Forschungsleistungen geknüpft sind und wie die Forschungsproduktivität von Wissenschaftern gefördert werden kann, die Bereitstellung von Informationen hinsichtlich der erbrachten Forschungsleistung.[28]

2.2 Abgrenzung zentraler Begriffe

Im Hinblick auf die Auseinandersetzung mit der Fragestellung, inwieweit die ISI-Zitationsindizes als Instrument zur Leistungsmessung von Hochschulforschung in der BWL einen Beitrag leisten können, erscheint es sinnvoll, zunächst die zentralen Begriffe dieser Fragestellung zu erörtern.

[26] Vgl. Jaeger (2006), S. 30f. Dieser bemerkt, dass die leistungsorientierte Mittelzuweisung im deutschen Hochschulbereich zwar zunehmend eingesetzt wird, sich aber auf vergleichsweise geringe Budgetanteile bezieht, da die strategischen Handlungsspielräume der Universitäten durch die aus dem öffentlichen Dienstrecht resultierenden Verpflichtungen begrenzt werden. Zur leistungsorientierten Ressourcensteuerung und Anreizstrukturen im deutschen Hochschulsystem vgl. ausführlich Schröder (2003) und Troßmann/Baumeister (2007), S. 422f.

[27] Vgl. Kräkel (2006), S. 105. Zu einer kritischen Würdigung dieser Reform vgl. auch Schlinghoff (2003), S. 157ff., von Eckardstein et al. (2001) und Franck (2000), S. 21ff.

[28] Vgl. Fisch/Daniel (1986), S. 11, und Kuhlmann/Heinze (2004), S. 66.

2.2.1 Hochschulforschung

Eine Analyse des Begriffs Hochschulforschung zeigt, dass dieser aus den Begriffen „Hochschule“ und „Forschung“ zusammengesetzt ist. Gemäß § 1 Abs. 1 des Hochschulrahmengesetzes (HRG) werden Hochschulen wie folgt definiert:

> „Hochschulen im Sinne dieses Gesetzes sind die Universitäten, die Pädagogischen Hochschulen, die Kunsthochschulen, die Fachhochschulen und die sonstigen Einrichtungen des Bildungswesens, die nach Landesrecht staatliche Hochschulen sind.“

Darüber hinaus besteht für Bildungseinrichtungen, die nach Landesrecht keine staatlichen Hochschulen sind, die Möglichkeit, die Eigenschaft einer staatlich anerkannten Hochschule zu erhalten, sofern die im HRG in § 70 Abs. 1 formulierten Voraussetzungen erfüllt werden.[29]

Diese noch wenig anschauliche Definition des Begriffs Hochschule kann durch die Beschreibung der von den Hochschulen zu erfüllenden Aufgaben präzisiert werden. Diese werden in § 2 des HRG wie folgt beschrieben:

> „Die Hochschulen dienen entsprechend ihrer Aufgabenstellung der Pflege und der Entwicklung der Wissenschaften und der Künste durch Forschung, Lehre, Studium und Weiterbildung in einem freiheitlichen, demokratischen und sozialen Rechtsstaat. Sie bereiten auf berufliche Tätigkeiten vor, die die Anwendung wissenschaftlicher Erkenntnisse und wissenschaftlicher Methoden oder die Fähigkeit zu künstlerischer Gestaltung erfordern.“

Die Organisationsstruktur von Hochschulen ist durch die an wissenschaftlichen Disziplinen orientierte horizontale Differenzierung in Fachbereiche bzw. Fakultäten gekennzeichnet. Sie weisen damit ein typisches Element einer divisionalen Organisationsstruktur bzw. Spartenorganisation auf.[30] Die horizontale Segmentierung wird innerhalb der Fachbereiche durch die Untergliederung in Lehr- und Forschungsinstitute fortgeführt. Wie in Abbildung 2.2.1.1 zu erkennen ist, besteht neben der horizontalen eine vertikale Untergliederung in die Struktur- und Entscheidungsebenen Universitätsleitung, Fachbereiche, Institute und Lehrstühle bzw. Abteilungen. Die Durchführung von Forschungstätigkeiten erfolgt i.d.R. durch die Lehrstühle, deren Leiter sie verantworten.[31] Darüber hinaus wird die Organisationsstruktur durch zentrale Serviceeinrichtungen, die die Erfüllung der Aufgaben in Forschung und Lehre unterstützen, wie z.B. Bibliotheken, Rechnerpools und weitere Versorgungsbetriebe, ergänzt.[32] Diese un-

---

[29] Gemäß HRG § 70 Abs. 2 können für kirchliche Einrichtungen unter bestimmten Bedingungen Ausnahmen von den in § 70 Abs. 1 genannten Voraussetzungen gemacht werden.

[30] Zur Abteilungsgliederung vgl. Laux/Liermann (2003), S. 181f.

[31] Vgl. Müller-Merbach (2004), S. 287. Kieser berichtet, dass die universitäre Forschung in den Niederlanden im Unterschied zum deutschen Hochschulsektor vorwiegend in Forschungsprogrammen organisiert ist. Vgl. dazu Kieser (1998), S. 209.

[32] Vgl. Liefner (2001), S. 21.

terstützenden Einheiten sind i.d.R. funktional nach ihren jeweiligen Funktionsbereichen organisiert.[33]

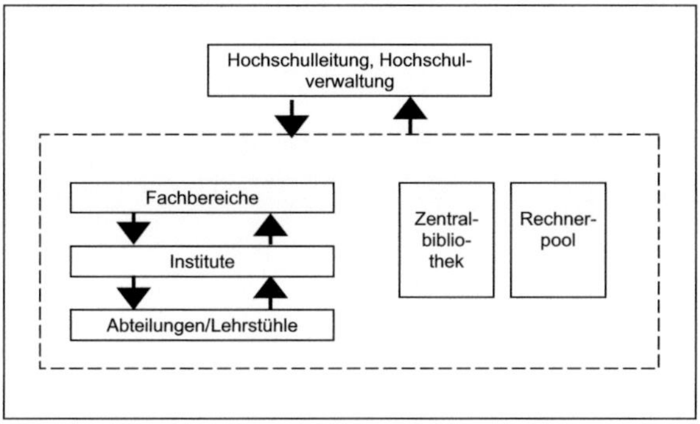

Abbildung 2.2.2.1: Vertikale Strukturebenen von Hochschulen[34]

Neben den genannten Informationen zur Abgrenzung des Begriffs Hochschule enthält das HRG weitere Informationen, um den Begriff der (Hochschul-)Forschung zu präzisieren. Die Aufgaben und die Koordination der Hochschulforschung werden in § 22 Satz 1 und 2 folgendermaßen beschrieben:

> „Die Forschung in den Hochschulen dient der Gewinnung wissenschaftlicher Erkenntnisse sowie der wissenschaftlichen Grundlegung und Weiterentwicklung von Lehre und Studium. Gegenstand der Forschung in den Hochschulen können unter Berücksichtigung der Aufgabenstellung der Hochschule alle wissenschaftlichen Bereiche sowie die Anwendung wissenschaftlicher Erkenntnisse in der Praxis einschließlich der Folgen sein, die sich aus der Anwendung wissenschaftlicher Erkenntnisse ergeben können."

Auch wenn die Ausführungen eine exakte Definition des Begriffs Forschung bzw. forschen entbehren, wird der Zweck der Hochschulforschung als „die Gewinnung wissenschaftlicher Erkenntnisse" sowie wissenschaftliche „Grundlegung und Weiterentwicklung von Lehre und Studium" konkretisiert. Eine genauere Definition des Begriffs Forschung gibt das BMBF mit Bezug auf das Frascati Manual der Organisation für wirtschaftliche Zusammenarbeit und Entwicklung (OECD):

> „Forschung und experimentelle Entwicklung (FuE) ist die systematische, schöpferische Arbeit zur Erweiterung des vorhandenen Wissens einschließlich des Wissens über den Menschen, die Kultur und die Gesellschaft sowie die Verwendung dieses Wissens mit dem Ziel, neue Anwendungsmöglichkeiten zu finden."[35]

---

[33] Vgl. Schröder (2003), S. 29.

[34] Leicht modifiziert entnommen aus Liefner (2001), S. 22.

[35] Bundesministerium für Bildung und Forschung (2005), S. 285, mit Verweis auf OECD (2002), S. 30.

Der Begriff der Forschung wird von der OECD weitergehend in die Grundlagenforschung und die angewandte Forschung differenziert. Der Begriff der Grundlagenforschung umfasst dabei experimentelle und theoretische Arbeiten, die vorwiegend zur Gewinnung neuen Wissens über die Grundlagen von Phänomenen und beobachtbaren Tatbeständen unternommen werden. Bei der Durchführung dieser Arbeiten wird keine bestimmte Anwendung oder Umsetzung des gewonnenen Wissens intendiert. Resultate der Grundlagenforschung werden für gewöhnlich nicht kommerzialisiert, sondern insbesondere durch die Nutzung wissenschaftlicher Fachzeitschriften veröffentlicht.[36]

Der Begriff der angewandten Forschung bezieht sich ebenfalls auf Aktivitäten, die der Generierung neuen Wissens dienen. Im Unterschied zur Grundlagenforschung bezweckt die angewandte Forschung die praktische Anwendung bzw. Umsetzung der gewonnenen Erkenntnisse. Diese werden vorwiegend zur Herstellung von Produkten oder zur Erarbeitung von Prozessen, Methoden oder Systemen genutzt. Erkenntnisse der angewandten Forschung schlagen sich häufig in Patenten nieder, können fallweise aber auch geheim gehalten werden.[37]

Die Analyse weiterer Definitionen zum Begriff Forschung legt deutliche Gemeinsamkeiten zu der von der OECD verwendeten Begriffsauffassung offen. So definieren KUHLMANN/HEINZE Forschung als:

> „wissenschaftliche Arbeit, welche die Produktion neuen Wissens und auch neuer Technologien zum Ziel hat."[38]

BROCKHOFF äußert sich zur Abgrenzung des Begriffpaares Forschung und Entwicklung wie folgt:

> „Forschung und Entwicklung ist eine Kombination von Produktionsfaktoren, die die Gewinnung neuen Wissens ermöglichen soll."[39]

MERTON, der zu den Gründungsvätern der modernen Wissenschaftssoziologie zählt, setzt sich nicht direkt mit dem Begriff der Forschung auseinander, sondern äußert sich zum Handlungsmotiv der Wissenschaften folgendermaßen:

> „Das institutionelle Ziel der Wissenschaft ist die Ausweitung gesicherten Wissens."[40]

---

36 Vgl. OECD (2002), S. 77.

37 Vgl. OECD (2002), S. 78. Zur Abgrenzung von Grundlagen- und angewandter Forschung vgl. auch Brockhoff (1999), S. 51ff.

38 Kuhlmann/Heinze (2004), S. 56.

39 Brockhoff (1999), S. 48.

40 Merton (1972a), S. 47.

Das von MERTON formulierte Ziel der Wissenschaft wird in ähnlicher Weise von zahlreichen Wissenschaftlern geteilt. So definiert bspw. CHALMERS das Ziel der Wissenschaft allgemein als:

> „die Produktion von Wissen über die Welt."[41]

Angelehnt an CHALMERS verstehen DYCKHOFF ET AL. den Zweck universitärer Forschung als die

> „Produktion neuen öffentlichen Wissens über die Welt."[42]

Den hier genannten Definitionen des Begriffs Forschung ist gemein, dass die Produktion neuen Wissens als der Zweck der Forschungsaktivitäten aufgefasst wird. Die Forschungstätigkeit selbst wird fallweise als „wissenschaftliche Arbeit", „systematische, schöpferische Arbeit" oder „Kombination von Produktionsfaktoren" umschrieben. Die Definitionen (einschließlich derer, die sich zum Ziel der Wissenschaft äußern) sind darüber hinaus inhaltlich insofern kongruent, als dass die Objekte, auf die sich das neue Wissen beziehen kann, nicht weiter spezifiziert und damit eingeschränkt werden.[43]

Im Gegensatz zu Unternehmungen sind Hochschulen keine erwerbswirtschaftlich orientierten Wirtschaftseinheiten.[44] Ihrem Handeln liegt somit nicht die Maxime der langfristigen Gewinnerzielung bzw. Gewinnmaximierung zugrunde. Anders als bspw. Forschung betreibende Unternehmungen sind Hochschulen nicht primär darauf bedacht, erzeugtes Wissen monetär gewinnbringend zu verwerten. Die in § 2 des HRG explizit formulierte Aufgabe der Hochschulen, der „Pflege und der Entwicklung der Wissenschaften" zu dienen, setzt voraus, dass dort gewonnenes Wissen in der relevanten Scientific Community kommuniziert wird. Nicht kommunizierte Erkenntnisse sind nicht öffentlich sichtbar und folglich wertlos in Bezug auf die Weiterentwicklung der Wissenschaften. Im Hinblick auf die Ableitung einer geeigneten Definition des Begriffs Hochschulforschung ist jedoch zu beachten, dass gemäß § 25, Abs. 1 HRG auch solche Forschungsvorhaben als Teil der Hochschulforschung aufgefasst werden, die von in der Forschung tätigen Hochschulmitgliedern nicht aus den Haushaltsmitteln der Hochschule, sondern aus Mitteln Dritter finanziert werden. Im Zuge solcher Forschungsaufträge ist es durchaus denkbar, dass im Interesse des Drittmittelgebers nicht alle im Rahmen

---

41 Chalmers (1999), S. 3.

42 Dyckhoff et al. (2005a), S. 62. Zum Verständnis der Forschung als „Produktion neuen Wissens" vgl. ausführlich Rassenhövel/Dyckhoff (2006), S. 86f.

43 Lediglich Chalmers verwendet einen direkten Objektbezug, indem er von „Wissen über die Welt" spricht. Durch diesen Objektbezug wird die Menge des Wissens jedoch nicht eingeschränkt.

44 Zum Begriff der Unternehmung vgl. ausführlicher Gutenberg (1983), S. 507ff.

der Forschung gewonnenen Erkenntnisse veröffentlicht werden. Unter Berücksichtigung der genannten Aspekte wird dieser Dissertation die folgende Arbeitsdefinition des Begriffs Hochschulforschung zugrunde gelegt:

Unter den Begriff Hochschulforschung fallen die von Hochschulmitgliedern im Rahmen ihres Dienstverhältnisses ausgeübten Tätigkeiten, die durchgeführt werden, um neues, in der Regel öffentliches Wissen über die Welt zu produzieren.

Zur Konkretisierung der Arbeitsdefinition ist der in ihr verwendete Produktionsbegriff näher zu spezifizieren. Produktion wird in dieser Dissertation gemäß DYCKHOFF als Prozess der Leistungserbringung verstanden. Konkret definiert DYCKHOFF Produktion als eine

> „durch den Menschen veranlasste und im Hinblick auf eine angestrebte, der Nutzenerhöhung (Wertschöpfung) dienende Leistung zielgerichtet gelenkt sich systematisch vollziehende Transformation."[45]

Dieser Produktionsbegriff ist im Vergleich zu den in der wirtschaftswissenschaftlichen Literatur anzutreffenden Produktionsbegriffen weit gefasst. Produktion wird als Wertschöpfung bzw. Nutzenerhöhung betrachtet, die durch mittels Objekttransformationen erbrachte Leistungen zustande kommt.[46]

2.2.2 Leistungsmessung

Ebenso wie der im vorangegangenen Abschnitt definierte Begriff Hochschulforschung besteht der Begriff Leistungsmessung aus zwei Wortbestandteilen, deren Erörterung und Zusammenführung Gegenstand dieses Abschnitts ist.

Der Begriff Leistung ist durch eine große Bedeutungsvielfalt gekennzeichnet. Verschiedene wissenschaftliche Disziplinen unterscheiden sich deutlich in Bezug auf die mit dem Begriff Leistung verbundenen Inhalte. Diese unterschiedlichen Begriffsauffassungen existieren nicht nur zwischen, sondern auch innerhalb einzelner wissenschaftlicher Disziplinen.[47] Eine Ausnahme unter den wissenschaftlichen Disziplinen stellt die Physik dar, in der der Begriff Leistung als Arbeit (Kraft x Weg) pro Zeiteinheit eindeutig definiert ist. Im Gegensatz zur Physik

---

[45] Dyckhoff (2006), S. 3.

[46] Vgl. Dyckhoff (2006), S. 3, und Dyckhoff (2003), S. 709ff.

[47] Zu einem Überblick über die Leistungsbegriffe in verschiedenen wissenschaftlichen Disziplinen vgl. Becker (2003), S. 16ff.

entbehrt die BWL ein einheitliches Leistungsverständnis. Diese Uneinigkeit ist möglicherweise auf die verschiedenen leistungsbezogenen Aufgabenstellungen und Anwendungsfelder zurückzuführen.[48] Eine umfassende Analyse der verschiedenen in der BWL auftretenden Leistungsverständnisse bietet BECKER. Er differenziert im betriebswirtschaftlichen Kontext zwischen technologisch-orientierten, tätigkeitsorientierten, ergebnisorientierten sowie umfassenden (Leistung = Tätigkeit + Ergebnis) Leistungsverständnissen. Das ergebnisorientierte Leistungsverständnis nimmt insofern eine Sonderstellung ein, als dass es das am häufigsten vorzufindende Leistungsverständnis in der BWL darstellt.[49]

Die von BECKER unter der Bezeichnung technologisch-orientierte Leistungsverständnisse subsumierten Begriffsauffassungen orientieren sich stark an der physikalischen Definition. Leistungen werden vorwiegend als Arbeitseinheiten pro Zeiteinheit im Sinne der Intensität einer Produktiveinheit aufgefasst. Je mehr Arbeit pro Zeiteinheit erbracht wird, desto höher ist die Leistung.[50]

Charakteristisch für das tätigkeitsorientierte Leistungsverständnis ist die Fokussierung auf das „Leisten“ im Sinne einer Handlung bzw. Tätigkeit. Gemeint sind damit Tätigkeiten, die der Erfüllung der Betriebsaufgabe dienen. Wird die Betriebsaufgabe in einzelne Teilfunktionen zerlegt, so stellen die zur Verrichtung dieser Teilfunktionen (z.B. Beschaffung, Erzeugung oder Verkauf) notwendigen Tätigkeiten funktionelle Leistungen dar.[51]

Das in der BWL überwiegende ergebnisorientierte Leistungsverständnis ist aufgrund der Vielfältigkeit seiner Verwendung im Hinblick auf eine eingängige Darstellung weitergehend zu strukturieren. BECKER differenziert es in insgesamt fünf Richtungen:[52]

1. Leistung als Ergebnis eines Kombinationsprozesses: Im Rahmen dieses Begriffsverständnisses werden Leistungen als das Ergebnis der betrieblichen Tätigkeit, also der Ausbringung von Sach- und Dienstleistungen, betrachtet. Die Erfassung der Leistung erfolgt vorwiegend mengenmäßig.
2. Leistung als effizienter Kombinationsprozess: Im Gegensatz zum absoluten Verständnis der Leistung als dem Ergebnis eines Kombinationsprozesses stellt das hier vorliegende relative Leistungsverständnis auf Wirtschaftlichkeitsaspekte ab.

---

[48] Vgl. Gleich (2001), S. 34f., und die dort zitierte Literatur.
[49] Vgl. Becker (2003), S. 47ff.
[50] Vgl. Becker (2003), S. 48, und Gleich (2001), S. 38.
[51] Vgl. Mellerowicz (1963), S. 188.
[52] Vgl. Becker (2003), S. 53ff.

3. Leistung als abgesetzte Dienste und Güter: Für Vertreter dieses Begriffsverständnisses liegt eine Leistung erst dann vor, wenn die Produkte abgesetzt worden sind. Unter den Absatz fallen dabei sowohl der Absatz an Externe als auch die Erbringung innerbetrieblich verwerteter Leistungen.

4. Leistung als erzielter Wertschöpfungsbeitrag: Wird Leistung als erzielter Wertschöpfungsbeitrag aufgefasst, so impliziert dies, dass sowohl der Wert des Outputs der Produktion als auch der Wert der dafür eingesetzten Inputs betrachtet werden. Die Differenz dieser Wertgrößen ergibt die vom Betrieb erzielte Wertschöpfung.[53]

5. Leistung als Gegenbegriff der Kosten: Im betrieblichen Rechnungswesen stellen Leistungen den Gegenbegriff zu Kosten dar. Sie werden analog zum Kostenbegriff als sachzielbezogene, bewertete Güterentstehung definiert.[54]

In einem weiteren in der BWL anzutreffenden Leistungsverständnis werden sowohl die Tätigkeit als auch das Ergebnis unter dem Begriff Leistung subsumiert. Besonders deutlich wird dieses Begriffsverständnis von THOMS vertreten. Er betrachtet Tätigkeit und Ergebnis als zwei Seiten einer Einheit. Diese ist dadurch gekennzeichnet, dass Tätigkeit und Ergebnis in einer polaren Spannung zueinander stehen.[55] Dieser grundsätzlich wünschenswerte Versuch, die Vielfalt des Leistungsbegriffs zu reduzieren und gewissermaßen auf einen gemeinsamen Nenner zu bringen, ist jedoch als wenig ausgereift zu beurteilen. So ist bspw. zu berücksichtigen, dass die Durchführung einer auf die Erstellung von Leistungen ausgerichteten Tätigkeit nicht zwangläufig zu einem positiven Ergebnis führt.[56]

Die zahlreichen unterschiedlichen Interpretationen des Leistungsbegriffs in der BWL spiegeln die Mehrdimensionalität und den Facettenreichtum des Begriffs Leistung wider. Um Unklarheiten vorzubeugen, bietet es sich folgerichtig an, diesen Terminus im jeweiligen Anwendungskontext zu spezifizieren. Eine Analyse der unterschiedlichen Leistungsverständnisse legt offen, dass sich diese sowohl auf Effizienz- (Leistung als effizienter Kombinationsprozess) als auch auf Effektivitätsaspekte (z.B. mengen- oder wertmäßige Erfassung der Güterproduktion) beziehen. Im Hinblick auf eine umfassende Leistungsbeurteilung von Wirtschaftssubjekten erscheint es sinnvoll, sowohl die Effektivität als auch die Effizienz ihrer

53 Vgl. z.B. Henzel (1967), S. 53.
54 Vgl. z.B. Plinke (1993), Sp. 2564, und Schweitzer/Küpper (1995), S. 688.
55 Vgl. Thoms (1940), S. 12ff.
56 Vgl. Becker (2003), S. 74ff.

Handlungen zu berücksichtigen. Diese Termini werden in dem in jüngerer Zeit vielfach verwendeten Performancebegriff zusammengeführt:

> „*Performance measurement* can be defined as the process of quantifying the efficiency and effectiveness of action."[57]

Die in der Definition enthaltenen Begriffe Effektivität und Effizienz werden in der betriebswirtschaftlichen Forschung und Praxis häufig verwendet. Dennoch besteht hinsichtlich ihrer Begriffsinhalte keineswegs ein breiter Konsens, so dass eine Konkretisierung der Begrifflichkeiten erforderlich ist. DYCKHOFF/AHN vermuten, dass diese begriffliche Unschärfe kein Hindernis, sondern vielmehr die Ursache ihrer großen Beliebtheit darstellt. Anhand einer Analyse von 180 mehr oder minder zufällig aus nahezu allen betriebswirtschaftlichen Teilgebieten ausgewählten Quellen, in denen der Effizienzbegriff verwendet wird, zeigen sie die Vielfältigkeit dieses Terminus auf. Auf Basis dieser und weiterer Vorarbeiten erarbeiten DYCKHOFF/AHN zum verbreiteten Sprachgebrauch kompatible Definitionen der Begriffe Effektivität und Effizienz. Demnach stellt die Effektivität einer Handlung ihre Zweckmäßigkeit im Sinne einer bezweckten Zustandsveränderung dar.[58] Effizienz wird dagegen als Optimalität verstanden, die keine Verschwendung zulässt bei den mit der betrachteten Handlung verbundenen Zwecken, relevanten Mitteln, erwünschten sowie unerwünschten Nebenfolgen. Die Leistungsbeurteilung muss folglich die Feststellung der Erreichung der Zweckmäßigkeit als primäres Ziel und die Messung der Erreichung der sekundären Ziele sparsamer Mitteleinsatz, Erzeugung günstiger und Vermeidung ungünstiger Nebenfolgen umfassen.[59]

Um den Begriff der Leistungsmessung weitergehend zu erörtern, ist eine Auseinandersetzung mit dem zweiten Wortbestandteil, der Messung, zwingend erforderlich. Der Begriff Messen besagt im Allgemeinen, *„daß Eigenschaften von Objekten nach bestimmten Regeln in Zahlen ausgedrückt werden."*[60] Diese Definition ist insofern problembehaftet, als dass auch eine Bestimmung von Schulnoten mittels eines Würfels eine definitionsgemäße Messung wäre. Deshalb ist zu fordern, dass die Beziehung der Objekte durch die Beziehung der zugeordneten Zahlen korrekt, d.h. strukturtreu, abgebildet wird. Die Menge der Objekte, deren Relation bzw. Beziehung über die betrachtete Eigenschaft definiert wird, wird in diesem Kontext als empirisches Relativ bezeichnet. Dieses empirische Relativ wird anhand des Messvorgangs in

57 Neely et al. (1995), S. 80. Zum Begriff des Performance Measurement vgl. auch Erdmann (2003), S. 59ff., sowie Gilles (2005), S. 10ff., und die dort zitierte Literatur.

58 Vgl. Dyckhoff/Ahn (2001), S. 112. Zu einer nach Teilgebieten der BWL aufgeschlüsselten Verwendungshäufigkeit von Definitionsansätzen für Effizienz in der Literatur vgl. Ahn (2003), S. 91.

59 Vgl. Dyckhoff et al. (2005a), S. 62.

60 Backhaus et al. (2003), S. 4. Ein sehr ähnliches Begriffsverständnisse vertreten z.B. Schnell et al. (2005), S. 138, und Schrank (2002), S. 44.

ein numerisches Relativ, d.h. eine Menge von Zahlen, über die eine Relation definiert wurde, abgebildet.[61]

Der Begriff der Messung ist von dem der Beurteilung abzugrenzen. Bei einer engen Auslegung des Begriffs Messung dient die Messung nur der quantitativen Erfassung der Ausprägung von Beurteilungskriterien. Die Messung stellt nur einen möglichen Aspekt der Beurteilung dar. Der Begriff der Beurteilung ist weiter gefasst und beinhaltet z.B. auch die Interpretation der Messergebnisse (sofern die Kriterienausprägungen quantitativ erhoben werden).[62] Dieser Dissertation wird ein erweitertes Verständnis des Begriffs Messen zugrunde gelegt, so dass auch die Festlegung der Maßgrößen zur Messung der relevanten Ziele als Bestandteil der Leistungsmessung aufgefasst wird:

Die Leistungsmessung bezieht sich auf die Messung der Effektivität und/oder Effizienz einer Handlung. Sie umfasst die Festlegung von Maßgrößen zur Quantifizierung der jeweils relevanten Ziele, die die Zwecke, Mittel und Nebenfolgen der Handlung konkretisieren. Darüber hinaus beinhaltet sie die Erhebung der Maßgrößenausprägungen.

2.2.3 Kennzahl und Indikator

Inwieweit die Eigenschaft eines Objekts gut in Zahlen ausgedrückt werden kann, hängt im Wesentlichen von der Art der Eigenschaft selbst ab. So kann z.B. die Körperlänge eines Menschen sehr einfach in Zahlen ausgedrückt werden, für Eigenschaften wie die Motivation oder den Gesundheitszustand gestaltet sich die Messung dagegen wesentlich schwieriger. Entziehen sich die betrachteten Eigenschaften bzw. Variablen einer direkten Messung, wie z.B. die Motivation, so stellen sie hypothetische Konstrukte dar. Zur Operationalisierung hypothetischer Konstrukte werden Indikatoren verwendet. Im Gegensatz zu hypothetischen Konstrukten stellen Indikatoren direkt messbare Sachverhalte dar.[63] Ein Indikator ist mit dem von ihm zu messenden Konstrukt nicht im Sinne einer direkten Abbildung verbunden, sondern er stellt die Erfassung einer Größe dar, die mit dem Konstrukt korreliert bzw. in einem engen Zusammenhang zu ihm steht.[64] Es liegt folglich ein indirekter Messansatz vor.

---

61 Vgl. Schnell et al. (2005), S. 138f.
62 Vgl. dazu ausführlich Becker (2003), S. 144ff.
63 Vgl. Backhaus et al. (2003), S. 4, und S. 335f.
64 Vgl. Schrank (2002), S. 17, und Randolph (1979), S. 26ff.

Davon abzugrenzen ist der Begriff der Kennzahl. Nach REICHMANN sind Kennzahlen *„jene Zahlen [..], die quantitativ erfassbare Sachverhalte in konzentrierter Form erfassen."*[65] Diese Definition bringt zum Ausdruck, dass Kennzahlen direkt über Sachverhalte informieren. Eine zentrale Eigenschaft von Kennzahlen ist in der konzentrierten bzw. verdichteten Darstellung von Sachverhalten zu sehen. Damit sind sie von reinen Daten und Informationen abzugrenzen. Daten und Informationen unterscheiden sich insofern, als dass Daten nicht unbedingt Informationen enthalten müssen. Sie werden vielmehr erst dann zu Informationen, wenn sie sinnvoll ausgewählt und gruppiert werden. Informationen werden in diesem Kontext auch als zweckorientiertes Wissen begriffen.[66] Anschließend können die gewonnenen Informationen durch eine adäquate Verdichtung zu Kennzahlen transformiert werden. In zahlreichen Systemen zur Abbildung von Performance werden sowohl Kennzahlen als auch Indikatoren als Informationsträger eingesetzt. So kann bspw. zur Messung finanzieller Ziele i.d.R. besser auf Kennzahlen zurückgegriffen werden als bei der Messung abstrakt formulierter, nicht-monetärer Ziele, wie z.B. die Kundenzufriedenheit. Kennzahlen und Indikatoren werden auch unter dem Begriff Maßgrößen zusammengefasst, die allgemein das Ergebnis eines Messvorgangs in Form numerischer Größen darstellen.[67] Abbildung 2.2.3.1 zeigt eine Visualisierung der angeführten Begriffsabgrenzung.

Abbildung 2.2.3.1: Begriffsabgrenzung zwischen verschiedenen Datenkategorien[68]

Wie in Abbildung 2.2.3.1 dargestellt ist, besteht eine durchgehende hierarchische Beziehung ausgehend von den Daten über die Rohinformation und den Indikator bis hin zur Kennzahl. Da Informationen als sinnvolle und interpretierbare Daten verstanden werden, schließen sie Kennzahlen und Indikatoren ein. Als Rohinformationen gelten Daten, die im vorliegenden Zustand zwar aussagekräftig sind, für einen bestimmten Sachverhalt jedoch nicht von Interesse sind. Der in Abbildung 2.2.3.1 aufgetragene Pfeil veranschaulicht den entlang der Kette

65 Reichmann (2006), S. 19. Zu einem sehr ähnlichen Begriffsverständnis vgl. George (1998), S. 29, und die dort zitierte Literatur.
66 Vgl. Mag (1977), S. 5.
67 Vgl. Schrank (2002), S. 16ff.
68 Entnommen aus Schrank (2002), S. 18.

zunehmenden Informationsgehalt einzelner Größen, der sich durch eine Erhöhung der Informationsverdichtung ergibt.[69]

2.2.4 Betriebswirtschaftslehre

Gegenstand dieser Dissertation ist die Messung der Forschungsleistung in der BWL anhand der ISI-Zitationsindizes. Aufgrund der zahlreichen Facetten und Spezialisierungen betriebswirtschaftlicher Forschung ist es erforderlich, den Begriff BWL für diese Dissertation einzugrenzen.

Im Fokus der BWL stehen grundsätzlich Institutionen, in denen zur Erreichung bestimmter Ziele über knappe Mittel disponiert werden muss. Daraus resultieren vielfältige Entscheidungsprobleme hinsichtlich des wirtschaftlichen Ressourceneinsatzes und der effizienten Zielerreichung. In einem weiten Sinne werden diese unter Knappheitsbedingungen wirtschaftenden Institutionen als Betriebe bezeichnet.[70]

Betriebe stellen das so genannte Erfahrungsobjekt der BWL dar. Sie können anhand verschiedener Kriterien systematisiert werden. So werden i.d.R. Betriebe, die vorwiegend darauf abzielen, den Güter- oder Dienstleistungsbedarf Betriebsfremder zu befriedigen, als Unternehmungen bezeichnet. Vorwiegend auf die Deckung von Eigenbedarf ausgerichtete Betriebe heißen dagegen Haushalte. In zahlreichen betriebswirtschaftlichen Forschungsbeiträgen werden die Begriffe Betrieb und Unternehmung jedoch synonym verwandt.[71]

Betriebe können weiterhin anhand ihrer Eigentumsverhältnisse differenziert werden. Sind die Eigentümer eines Betriebs Subjekte des Privatrechts (Personen und rechtsfähige Gesellschaften), so werden sie als private Betriebe bezeichnet. Öffentliche Betriebe befinden sich dagegen im Eigentum der öffentlichen Hand. Private und öffentliche Eigentümer unterscheiden sich häufig hinsichtlich ihrer Zielsetzungen. Exemplarische Ausprägungen privatwirtschaftlicher Ziele sind z.B. die Gewinnmaximierung, Erzielung einer Mindestrentabilität oder die Vergrößerung des Marktanteils. Gemeinwirtschaftliche Ziele öffentlicher Betriebe sind insbesondere die Kostendeckung bzw. die Verlustvermeidung oder -minimierung, aber auch die Erzielung eines angemessenen Gewinns. Betriebe, an denen sowohl private als auch öffentliche Eigentümer beteiligt sind (aktuell z.B. der Konzern Volkswagen), werden als gemischt-

---

69 Vgl. Schrank (2002), S. 18. Zur Informationsverdichtung vgl. ausführlich Arbeitskreis Pietzsch der Schmalenbach-Gesellschaft zur Förderung der betriebswirtschaftlichen Forschung und Praxis (e. V.) (1971), S. 12ff.

70 Vgl. Köhler et al. (2007), Sp. 136f.

71 Vgl. Zelewski (1999), S. 20f.

wirtschaftliche Betriebe (Unternehmungen) bezeichnet.[72] Nach Auffassung zahlreicher Fachvertreter sind die privaten Haushalte jedoch aus dem Gegenstandsbereich der BWL auszuschließen.[73]

Im Gegensatz zur VWL, in der die Unternehmung in der Mikroökonomie traditionell als kleinste produzierende Einheit aufgefasst wird, analysiert die BWL neben der Unternehmung als Ganzem auch ihre verschiedenen Sub- und Teilsysteme.[74] Die BWL als wissenschaftliche Disziplin ist dementsprechend durch eine breite fachliche Differenzierung in verschiedene Teilgebiete gekennzeichnet. Diese sind im Wesentlichen nach Wirtschaftszweigen (z.B. Handelsbetriebslehre oder Industriebetriebslehre) oder nach betrieblichen Funktionsbereichen (z.B. Beschaffung, Finanzierung oder Produktion) gegliedert.[75]

In seiner Analyse der jüngeren Entwicklungen in der deutschsprachigen BWL stellt PICOT fest, dass diese insbesondere durch die Vielfalt fachlicher Richtungen und Perspektiven sowie einen Pluralismus an Methoden und Denkrichtungen gekennzeichnet ist. Er konstatiert, dass sich der Ansatz einer in sich geschlossenen BWL (noch?) nicht erkennen lasse.[76] SCHREYÖGG sieht aktuell eine spannungsreiche Entwicklung der deutschsprachigen BWL, die insbesondere in zwei dominierenden Tendenzen Ausdruck findet. Auf der einen Seite steht das Bestreben nach einer konzeptionellen Geschlossenheit, welches durch eine Re-Ökonomisierung der Disziplin herbeigeführt werden soll. Es wird eine Integration der BWL in das Paradigma der Mikroökonomie angestrebt. Im Rahmen dieser Konzeption käme der Mikroökonomie gewissermaßen die Rolle einer Universaldisziplin zu. Auf der anderen Seite steht die immer stärkere Spezialisierung der BWL in die verschiedenen Teilgebiete. Die Entwicklung ist geprägt durch die US-amerikanische Wissenschaftslandschaft, in der betriebswirtschaftliche Teilgebiete, wie z.B. Marketing, Management oder Finanzierung, schon lange eigenständige wissenschaftliche Gemeinschaften ohne ein übergreifendes disziplinäres Dach bilden. Diese Entwicklung artikuliert sich an vielen Fachbereichen in der Ausgestaltung der angebotenen Veranstaltung(en) im Bereich der Allgemeinen Betriebswirtschaftslehre (ABWL), die häufig eine relativ lose Zusammenstellung von Stücken einzelner Teilgebiete ohne eine verbindende theoretische Perspektive repräsentiert.[77]

---

[72] Vgl. Zelewski (1999), S. 23ff, der auch verfeinerte Systematiken spezieller privater und öffentlicher Unternehmungsarten und Haushalte bereit stellt.

[73] Vgl. von Stein (1993), Sp. 471.

[74] Vgl. Dyckhoff (2006), S. 5.

[75] Vgl. Bellinger (1993), Sp. 69. Zu einer Übersicht über die speziellen Betriebwirtschaftslehren vgl. Bellinger (1993), Sp. 77.

[76] Vgl. Picot (2002), S. 168ff.

[77] Vgl. Schreyögg (2007), S. 141ff.

Eine konkrete, trennscharfe und intersubjektiv nachprüfbare Abgrenzung betriebswirtschaftlicher Forschung ist aufgrund der Größe der wissenschaftlichen Disziplin und ihres damit verbundenen Facettenreichtums schwierig. Darüber hinaus erweist sich die Struktur deutscher Universitäten hinsichtlich der organisatorischen Einbindung betriebswirtschaftlich relevanter und interdisziplinär ausgerichteter Forschungsfelder als heterogen. An zahlreichen deutschen Hochschulen werden die Wirtschaftswissenschaften oder ggf. die Wirtschafts- und Sozialwissenschaften unter dem gemeinsamen Dach eines Fachbereichs bzw. einer Fakultät zusammengefasst.[78] Allerdings sind eher interdisziplinär ausgerichtete Forschungsfelder wie z.B. der Bereich der Wirtschaftsinformatik nicht immer den wirtschaftswissenschaftlichen Fakultäten zugeordnet.[79] Auch im Falle einer organisatorischen Zuordnung zu wirtschaftswissenschaftlichen Fakultäten bestehen zwischen diesen Fakultäten Unterschiede hinsichtlich der Zuordnung solcher Forschungsfelder zur BWL. So ist bspw. das Seminar für Wirtschaftsinformatik und Operations Research an der Wirtschafts- und Sozialwissenschaftlichen Fakultät der Universität zu Köln innerhalb der Fakultätsstruktur der BWL zugeordnet.[80] An der wirtschaftswissenschaftlichen Fakultät der Universität Regensburg sind die mit der Wirtschaftsinformatik befassten Lehrstühle zum Institut für Wirtschaftsinformatik zusammengefasst. Daneben existieren jeweils mehrere Lehrstühle umfassende Institute für BWL, VWL & Ökonometrie, Statistik & Wirtschaftsgeschichte sowie Immobilienwirtschaft.[81] In dieser Organisationsstruktur wird das Forschungsfeld der Wirtschaftsinformatik der BWL also nicht zu-, sondern nebengeordnet. Eine eindeutige Beantwortung der Fragestellung, inwieweit solche interdisziplinär ausgerichteten Forschungsfelder und die dort tätigen Forscher der BWL zuzurechnen sind, ist folglich schwierig.[82]

---

[78] Vgl. Wöhe/Döring (2005), S. 55.

[79] Vgl. zu dieser Problematik auch Sternberg/Litzenberger (2003), S. 5.

[80] Vgl. Homepage der Wirtschafts- und Sozialwissenschaftlichen Fakultät der Universität zu Köln (2007).

[81] Vgl. Homepage der Wirtschaftswissenschaftlichen Fakultät der Universität Regensburg (2007).

[82] Diese Zuordnungsproblematik zeigt sich auch in empirischen Untersuchungen. So unterscheiden z.B. Sternberg/Litzenberger in ihrer Analyse der Forschungsleistung der Wirtschafts- und Sozialwissenschaftlichen Fakultät der Universität zu Köln und weiterer ausgewählter Hochschulen die Fächer BWL, VWL, Wirtschaftsinformatik, Wirtschaftspädagogik, Soziologie, Wirtschaftspsychologie, Wirtschaftsgeographie, Wirtschaftsgeschichte, Wirtschaftsstatistik und Politologie. Vgl. dazu Sternberg/Litzenberger (2003), S. 14. Diese Unterscheidung deutet darauf hin, dass die Autoren Wirtschaftsinformatik nicht als ein vollständig in die BWL integriertes Forschungsfeld begreifen. Im Gegensatz dazu stehen die Ausführungen von Gaugler/Koppert, die Daten über die Entwicklung der Hochschullehrerstellen in der BWL an den wissenschaftlichen Hochschulen im deutschsprachigen Raum bereitstellen. Sie unterscheiden Hochschullehrerstellen danach, ob sie in ihrer Stellenbezeichnung ausschließlich eine Teildisziplin der BWL (Alleinausrichtung) oder zwei Teildisziplinen aufweisen. Sie beziehen Professuren im Forschungsfeld Wirtschaftsinformatik explizit in die Untersuchung ein. Vgl. dazu Gaugler/Koppert (1990), S. 472f. Dies lässt darauf schließen, dass sie dieses Forschungsfeld als eine Teildisziplin der BWL auffassen.

Eine Abgrenzung betriebswirtschaftlicher Forschung bzw. Forscher ist für diese Dissertation in zweierlei Hinsicht relevant und erforderlich. Zunächst wird in Teil B der Dissertation analysiert, inwieweit die aus der Sicht deutschsprachiger betriebswirtschaftlicher Forscher relevanten Periodika in den ISI-Zitationsindizes erfasst werden. Zu diesem Zweck wird auf das Zeitschriftenranking bzw. -rating VHB-JOURQUAL zurückgegriffen, dessen Ergebnisse aus einer Befragung von 651 Mitgliedern des Verbands der Hochschullehrer für Betriebswirtschaft e.V. (VHB) resultieren.[83] Der VHB versteht sich als „*Vereinigung der deutschsprachigen Universitäts-Hochschullehrer für Betriebswirtschaft*", sodass die meisten Mitglieder demzufolge aus Deutschland, Österreich und der Schweiz stammen.[84] Die Mitgliedschaft in diesem Verband setzt eine wissenschaftliche Betätigung auf dem Gebiet der BWL voraus. Ordentliche Mitglieder des Verbands sind i.d.R. habilitierte Hochschullehrer und Honorarprofessoren sowie Nachwuchswissenschaftler, die sich nach der Promotion weiter wissenschaftlich betätigen, eine Habilitation anstreben oder eine Juniorprofessur innehaben. Die ordentliche Mitgliedschaft im Verein erfolgt auf eigenen Antrag und ist an die in § 5 Ziffer 2 der Satzung formulierten Voraussetzungen geknüpft.[85] Der Organisationsgrad deutscher Hochschullehrer für Betriebswirtschaft im VHB ist als hoch zu beurteilen. Österreichische und schweizerische Hochschullehrer für Betriebswirtschaft sind dagegen in relativ geringerem Maße im VHB organisiert.[86] Aus diesem Grund sind die in Teil B dieser Dissertation präsentierten Ergebnisse nur für die universitäre Forschung in der BWL in Deutschland repräsentativ. Ähnliches gilt für den Teil C, in dem unter Rückgriff auf das Mitgliederverzeichnis des VHB empirische Untersuchungen zur Sichtbarkeit und Wahrnehmung deutschsprachiger Hochschullehrer für Betriebswirtschaft durchgeführt werden.

Durch den Rückgriff auf das Verzeichnis des VHB, der in Teil B indirekt über die Verwendung des VHB-JOURQUAL und in Teil C direkt erfolgt, werden betriebswirtschaftlich relevante interdisziplinär ausgerichtete Forschungsfelder in einem solchen Ausmaß berücksichtigt, in dem die auf diesen Gebieten tätigen Wissenschaftler Mitglieder im VHB sind.

Die Ergebnisse dieser Dissertation beziehen sich somit – anders als der Titel der Arbeit es vielleicht suggerieren könnte – nicht auf die BWL insgesamt, sondern vorwiegend auf die von den als Universitäts-Hochschullehrern in Deutschland tätigen Mitgliedern des VHB betriebene Forschung in der BWL.

---

83 Vgl. Hennig-Thurau et al. (2004), S. 521.

84 VHB (2007), S. 9

85 Vgl. VHB (2007), S. 9ff. Bis zur Satzungsänderung im Jahr 2004 wurden Nachwuchswissenschaftler, die nach der Promotion weitere wissenschaftliche Publikationen verfasst haben und eine Habilitation anstreben, als außerordentliche Mitglieder aufgenommen. Vgl. VHB (2004), S. 9.

86 Vgl. Hartl (2006), S. 88.

2.3 Ziel- und Indikatorenstruktur der Hochschulforschung[87]

In diesem Abschnitt wird eine mögliche Ziel- und Indikatorenstruktur für die Hochschulforschung betrachtet. In Abhängigkeit von den Adressaten einer Leistungsbeurteilung und deren Erkenntnisinteressen, aber auch aufgrund der Unterschiedlichkeit der Forschung verschiedener Wissenschaftsdisziplinen ist die erarbeitete Ziel- und Indikatorenstruktur vor dem Hintergrund der praktischen Anwendung ggf. zu modifizieren. Unabhängig von dieser Kontextproblematik verdeutlicht der in Abbildung 2.3.1 dargestellte Entwurf die Mehrdimensionalität der Forschungsziele und lässt auf Schwierigkeiten bei deren Messung und Beurteilung schließen.

Die bei der Aufstellung einer Zielstruktur zunächst zu beantwortende Frage richtet sich auf den mit der Hochschulforschung verfolgten Zweck. Gemäß der in Abschnitt 2.2.1 abgeleiteten Arbeitsdefinition wird der Zweck der Hochschulforschung als die Produktion neuen i.d.R. öffentlichen Wissens über die Welt verstanden.

Dies umfasst im vorliegenden Kontext sowohl die Gewinnung bzw. den Erwerb von Wissen als auch die Verbreitung der wissenschaftlichen Erkenntnisse, insbesondere deren dokumentierte Veröffentlichung. Der Zweck der Hochschulforschung, Wissen zu produzieren, kann somit besonders in Publikationen und Vorträgen, aber auch in eingeworbenen Drittmitteln zum Ausdruck kommen, wobei der letztgenannte Indikator mit der Annahme verbunden ist, dass die Vergabe von Drittmittel an Vorleistungen anknüpft, die sich in Form fundierter Forschungsanträge zeigen.[88] Des Weiteren können auch Forschungspreise Hinweise auf produziertes Wissen liefern und daher zur Leistungsbeurteilung herangezogen werden.

Wie in der Arbeitsdefinition in Abschnitt 2.2.2 erläutert, sind bei der Leistungsmessung neben dem Zweck einer Handlung auch der damit verbundene Mitteleinsatz sowie die erwünschten und unerwünschten Nebenfolgen zu betrachten. Bei der Hochschulforschung bilden das (wissenschaftliche und nichtwissenschaftliche) Personal sowie die Sach- und Finanzmittel (planmäßige Gelder und Drittmittel) die verfügbaren Ressourcen. Positive Nebenfolgen der Forschung können sich bspw. in der Förderung des wissenschaftlichen Nachwuchses und der

[87] Dieser Abschnitt ist angelehnt an den Beitrag von Dyckhoff et al. (2005a).

[88] Vgl. Hornbostel (1997), S. 234.

wissenschaftlichen Grundlegung und Weiterentwicklung der Lehre äußern.[89] Negative Nebenfolgen sind bspw. die aus dem technologischen Fortschritt resultierenden Gefahren der Atomenergie und Gentechnik sowie die Umweltverschmutzung.

Die hier geäußerten Gedanken zu den Zielen der Hochschulforschung und mögliche Indikatoren zu deren Erfassung und Beurteilung sind in Abb. 2.3.1 zur Übersicht dargestellt. Soweit es – aufgrund des aktuellen Forschungsstandes – möglich ist und sinnvoll erscheint, wurden die (in Abb. 2.3.1 fettgedruckten) Hauptpunkte weitergehend aufgeschlüsselt.

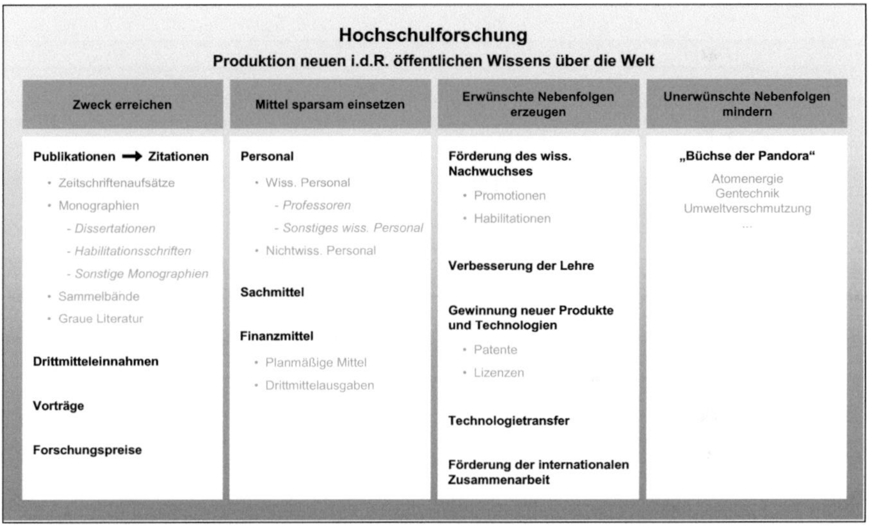

Abbildung 2.3.1: Eine Ziel- und Indikatorenstruktur der Hochschulforschung[90]

Die in Abbildung 2.3.1 vorgestellte Ziel- und Indikatorenstruktur zeigt nicht nur die bereits angesprochene Mehrdimensionalität der Hochschulforschung und die damit einhergehende Komplexität der Leistungsbeurteilung, sondern auch die nicht eindeutige Zuordnung von

[89] In § 2 Absatz 2 des HRG ist die Förderung des wissenschaftlichen und künstlerischen Nachwuchses explizit als eigenständige Aufgabe der Hochschulen definiert. Das erste Kapitel des HRG ist den Aufgaben der Hochschulen gewidmet und in drei Abschnitte unterteilt, die sich mit allgemeinen Bestimmungen (Abschnitt 1), Studium und Lehre (Abschnitt 2) und Forschung (Abschnitt 3) befassen. Da die Förderung des wissenschaftlichen und künstlerischen Nachwuchses als Aufgabe der Hochschulen in den allgemeinen Bestimmungen (Abschnitt 1) verankert ist und nicht im dritten Abschnitt, der explizit den Aufgaben der Hochschulforschung gewidmet ist, wird sie in der hier vorgestellten Ziel- und Indikatorenstruktur der Hochschulforschung als positive Nebenfolge und nicht als eigenständiger Zweck eingestuft.

[90] Leicht modifiziert entnommen aus Dyckhoff et al. (2005a), S. 63. Zu Inputs und Outputs von Hochschulen allgemein vgl. Johnes/Taylor (1990), S. 50ff.

Zielelementen bzw. Indikatoren zu einzelnen Zielbereichen. So ist z.B. die Leistungsbeurteilung anhand von Drittmitteln problematisch, weil Drittmittel einerseits einen Input der Forschung darstellen, dessen erfolgreiche Transformation in neues Wissen sich erst noch zeigen muss. Andererseits werden Drittmittel auch als Output bzw. Outcome der Forschung aufgefasst. Dieser Auffassung liegt die Überlegung zugrunde, dass die Vergabe von Drittmitteln an bereits erfolgte Leistungen in Form projektbezogener Vorarbeiten anknüpft, die in Form fundierter Forschungsanträge zum Ausdruck kommen.[91] HORNBOSTEL vergleicht Forschungsanträge in diesem Kontext mit zur Publikation eingesandten Manuskripten begutachteter Fachzeitschriften, da sowohl die Bewilligung von Drittmitteln als auch die Veröffentlichung eines Manuskripts an eine positive Expertise der sachverständigen Gutachter geknüpft ist.[92] Drittmittel gelten somit als Output- bzw. Outcomefaktor, der das Ergebnis eines Peer-Review-Prozesses darstellt.[93] Schwierigkeiten im Hinblick auf die Leistungsbeurteilung ergeben sich insofern, als dass Drittmittel sowohl Output bzw. Outcome als auch Input der Forschung darstellen und daher mit einer Drittmittelerhebung einerseits die Zweckerreichung und andererseits der Mitteleinsatz gemessen werden kann. Für die Erfüllung der Leistungsziele bedeutet dies, dass eine hohe Effektivität möglicherweise aus hohen Drittmitteleinnahmen abzulesen sein mag, eine hohe Effizienz aber nur bei deren sparsamen Einsatz vorliegen wird. Beide Aspekte sollten bei einer Leistungsbeurteilung berücksichtigt werden, um besonders effektiv oder außerordentlich effizient forschende Hochschulen, Fachbereiche bzw. einzelne Forscher nicht zu benachteiligen.

Neben der Problematik, einzelne Zielelemente und Indikatoren eindeutig dem Forschungszweck oder einem anderen Zielbereich der Hochschulforschung zuzuordnen, besteht bei allen Leistungsmaßen die Schwierigkeit der Periodenabgrenzung. Bei der Festlegung der Untersuchungszeiträume für die Leistungsindikatoren müssen Aktualität und Aussagekraft der zu erhebenden Daten gegeneinander abgewogen werden. Eine Beurteilung der Forschungsleistung sollte zum einen zeitnah erfolgen, zum anderen kurzfristige Schwankungen, z.B. von Publikationen, weitestgehend auffangen.[94] Unter diesem zeitlichen Gesichtspunkt erweist sich insbesondere die Verwendung von Drittmittelindikatoren zur Beurteilung der Zweckerreichung als kritisch. So ist es bei kürzeren Zeiträumen wahrscheinlich, dass der Input für die Vorarbeiten, die die Bewilligung eines Forschungsantrags voraussetzt, in einer Vorperiode angefallen ist, die eingeworbenen Drittmittel in der betrachteten Periode zu den verfügbaren

91 Vgl. Rassenhövel/Dyckhoff (2006), S. 93.
92 Vgl. Hornbostel (1997), S. 234.
93 Vgl. Jansen et al. (2007), S. 130.
94 Im Hinblick auf Publikationen vgl. Bommer/Ursprung (1998), S. 12.

Mitteln fließen und der mit den Drittmitteln produzierte Output bzw. der auf ihnen basierende Outcome erst in späteren Perioden entsteht. In diesem Fall stellen Drittmittel einen Indikator für die Forschungsleistungen vergangener sowie das Forschungspotential zukünftiger Perioden dar. Je länger der zugrunde gelegte Untersuchungszeitraum, umso mehr sind die eigentlichen Forschungsleistungen in Form von Publikationen und Vorträgen dokumentiert, so dass Drittmittel ihre Bedeutung als Effektivitätsindikator verlieren, wohl aber noch als Mitteleinsatz bei der Effizienz zu Buche schlagen.[95]

Trotz der angeführten Probleme ist die Drittmitteleinwerbung ein in Deutschland sehr häufig verwendeter Maßstab zur Messung der Forschungsqualität.[96] Die Attraktivität dieses Indikators liegt möglicherweise in seiner im Vergleich zu Publikations- oder Zitationsindikatoren relativ einfachen Erhebbarkeit und eindimensionalen Messbarkeit in Geldeinheiten begründet. Bei der Betrachtung ausreichend langer Untersuchungszeiträume ist dennoch zu hinterfragen, inwieweit Drittmittel zusätzlich zu Publikationen und Vorträgen ein Element der Effektivität von Hochschulforschung indizieren, das nicht bereits über Publikationen und Vorträge erfasst wird. Werden aus der Drittmittelforschung gewonnene Erkenntnisse nicht in der Scientific Community kommuniziert, so tragen die dafür verwendeten Drittmittel nichts bzw. nur wenig[97] zum Erkenntnisfortschritt der Wissenschaft bei.[98]

Die Erfassung von Effektivitätsaspekten der Forschungsleistung anhand von Publikationen ist mit der Schwierigkeit verbunden, die unterschiedliche Qualität von Publikationen in Leistungsbeurteilungen angemessen zu beurteilen. Als Instrument zur qualitativen Differenzierung von Publikationen werden des Öfteren Zitationsanalysen eingesetzt. Grundidee dieser Verwendung von Zitationsanalysen ist es, von der Rezeptionshäufigkeit einer Publikation Rückschlüsse auf ihre Qualität zu ziehen. Diese unter dem Begriff bibliometrische Leistungsindikatoren subsumierbaren Indikatoren und ihre Fundierung durch den wissenschaftlichen Wettbewerb werden aufgrund ihrer zentralen Bedeutung für diese Dissertation in Kapitel 3 separat beschrieben.

---

95 Zur Bedeutung der Periodenabgrenzung für die Relevanz von Drittmittelindikatoren vgl. ausführlich Rassenhövel/Dyckhoff (2006), S. 101ff.

96 Folgt man Münch, so handelt es sich gar um den meist gebrauchten Maßstab. Vgl. dazu Münch (2006), S. 440.

97 So könnte z.B. argumentiert werden, dass ein Erkenntnisfortschritt für die an dem Projekt beteiligten Forscher, die selbst ein Teil der Scientific Community sind, stattfindet.

98 Vgl. auch die kritische Betrachtung zur Verwendung von Drittmitteln als Indikator zur Messung der Forschungsqualität bei Münch (2006), S. 441ff.

2.4 Anforderungen an Indikatoren

Bei der Auswahl und Verwendung von Indikatoren zur Leistungsmessung sind unterschiedliche Anforderungen zu beachten, die sich – wie Abbildung 2.4.1 zu entnehmen ist – gedanklich in konstruktions- und anwendungsbezogene Anforderungen unterteilen lassen.[99]

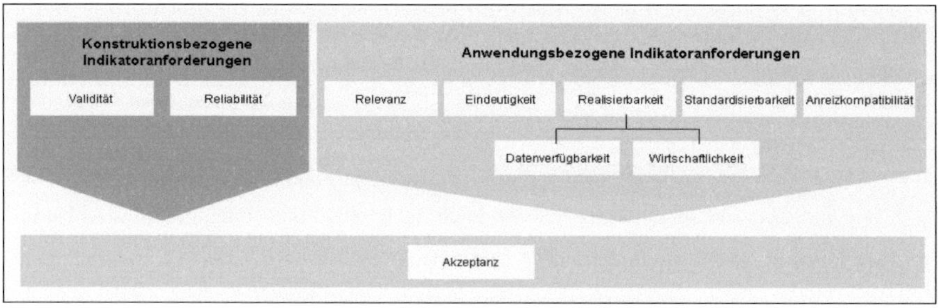

Abbildung 2.4.1: Anforderungen an Indikatoren[100]

Zentrale Gütekriterien einer Messung und damit Anforderungen, die bei der Konstruktion von Indikatoren zu berücksichtigen sind, stellen die Validität und Reliabilität dar. Die Validität eines Indikators bezieht sich auf seine Gültigkeit. Umgangssprachlich formuliert versteht man unter der Validität eines Indikators das Ausmaß, in dem er tatsächlich das misst, was er messen sollte.[101] Werden also bspw. Drittmittel zur Effektivitätsmessung von Forschungsleistung eingesetzt, so ist zu fordern, dass diese in einem Zusammenhang zum wissenschaftlichen Erkenntnisfortschritt stehen.

Reliabilität wird als die Zuverlässigkeit bzw. Reproduzierbarkeit einer Messung verstanden. Konkret bezeichnet Reliabilität das Ausmaß, in dem mehrmalige Messungen eines Objekts mit einem Messinstrument die gleichen Werte liefern.[102] Der Begriff umfasst sowohl die intersubjektive Nachprüfbarkeit als auch die intertemporale und interinstrumentelle Stabilität erhaltener Ergebnisse. Ein Zusammenhang zwischen der Reliabilität und Validität besteht insofern, als dass die Reliabilität eine notwendige aber keine hinreichende Bedingung für die Validität darstellt. Ist die Ermittlung von Indikatorausprägungen unzuverlässig, so kann sie allenfalls zufällig zu einer gültigen Abbildung der Realität führen.[103]

---

99 Zu dieser Unterteilung vgl. Rassenhövel (2003), S. 6f.

100 Leicht modifiziert entnommen aus Rassenhövel (2003), S. 7.

101 Vgl. Schnell et al. (2005), S. 154ff. Schnell et al. differenzieren den Begriff der Validität in die drei Formen Inhaltsvalidität, Kriteriumsvalidität und Konstruktvalidität.

102 Vgl. Schnell et al. (2005), S. 151.

103 Vgl. Kromrey (2006), S. 259ff.

Diese zentralen konstruktionsbezogenen Anforderungen werden durch weitere anwendungsbezogene Anforderungen ergänzt, die sich insbesondere auf die Praxistauglichkeit eines Indikators beziehen.[104] Da die Durchführung von Leistungsmessungen keineswegs einen Selbstzweck darstellt, ist zu fordern, dass die eingesetzten Indikatoren hinsichtlich der Ziele, die mit der Leistungsmessung verfolgt werden, Relevanz besitzen. Der Informationsbedarf der an den Ergebnissen der Leistungsmessung interessierten Akteure sollte folglich mit Hilfe der eingesetzten Indikatoren adäquat befriedigt werden können.[105] Um Missverständnisse bei Beurteilten, Beurteilern oder anderen interessierten Akteuren zu vermeiden, ist darüber hinaus zu fordern, dass die Indikatoren eindeutig definiert sind.[106] Die Realisierbarkeit eines Indikators umfasst zwei Komponenten. Dies ist zum einen die Datenverfügbarkeit. Diese besagt, dass ein Indikator nur dann in der Praxis eingesetzt werden kann, wenn die zur Informationsgewinnung erforderlichen Daten vorliegen bzw. grundsätzlich erhoben werden können.[107] In einem engen Zusammenhang zur Datenverfügbarkeit steht die Wirtschaftlichkeit der Indikatorenanwendung. So ist zu beachten, dass der mit der Erhebung der Indikatorenausprägung verbundene Aufwand in einer angemessenen Relation zum Nutzen der Ergebnisse steht.[108] In diesem Zusammenhang ist auch die Standardisierbarkeit eines Indikators relevant, denn eine routinemäßige Erfassung der benötigten Daten ist eher mit vertretbarem Aufwand zu bewerkstelligen als eine stets individuelle Erhebung.[109]

Werden Indikatoren zur Leistungsmessung und -beurteilung eingesetzt, so sind die durch ihren Einsatz induzierten Anreize zur Verhaltensänderung zu berücksichtigen. Im Rahmen der Anreizkompatibilität ist zu fordern, dass die eingesetzten Indikatoren das Leistungsverhalten der beurteilten Akteure insgesamt positiv beeinflussen. Diese Forderung ist insbesondere dann schwierig zu erfüllen, wenn die beurteilten Akteure eine Tätigkeit mit einem breiten Aufgabenspektrum ausüben, so dass sich kaum alle relevanten Leistungsaspekte definieren und messen lassen.[110] Die beurteilten Akteure haben die Möglichkeit, sich ausschließlich nach den gemessenen Indikatoren zu richten und ihre Arbeitsanstrengung bei den nicht anhand von Indikatoren abgebildeten Tätigkeiten zu verringern.

104 Vgl. hierzu Ball/Halwachi (1987), S. 399f., Schenker-Wicki (1996), S. 69f., und Sizer (1979), S. 57ff.
105 Vgl. Sizer (1979), S. 57.
106 Vgl. Becker (2003), S. 168.
107 Vgl. Rassenhövel (2003), S. 7f.
108 Vgl. Ball/Halwachi (1987), S. 400.
109 Vgl. Schenker-Wicki (1996), S. 69f.
110 Lediglich sehr einfache Tätigkeiten dürften von dieser Problematik ausgenommen sein.

Ein Bereich, in dem dieses Multi-tasking-Problem[111] besondere Relevanz entfaltet, ist der Hochschulsektor. Das vielfältige Leistungsspektrum von Hochschullehrern und Hochschulen ist in seiner Gesamtheit kaum angemessen mit vertretbarem Aufwand anhand von Indikatoren zu erfassen.[112] FREY konstatiert in diesem Zusammenhang, dass die Verwendung von Drittmitteln als Leistungskriterium in der Wissenschaft problematische Anreizwirkungen auf das Verhalten wissenschaftlicher Organisationseinheiten hat. So seien sie durch die verstärkten Anstrengungen zur Einwerbung von Drittmitteln dazu gezwungen, schlechter messbare Forschungs- und Lehrleistungen zu vernachlässigen.[113] Interessante Erkenntnisse über die verhaltenssteuernde Wirkung der Verwendung von Publikationsindikatoren zur leistungsorientierten Mittelvergabe im australischen Hochschulsektor bietet BUTLER. Sie belegt anhand bibliometrischer Analysen, dass die Verwendung von Publikationsziffern als eine von mehreren Kennzahlen zur leistungsorientierten Mittelvergabe zu einem starken Anstieg des Publikationsaufkommens australischer Universitäten geführt hat. Da bei der Berechnung der Publikationszahlen Aufsätze in referierten Zeitschriften unabhängig von einer weitergehenden qualitativen Differenzierung der Veröffentlichungen verwendet werden, entfällt ein Großteil des Veröffentlichungsanstiegs auf Zeitschriften mit einem niedrigen Impact.[114]

Es ist plausibel anzunehmen, dass die Akzeptanz von Leistungsindikatoren bei den Beurteilten und weiteren Informationsempfängern wesentlich von der Erfüllung der in diesem Abschnitt erläuterten konstruktions- und anwendungsbezogenen Anforderungen beeinflusst wird.

2.5 Analyse bisheriger Untersuchungen in der Betriebswirtschaftslehre

Dieser Abschnitt ist der Darstellung und Analyse von Studien zur Messung der Forschungsleistung betriebswirtschaftlicher Forscher und Fachbereiche in Deutschland anhand bibliometrischer Indikatoren gewidmet. Bereits in Abschnitt 2.2.4 wurde deutlich gemacht, dass betriebswirtschaftliche Lehrstühle bzw. Institute in organisatorischer Hinsicht nicht notwendigerweise unter dem Dach eines betriebswirtschaftlichen Fachbereichs an einer Hochschule zusammengefasst werden. Der in diesem Abschnitt verwendete Begriff „betriebswirtschaftlicher Fachbereich" meint somit die Gesamtmenge der an einer Hochschule ansässigen betriebswirtschaftlichen Lehrstühle bzw. Professuren.[115]

---

111 Zur Diskussion des Multi-tasking-Problems im Rahmen der Prinzipal-Agenten-Theorie vgl. Frey (2007), S. 209, und die dort zitierte Literatur.

112 Zum Hochschullehrerberuf vgl. Enders/Teichler (1995).

113 Vgl. Frey (2007), S. 210.

114 Vgl. Butler (2004), S. 389.

115 Zu dieser Begriffsabgrenzung vgl. auch Wolf et al. (2006), S. 93.

Die bisher veröffentlichten Teilergebnisse dieser Dissertation, auf die bereits in Abschnitt 1.2 hingewiesen wurde, werden in diesem Abschnitt nicht berücksichtigt, weil sie mit dem Ziel verfasst wurden, die Forschungslücken, die im nächsten Abschnitt aus dem hier skizzierten Stand der Forschung abgeleitet werden, zu schließen. Dabei ist zu berücksichtigen, dass einige der hier dargestellten Forschungsergebnisse erst nach dem Beginn des dieser Dissertation zugrunde liegenden Forschungsprozesses veröffentlicht wurden. Es ist somit zu unterscheiden zwischen dem Stand der Forschung zu Beginn des Forschungsprozesses in 2003 und neueren Entwicklungen auf diesem Forschungsgebiet, die während des Forschungsprozesses stattgefunden haben.

Im Fokus der Analyse stehen nicht die konkreten Ergebnisse der empirischen Untersuchungen, sondern vielmehr die eingesetzten Methoden. Anhand der Diskussion der in den Studien eingesetzten Methoden wird der dieser Dissertation zugrunde liegende Forschungsbedarf identifiziert. Der Schwerpunkt der Darstellung liegt auf solchen Studien, die von Wissenschaftlern durchgeführt wurden und in wissenschaftlichen Fachzeitschriften, Sammelbänden oder Arbeitsberichten veröffentlicht wurden. Rankings aus nicht primär wissenschaftlich ausgerichteten Zeitschriften oder Zeitungen werden mit Ausnahme des Forschungsrankings des Centrums für Hochschulentwicklung (CHE), das in Kooperation mit der Zeitung *DIE ZEIT* veröffentlicht wird und einen besonders hohen Bekanntheitsgrad besitzt, sowie dem in der Zeitung *Handelsblatt* veröffentlichten Ranking der „klügsten Köpfe der BWL", in dem eine methodisch interessante Vorgehensweise zur Gewichtung des Forschungsoutputs verwendet wird, nicht weiter diskutiert.[116]

2.5.1 Stand der Forschung vor Beginn des Dissertationsvorhabens

Die Studie von HEIBER aus dem Jahr 1983 nimmt eine Pionierstellung in der zitationsanalytischen Messung der Forschungsleistung betriebswirtschaftlicher Forscher und Fachbereiche in Deutschland ein. HEIBER grenzt die Menge betriebswirtschaftlicher Forscher ab, indem er seiner Erhebung das Mitgliederverzeichnis des VHB zugrunde legt. Er ermittelt für die in

---

[116] Zu einem allgemeinen Überblick über Hochschulrankings in Deutschland in solchen Magazinen vgl. Ott (1999). Der Überblick von Ott ist breit angelegt und bezieht sich zum einen nicht ausschließlich auf die Forschung und zum anderen nicht ausschließlich auf bibliometrische Indikatoren. Zu einem Überblick über die bibliometrische Erfassung von Forschungsleistung in der VWL vgl. ausführlich Bommer/Ursprung (1998), Ursprung (2003) und die dort zitierte Literatur. In Bezug auf die Darstellung der Studien in diesem Kapitel ist mit Ausnahme der Studie von Winterhager et al. (2001) anzumerken, dass diese nur insoweit diskutiert werden, wie sie die Leistungsmessung betriebswirtschaftlicher Forscher oder Fachbereiche in Deutschland betreffen. Die Studien von Hüfner et al. (1984), Pommerehne (1986), Hüfner et al. (1987) sowie Sternberg/Litzenberger (2003) beziehen sich ebenfalls in großen Teilen auf volkswirtschaftliche Fachbereiche. Sie werden folglich in diesem Abschnitt verkürzt dargestellt.

diesem Verzeichnis aufgeführten Mitglieder die Anzahl der auf jedes Mitglied entfallenden Zitate in den einzelnen Bänden der Enzyklopädie der Betriebswirtschaftslehre, deren Veröffentlichungszeitpunkte sich auf den Zeitraum von 1969 bis 1981 erstrecken.[117] Die so gewonnenen Daten werden daraufhin sowohl auf Ebene des einzelnen Forschers als auch über die Hochschulangehörigkeit aggregiert auf Hochschulebene ausgewertet. In den Auswertungen werden sämtliche Hochschulen berücksichtigt, die wirtschaftswissenschaftliche Studiengänge mindestens auf Grundstudiumsniveau anbieten. Für die Berechnung der Rangreihen der Hochschulen verwendet HEIBER einen relativen Leistungsindikator. Er betrachtet den Anteil der auf die Verbandsmitglieder einer Hochschule entfallenden Zitationen an den insgesamt auf die Verbandsmitglieder entfallenden Zitationen und teilt diesen durch die Anzahl der Verbandsmitglieder der entsprechenden Hochschule.[118]

HÜFNER ET AL. untersuchen in ihrer Studie aus dem Jahr 1984 den Forschungsoutput von insgesamt 22 deutschen Hochschulen in der BWL im Zeitraum von 1970 bis 1981. Sie erfassen den Forschungsoutput, indem sie die Veröffentlichungen der den Hochschulen angehörenden Wissenschaftler in ausgewählten Zeitschriften (BFuP, DBW, DU, ZfB und ZfbF) auszählen. Als Kriterien für die Auswahl dieser Zeitschriften wurden insbesondere die Zahl der Abonnements an den Fachbereichen sowie die Veröffentlichungspolitik im Hinblick auf eine anonyme und auswärtige Begutachtung herangezogen. Anhand dieser Daten erstellen die Autoren zum einen eine Rangfolge der Hochschulen[119] anhand des gesamten Forschungsoutputs und zum anderen eine Rangfolge in Bezug auf die Forschungsproduktivität, bei der der Forschungsoutput in Relation zu den im Jahr 1977 an den Fachbereichen tätigen Hochschullehrern gesetzt wird.[120]

LERBINGER untersucht 1985 die Frage, ob sich hohe Studentenzahlen an einem Fachbereich und die damit verbundene Beanspruchung in der Lehre negativ auf die Forschungsleistung auswirken. Er wertet zu diesem Zweck die Veröffentlichungen in den Zeitschriften BFuP, DB, DBW, DU, ZfB und ZfbF im Zeitraum von 1972 bis 1981 aus. Die Seitenzahlen der dort veröffentlichten Beiträge werden erfasst[121] und den Hochschulen der beteiligten Autoren zugerechnet, sofern es sich bei den Autoren um hauptberuflich tätige Wissenschaftler an einem betriebswirtschaftlichen Fachbereich einer deutschen Universität handelte. Im Falle einer Koautorenschaft wird die Seitenzahl der Artikel den Institutionen der beteiligten Auto-

[117] Zu den genauen Zählkonventionen vgl. Heiber (1983), S. 187f.
[118] Vgl. Heiber (1983), S. 192ff.
[119] In den Ranglisten werden lediglich 20 der 22 Hochschulen berücksichtigt.
[120] Vgl. Hüfner et al. (1984), S. 98ff.
[121] Da die Zahl der gedruckten Buchstaben pro Seite zwischen diesen Zeitschriften variiert, erfolgt eine Standardisierung der Seiten.

ren anteilig zugeordnet.[122] Anhand dieser Daten erstellt LERBINGER eine Rangfolge der Universitäten hinsichtlich der Publikationsmenge. In seiner Stellungnahme zu dieser Studie greift ALBACH den von LERBINGER berechneten Publikationsindikator auf und modifiziert ihn dahingehend, als dass er die Publikationsmenge der Universitäten durch die Anzahl der an den Fachbereichen der Universitäten tätigen Professoren und Privatdozenten der BWL dividiert und so einen Produktivitätsindikator generiert, der die ursprüngliche Reihenfolge der Fachbereiche stark verändert.[123]

POMMEREHNE greift im Jahr 1986 die Pilotstudie von HÜFNER ET AL. auf und erweitert diese um eine Qualitätsgewichtung. Auf Basis der Befragung einer Zufallsauswahl der in Deutschland wohnhaften Mitglieder des *Vereins für Socialpolitik* konstruiert POMMEREHNE ein Ranking wirtschaftswissenschaftlicher Fachzeitschriften. Er ergänzt die von HÜFNER ET AL. durchgeführte Berechnung der Forschungsproduktivität betriebswirtschaftlicher Fachbereiche, indem er die Beiträge in den verschiedenen Zeitschriften zum einen mit dem umgekehrten Rang der betreffenden Zeitschrift und zum anderen mit dem Prozentanteil von Nennungen, den die jeweilige Zeitschrift im Rahmen der Befragung auf sich vereinigt, gewichtet.[124]

HÜFNER ET AL. erweitern 1987 ihre Pilotstudie in mehrfacher Hinsicht. Sie ergänzen die Menge der ausgewerteten Zeitschriften um die Zeitschrift *Kredit und Kapital* und verlängern den Untersuchungszeitraum auf die Periode 1970–1984. Darüber hinaus berücksichtigen sie in der Rangordnung insgesamt 51 betriebswirtschaftliche Fachbereiche. Neben dieser modifizierten Auswertung der Zeitschriftenpublikationen erheben HÜFNER ET AL. mit Hilfe einer personenbezogenen Auswertung für die an deutschen Hochschulen in der Disziplin BWL tätigen Hochschullehrer die Anzahl der zwischen 1979 und 1984 veröffentlichten Monographien mit der Datenbank *BIBLIO 76*, um daraus Ranglisten hinsichtlich des Forschungsoutputs und der Forschungsproduktivität abzuleiten. In einer dritten Teiluntersuchung analysieren die Autoren mit einer personenbezogenen Erhebung die Zitationshäufigkeiten der Hochschullehrer im SSCI im Zeitraum von 1981 bis 1984. Der Wert dieser Abfragen ist jedoch dadurch stark eingegrenzt, als dass sie auf deutschsprachige wirtschaftswissenschaftliche Zeitschriften, die vom SSCI ausgewertet wurden, eingegrenzt worden sind. In dem untersuchten Zeitraum wurden als deutschsprachige betriebswirtschaftliche Zeitschriften lediglich die BFuP und DU für den SSCI ausgewertet. Die auf die Hochschullehrer entfallenden Zitationshäufigkeiten werden zu Fachbereichen aggregiert und in Form von zwei Ranglisten ausgewertet. Zum

---

122 Vgl. Lerbinger (1985), S. 848f.

123 Vgl. Albach (1985), S. 862f.

124 Vgl. Pommerehne (1986), S. 292ff.

einen werden die Fachbereiche nach Maßgabe der insgesamt auf sie entfallenden Zitationen geordnet und zum anderen wird die Anzahl der Zitationen je Fachbereich durch die Anzahl der dort beschäftigten Hochschullehrer dividiert.[125]

FABEL/HEẞE analysieren die Forschungsaktivitäten betriebswirtschaftlicher Fachbereiche in Deutschland in ihrer Studie aus dem Jahr 1999 für den Zeitraum 1992–1997. In einer personenbezogenen Erhebung erfassen sie den auf Aufsätze in Zeitschriften und Sammelbänden beschränkten Publikationsoutput von 424 Professoren und 1748 wissenschaftlichen Mitarbeitern an insgesamt 45 betriebswirtschaftlichen Fachbereichen. Sie werten den internationalen bibliografischen Index *Econlit* sowie die deutschsprachige Datenbank *WISO I* aus. Aus dieser Abfrage resultieren 324 Veröffentlichungen aus Econlit und 2120 Veröffentlichungen aus WISO I. FABEL/HEẞE berechnen auf Basis dieser Datengrundlage vier verschiedene Produktivitätsindizes, anhand derer die Fachbereiche gerankt werden. Für diese Indizes wird der auf vier verschiedene Arten berechnete Forschungsoutput jeweils durch die Anzahl der an einem Fachbereich beschäftigen Mitarbeiter (Professoren und wissenschaftliche Mitarbeiter) geteilt, dabei werden in Koautorenschaft erstellte Publikationen den Autoren anteilig zugerechnet. Der Forschungsoutput eines Mitarbeiters wird jeweils dem Fachbereich zugerechnet, dem er zum Zeitpunkt der Datenerhebung angehörte. Für die erste Rangliste wird der Forschungsoutput mit dem Index Econlit erhoben, ohne eine weitere Qualitätsgewichtung vorzunehmen. Die zweite Rangliste basiert ebenfalls auf Econlit, die erfassten Publikationen werden jedoch mit ihren aus den JCR des Jahres 1990 entnommenen Impact-Faktoren gewichtet.[126] Die dritte Rangliste basiert auf dem mit der Datenbank WISO I erhobenen Forschungsoutput. Da diese Veröffentlichungsmenge einige sowohl in WISO I als auch in Econlit erfasste Beiträge erhält, berechnen die Autoren eine vierte Rangliste in der die doppelt erfassten Beiträge aus der Menge der WISO I-Veröffentlichungen herausgerechnet werden.[127]

WINTERHAGER ET AL. untersuchen in ihrer Studie aus dem Jahr 2001 im Auftrag des BMBF die Entwicklung der Sichtbarkeit und Wahrnehmung Deutschlands in den international führenden Zeitschriften der Wirtschaftswissenschaften relativ zu anderen Ländern. Sie erheben zu diesem Zweck die in den Zeitschriften der Kategorien *economics* und *management* im SSCI publizierten Beiträge und die auf sie entfallenden Zitationen im SSCI. Diese Daten werden auch auf Ebene der veröffentlichenden Institutionen (i.d.R. Hochschulen) ausgewertet, allerdings ohne explizit eine Rangliste zu erstellen. Die Auswertung erfolgt u.a. getrennt

[125] Vgl. Hüfner et al. (1987), S. 75ff.

[126] Zeitschriften, die in Econlit aber nicht in den JCR gelistet sind, wurde der Impact-Faktor 0,1, der am unteren Rand der Impact-Faktoren aus den JCR liegt, zugeordnet. Vgl. dazu Fabel/Heße (1999), S. 198.

[127] Vgl. Fabel/Heße (1999), S. 197ff.

für die Kategorien *economics* und *management*. Für die Institutionen, die im Zeitraum von 1993 bis 1999 mindestens 15 Beiträge in den entsprechenden Kategorien vorzuweisen haben, werden die Anzahl der Publikationen im genannten Zeitraum, die Anzahl der Zitationen, die auf die im Zeitraum 1993–1997 publizierten Beiträge bis zum Oktober 2000 entfallen sowie die Zitationsrate als Quotient aus Zitationen und Publikationen ausgewiesen. Darüber hinaus wird die Anzahl der bis zum Oktober 2000 unzitiert gebliebenen Publikationen, die Zahl der Zitationen für die höchstzitierte Publikation einer Institution sowie eine journalbezogene relative Zitationsrate, die als Quotient aus der Summe der erzielten Zitationen pro Publikation und der Summe der zeitschriftenspezifischen erwarteten Zitationen pro Publikation gebildet wird, aufgeführt. Eine Gewichtung der Publikationen mit ihrem Impact-Faktor lehnen die Autoren strikt ab, da die Schätzung der Zitationswirkung von Publikationen mittels Impact-Faktor nicht dem aktuellen Stand der Technik entspreche.[128] Eine genaue Unterteilung der Untersuchungsergebnisse von WINTERHAGER ET AL. in die einzelnen Disziplinen VWL und BWL ist nicht ohne Weiteres möglich. Die in der Kategorie *economics* gelisteten Zeitschriften sind zwar vorwiegend volkswirtschaftlich ausgerichtet, allerdings waren zum Zeitpunkt der Untersuchung auch einige primär betriebswirtschaftlich orientierte Zeitschriften (z.B. einige Zeitschriften aus dem Bereich Marketing) in dieser Kategorie enthalten. Die Kategorie *management* enthielt zum Untersuchungszeitpunkt dagegen im Wesentlichen betriebswirtschaftlich ausgerichtete Zeitschriften.[129]

STERNBERG/LITZENBERGER untersuchen im Jahr 2003 die Forschungsleistung der Wirtschafts- und Sozialwissenschaftlichen Fakultät der Universität zu Köln und elf weiterer ausgewählter Fachbereiche in der BWL. Die Grundgesamtheit ihrer Untersuchung bilden die im SSCI erfassten Artikel, die zwischen 1993 und 2002 veröffentlicht wurden und von denen mindestens ein Autor zum Zeitpunkt der Einreichung des Manuskripts an einer der zwölf Universitäten in der BWL tätig war. Anhand der erfassten Publikationen und der auf sie entfallenden Zitationen im SSCI bis zum April 2003 berechnen sie für die untersuchten Fachbereiche verschiedene Publikations- und Zitationsmaße, die sowohl Output- als auch Produktivitätsindikatoren umfassen. Für die Berechnung der Publikationsindikatoren erfolgt eine Gewichtung der Artikel mit ihren Seitenzahlen, der Autorenzahl sowie dem jahresspezifischen Impact-Faktor der veröffentlichenden Zeitschrift. Sie begründen ihr Vorgehen damit, dass

---

[128] Vgl. Winterhager et al. (2001), S. 1ff.

[129] Die in die Untersuchung einbezogenen Zeitschriften weisen Winterhager et al. getrennt nach den beiden Kategorien im Anhang ihrer Arbeit aus. Vgl. dazu Winterhager et al. (2001), S. 44. Die Zusammensetzung der Kategorien ist im Zeitablauf Änderungen unterworfen.

Impactmaße zum Standardinstrumentarium für die Gewichtung von Zeitschriften gehören.[130] Bei den Zitationsindikatoren gewichten sie die auf die Fachbereiche entfallenden Zitationen mit dem Alter der zitierten Artikel, da alte Artikel im Durchschnitt zu einem gegebenen Zeitpunkt mehr Zitationen aufweisen als jüngere. Im Falle der Koautorenschaft erfolgt eine anteilsmäßige Aufteilung der Zitationen auf die beteiligten Autoren.

2.5.2 Neuere Entwicklungen

Das CHE erhebt für das Forschungsranking betriebswirtschaftlicher Fachbereiche aus dem Jahr 2005 die Publikationen mit den Datenbanken *Solis*, *HWWA*, *ECONIS* und *BLISS*. Mit diesen Datenbanken werden die Publikationen der Professoren im Zeitraum von 2001 bis 2003 erhoben. Basis der Analysen sind die von den Fachbereichen geprüften Namenslisten der dort beschäftigten Professoren. Die Beiträge werden mit ihrer Länge und der Anzahl der beteiligten Autoren gewichtet. Die Erhebung ist nicht auf Zeitschriftenbeiträge beschränkt, sondern umfasst mehrere Publikationsgattungen, wie z.B. Monographien und Beiträge in Sammelbänden. Eine Qualitätsgewichtung erfolgt lediglich insofern, als dass graue Literatur nicht berücksichtigt wird.[131]

HÄRING erstellte das in der Zeitung *Handelsblatt* im Jahr 2005 veröffentlichte Ranking „der klügsten Köpfe der BWL“. In diesem Ranking ermittelt der Autor die 25 forschungsstärksten Hochschullehrer für Betriebswirtschaft in Deutschland anhand ihrer Publikationen in renommierten Fachzeitschriften im Zeitraum von 1996 bis 2005. Für die Berechnung des Publikationsindikators werden Veröffentlichungen in den Zeitschriften berücksichtigt, die im VHB-JOURQUAL den Ratingkategorien A+, A oder B zugeordnet wurden. Zeitschriften der Kategorie A+ erhalten das Qualitätsgewicht 8, Zeitschriften der Kategorie A das Qualitätsgewicht 4 und Zeitschriften der Kategorie B das Qualitätsgewicht 2, im Falle von Koautorenschaften erfolgt eine anteilige Zurechnung von Publikationspunkten. Bei jüngeren Autoren, die noch nicht seit 1996 publizieren, werden die Publikationspunkte mit einem Korrekturfaktor auf den gesamten Zeitraum hochgerechnet. Das Ranking basiert auf einer Auswertung der Publikationsverzeichnisse von etwa 100 in Deutschland tätigen Mitgliedern des VHB, die anhand der Befragung erfahrener Hochschullehrer sowie einer noch unveröffentlichten Zitationsrangliste von DILGER ausgewählt wurden. Eine detaillierte Auswertung der Ergebnisse auf Ebene betriebswirtschaftlicher Fachbereiche erfolgt nicht. Es werden jedoch drei führende

[130] Vgl. Sternberg/Litzenberger (2003), S. 19.
[131] Vgl. Berghoff et al. (2006), S. E – 8ff.

betriebswirtschaftliche Fachbereiche genannt, deren Mitglieder besonders gut in dem Hochschullehrer-Ranking abgeschnitten haben.[132]

GMÜR präsentiert in 2005 ein Ranking von Forschern auf dem Gebiet der Personalwirtschaftslehre. Als Datengrundlage für sein Ranking fungiert das Handwörterbuch des Personalwesens. Er ermittelt für jeden der 200 Beiträge in diesem Handwörterbuch, welche Forscher in diesem Beitrag mit mindestens einer ihrer Veröffentlichungen zitiert wurden. Selbstzitate werden dabei aus der Untersuchung ausgeschlossen. Auf Basis dieser Auswertung berechnet GMÜR für die zitierten Forscher den Anteil der Beiträge, in denen sie mit mindestens einer Veröffentlichung zitiert werden. In dem darauf aufbauenden Ranking weist er die gemäß dieser Kennzahl meistzitierten Forscher gestaffelt in drei Altersgruppen aus.[133]

MACHARZINA ET AL. untersuchen in ihrer Studie aus 2006 die Forschungsleistung in der deutschsprachigen BWL im Zeitraum von 1982 bis 2001.[134] Die Ausgestaltung ihrer Untersuchung ist eng an die Methodik der Pilotstudie von HÜFNER ET AL. angelehnt.[135] Sie erweitern die Zeitschriftenauswahl der Pilotstudie um die Zeitschrift JfB. Die in den Zeitschriften erschienenen Beiträge[136] werden den beteiligten Autoren anteilig zugerechnet, darüber hinaus aber nicht weiter gewichtet. Sie erstellen ein Ranking der Autoren dieser Zeitschriften nach Maßgabe der Anzahl der von ihnen verfassten Beiträge. In einer Zusatzauswertung modifizieren MACHARZINA ET AL. dieses Ranking dahingehend, dass lediglich die drei Top-Zeitschriften aus der Menge der sechs ausgewerteten Zeitschriften, nämlich die DBW, ZfB und ZfbF berücksichtigt werden.[137]

---

132 Vgl. Häring (2005), S. 11.

133 Vgl. Gmür (2005), S. 26ff. Voeth et al. (2006) führen eine Zitationsanalyse für die deutschsprachigen Jahrgänge der *Marketing ZFP* von 1979 bis 2004 durch. Sie untersuchen u.a., welche Zeitschriften, Beiträge und Wissenschaftler besonders häufig zitiert werden. Schäffer et al. (2006) untersuchen die Struktur und Entwicklung der Controllingforschung anhand einer Zitations- und Kozitationsanalyse von Controllingbeiträgen in deutschsprachigen wissenschaftlichen Zeitschriften von 1970 bis 2003. Sie untersuchen u.a. welche Quellen und Autoren besonders häufig zitiert werden. Da die Beiträge von Schäffer et al. (2006) und Voeth et al. (2006) lediglich Teilgebiete der BWL betreffen und die Messung der Forschungsleistung betriebswirtschaftlicher Forscher oder Fachbereiche nicht im Vordergrund steht, wird auf eine ausführliche Darstellung verzichtet. Der Beitrag von Gmür (2005) wird im Gegensatz dazu deshalb dargestellt, weil das zitationsbasierte Ranking betriebswirtschaftlicher Forscher auf dem Gebiet der Personalwirtschaftslehre das zentrale Anliegen des Beitrags ist.

134 Die Studie stellt eine Zusammenführung zweier Vorgängerstudien dar, in denen Macharzina et al. (1993) den Zeitraum von 1982 bis 1991 und Macharzina et al. (2004) den Zeitraum von 1992 bis 2001 abdecken. Aus Gründen der Redundanzfreiheit wird darauf verzichtet, diese Vorgängerstudien ausführlich darzustellen, da sie in methodischer Hinsicht nahezu identisch mit der hier vorgestellten Studie sind.

135 Macharzina et al. beziehen sich nicht explizit auf Hüfner et al. (1984) sondern auf Rau (1986). Vgl. dazu Macharzina et al. (2006), S. 7. Die von Rau präsentierten Ergebnisse stammen jedoch aus der Pilotstudie von Hüfner et al. (1984), an der Rau als einer der Koautoren beteiligt war.

136 Buchbesprechungen, Repliken, Kommentare und sonstige Kurzbeiträge mit weniger als fünf Seiten werden nicht berücksichtigt. Vgl. dazu Macharzina et al. (2006), S. 10.

137 Sie verweisen in diesem Kontext auf das Zeitschriftenranking in Hüfner/Rau (1989) sowie das von Hennig-Thurau et al. erstellte VHB-JOURQUAL. Vgl. dazu Macharzina et al. (2006), S. 12.

In einer weiteren Auswertung untersuchen die Autoren, welche betriebswirtschaftlichen Fachbereiche zu den Publikationen in den sechs ausgewählten Zeitschriften beigetragen haben. Zu diesem Zweck rechnen sie die Artikel bzw. daraus resultierenden Punktanteile denjenigen Hochschulen bzw. Fachbereichen zu, die auf dem Deckblatt des jeweiligen Beitrags genannt waren. Die betriebswirtschaftlichen Fachbereiche werden anhand des auf sie entfallenden Forschungsoutputs in eine Rangfolge gebracht. In einer zweiten Auswertung wird die Forschungsproduktivität der Fachbereiche als Grundlage für Berechnung der Rangfolge herangezogen, indem der Forschungsoutput durch die durchschnittliche Anzahl betriebswirtschaftlicher Professuren der Fachbereiche im Untersuchungszeitraum dividiert wird.[138]

MACHARZINA ET AL. begründen ihr Vorgehen, die Forschungsleistung in der deutschsprachigen BWL ausschließlich über deutschsprachige Zeitschriften zu messen, u.a. mit der viel zu schwachen Präsenz deutscher Wirtschaftswissenschaftler in internationalen Spitzenzeitschriften. Sie mutmaßen, dass deren Einbeziehung infolgedessen keine wesentliche Ergebnisveränderung bewirken würde.

2.5.3 Zusammenführung

In Tabelle 2.5.3.1 werden die wesentlichen Merkmale der hier präsentierten Studien in einer Übersicht zusammengeführt. Die Studie von WINTERHAGER ET AL. ist in dieser Übersicht in eckige Klammern gesetzt, da sie sich nicht konkret auf betriebswirtschaftliche Fachbereiche bezieht, sondern auf den Beitrag deutscher Institutionen in den international führenden Zeitschriften der Wirtschaftswissenschaften.

Die Analyse der in Tabelle 2.5.3.1 aufgeführten Studien zeigt, dass ein breites Spektrum an bibliometrischen Methoden eingesetzt wird, um die Forschungsleistung betriebswirtschaftlicher Forscher und Fachbereiche zu messen. Diese methodische Vielfalt lässt darauf schließen, dass sich noch kein verbindlicher Standard hinsichtlich der Messung von Forschungsleistung herausgebildet hat. Interessante Erkenntnisse ergeben sich überdies bei einer Untersuchung der eingesetzten Methoden im Zeitablauf. Während in den Studien aus den 80er-Jahren vorwiegend auf die renommierten deutschsprachigen Zeitschriften der ABWL zurückgegriffen wurde, wird in aktuelleren Studien Beiträgen in internationalen Fachzeitschriften und auch deren Rezeption mehr Bedeutung beigemessen. Bemerkenswert ist bspw., dass zahlreiche der – laut HÄRING – „klügsten Köpfe der BWL“ ihre hervorragenden Platzierungen im Ranking des *Handelsblatts* insbesondere ihren Veröffentlichungen in internationalen Spitzenzeitschrif-

[138] Vgl. Macharzina et al. (2006), S. 18ff.

ten zu verdanken haben.[139] MACHARZINA ET AL. beziehen solche Spitzenzeitschriften dagegen aufgrund der ihrer Meinung nach viel zu geringen Präsenz deutscher Wirtschaftswissenschaftler nicht in ihre Untersuchung ein.

[139] Dieser Umstand ist insbesondere darauf zurückzuführen, dass Zeitschriften aus den Kategorien A+ und A ein sehr hohes Qualitätsgewicht von Häring zugewiesen wurden. Die renommiertesten deutschsprachigen Zeitschriften der ABWL sind darüber hinaus im VHB-JOURQUAL der Kategorie B zugeordnet worden.

Studienmerkmale / Autoren (Jahr der Veröffentlichung)	Untersuchungszeitraum/-punkt	Methodik	Datenbasis	Aggregationsebene	Ergebnisse
Heiber (1983)	1969-1981	Auszählung von Zitationen der Mitglieder des VHB in den verschiedenen Handwörterbüchern der Enzyklopädie der BWL	Enzyklopädie der BWL	Forscher und Fachbereich	Rangfolge der Fachbereiche nach relativem Impact-Faktor; Rangfolge der Forscher nach Zahl der Zitationen
Hüfner et al. (1984)	1970-1981	Auszählung von Publikationen in ausgewählten Zeitschriften	BFuP, DBW, DU, ZfB, ZfbF	Fachbereich	Rangfolgen nach Publikationsmengen und Forschungsproduktivität
Lerbinger (1985)	1972-1981	Auszählung von Publikationsmengen (Seitenzahlen) in ausgewählten Zeitschriften	BFuP, DB, DBW, DU, ZfB, ZfbF	Fachbereich	Rangfolge nach der Publikationsmenge (Seitenzahlen)
Albach (1985)	1972-1982	Auszählung von Publikationsmengen (Seitenzahlen) in ausgewählten Zeitschriften	BFuP, DB, DBW, DU, ZfB, ZfbF	Fachbereich	Rangfolge nach der Forschungsproduktivität
Pommerehne (1986)	1970-1981	Auszählung von Publikationen in ausgewählten Zeitschriften; Erstellung eines befragungsbasierten Zeitschriftenrankings zur qualitativen Gewichtung des Forschungsoutputs	BFuP, DBW, DU, ZfB, ZfbF	Fachbereich	Qualitätsgewichtete Rangfolgen der Forschungsproduktivität
Hüfner et al. (1987)	1970-1984; 1979-1984; 1981-1984	Auszählung von Publikationen in ausgewählten Zeitschriften; personenbezogene Erhebung von Monographien, personenbezogene Erhebung von Zitationen in deutschsprachigen betriebswirtschaftlichen Zeitschriften im SSCI	BFuP, DBW, DU, KuK, ZfB, ZfbF; BIBLIO 76, SSCI (nur deutschsprachige betriebswirtschaftliche Zeitschriften)	Fachbereich	Verschiedene Rangfolgen nach Forschungsoutput (Zeitschriftenbeiträge, Monographien, Zitationen) und Forschungsproduktivität
Fabel/Heße (1999)	1992-1997	Personenbezogene Erhebung von Zeitschriften- und Sammelbandbeiträgen; u.a. qualitative Gewichtung mittels Impact-Faktor	Econlit, WISO I; JCR	Fachbereich	Verschiedene Rangfolgen nach der Forschungsproduktivität
Sternberg/Litzenberger (2003)	1993-2002	Erhebung im SSCI gelisteter Publikationen und der auf sie entfallenden Zitationen bis zum April 2003; Berechnung verschiedener Publikations- und Zitationsindikatoren; u.a. qualitative Gewichtung mittels Impact-Faktor	SSCI, JCR	Fachbereich	Verschiedene Rangfolgen nach Forschungsoutput (Publikationen, Zitationen) und Forschungsproduktivität
[Winterhager et al. (2001)]	1993-1999; 1993-1997	Erhebung von Publikationen mit deutscher Beteiligung in den Kategorien economics und management des SSCI; Ermittlung der auf die Publikationen entfallenden Zitationen im SSCI	SSCI (Kategorien economics und management)	Hochschule/ Institution	Verschiedene Publikations- und Zitationsindikatoren auf Hochschulebene
Häring (2005)	1996-2005	Auswertung von Literaturverzeichnissen ausgewählter VHB-Mitglieder; Gewichtung von Zeitschriftenbeiträgen anhand des VHB-JOURQUAL	Literaturverzeichnisse; VHB-JOURQUAL	Forscher	Rangfolge nach der Forschungsproduktivität
Gmür (2005)	2004	Auszählung des Anteils der Beiträge im HWP, in denen ein Forscher zitiert wird	HWP	Forscher	Rangfolge nach dem Forschungsoutput
Macharzina (2006)	1982-2001	Auszählung von Publikationen in ausgewählten Zeitschriften	BFuP, DBW, DU, JfB, ZfB, ZfbF	Forscher und Fachbereich	Rangfolgen nach Publikationsmengen und Forschungsproduktivität
Berghoff et al. (2006) (CHE)	2001-2003	Personenbezogene Erhebung von Publikationsmengen (abschnittsweise lineare Gewichtung der Seitenzahlen)	HWWA, ECONIS, BLISS	Fachbereich	Ranggruppen nach Forschungsoutput und Forschungsproduktivität

Tabelle 2.5.3.1: Synopse zur bibliometrischen Erfassung der Forschungsleistung betriebswirtschaftlicher Fachbereiche und Forscher in Deutschland

Diametral entgegen gesetzte Positionen zeigen sich insbesondere hinsichtlich der Qualitätsgewichtung von Publikationen anhand von Impact-Faktoren. Während FABEL/HEßE und STERNBERG/LITZENBERGER auf dieses Verfahren zurückgreifen, lehnen es WINTERHAGER ET AL. strikt ab. Ähnliche Gegensätze zeigen sich in der Diskussion darüber, inwieweit der SSCI geeignet ist, die Forschungsleistung betriebswirtschaftlicher Forscher und Fachbereiche in Deutschland zu messen. STERNBERG/LITZENBERGER halten ihn diesbezüglich für geeignet und verweisen insbesondere darauf, dass die Dominanz englischsprachiger Zeitschriften im SSCI insofern unproblematisch sei, als dass alle Fachbereiche dadurch in gleicher Weise diskriminiert würden. Darüber hinaus betonen sie, dass der SSCI die weltweit mit Abstand am häufigsten genutzte Datenbank für institutionenvergleichende bibliometrische Analysen in den Wirtschafts- und Sozialwissenschaften sei.[140] MACHARZINA ET AL. lehnen eine zitationsanalytische Messung der Forschungsleistung mittels des SSCI dagegen u.a. deshalb ab, weil deutsche Wissenschaftler auf dem Gebiet der BWL vorwiegend in deutschsprachigen Organen publizieren, die im SSCI nicht erfasst sind. Weiterhin halten sie den Index für problematisch, da viele erstklassige deutschsprachige Fachzeitschriften fehlen, andere drittklassige Journale aber erfasst werden.[141] In ähnlicher Weise hält DILGER den SSCI aufgrund der mangelhaften Erfassung deutschsprachiger Zeitschriften für systematisch verzerrt. Da er den SSCI im Hinblick auf Evaluation für problematisch hält, fordert er die Erstellung eines deutschsprachigen sozialwissenschaftlichen Zitationsindexes.[142] KIESER sieht dahingehend Einschränkungen in der Eignung des SSCI als Evaluationsinstrument, als dass ein Großteil der deutschen Betriebswirte dort überhaupt nicht vorkommt.[143]

2.6 Ableitung von Forschungsbedarf

Die Ausführungen in Abschnitt 2.5 belegen, dass hinsichtlich der Fragestellung, inwieweit der SSCI zur Messung der Forschungsleistung betriebswirtschaftlicher Forscher und Fachbereiche in Deutschland geeignet ist, Forschungsbedarf in verschiedener Hinsicht besteht. Von zentraler Bedeutung für diese Frage ist zunächst die Erfassung betriebswirtschaftlich relevanter Zeitschriften im SSCI. In dieser Hinsicht gilt es konkret zu prüfen, welche betriebswirtschaftlich relevanten Zeitschriften dort gelistet sind, welche fehlen und wie diese Zeitschriften in qualitativer Hinsicht zu beurteilen sind. Des Weiteren ist zu analysieren, inwieweit verschiedene betriebswirtschaftliche Forschungsfelder mit denen für sie relevanten Zeitschriften

140 Vgl. Sternberg/Litzenberger (2003), S. 7f.
141 Vgl. Macharzina et al. (2006), S. 4ff.
142 Vgl. Dilger (2000), S. 476.
143 Vgl. Kieser (1998), S. 216.

im SSCI vertreten sind. Diese Fragestellung ist insbesondere deshalb relevant, weil der Forschungsoutput auf nur wenig im SSCI vertretenen Forschungsfeldern bei SSCI-basierten Leistungsmessungen kaum berücksichtigt wird. Die Forschungsleistung von Forschern oder Fachbereichen mit spezifischen Stärken in diesen Forschungsfeldern würde folglich durch eine ausschließlich SSCI-basierte Leistungsmessung wesentlich unterschätzt. Diese Problemstellungen sind Gegenstand des vierten Kapitels dieser Dissertation. Die dort durchgeführten Analysen zeigen, dass auch der von ISI angebotene SCI-X betriebswirtschaftlich relevante Zeitschriften einzelner Forschungsfelder in einer nicht zu vernachlässigenden Menge enthält, so dass dieser in die Analysen einbezogen wird.

Besondere Relevanz für zitationsanalytische Messungen der Forschungsleistung besitzt zudem die Frage, inwieweit Aufsätze in verschiedenen Fachgebieten unterschiedlich häufig zitiert werden. Diese Problemstellung wird im fünften Kapitel für verschiedene betriebswirtschaftliche Forschungsfelder mit Hilfe der ISI-Zitationsindizes untersucht. Darüber hinaus wird anhand der vom *Centre for Science and Technology Studies* (CWTS) verwendeten bibliometrischen Indikatoren veranschaulicht, wie gebietsspezifische Effekte adäquat in Zitationsanalysen berücksichtigt werden können. Die Aussagekraft zitationsanalytischer Leistungsmessungen mit Hilfe der ISI-Zitationsindizes hängt auch davon ab, wie viele Publikationen einer Organisationseinheit in den ISI-Zitationsindizes erfasst werden und wie hoch der Anteil dieser Publikationen am Gesamtpublikationsoutput der jeweiligen Organisationseinheit ist. Aus diesem Grund wird mittels einer Sekundärdatenanalyse untersucht, wie der Publikationsoutput ausgewählter betriebswirtschaftlicher Fachbereiche im SSCI in Relation zu ihren deutschsprachigen Zeitschriftenveröffentlichungen zu beurteilen ist und welche Implikationen damit für SSCI-basierte Leistungsmessungen verbunden sind.

Weiterer Forschungsbedarf besteht in Bezug auf das Vorgehen, Impact-Faktoren zur Qualitätsgewichtung von Zeitschriftenbeiträgen heranzuziehen. Da in bibliometrischen Analysen i.d.R. die von ISI in den JCR bereitgestellten Impact-Faktoren verwendet werden und diese nur solche Zeitschriften beinhalten, die seit mindestens drei Jahren für SSCI und/oder SCI-X ausgewertet werden, besteht ein enger inhaltlicher Bezug dieser Thematik zu der im vorherigen Absatz erläuterten Problemstellung. Das – insbesondere in der Medizin häufig angewandte – Vorgehen, Impact-Faktoren zur Qualitätsgewichtung von Zeitschriftenbeiträgen zu verwenden, wird insbesondere deshalb scharf kritisiert, weil die Zitationshäufigkeiten der in einer Zeitschrift erschienenen Artikel i.d.R. so schief verteilt sind, dass der Impact-Faktor für einen einzelnen Artikel nur in wenigen Fällen repräsentativ ist.[144] Durch diese Vereinfachung wird der Impact der zahlreichen wenig oder kaum zitierten Beiträge über- und der Impact der häufig zitierten Beiträge in einer Zeitschrift unterschätzt. Der Kritikpunkt, dass von der Qualität einer Zeitschrift nicht zwangsläufig treffend auf die Qualität jedes einzelnen in der Zeitschrift veröffentlichten Artikels geschlossen werden kann, trifft jedoch nicht nur auf Impact-Faktoren als Gewichtungsgrundlage, sondern auf Zeitschriftenrankings als Grundlage für Qualitätsgewichte generell zu.[145] Fraglich ist jedoch, inwieweit die von ISI in den JCR aufgeführten Impact-Faktoren betriebswirtschaftlich relevanter Zeitschriften grundsätzlich mit der qualitativen Einschätzung dieser Zeitschriften durch betriebswirtschaftliche Forscher aus Deutschland korrespondieren, so dass diese sinnvoll zur Qualitätsgewichtung oder zum Ranking von Fachzeitschriften herangezogen werden können. Diese Thematik steht im Fokus des sechsten Kapitels dieser Dissertation.

Der in Abschnitt 2.5 skizzierte Stand der Forschung zeigt, dass die internationale Sichtbarkeit und Wahrnehmung betriebswirtschaftlicher Forscher und Fachbereiche aus Deutschland kaum erforscht ist. Diese ist insofern von Bedeutung für die Eignung der ISI-Zitationsindizes als Instrument zur Messung der Forschungsleistung betriebswirtschaftlicher Forscher oder Fachbereiche, als dass zu prüfen ist, in welcher Fallzahl Publikationen und Zitationen für sie überhaupt vorliegen. Werden bspw. nur sehr wenige betriebswirtschaftliche Forscher aus Deutschland im SSCI oder SCI-X zitiert, so besteht das Problem, dass die Forschungsleistung der zahlreichen nicht zitierten Forscher mit Hilfe derartiger Zitationsindikatoren nicht differenziert werden kann. Darüber hinaus ist es von Interesse, wie sich die internationale Sichtbarkeit der deutschen BWL im Zeitablauf entwickelt hat, welche Zeitschriften diesbezüglich besonders häufig genutzt werden und wie die Publikationen und Zitationen auf Hochschullehrer, Fachbereiche sowie Fachzeitschriften verteilt sind. Diese und weitere Fragestellungen werden im Teil C mittels einer explorativ angelegten Pilotstudie in Kapitel 7 und einer umfassenderen Hauptstudie in Kapitel 8 untersucht.

Da der Schwerpunkt dieser Dissertation auf der Leistungsmessung mit Hilfe bibliometrischer Indikatoren liegt, ist das folgende Kapitel einer ausführlichen grundlegenden Diskussion von Publikations- und Zitationsindikatoren gewidmet. Dieses Kapitel besitzt besondere Relevanz hinsichtlich der Interpretation der Ergebnisse von Forschungsleistungsmessungen auf Basis bibliometrischer Indikatoren. Die quantitativen Ergebnisse derartiger Messungen erwecken

[144] Vgl. Seglen (1991), S. 74, Seglen (1992), S. 631, und Adam (2002), S. 727ff., der sich auch mit Problemen der Datenqualität der von ISI bereitgestellten Impact-Faktoren befasst.

[145] Vgl. dazu auch Starbuck (2005), S. 180.

häufig den Eindruck, einen sehr genauen Überblick über die Forschungsleistung zu geben und bergen damit die Gefahr, nicht ausreichend relativiert zu werden.[146] Vor diesem Hintergrund wird im folgenden Kapitel detailliert erläutert, welche Rolle der wissenschaftliche Wettbewerb als Grundlage bibliometrischer Indikatoren spielt, warum zitiert wird und welche Schlüsse daraus für die Interpretation bibliometrischer Indikatoren gezogen werden können. Eine Synopse der Forschungsfragen, die in den einzelnen Kapiteln dieser Dissertation behandelt werden, befindet sich in der nachfolgend präsentierten Tabelle 2.6.1.

[146] Vgl. dazu auch Weingart (2003).

Teil A - Grundlegende Überlegungen zur Leistungsmessung der Hochschulforschung

Kap. 1	Einleitung
Kap. 2	Wie werden zentrale Begriffe dieser Dissertation abgegrenzt? Wie kann eine sinnvolle Ziel- und Indikatorenstruktur der Hochschulforschung aussehen? Inwieweit besteht hinsichtlich der indikatorenbasierten Leistungsmessung der Hochschulforschung in der BWL Forschungsbedarf?
Kap. 3	Welche Zusammenhänge bestehen zwischen dem wissenschaftlichen Wettbewerb und bibliometrischen Indikatoren zur Leistungsmessung der Hochschulforschung? Welche Implikationen sind aus empirischen Studien zur Relevanz von Zitiergründen und Validität von Zitationsindikatoren im Hinblick auf die zitationsbasierte Leistungsmessung der Hochschulforschung grundsätzlich abzuleiten?

Teil B - Konzeptionelle Überlegungen

Kap. 4	Wie ist die Erfassung betriebswirtschaftlich relevanter Zeitschriften im SSCI und SCI-X hinsichtlich der Vollständigkeit und der Qualität der erfassten Zeitschriften zu beurteilen? Welche Implikationen sind mit der Zeitschriftenabdeckung von SSCI und SCI-X in Bezug auf die Leistungsmessung der Hochschulforschung in der BWL verbunden?
Kap. 5	Inwieweit unterscheiden sich die Zitationscharakteristika verschiedener betriebswirtschaftlicher Forschungsfelder im SSCI und SCI-X? Wie können gebietsspezifische Effekte bei der zitationsanalytischen Messung der Forschungsleistung adäquat berücksichtigt werden? Wie ist der Publikationsoutput ausgewählter betriebswirtschaftlicher Fachbereiche im SSCI in Relation zu ihren Veröffentlichungen in deutschsprachigen Fachzeitschriften zu beurteilen und welche Implikationen sind damit für SSCI-basierte Leistungsmessungen verbunden?
Kap. 6	Inwieweit eignen sich die Impact-Faktoren aus den JCR grundsätzlich als Qualitätsgewichte in Publikationsanalysen und als Instrument zum Ranking wissenschaftlicher Zeitschriften? Inwieweit sind die Impact-Faktoren aus den JCR geeignete Qualitätsgewichte in Publikationsanalysen zur Leistungsmessung der Hochschulforschung in der BWL? Inwieweit sind die Impact-Faktoren aus den JCR zur Erstellung von Rankings betriebswirtschaftlich relevanter Zeitschriften geeignet?

Teil C - Die Sichtbarkeit und Wahrnehmung betriebswirtschaftlicher Forscher und Fachbereiche in der internationalen Forschung

Kap. 7	Welche international veröffentlichten Aufsätze im deutschen Sprachraum tätiger Hochschullehrer für Betriebswirtschaft werden international besonders stark rezipiert? Welche deutschsprachigen Autoren, Hochschulen und Forschungsfelder tragen besonders zur internationalen Sichtbarkeit der deutschen BWL bei? Welche Ideen für Einflussfaktoren auf die Präsenz deutschsprachiger Autoren in der internationalen Forschung lassen sich aus den Ergebnissen ableiten?
Kap. 8	Wie hat sich die Verteilung der Publikationen der ordentlichen Mitglieder des VHB im SSCI und SCI-X im Zeitablauf entwickelt? Welche Zeitschriften werden besonders häufig zur Publikation genutzt? Wie sind die Publikationen und Zitationen auf die Hochschullehrer verteilt? Welche Hochschullehrer und Hochschulen werden international besonders häufig rezipiert? Was implizieren diese Ergebnisse für den Einsatz des SSCI und SCI-X zur Leistungsmessung betriebswirtschaftlicher Forscher und Fachbereiche in Deutschland?
Kap. 9	Resümee und Ausblick

Tabelle 2.6.1: Synopse der zugrunde liegenden Forschungsfragen

3 Bibliometrische Leistungsindikatoren

3.1 Wissenschaftlicher Wettbewerb als Fundament bibliometrischer Indikatoren

Bibliometrische Indikatoren sind für die Leistungsmessung im Bereich der Hochschulforschung von zentraler Bedeutung, da sie mit dem Zweck der Hochschulforschung, der Produktion neuen i.d.R. öffentlichen Wissens über die Welt, eng verbunden sind. Dies umfasst sowohl die Gewinnung bzw. den Erwerb von Wissen als auch die Verbreitung der wissenschaftlichen Erkenntnisse.[147] Der bei der Gewinnung und Verbreitung wissenschaftlicher Erkenntnisse stattfindende Wettbewerb bildet das Fundament für den Einsatz bibliometrischer Indikatoren in der Leistungsmessung im Bereich der Hochschulforschung. Dieser wissenschaftliche Wettbewerb unterscheidet sich fundamental vom wirtschaftlichen Wettbewerb. Die Ausführungen in diesem Abschnitt sind der Darstellung seiner wesentlichen Merkmale gewidmet.

Im Gegensatz zum wirtschaftlichen Wettbewerb werden beim wissenschaftlichen Wettbewerb keine Tauschvorgänge über Preise koordiniert, da wissenschaftliche Erkenntnisse im Wesentlichen die Merkmale öffentlicher Güter aufweisen. Definitionsmerkmale öffentlicher Güter sind zum einen die Nichtrivalität in der Nutzung und zum anderen das Nicht-Ausschlussprinzip. Die Eigenschaft der Nichtrivalität besagt, dass die Nutzung eines Gutes durch ein Wirtschaftssubjekt andere Wirtschaftssubjekte in keiner Weise in der Nutzung eben dieses Gutes einschränkt. Das Nicht-Ausschlussprinzip bezieht sich auf die fehlende Möglichkeit, Wirtschaftssubjekte von der Nutzung eines Gutes auszuschließen. Diese Eigenschaften sind insofern miteinander verbunden, als dass die meisten Güter, bei denen eine Rivalität in der Nutzung besteht, auch durch die Möglichkeit gekennzeichnet sind, Wirtschaftssubjekte von ihrer Nutzung auszuschließen.[148]

Es bleibt zu hinterfragen, inwieweit das Gut Wissen die Eigenschaften eines öffentlichen Gutes aufweist. Die Eigenschaft der Nichtrivalität in der Nutzung kann in Bezug auf Wissen insofern als erfüllt angesehen werden, als dass Wissen durch seine Nutzung im Prozess der Wissensteilung keinesfalls „verbraucht“ wird. Die Grenzkosten, die durch einen weiteren

---

[147] Vgl. auch Dyckhoff et al. (2005a), S. 63. Gemeinhin wird in Bezug auf den Begriff Wissen zwischen *implizitem* und *explizitem* Wissen unterschieden. Implizites Wissen (tacit knowledge) kann nicht zureichend auf eine kommunizierbare Sprachform gebracht werden. Seine Aneignung erfolgt durch praktisches Einüben. Es ist mit dem Umfeld bzw. Kontext, aus dem heraus es entsteht, verbunden. Das Pendant zum impliziten Wissen bildet das explizite Wissen. Es ist kontextfrei, abstrakt kommunizierbar und theoretisch erlernbar. Die beiden Wissensarten unterscheiden sich fundamental in Bezug auf die bei der Wissensteilung ablaufenden gesellschaftlichen Interaktionsprozesse. Zur Abgrenzung der Wissensarten und deren Implikationen für die Wissensteilung vgl. Helmstädter (2004a), S. 106ff., und Helmstädter (2003/04), S. 204ff. Die Ausführungen in diesem Abschnitt beziehen sich maßgeblich auf explizites Wissen.

[148] Vgl. Romer (1990), S. 73f. Romer weist darauf hin, dass die Nichtausschließbarkeit auch dann gegeben ist, wenn die Kosten, die durch den wirksamen Ausschluss anderer Wirtschaftssubjekte entstehen, im Vergleich zum Wert des Gutes übermäßig hoch sind.

Nutzer hervorgerufen werden, liegen nahe bei Null.[149] Eine umfangreiche Nutzung von Wissen führt in zahlreichen Fällen vielmehr zu einer Erweiterung des Wissensstands. Die Nutzung von Wissen durch ein Individuum wird somit durch andere Nutzer keinesfalls negativ beeinträchtigt.[150]

Der Ausschluss von der Kenntnisnahme wissenschaftlicher Erkenntnisse ist dann kaum möglich, wenn diese dokumentiert und veröffentlicht werden.[151] Dies gilt jedoch nicht unumschränkt für ihre Nutzung. Die Nutzung technologischen Spezialwissens, wie z.B. bestimmter technischer Erfindungen, lässt sich über Patente für eine begrenzte Zeit sichern. STIGLITZ bemerkt in seiner Abhandlung zum Wissen als globalem öffentlichem Gut, dass Wissen aus diesem Grund häufig als *„impure public good"*[152] betrachtet wird. Da das durch die Patentierung ermöglichte Privateigentum an Gegenständen des Wissens einer Befristung unterliegt, sind sie jedoch langfristig nur als öffentliche Güter existent.[153] Weiterhin sind typische Ergebnisse der Grundlagenforschung, wie allgemeine wissenschaftliche Modelle oder Theorien, nicht patentfähig.[154] WEINGART/WINTERHAGER bezeichnen in diesem Kontext Patente als *„das typische Produkt der technischen und angewandten Forschung"* [155], bei der das produzierte Wissen einer kommerziellen Nutzung dienen soll.

Aus den Ausführungen folgt, dass eine elementare Voraussetzung für die marktliche Koordination über Preise, das private Eigentum an handelbaren Gütern, bei der Verbreitung öffentlichen Wissens nicht gegeben ist.[156] Obschon sich Wissenschaftler „austauschen", spielt der bilaterale Tauschakt, bei dem die beteiligten Wissenschaftler Leistung und Gegenleistung erbringen, keine wesentliche Rolle.[157] Ein Problem der Leistungsmessung im Bereich der Hochschulforschung liegt folglich in der fehlenden Möglichkeit, die Leistung von Hochschu-

149 Vgl. Stiglitz (1999), S. 309. Stephan weist darauf hin, dass diese Grenzkosten größer Null sind. Zum einen ist der Zugang zu Wissen bspw. in Form von Zeitschriften häufig mit Kosten verbunden, zum anderen entstehen den Nutzern durch die für die Aneignung des Wissens aufgewendete Zeit Opportunitätskosten. Vgl. dazu Stephan (1996), S. 1200.

150 Vgl. Stephan (1996), S. 1200, und Helmstädter (2004a), S. 115. Dies gilt nicht für die ökonomische Verwertung von Wissen.

151 Dies gilt natürlich nur dann, wenn bei der Veröffentlichung keine Kodierung verwendet wird, deren Entschlüsselung nur ausgewählten Personen ermöglicht wird. Vgl. dazu Callon (1994), S. 400.

152 Stiglitz (1999), S. 310.

153 Zu dieser Argumentation vgl. Helmstätter (2004a), S. 115. Die Charakterisierung von Wissen als öffentliches Gut ist in der Ökonomie weit verbreitet. Vgl. dazu Stiglitz (1999), Stephan (1996), S. 1200, Dasgupta/David (1994), S. 493ff., Haase (2004), S. 73ff., und die kritische Diskussion bei Callon (1994), S. 397ff. Die Beschäftigung mit den Eigenschaften des Wissens, die es zu einem öffentlichen Gut machen, findet sich bereits in den frühen Beiträgen von Nelson (1959) und Arrow (1962).

154 Vgl. Mankiw (2004), S. 249f., und Stiglitz (1999), S. 314. Dies trifft nicht für alle Ergebnisse der Grundlagenforschung zu. Haase führt als Beleg für die Patentierung von Ergebnissen der Grundlagenforschung die zwischen 1981 und 1995 erteilten 1.175 Patente auf humane DNA-Sequenzen an. Vgl. Haase (2004), S. 75.

155 Weingart/Winterhager (1984), S. 89.

156 Vgl. sinngemäß Helmstädter (2004a), S. 118, und Helmstädter (2003/04), S. 204f.

157 Vgl. Albert (2004), S. 128ff.

len analog zu der erwerbswirtschaftlicher Unternehmungen über finanzielle Kennzahlen zu messen.[158]

Anders als der wirtschaftliche Wettbewerb findet der wissenschaftliche Wettbewerb als Reputationswettbewerb[159] statt.[160] Seine Steuerung beruht in erheblichem Maße darauf, dass die beteiligten Individuen um knappe Belohnungen konkurrieren.[161] Von zentraler Bedeutung ist in diesem Kontext die Reputation in Form der Anerkennung wissenschaftlicher Leistungen durch Fachkollegen. Eine Besonderheit dieses Reputationswettbewerbs ist darin zu sehen, dass die Wissenschaftler die Reputation, um die sie konkurrieren, durch die kollegiale Anerkennung wissenschaftlicher Leistungen letztendlich selbst erzeugen.[162]

MERTON betrachtet diese kollegiale Anerkennung wissenschaftlicher Leistungen als Grundform extrinsischer Belohnungen in der Wissenschaft. In dem Erhalt kollegialer Anerkennung sieht er einen zentralen Anreiz für die Forschungs- und Veröffentlichungstätigkeit von Wissenschaftlern. Er begreift die Forschungs- und Veröffentlichungstätigkeit von Wissenschaftlern sowohl als extrinsisch als auch als intrinsisch motiviert und führt als Quelle intrinsischer Motivation die Bearbeitung wissenschaftlicher Problemstellungen an.[163] Wissenschaftliche Anerkennung wird jedoch nicht nur um ihrer selbst Willen begehrt.[164] Reputierte Wissenschaftler haben einige Möglichkeiten, die erlangte Reputation zu „kapitalisieren". So können beispielweise über Berufungs- und/oder Bleibeverhandlungen Gehalt und Ausstattung verbessert werden.[165] Weiterhin kann Reputation über die Ausübung von Nebentätigkeiten, wie z.B. dem Erstellen von Gutachten oder sonstigen Beratungsleistungen, indirekt einkommenswirk-

---

[158] Vgl. Bolsenkötter (1986), S. 41, und Heiber (1986), S. 135f.

[159] Brenzikofer differenziert in Bezug auf Professoren zwischen den vier verschiedenen Reputationsarten Forschungsreputation, Lehrreputation, Dienstleistungsreputation und Selbstverwaltungsreputation. Vgl. Brenzikofer (2002), S. 178ff. Diese Teilreputationen unterscheiden sich sowohl im Hinblick auf den Beurteilungsinhalt als auch auf die Reputationsbeurteiler. Diese sprachliche Unterteilung des Reputationsbegriffs wird in den meisten Quellen, in deren Mittelpunkt die Beschreibung des Reputationswettbewerbs innerhalb der Wissenschaft steht, nicht getroffen. Vgl. exemplarisch Helmstädter (2004a) und Knackstedt/Winkelmann (2006). Da die Erlangung von Forschungsreputation durch Wissenschaftler im wissenschaftlichen Wettbewerb eine zentrale Rolle spielt, ist anzunehmen, dass sich der verwendete Reputationsbegriff in diesem Literaturzweig vorwiegend auf die Forschungsreputation bezieht. Der in dieser Dissertation verwendete Reputationsbegriff bezieht sich im Folgenden maßgeblich auf die Forschungsreputation.

[160] Vgl. Knackstedt/Winkelmann (2006), S. 47, und Helmstädter (2004a), S. 118. Albert (2004), S. 132ff., und Albert (2006), S. 124f., benutzen in diesem Kontext den Begriff „Statuswettbewerb". Zur Abgrenzung des Reputationswettbewerbs vom wirtschaftlichen Wettbewerb vgl. ausführlich Helmstädter (2004b), S. 50ff.

[161] Vgl. Albert (2006), S. 122f.

[162] Vgl. Hornbostel (1997), S. 79. Hornbostel (1997), S. 79, bezeichnet Wissenschaftler in diesem Zusammenhang zugleich als „Gegner und Komplizen."

[163] Vgl. Merton (1988), S. 621, und auch Brenzikofer (2002), S. 165f.

[164] Vgl. Scherhorn (1969), S. 67.

[165] Vgl. Franck/Optiz (2004), S. 79.

sam werden. Ebenso ist anzunehmen, dass sich wissenschaftliche Reputation ceteris paribus positiv auf den Zugang zu privaten und staatlichen Drittmittelgebern auswirkt.[166]

Das Erlangen wissenschaftlicher Reputation setzt zunächst voraus, dass die Reputationsbeurteiler, also die Fachkollegen, die Forschungsergebnisse eines Wissenschaftlers zur Kenntnis nehmen. Der Reputationswettbewerb basiert folglich darauf, dass Wissenschaftler ihre gewonnenen Erkenntnisse dokumentieren, verbreiten und so der Scientific Community zugänglich machen. Schriftliche Veröffentlichungen stellen diesbezüglich ein zentrales Element der wissenschaftlichen Kommunikation dar.[167] Die (schriftliche) wissenschaftliche Kommunikation basiert darauf, dass Wissenschaftler auf Veröffentlichungen anderer Wissenschaftler zurückgreifen und die Nutzung fremder Ideen durch Zitationen belegen. Zitationen bzw. Referenzen erfüllen in diesem Kontext zwei wichtige Funktionen. Zum einen erleichtern sie dem Leser die Quellenerschließung und ermöglichen ihm, die verwendeten Quellen ausfindig zu machen und sich so umfassender über bestimmte wissenschaftliche Sachverhalte zu informieren. Trifft man die Annahme, dass Autoren mehrheitlich diejenigen Quellen zitieren, die für die eigene Arbeit einen wichtigen Erkenntnisbeitrag geliefert haben und so als Basis für die eigene Forschung gedient haben, so spiegelt eine Zitation zum anderen in gewisser Weise die Anerkennung einer wissenschaftlichen Idee wider.[168] In Analogie zum konventionellen Gütermarkt betrachten LABAND/PIETTE Zitationen in diesem Kontext als *„the scientific community's version of dollar voting by consumers for goods and services."*[169] Ähnliche Parallelen sieht WALSTAD, der Zitationen sehr konkret als Zahlung begreift:

> „After all, citation does serve as a payment for the use of another's work, and the accumulation of sufficient recognition may be the means to other rewards, such as additional research grants, the security afforded by academic tenure, and a higher income. And, yes, the citation record does play a role roughly comparable to that of market prices in transmitting evaluative information."[170]

Auch wenn die Betrachtung von Zitationen als Surrogat für Zahlungen auf konventionellen Gütermärkten eine gewisse Eleganz besitzt, offenbart dieser Vergleich bei einer detaillierten Betrachtung durchaus Schwachstellen. So geht der Erwerb eines Gutes und die dafür zu leistenden Zahlung auf Gütermärkten für den Käufer mit einem Verzicht auf andere Güter einher, die er für den Kaufpreis hätte erwerben können. Ein Wirtschaftssubjekt wird durch sein Bud-

---

[166] Vgl. Franck/Optiz (2004), S. 79, Gerlach (1993), S. 250f., Scherhorn (1969), S. 67, und Helmstädter (2004a), S. 118f.

[167] Zur Bedeutung der wissenschaftlichen Literatur als Medium wissenschaftlichen Fortschritts vgl. Borchard (1978).

[168] Vgl. Merton (1988), S. 621, sowie sinngemäß Klingemann (1988), S. 204, und Schlinghoff/Backes-Gellner (2002), S. 346.

[169] Laband/Piette (1994), S. 641.

[170] Walstad (2002), S. 24.

get hinsichtlich seiner Möglichkeiten, Güter zu erwerben und zu konsumieren, beschränkt. Dieser Zusammenhang ist auf Zitationen nur begrenzt übertragbar. Die Anzahl der in einer wissenschaftlichen Arbeit zitierten Quellen ist lediglich insofern begrenzt, als dass durch eine übertrieben hohe Anzahl zitierter Quellen die Lesbarkeit der Arbeit beeinträchtigt und das Literaturverzeichnis aufgebläht wird.[171]

Die Anerkennung für eine fruchtbare Idee gebührt im Sinne einer Prioritätsregel demjenigen, der sie zuerst veröffentlicht. Sie schafft auf diese Weise einen Anreiz, neue wissenschaftliche Ergebnisse zügig zu publizieren. Damit dient sie dem wissenschaftlichen Fortschritt, da andere Wissenschaftler diese Ergebnisse für ihre Forschung nutzen und darauf aufbauen können.[172] Die Veröffentlichung wissenschaftlicher Ergebnisse erfüllt simultan verschiedene Funktionen. Sie dient zunächst schlicht ihrer Kommunikation. Damit verbunden ist die Sicherung des geistigen Eigentums an den Ergebnissen. Der mit einer Publikation verbundene Anspruch auf das geistige Eigentum an Forschungsergebnissen ist für den Reputationserwerb eines Wissenschaftlers von zentraler Bedeutung. Der Wissenschaftssoziologe DE SOLLA PRICE betrachtet die Sicherung geistigen Eigentums in diesem Kontext als ein zentrales Publikationsmotiv und führt die Entstehung des wissenschaftlichen Aufsatzes als Publikationsform darauf zurück, dass dieser zur *„Anmeldung eines Besitzanspruches“*[173] benötigt wird.

3.2 Publikationsindikatoren

3.2.1 Publikationsformen und deren Relevanz

Die Relevanz von Publikationen als Indikator für Forschungsleistungen ist durch ihren hohen Stellenwert für die Kommunikation wissenschaftlicher Ergebnisse begründet. Schriftliche Veröffentlichungen bilden in zahlreichen wissenschaftlichen Disziplinen das Grundgerüst der wissenschaftlichen Kommunikation und stellen damit im Bereich der Forschung eine zentrale Outputgröße dar.

Zur Kommunikation von Forschungsergebnissen werden verschiedene Publikationsformen genutzt. Bei der Durchführung von Publikationsanalysen gilt es zu entscheiden, welche Publikationsformen einbezogen und wie diese gewichtet werden. Ein Überblick über verschiedene Publikationsformen wird in Tabelle 3.2.1.1 gegeben.

[171] Zur weiteren – hier nicht näher genannten – Kritik an der Auffassung Walstads vgl. Helmstädter (2004b), S. 54.

[172] Vgl. Albert (2004), S. 135. Zur Bedeutung der Priorität bei wissenschaftlichen Entdeckungen vgl. insbesondere Merton (1972b).

[173] De Solla Price (1974), S. 80. Zu diesen und weiteren Publikationsmotiven vgl. Stock (2001a), S. 8ff.

Zeitschriftenaufsätze		Aufsätze in Proceedings/ Tagungsbänden	Beiträge in Sammelbänden	Monographien				Rezensionen	Graue Literatur
referiert	nichtreferiert			Habilitation	Dissertation	Lehrbuch	sonstige Abhandlung		

Tabelle 3.2.1.1: Publikationsformen

Die Einteilung der verschiedenen Publikationsformen in Tabelle 3.2.1.1 basiert maßgeblich auf der Abgrenzung, die in einer Studie der DFG zum Publikations- und Rezeptionsverhalten in verschiedenen wissenschaftlichen Disziplinen durchgeführt wurde. Abweichend von der DFG-Studie werden in Tabelle 3.2.1.1 die Publikationsformen „Aufsätze in Zeitschriften" und „Monographien" weitergehend differenziert.[174] Die hier verwendete Unterscheidung zwischen referierten und nichtreferierten Zeitschriften bezieht sich auf den Begutachtungsprozess. Während bei nichtreferierten Zeitschriften ausschließlich eine Begutachtung der eingereichten Manuskripte durch den Herausgeber/Schriftleiter erfolgt, werden bei referierten Zeitschriften ausgewählte Fachexperten als Gutachter eingesetzt.[175]

Hinsichtlich der Relevanz verschiedener Publikationsformen zur Beschaffung und Veröffentlichung von Forschungsergebnissen weisen die in der Studie der DFG untersuchten Wissensgebiete sowohl Gemeinsamkeiten als auch Unterschiede auf. Die in Tabelle 3.2.1.2 aufgeführten Werte geben Aufschluss über die Nutzungshäufigkeiten verschiedener Publikationsformen in den vier untersuchten Wissensgebieten. Im oberen Teil der Tabelle wird angegeben, welcher Prozentanteil der Befragten in den vier Wissengebieten die Publikationsform sehr häufig oder häufig zur Beschaffung aktueller Informationen im jeweiligen Fachgebiet nutzt. Im unteren Teil der Tabelle wird die Anzahl der von den Befragten in einem Zeitraum von fünf Jahren bei wissenschaftlichen Verlagen auf konventionelle Weise veröffentlichten Beiträge aufgeführt. Für die verschiedenen Publikationsformen werden jeweils der Mittelwert (m) und die Standardabweichung (s) angegeben.

[174] Vgl. dazu DFG (2005), S. 22ff. Zu weiteren Typologien von Publikationen vgl. Gutierrez (2005), S. 44, und Johnes/Johnes (1992), S. 358. Im Unterschied zu Gutierrez werden Herausgeberschaften von Sammelwerken nicht als eigenständige Publikationsform aufgeführt, da hier die Leistung des Herausgebers weniger in der originären Wissensproduktion, sondern vielmehr in der Verfügbarmachung von Wissen zu sehen ist.

[175] Vgl. Hennig-Thurau et al. (2004), S. 520f., und Gutierrez (2005), S. 44.

Häufig genutzte Publikationsformen zur Beschaffung aktueller Informationen im Fachgebiet (in Prozent)

	Geistes- u. Sozialwissen-schaften	Lebens-wissen-schaften	Natur-wissen-schaften	Ingenieur-wissen-schaften	**Gesamt**
Aufsätze in Zeitschriften	93,6	98,0	95,8	90,7	**94,7**
Beiträge in Sammelbänden	74,8	39,6	41,0	40,2	**48,4**
Monographien	70,9	20,5	33,1	36,1	**39,6**
Beiträge in Proceedings / Tagungsbänden	44,6	28,0	31,9	83,9	**44,9**
Rezensionen	38,2	7,5	3,8	6,2	**13,3**
Graue Literatur	14,9	3,7	9,9	9,7	**9,4**
	100,0	**100,0**	**100,0**	**100,0**	**100,0**
Anzahl (n)	236	255	307	225	**1.023**

Basis: 1.028; Fehlende Angaben: 5
Frage 1: Um sich in Ihrem Fachgebiet aktuell zu informieren, wie häufig benutzen Sie die folgenden Publikationsformen? (Antwortkategorie 1 = ‚sehr häufig' bis 5 = ‚sehr selten' ; Kategorie 1 und 2 zusammengefasst).

Anzahl der bei wissenschaftlichen Verlagen auf konventionelle Weise publizierten Beiträge (Mittelwert und Standardabweichung)

		Geistes- u. Sozialwis-senschaften	Lebens-wissen-schaften	Natur-wissen-schaften	Ingenieur-wissen-schaften	**Gesamt**
Zeitschriftenaufsätze	m	12,7	23,6	21,8	17,6	**19,2**
	s	13,9	24,1	17,5	21,0	**19,8**
Aufsätze in Proceedings / Tagungsbänden	m	4,0	5,7	5,9	20,4	**8,7**
	s	6,1	13,7	28,4	28,4	**17,4**
Beiträge in Sammelbänden	m	6,2	1,3	0,9	2,2	**2,5**
	s	8,0	2,6	1,7	4,5	**5,0**
Monographien	m	1,4	0,5	0,2	0,5	**0,6**
	s	2,8	1,5	0,7	1,2	**1,7**
Sonstiges	m	1,0	0,4	0,2	0,1	**0,4**
	s	10,0	3,6	1,7	0,8	**5,2**
Anzahl (n)		**199**	**213**	**266**	**197**	**875**

Basis: 1.028; Fehlende Angaben: 153
Frage 16: In den letzten fünf Jahren: Wie viele Ihrer Arbeiten haben Sie in diesem Zeitraum auf konventionelle Weise publiziert - d.h. über Verlage in gedruckter oder digitaler Form entgeltpflichtig dem Leser angeboten.

Tabelle 3.2.1.2: Die Relevanz verschiedener Publikationsformen als Rezeptions- und Publikationsmedien[176]

Die in Tabelle 3.2.1.2 ausgewiesenen Werte belegen, dass die Geistes- und Sozialwissenschaften im Vergleich zu den anderen Wissensgebieten durch eine relativ breite Nutzung verschiedener Publikationsformen gekennzeichnet sind. Eine getrennte Auswertung der Geisteswissenschaften auf der einen und der Sozial- und Verhaltenswissenschaften auf der anderen Seite zeigt jedoch, dass sich diese Fachgebiete hinsichtlich der Nutzung der verschiedenen Publikationsformen als Rezeptionsmedien deutlich voneinander unterscheiden. Sammelbandbeiträge, Monographien, Beiträge in Tagungsbänden/Proceedings sowie Rezensionen werden

[176] Leicht modifiziert zusammengestellt aus DFG (2005), S. 22 und S. 24.

als Rezeptionsmedien von den Geisteswissenschaftlern wesentlich häufiger genutzt als von den Sozial- und Verhaltenswissenschaftlern.[177]

Ein Vergleich zwischen den vier in Tabelle 3.2.1.2 aufgeführten Wissenschaftsbereichen legt offen, dass Zeitschriftenaufsätze in allen vier Wissenschaftsbereichen das wichtigste Rezeptionsmedium darstellen. Bemerkenswert ist zudem die hohe Bedeutung, die Beiträgen in Tagungsbänden bzw. Proceedings als Informationsquelle in den Ingenieurwissenschaften zugemessen wird. Weitgehend komplementär zur Bedeutung der Publikationsformen als Rezeptionsmedien ist ihre Nutzung als Publikationsmedien zu sehen. Erwartungsgemäß werden die meisten schriftlichen Arbeiten als Zeitschriftenaufsätze publiziert.[178] Lediglich in den Ingenieurwissenschaften ist die Anzahl der von den befragten Wissenschaftlern in einem 5-Jahres-Zeitraum durchschnittlich publizierten Aufsätze in Proceedings bzw. Tagungsbänden mit 20,4 Beiträgen etwas höher als der entsprechende Wert für Zeitschriftenaufsätze in Höhe von 17,6 Beiträgen.

3.2.2 Die Bedeutung des Peer Review für wissenschaftliche Publikationen

Auch wenn die Studie der DFG eine Einzelauswertung für die Wirtschaftswissenschaften entbehrt, kann in Bezug auf diese Disziplin konstatiert werden, dass der Veröffentlichung von Forschungsbeiträgen in wissenschaftlichen Zeitschriften eine besondere Bedeutung zugeschrieben wird. Zeitschriften dienen als zentrales Medium, um Forschungsergebnisse in der Scientific Community zu verbreiten.[179] Ausdruck findet diese exponierte Stellung von Zeitschriftenaufsätzen bspw. in kumulativen Dissertationen und Habilitationen, die die üblichen Monographien mehr und mehr ersetzen.[180]

Ein wesentlicher Grund für diese herausgehobene Stellung liegt darin, dass die bei referierten wissenschaftlichen Zeitschriften eingereichten Manuskripte einer – auch als Peer Review bezeichneten – Begutachtung durch Fachexperten unterzogen werden. Die Annahme eines Manuskripts zur Veröffentlichung durch eine Zeitschrift signalisiert folglich eine positive Beurteilung der Inhalte durch Sachverständige.[181] Der Begriff Peer Review bezieht sich in seiner Bedeutung jedoch nicht ausschließlich auf die Begutachtung von Zeitschriftenmanuskripten durch Fachkollegen, sondern *„steht für die Begutachtung und Bewertung von Publi-*

---

[177] Vgl. DFG (2005), S. 23.
[178] Vgl. DFG (2005), S. 23.
[179] Vgl. Pommerehne (1986), S. 280f., Bommer/Ursprung (1998), S. 8, und Matzler et al. (2001), S. 162.
[180] Vgl. Backhaus (2006), S. 115.
[181] Vgl. Hennig-Thurau et al. (2004), S. 521.

kationen und Forschungsanträgen, das heißt wissenschaftlicher Wissensbehauptungen durch die dazu allein kompetenten Kollegen (›peers‹).“[182]

Einen stilisierten Ablauf des Peer-Review-Verfahrens, das ein Manuskript vor der Veröffentlichung in einer referierten Zeitschrift durchläuft, zeigt Abbildung 3.2.2.1.

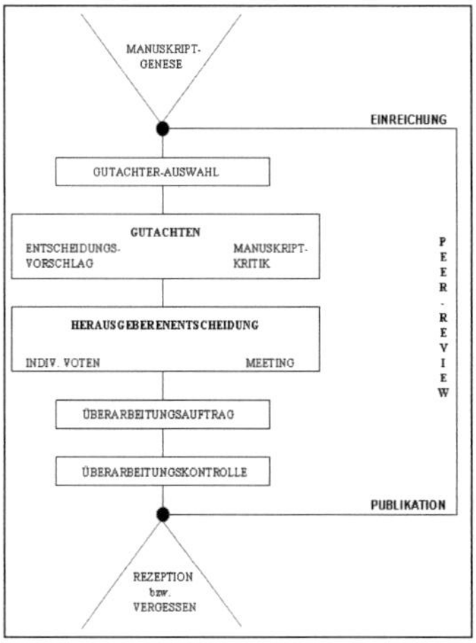

Abbildung 3.2.2.1: Stilisierter Begutachtungsprozess von Zeitschriftenpublikationen[183]

Auf die Einreichung des Manuskripts erfolgt zunächst die Gutachterauswahl durch die Schriftleitung bzw. den Herausgeber. Daraufhin werden die Gutachten erstellt. Diese enthalten i.d.R. eine Beurteilung sowie einen Entscheidungsvorschlag hinsichtlich der Annahme, Ablehnung oder Überarbeitung des Manuskripts. Die Gutachten bilden die Grundlage für die Entscheidung der Herausgeber über die Veröffentlichung des Manuskripts. In den meisten Fällen erfolgt vor einer abschließenden Veröffentlichung die Aufforderung des Herausgebers an den Autor, das Manuskript gemäß den Anregungen der Gutachter[184] zu überarbeiten, verbunden mit einer anschließenden Kontrolle der überarbeiteten Fassung. Hinsichtlich des hier

[182] Weingart (2001), S. 284f. Zum Begriff des Peer Review und einer breiteren Begriffsauffassung vgl. ausführlich Hornbostel (1997), S. 195ff.

[183] Leicht modifiziert entnommen aus Hirschauer (2004), S. 63.

[184] Frey nimmt in Bezug auf den Publikationsprozess in der Vwl in seinem Beitrag „Publizieren als Prostitution?“ kritisch Stellung zu den häufig von den Gutachtern angeregten Überarbeitungen, die der Veröffentlichung eines Manuskripts vorausgehen. Er beschreibt ihre Überarbeitungshinweise als „Auflagen“, deren Nichtbeachtung eine drastische Minderung der Veröffentlichungschance bewirkt. Vgl. dazu Frey (2004), S. 334.

skizzierten Prozesses ist zu beachten, dass die konkrete Ausgestaltung der einzelnen Prozessschritte von Zeitschrift zu Zeitschrift variieren kann.[185]

Der Zweck des Peer Review liegt darin, sicherzustellen, dass die veröffentlichten Ergebnisse zum einen korrekt und zum anderen neu sind. Weitere Zielsetzungen sind die Auswahl qualitativ hochwertiger und relevanter Manuskripte sowie die Verbesserung der zur Publikation angenommenen Manuskripte.[186]

Durch die sorgfältige Selektion der zu veröffentlichenden Manuskripte mit Hilfe des Peer Review erfolgt eine qualitative Schichtung der Literatur. Diese qualitative Schichtung manifestiert sich in der Existenz wissenschaftlicher Zeitschriften mit unterschiedlichen Qualitätsniveaus. Ist das Qualitätsniveau einer wissenschaftlichen Zeitschrift mittelfristig konstant, so lässt es Rückschlüsse auf die in der Zeitschrift veröffentlichten Aufsätze zu. Auf diese Weise erhalten Wissenschaftler eine wertvolle Hilfestellung zur Bewältigung der „Literaturflut“, indem sie sich verstärkt der als qualitativ hochwertig eingestuften Literatur widmen können. Für viele andere Publikationsformen, wie bspw. Monographien oder Sammelbandbeiträge, existieren keine vergleichbaren Qualitätsindikatoren, so dass die Qualität der Publikationen über Einzelfallbeurteilungen ermittelt werden muss.[187]

Die Begutachtung wissenschaftlicher Beiträge ist mithin der zentrale Mechanismus zur Qualitätskontrolle in der Wissenschaft.[188] Seine große Bedeutung für den wissenschaftlichen Wettbewerb spiegelt sich in der hohen Anzahl empirischer Forschungsbeiträge zu diesem Thema wider. Fragestellungen, die im Zentrum der Peer-Review-Forschung stehen, beziehen sich insbesondere auf den Grad der Übereinstimmung von Gutachterurteilen, mögliche Vorurteilsstrukturen von Gutachtern, die von ihnen verwendeten Gütekriterien sowie die Vorhersagevalidität ihrer Empfehlungen.[189] Einen anhand dieser vier Fragestellungen systematisierten Überblick zur Peer-Review-Forschung gibt HIRSCHAUER (2004).

Peer Review als Instrument zur Qualitätssicherung in der Wissenschaft ist auch aufgrund der Ergebnisse empirischer Studien einer oft kontrovers geführten Diskussion ausgesetzt. Befür-

[185] Vgl. Hirschauer (2004), S. 62f. Backhaus bemerkt in diesem Kontext, dass die Geheimhaltung der Autorennamen im (doppelt-blinden) Begutachtungsprozess referierter Fachzeitschriften weder im nationalen noch im internationalen Bereich durchgängig praktiziert wird. Vgl. Backhaus (2006), S. 116.

[186] Vgl. Daniel (2005), S. 144.

[187] Vgl. Hennig-Thurau et al. (2004), S. 521. In Bezug auf Buchveröffentlichungen besteht prinzipiell die Möglichkeit, das Renommee des veröffentlichenden Verlages heranzuziehen. Inwieweit die Annahme zutrifft, dass die in einem Wissenschaftsverlag publizierten Bücher qualitativ so homogen sind, dass man sinnvoll von dem Renommee des Verlags auf die Qualität der dort veröffentlichten Schriften schließen kann, ist jedoch fraglich.

[188] Vgl. Daniel (2005), S. 144.

[189] Vgl. Hirschauer (2004), S. 64ff.

worter halten die Begutachtung durch Fachkollegen für die Anerkennung und Sicherung von Qualität für unentbehrlich, da nur diese Gruppe über den für eine Beurteilung notwendigen Sachverstand verfügt.[190] So äußert sich bspw. MERTON grundsätzlich positiv zur Akzeptanz des Peer Review in der Wissenschaft:

> „Trotz gewisser Mängel betrachten praktizierende Wissenschaftler das Gutachtersystem auch in seiner heutigen Gestalt als entscheidend für den wirkungsvollen Ausbau der Wissenschaft."[191]

Diese positive Einschätzung hinsichtlich der Akzeptanz des Peer Review steht im Gegensatz zu Kritikern des Verfahrens, die seine Funktionsfähigkeit bezweifeln und es darüber hinaus als schädlich für die Entwicklung der Wissenschaft einstufen. KORNHUBER bemerkt diesbezüglich Folgendes zum Peer Review:

> „Es ist unzuverlässig (nicht reliabel), ungültig (nicht valide), und es schadet am meisten der besten, der innovativen Forschung."[192]

EYSENCK/EYSENCK fassen die Kritik am Gutachtersystem anhand der folgenden fünf Punkte zusammen:[193]

1. Refereeing is unreliable–referees don't agree with each other.
2. Refereeing is *not valid*, in that referees' judgements are not related to subsequent citation rates.
3. Refereeing is *biased*, in that referees' judgements are coloured by the prestige of the author and the author's contribution.
4. Refereeing is *inefficient*; it delays publication, it inhibits the publication of new ideas, and it is a time-consuming business.
5. Refereeing can be personally damaging, in that people, especially new authors, may find the experience painful distressing [[194]].

Eine Analyse empirischer Studien[195] zeigt, dass die Befunde hinsichtlich der Reliabilität, der systematischen Verzerrungen und der prognostischen Validität des Peer Review mitunter widersprüchlich sind. Auch wenn Peer Review nicht frei von Problemen ist, erscheint eine pauschale Kritik in dieser Drastik kaum berechtigt.[196]

Fraglich ist, inwieweit für die am Peer-Review-Prozess beteiligten Herausgeber und Gutachter Anreize bestehen, im Begutachtungsprozess ausschließlich wissenschaftliche Kriterien zu verwenden oder aber vielmehr rein private Auffassungen zu vertreten. In FREYS Analyse

---

190 Vgl. Weingart (2001), S. 286.
191 Merton (1985), S. 172.
192 Kornhuber (1988), S. 377.
193 Eysenck/Eysenck (1992), S. 393. Zur Kritik am Peer Review vgl. auch Jansen et al. (2007), S. 127f.
194 Zu den psychologischen Kosten Veröffentlichungen anstrebender Wissenschaftler, die entgegen eigener Überzeugungen Manuskripte anpassen, um die Chance auf Veröffentlichung zu wahren, vgl. Frey (2004), S. 334f., und Frey (2003), S. 210f.
195 Zu einem Überblick vgl. Hirschauer (2004), Daniel (2005) und Bornmann/Daniel (2003).
196 Vgl. Bornmann/Daniel (2003), S. 218ff.

dieser Anreize für den Publikationsprozess in der VWL wird ersichtlich, dass Gutachter keine extrinsischen Anreize haben, ihr Gutachten im besten Interesse der Zeitschrift zu verfassen, da sie keine Eigentumsrechte an der Zeitschrift besitzen. Aus diesem Grund partizipieren sie nicht bzw. nur bedingt an einem hohen Renommee einer wissenschaftlichen Zeitschrift, dessen Erarbeitung die Selektion qualitativ hochwertiger Manuskripte anhand wissenschaftlicher Kriterien erfordert. Sie können deshalb – unabhängig davon, ob ein Aufsatz durch ihre Anmerkungen verschlechtert wird – eigene Interessen verfolgen, die sich bspw. darin äußern, sich selbst zitiert oder zumindest eigene Ansichten unterstützt zu sehen.[197]

Etwas anders stellt sich die Anreizstruktur für die Herausgeber wissenschaftlicher Zeitschriften dar. Diese haben i.d.R. ebenso keinerlei Eigentumsrechte an den Zeitschriften,[198] dürften aber stärker vom Ansehen der Zeitschrift über einen Reputationseffekt profitieren und haben so einen stärkeren Anreiz, die Interessen der potentiellen Leser zu berücksichtigen. Einschränkend ist anzumerken, dass dieser Reputationseffekt mit steigender Anzahl der Herausgeber an Wirksamkeit verliert, da die Leistung der Herausgeber immer weniger mit einzelnen Personen in Verbindung gebracht werden kann. Ein weiterer Anreiz für Wissenschaftler, als Herausgeber einer renommierten wissenschaftlichen Zeitschrift tätig zu sein, ist in dem dadurch erzielbaren Informationsgewinn zu sehen. Bei renommierten wissenschaftlichen Zeitschriften beträgt die Zeitspanne zwischen der (ersten) Einsendung eines Manuskripts und seiner schriftlichen Veröffentlichung mitunter mehr als zwei Jahre.[199] Durch die Herausgebertätigkeit erhält ein Wissenschaftler bereits Einblick in die Forschungsthemen, wenn diese als Manuskript eingesandt werden. Im Vergleich zu den Wissenschaftlern aus der Scientific Community, die Forschungsergebnisse erst zum Zeitpunkt ihrer (offiziellen) Veröffentlichung wahrnehmen können, besitzen Herausgeber folglich einen Informationsvorsprung.

Auch aufgrund der hohen Bedeutung von Publikationen für die Karrieren von Wissenschaftlern[200] stellt sich die Frage, ob und wie eine Kontrolle der für die Manuskriptselektion in letzter Instanz verantwortlichen Herausgeber stattfindet. Diese Kontrolle erfolgt letztendlich

---

[197] Vgl. Frey (2004), S. 335. Inwieweit monetäre Anreize eine positive Verhaltenssteuerung der Gutachter bewirken, bleibt umstritten. Engers/Gans nehmen an, dass Gutachter bereits durch ihr Interesse am Erfolg der Zeitschrift, die sie zumeist auch selbst nutzen, zur Selektion hochwertiger Manuskripte motiviert werden. Monetäre Anreize könnten diese Motivation zerstören. Vgl. Engers/Gans (1998), S. 1348.

[198] Vgl. Frey (2004), S. 335.

[199] Ellison berichtet bezogen auf die 90er-Jahre für die führenden Zeitschriften im Bereich der VWL über Zeitspannen von bis zu 28,8 Monaten, die zwischen dem ersten Einreichen und der endgültigen Annahme einer Arbeit verstrichen. Vgl. Ellison (2002), S. 953. Zur Verzögerung wissenschaftlicher Veröffentlichungen durch den Peer-Review-Prozess vgl. auch Azar (2004). Eine der Ursachen für diese Verzögerungen ist ein Manuskriptstau, der durch ein Überangebot an qualitativ unzureichenden Manuskripten hervorgerufen wird. Zu einer ausführlichen Diskussion, inwieweit dieser Manuskriptstau durch Einreichungsgebühren, Autorenhonorare oder Gutachterentgelte abgebaut werden kann, vgl. Meyer (2007), S. 248ff.

[200] Vgl. Holub et al. (1991), S. 326.

durch den Markt. Schaffen es die Herausgeber nicht, durch die Manuskriptselektion dafür zu sorgen, dass die Zeitschrift in der Scientific Community geschätzt wird, so ist der Anreiz für Wissenschaftler in dieser Zeitschrift zu veröffentlichen gering, da der mit einer Veröffentlichung erzielbare Reputationsgewinn mit dem Renommee der veröffentlichenden Zeitschrift verknüpft ist. Folglich erscheint es plausibel anzunehmen, dass bei einer Zeitschrift, die durch „schlechte" Manuskriptselektion wissenschaftliche Wertschätzung einbüßt, langfristig auch weniger hochwertige Manuskripte zur Veröffentlichung eingereicht werden. Das langfristige Überleben einer solchen Zeitschrift am Markt wird dadurch erheblich erschwert.[201]

Vor dem Hintergrund des enormen Anstiegs in der Produktion wissenschaftlicher Literatur[202] und der schon aufgrund von zeitlichen Restriktionen begrenzten Rezeptionskapazität von Wissenschaftlern zeigt sich, dass das Peer-Review-Verfahren neben der Reputationszuweisung noch eine weitere damit verbundene Funktion erfüllt. Es stellt einen von der Profession selbst kontrollierten Mechanismus zur Informationsreduktion dar, der den Wissenschaftlern hilft, die Literaturflut zu bewältigen, indem wichtige von weniger wichtigen Veröffentlichungen getrennt werden.[203]

3.2.3 Gewichtungen

Hinsichtlich der konkreten Ausgestaltung von Publikationsindikatoren im Rahmen einer Leistungsmessung einzelner Wissenschaftler oder Organisationseinheiten sind verschiedene Gewichtungen vorzunehmen. Diese beziehen sich grundsätzlich auf den Umfang der Publikationen, den Anteil an einer Publikation, der einem Autor im Falle einer Koautorenschaft zuzurechnen ist, und die Publikationsformen.[204] Sind innerhalb einer Publikationsform Indikatoren für die Qualitätsgewichtung von Publikationen vorhanden, so können diese ebenso zur Gewichtung herangezogen werden. Ein Beispiel dafür ist die Verwendung von Zeitschriftenrankings, um innerhalb des Publikationstyps Zeitschriftenaufsatz die Qualität der Aufsätze anhand der veröffentlichenden Zeitschrift zu differenzieren.[205]

Eine Gewichtung von Publikationen anhand ihres Umfangs bei der Berechnung von Publikationskennzahlen, die als Indikator für die Forschungsleistung herangezogen werden, impliziert, dass sich die Forschungsleistung im Umfang der Publikationen niederschlägt. Diese

[201] Zur Kontrolle der Herausgeber wissenschaftlicher Zeitschriften durch den Markt vgl. auch Backhaus (2006), S. 118.
[202] Zu empirischen Informationen über das Wachstum der Wissenschaft vgl. Weingart (2001), S. 90ff.
[203] Vgl. Gerhards (2002), S. 32.
[204] Vgl. Hüfner/Rau (1989), S. 728f.
[205] Vgl. Bommer/Ursprung (1998), S. 8ff.

Annahme ist nicht unproblematisch. Ein hoher Umfang einer Veröffentlichung kann durchaus aus einem hohen Anteil reproduzierender Beschreibungen resultieren. Im Sinne des wissenschaftlichen Erkenntnisfortschritts wäre eine solche Publikation im Vergleich zu einer kürzeren auf die neuen Ergebnisse fokussierten Publikation nicht unbedingt höher einzustufen. Des Weiteren ist die Ermittlung des Umfangs einer Publikation insofern problematisch, als dass sich verschiedene Druckformate hinsichtlich der Anzahl der auf einer Seite abgedruckten Zeichen unterscheiden. Die Seitenlänge stellt folglich kein absolut verlässliches Maß für den Umfang einer Publikation dar.[206]

In bibliometrischen Untersuchungen zur Messung von Forschungsleistung auf Basis von Publikationskennzahlen hat sich noch keine einheitliche Vorgehensweise zur Berücksichtigung dieser Problematik herausgebildet. So wird im Forschungsranking des CHE aus dem Jahr 2005 für das Fach BWL eine abschnittsweise konstante Gewichtungsfunktion zur Ermittlung der Publikationskennzahlen verwendet. Bei dieser Gewichtungsfunktion ergeben 1–5 Seiten einen Punkt, 6–10 Seiten 2 Punkte, 11–20 Seiten 3 Punkte, 21–100 Seiten 4 Punkte und mehr als 100 Seiten 7 Punkte.[207] MACHARZINA ET AL., die in ihre Untersuchung der Forschungsleistung deutschsprachiger Betriebswirte ausschließlich Beiträge in den sechs führenden Fachzeitschriften des deutschsprachigen Einzugsbereichs einbeziehen, berücksichtigen den Umfang der Beiträge nur insofern, als dass sie Kurzbeiträge mit weniger als fünf Seiten aus der Untersuchung ausschließen, weil diese üblicherweise kein Review-Verfahren durchlaufen.[208] Darüber hinaus fließt die Beitragslänge jedoch nicht in die Berechnung der Publikationskennzahlen ein.[209]

Eine weitere Gewichtung ist bei Publikationen vorzunehmen, die von mehreren Autoren verfasst worden sind. Problematisch ist in diesem Kontext, dass die Reihenfolge der genannten Autoren keinen verlässlichen Rückschluss darauf erlaubt, welchen Beitrag die einzelnen Koautoren zu der Gewinnung und Veröffentlichung der Forschungsergebnisse geleistet haben. Auch wenn es durchaus üblich ist, den Autor mit dem größten Beitrag an erster Stelle

---

206 Vgl. Gutierrez (2005), S. 53. Bommer/Ursprung belegen diese Aussage mit dem folgenden Beispiel von Kornelius Kraft. Basierend auf einer oberflächlichen Berechnung enthält eine Seite in der Zeitschrift *Review of Economics and Statistics* maximal 4100 Druckzeichen, wohingegen es bei der Zeitschrift *Kyklos* lediglich 2600 Druckzeichen sind. Vgl. Bommer/Ursprung (1998), S. 9.

207 Vgl. Berghoff et al. (2006), Abschnitt E, S. 8.

208 Vgl. Macharzina et al. (2006), S. 9ff. Beiträge in Sonder- und Ergänzungsheften werden aus diesem Grund ebenfalls nicht berücksichtigt.

209 Ein ähnliches Verfahren wird von Bommer/Ursprung in ihrer publikationsanalytischen Erfassung der Forschungsleistungen volkswirtschaftlicher Fachbereich in Deutschland, Österreich und der Schweiz angewendet. Sie beziehen ausschließlich Zeitschriftenbeiträge in die Untersuchung ein und gewichten Kurzbeiträge mit bis zu 10 Seiten nur zur Hälfte, längere dagegen vollständig. Darüber hinaus hat die Länge eines Beitrags keinen Einfluss auf seine Gewichtung, so dass die extreme Gewichtung von sehr langen Artikeln vermieden werden kann. Vgl. Bommer/Ursprung (1998), S. 9.

einer Publikation zu nennen,[210] so ermöglicht diese Praxis keine Berechnung der den einzelnen Autoren zuzuschreibenden Anteile. Eine Differenzierung der den Autoren zuzurechnenden Anteile anhand der Reihenfolge ihrer Nennung ist folglich wenig sinnvoll.

In zahlreichen bibliometrischen Untersuchungen, in denen Publikationskennzahlen berechnet werden, werden in Mehrfachautorenschaft erstellte Publikationen den beteiligten Autoren zu gleichen Anteilen zugerechnet, so dass die Summe der Anteile eins beträgt.[211] Auch wenn die so ermittelten Anteile allenfalls zufällig den tatsächlichen Anteil an der erbrachten Forschungsleistung widerspiegeln, erscheint diese Methode aus zwei Gründen sinnvoller als die Publikation jedem der beteiligten Autoren voll anzurechnen. Zum einen dürfte die vollständige Zurechnung den Anteil an der erbrachten Forschungsleistung (noch) weniger adäquat widerspiegeln als die anteilige Zurechnung, und zum anderen kann diese Methode zu Problemen bei der Summenbildung führen. Werden bspw. zunächst die Publikationspunkte für Mitarbeiter eines Lehrstuhls nach dieser Methode berechnet und anschließend aufsummiert, so führt dies im Fall von lehrstuhlinternen Mehrfachautorenschaften dazu, dass diese Summe größer ist als die Summe, die man bei einer direkten Zählung der an diesem Lehrstuhl erstellten Publikationen erhalten würde. Die Forschungsleistung wird auf diese Weise überzeichnet.[212]

Kritik wird an Publikationskennzahlen insbesondere in Bezug auf ihre Undifferenziertheit geäußert. Qualitätsgewichtungen in Publikationsanalysen sind insofern vereinfachend, als dass die Qualität von Publikationen stellvertretend über die Zugehörigkeit zu einem bestimmten Publikationsmedium erfasst wird. So werden bspw. in zahlreichen Untersuchungen Qualitätsgewichte für Zeitschriftenveröffentlichungen auf Basis von Zeitschriftenrankings ermittelt. Alle in einer bestimmten Zeitschrift veröffentlichten Beiträge erhalten somit das gleiche Qualitätsgewicht. Die Qualitätseinstufung der Zeitschrift wird somit implizit auf alle dort veröffentlichten Beiträge übertragen. Dieses Vorgehen kann insofern kritisiert werden, als dass mitunter auch sehr gute Beiträge in Zeitschriften mit einem geringen wissenschaftlichen

---

210 Vgl. Tscharntke et al. (2007), S. 13.

211 Diese Gewichtung wird bspw. in den oben genannten Untersuchungen von Berghoff et al. und Macharzina et al. angewendet.

212 Zu Mehrfachautorenschaften und weiteren Problemen, die sich bei der Berechnung von Publikationskennzahlen ergeben, wie bspw. die angemessene Berücksichtigung von Neuauflagen, vgl. Stock (2001a), S. 20ff. Bommer/Ursprung wählen in ihrer publikationsanalytischen Untersuchung der Forschungsleistungen volkswirtschaftlicher Fachbereiche einen Mittelweg. Sie verwenden ein von C.G. de Vries vorgeschlagenes Gewichtungsschema, das implizit einen Bonus für gemeinsam verfasste Publikationen enthält. In diesem Schema ergibt sich der rechnerische Beitrag c der Koautoren eines von n Autoren verfassten Artikels als c = 2/n+1. Vgl. Bommer/Ursprung (1998), S. 10.

Prestige und weniger gute Beiträge in Zeitschriften mit einem hohen wissenschaftlichen Prestige veröffentlicht werden.[213]

3.3 Zitationsindikatoren

3.3.1 Annahmen und Zweck der Zitationsanalyse

Eine Hilfestellung zur besseren Erfassung qualitativer Aspekte von Veröffentlichungen verspricht die Zitationsanalyse. Die Zitationsanalyse baut auf der Grundregel des wissenschaftlichen Arbeitens auf, die besagt, dass die Nutzung fremden Gedankenguts entsprechend kenntlich zu machen ist. Trifft man die Annahme, dass Wissenschafter mehrheitlich diejenigen Quellen zitieren, die für ihre eigene Arbeit einen wichtigen Erkenntnisbeitrag geliefert haben und so als Basis für die eigene Forschung gedient haben, so spiegelt eine Zitation in gewisser Weise die Anerkennung einer wissenschaftlichen Arbeit wider.[214] Im Umkehrschluss ist daraus zu folgern, dass eine wissenschaftliche Arbeit, die nach ihrer Veröffentlichung nicht aufgegriffen d.h. zitiert wird, keinen Beitrag zum Erkenntnisfortschritt in der Wissenschaft leistet und aus diesem Grund nicht als bedeutend anzusehen ist.[215]

Die Gültigkeit dieser Annahme und damit verbunden die Interpretation von Zitationsraten werden in der Literatur mitunter kontrovers diskutiert. So kommen MACROBERTS/MACROBERTS in ihrer Kritik an der Verwendung von Zitationsindikatoren zur Messung der Forschungsleistung zu einem vernichtenden Urteil:

> „The basic assumptions of citation analysis are clearly false. The assumption "that the research cited by scientists in their own papers represents a roughly valid indicator of influence on their work" has been falsified repeatedly, as has the assumption on which it is based: that scientists are motivated to cite their influences or to give credit where credit is due."[216]

Vor dem Hintergrund dieser Kritik erscheint es zunächst problematisch, anhand der über Zitationen gemessenen Resonanz wissenschaftlichen Outputs Rückschlüsse auf seine Qualität zu ziehen. Es ist somit fraglich, was über Zitationsraten überhaupt gemessen wird. Eine in dieser Hinsicht sehr weitgehende Behauptung ist die, dass Zitationsraten als Maß wissenschaftlicher Qualität gelten können.[217] In vorsichtigeren Interpretationen werden Zitationsraten als Indikator für die Bedeutung oder Wirkung wissenschaftlichen Outputs aufgefasst.

---

213 Vgl. Starbuck (2005), S. 180, und die wesentlich schärfer formulierte Kritik bei Rousseeuw (1991), S. 41.
214 Vgl. sinngemäß Klingemann (1988), S. 204, und Schlinghoff/Backes-Gellner (2002), S. 346.
215 Vgl. Spiegel-Rösing et al. (1975), S. 9.
216 MacRoberts/MacRoberts (1996), S. 442. Das von MacRoberts/MacRoberts verwendete Zitat stammt aus der Quelle Cole/Cole (1972), S. 369.
217 Vgl. Weingart/Winterhager (1984), S. 132.

Um die generelle Eignung von Zitationsindikatoren zur Berücksichtigung von Qualitätsaspekten wissenschaftlichen Outputs näher zu untersuchen und systematisch zu prüfen, inwieweit die von MACROBERTS/MACROBERTS geäußerte Kritik in dieser Drastik berechtigt ist, ist der folgende Abschnitt den grundsätzlichen Beweggründen gewidmet, aus denen heraus Autoren wissenschaftliche Arbeiten zitieren.

3.3.2 Zitiergründe/Zitationsmotive

Wie ALBERT treffend bemerkt, haben Wissenschaftler grundsätzlich kein originäres Interesse daran, die Leistungen ihrer Konkurrenten durch Zitation positiv zu würdigen, da der eigene Beitrag durch den Hinweis auf die Übernahme fremder Ergebnisse geschmälert wird.[218] Es stellt sich folglich die Frage, aus welchen Gründen Wissenschaftler andere Quellen zitieren.

Ein sehr wichtiger Zitiergrund ergibt sich schlicht aus der Grundregel des wissenschaftlichen Arbeitens, welche besagt, dass die Übernahme fremden geistigen Eigentums durch Zitation entsprechend zu dokumentieren ist.[219] Das Auslassen eines entsprechenden Verweises setzt den Autor der Gefahr aus, eines Plagiates bezichtigt zu werden, dessen Nachweis die Reputation eines Wissenschaftlers schwer beeinträchtigen kann. Somit liegt es nahe, dass Wissenschaftler allein aus eigennützigen Motiven bestrebt sind, fremdes Gedankengut durch einen Verweis als solches zu kennzeichnen.[220]

Ein weiterer Zitiergrund ist darin zu sehen, dass das Verwenden von Zitationen es Wissenschaftlern erlaubt, fremdes Gedankengut, auf dem der eigene Beitrag fußt, verkürzt darzustellen. Kurze Verweise auf andere Arbeiten ermöglichen es, die relevanten Sachverhalte nur insoweit darzustellen, als dies zum Verständnis der neuen Forschungsergebnisse erforderlich ist, und machen so eine umfangreiche eigenständige Darstellung dieser Arbeiten überflüssig. Dies liegt im Interesse derjenigen Leser, die sich im entsprechenden Forschungsgebiet auskennen und primär an neuen Erkenntnissen interessiert sind.[221]

Zitationen können darüber hinaus dazu genutzt werden, um aufzuzeigen für welche Forschungsgebiete oder Problemstellungen der eigene Beitrag Relevanz besitzt. Damit kann die

---

[218] Vgl. Albert (2004), S. 134.
[219] Vgl. z.B. Bänsch (2003), S. 8.
[220] Vgl. Knackstedt/Winkelmann (2006), S. 48. Diese verweisen in diesem Kontext auf verschiedene Suchprogramme bzw. Einreichungsdienste, die das Aufspüren von Plagiaten erleichtern und ihnen dadurch entgegen wirken.
[221] Vgl. Albert (2004), S. 134.

Absicht verfolgt werden, dass die eigenen Erkenntnisse in den betreffenden Forschungsgebieten weiterverwendet und damit zitiert werden.[222]

Die Quellenauswahl erlaubt es Wissenschaftlern zudem, ihre fachliche Kompetenz unter Beweis zu stellen. Maßgeblich für die Entscheidung darüber, wer für welches Ergebnis zu zitieren ist, ist die Prioritätsregel. Da die richtige Anwendung der Prioritätsregel vertiefte Kenntnisse der einschlägigen Literatur voraussetzt, ermöglicht sie es Wissenschaftlern, ihre fachliche Kompetenz zu signalisieren.[223]

Eine häufig zitierte, in Abbildung 3.3.2.1 dargestellte Zusammenstellung von Zitiergründen gibt WEINSTOCK, der insgesamt 15 verschiedene Gründe, wissenschaftliche Arbeiten zu zitieren, differenziert.

1. Paying homage to pioneers.
2. Giving credit for related work.
3. Identifying methodology, equipment, etc.
4. Providing background reading.
5. Correcting one's own work.
6. Correcting the work of others.
7. Criticizing previous work.
8. Substantiating claims.
9. Alerting researchers to forthcoming work.
10. Providing leads to poorly disseminated, poorly indexed, or uncited work.
11. Authenticating data and classes of fact—physical constants, etc.
12. Identifying the original publication in which an idea or concept was discussed.
13. Identifying the original publication describing an eponymic concept or term as, e.g., Hodgkin's disease, Pareto's law, Friedel-Crafts Reaction.
14. Disclaiming work or ideas of others.
15. Disputing priority claims of others

Abbildung 3.3.2.1: Zitiergründe nach Weinstock[224]

WEINSTOCKS Zusammenstellung von Zitiergründen gibt einen interessanten Einblick in die Vielfalt möglicher Zitiergründe, ist jedoch nicht vollkommen überschneidungsfrei. So kann bspw. die Berichtigung oder Verbesserung einer fremden Arbeit (Punkt 6) durchaus als Form von (konstruktiver) Kritik aufgefasst werden (Punkt 7). Eine erforderliche Präzisierung der verwendeten Begriffe durch WEINSTOCK unterbleibt jedoch. Einen umfassenden Überblick über Arbeiten, in denen Zitiergründe mit Hilfe von Typologien oder Klassifikationen systematisiert werden, bietet CRONIN.[225]

Für die Beurteilung der Eignung der Zitationsanalyse als Instrument zur Messung von Forschungsleistung ist neben den Gründen, wissenschaftliche Arbeiten zu zitieren, auch zu hinterfragen, inwieweit möglicherweise Gründe vorliegen, das Zitieren einer wissenschaftlichen

[222] Vgl. Albert (2004), S. 135.
[223] Vgl. Albert (2004), S. 136f.
[224] Entnommen aus Weinstock (1971), S. 19.
[225] Vgl. dazu Cronin (1984), S. 25ff.

Arbeit zu unterlassen, obwohl deren Erkenntnisse zum Zwecke der eigenen Forschung genutzt wurden. Ein (legitimer) Grund, eine wissenschaftliche Arbeit ohne einen expliziten bibliografischen Verweis auf die Fundstelle zu verwenden, kann darin liegen, dass es sich bei der verwendeten Quelle um eine herausragende wissenschaftliche Arbeit mit einem sehr hohen Bekanntheitsgrad handelt. Solche Arbeiten werden i.d.R. nach einiger Zeit nicht mehr regulär mittels expliziter Nennung der bibliografischen Angaben in der Fußnote und dem Literaturverzeichnis zitiert, sondern entweder als bekannt vorausgesetzt oder lediglich im Fließtext erwähnt.[226] Wird bspw. in einer betriebswirtschaftlichen Arbeit das einfache Harris-Modell bzw. die daraus abgeleitete Losgrößenformel zur Bestimmung wirtschaftlicher Losgrößen verwendet, so unterbleibt i.d.R. ein expliziter Verweis auf die Arbeit von HARRIS aus dem Jahr 1913 mittels Fußnote, da angenommen wird, dass die Adressaten mit diesem Modell vertraut sind und dieses wissenschaftliches Allgemeingut darstellt.[227]

Inwieweit Zitationsanalysen durch diesen Umstand verzerrt werden, hängt entscheidend davon ab, welcher Wirkungszeitraum in den Analysen zugrunde gelegt wird. Sofern in einer Zitationsanalyse die Wirkung der Publikationen zeitnah ermittelt werden soll, dürfte der zuvor erläuterte Umstand tendenziell wenig Probleme bereiten, da das Erscheinungsjahr einer Publikation, die als wissenschaftliches Allgemeingut betrachtet wird, i.d.R. verhältnismäßig weit zurück liegt.[228] Legt man Zitationsanalysen einen sehr langen Wirkungszeitraum zugrunde, so wird die anhand von Zitationen gemessene Wirkung von Arbeiten, die ins wissenschaftliche Allgemeingut eingegangen sind, entsprechend zu gering ausgewiesen. Diesbezüglich ist jedoch zu beachten, dass der Anteil der Arbeiten, die von diesem Phänomen betroffen sind, an den insgesamt publizierten wissenschaftlichen Arbeiten äußerst gering sein dürfte.

In diesem Zusammenhang ist darauf hinzuweisen, dass die Grundregel wissenschaftlichen Arbeitens, die Verwendung fremden Gedankenguts durch Zitation zu belegen, dem Autor eines wissenschaftlichen Textes durchaus Spielraum bei der Auswahl der zu zitierenden Quellen bietet.[229] So ist die Entscheidung darüber, ob bestimmte Aussagen oder Ideen über Zitation als fremdes Gedankengut gekennzeichnet werden müssen oder aber vielmehr wissenschaftliches Gemeingut darstellen, oft nur graduell zu treffen. Auch die Existenz mehrerer potentiell zitierfähiger Autoren kann den Autor vor ein Auswahlproblem stellen, sofern nicht

---

226 Vgl. Weingart/Winterhager (1984), S. 135, und Heiber (1983), S. 107.

227 Nach Dyckhoff (2006), S. 317, gehört die aus dem Harris-Modell abgeleitete Losgrößenformel zu den „bekanntesten und auch in der Praxis am weitesten verbreiteten Modellen der Betriebswirtschaftslehre."

228 Vgl. Heiber (1983), S. 107.

229 Zu der Problematik, dass die konkrete Auswahl von zu zitierenden Quellen durch wissenschaftsinterne Normen nur sehr unvollständig geregelt ist, vgl. Kaplan (1965).

eindeutig zu ermitteln ist, wem das „geistige Eigentum“ an der verwendeten Idee zusteht, und somit die angeführte Prioritätsregel keine Orientierungshilfe bietet.

Die Gesamtheit der in einer wissenschaftlichen Veröffentlichung zitierten Quellen ist folglich nicht ausschließlich durch die Befolgung von Zitierregeln determiniert. Das Zitieren einer wissenschaftlichen Arbeit ist vielmehr eine soziale Handlung, welche sich im Kontext der Wissenschaft vollzieht. Es handelt sich um einen subjektiven Prozess, der von zahlreichen verschiedenen Faktoren beeinflusst wird. Sowohl die einer Zitation zugrundeliegenden Motive als auch ihre Funktionen können dementsprechend vielfältig sein.[230] Sie haben Einfluss darauf, inwieweit es berechtigt ist, Zitationen als Indikator für die Qualität, Bedeutung oder Wirkung wissenschaftlicher Veröffentlichungen zu interpretieren.

3.3.3 Kritik an Zitationsindikatoren

Ausgangspunkt zahlreicher Kritik an der Verwendung von Zitationsindikatoren zur Leistungsmessung von Hochschulforschung ist die Existenz verschiedener Zitationsmotive, die nicht zwangsläufig auf eine hohe Qualität der zitierten Arbeit schließen lassen.

Ein häufig genannter Kritikpunkt ist die Manipulation zitationsbasierter Leistungsmessungen durch Selbstzitationen, die nur einen schwachen oder gar keinen inhaltlichen Bezug zur zitierenden Quelle aufweisen. Selbstzitationen bieten Wissenschaftlern die Möglichkeit, die Zitationshäufigkeiten eigener Veröffentlichungen zu steigern. Die rein technische Erfassung von Zitationen im Rahmen von Zitationsanalysen lässt jedoch letztendlich keinen Rückschluss auf das konkrete Motiv oder den Inhalt der Zitation zu.[231] Folglich ist es nicht möglich, Selbstzitationen in Zitationsanalysen danach zu differenzieren, inwieweit diese in wissenschaftlicher Hinsicht gerechtfertigt sind, da sie bspw. den Input für den zitierenden Beitrag darstellen oder aber schlicht aus eigennützigen Motiven heraus getätigt wurden. Da viele Wissenschaftler oft jahrelang im gleichen Forschungsfeld arbeiten, auf ihren eigenen Arbeiten aufbauen und ihr Wissen so kumulativ erweitern, dürften sich zahlreiche Selbstzitationen schlicht als Folge dieser wissenschaftlichen Arbeitsweise ergeben, insbesondere wenn es sich um Forschungsfelder handelt, auf denen nur sehr wenige Wissenschaftler tätig sind. Eine einfache Möglichkeit, dieser Manipulation von Zitationsanalysen durch Selbstzitationen entgegenzuwirken, liegt darin, diese bei der Ermittlung von Zitationskennzahlen nicht zu berücksichtigen. Problematisch an einer solchen Vorgehensweise ist jedoch der Umstand, dass auf diese Weise

[230] Vgl. Weingart/Winterhager (1984), S. 134, und Jokić/Ball (2006), S. 151f.
[231] Vgl. Spiegel-Rösing et al. (1975), S. 9.

gerechtfertigte Selbstzitationen ebenso ausgeschlossen werden, wie Selbstzitationen, die aufgrund eigennütziger Motive getätigt werden.[232]

Nicht gerechtfertigte Selbstzitationen stellen eine Form des strategischen Zitierverhaltens dar, bei dem aus Eigennutz sachfremde Kriterien eine Rolle spielen. Eine weitere Unterform des strategischen Zitierverhaltens ist in Zitationskartellen zu sehen, in denen sich die beteiligten Wissenschaftler gegenseitig zitieren, bspw. um Beachtung zur Durchsetzung einer bestimmten Lehrmeinung zu erlangen. Gegenseitige Zitationen innerhalb einer kleinen Gruppe von Wissenschaftlern lassen sich jedoch rechtfertigen, wenn diese inhaltlich begründet sind und für die Quellen von Autoren innerhalb und außerhalb dieser Gruppe die gleichen Maßstäbe angelegt werden. Es ist ohne weiteres denkbar, dass ein solches Zitationsmuster ausschließlich deshalb zustande kommt, weil sich eben nur sehr wenige Wissenschaftler mit einer bestimmten Thematik befassen.[233]

Weitere bekannte Formen des strategischen Zitierverhaltens bestehen im Zitieren von Beiträgen, die für die jeweiligen Ausführungen kaum Relevanz besitzen und erfolgen, um einen möglichst breiten Überblick über ein Forschungsfeld zu suggerieren, außerdem im Zitieren von Kollegen der gleichen Einheit, um bei Evaluationen positiv abzuschneiden, sowie im Auslassen von Verweisen, um die Erkenntnisse fremder Autoren als die eigenen zu deklarieren.[234]

Ein weiterer, sehr häufig angeführter Kritikpunkt an der Verwendung von Zitationsindikatoren zur Messung von Forschungsleistung ist darin zu sehen, dass der Inhalt eines Zitates durch die einfache „Zählung“ im Rahmen einer Zitationsanalyse keine Berücksichtigung findet. Es kann so nicht differenziert werden, inwieweit die zitierte Arbeit anerkannt oder weitergeführt wird oder aber vom zitierenden Autor kritisiert, abgewertet oder zurückgewiesen wird. Darüber hinaus bleibt der Stellenwert der zitierten Quelle für die zitierende Arbeit unklar. Ein nur beiläufig genannter Beitrag erhält so die gleiche Bedeutung wie ein Beitrag, mit dem sich der zitierende Autor ausführlich befasst.[235]

Ein vieldiskutiertes Problem in Bezug auf zitationsanalytische Leistungsmessungen ist der Umstand, dass bei der Existenz mehrerer potentiell zitierfähiger Autoren bevorzugt jene zitiert werden, deren Ansehen und Bekanntheitsgrad besonders hoch sind. Wissenschaftliches Prestige hat also insofern Einfluss auf das Zitierverhalten, als dass auf diese Weise auch die

232 Vgl. Dilger (2000), S. 476f., und Matzler et al. (2001), S. 164.
233 Vgl. Weingart/Winterhager (1984), S. 136, und Dilger (2000), S. 476f.
234 Vgl. Kieser (1998), S. 217.
235 Vgl. Spiegel-Rösing et al. (1975), S. 9.

weniger bedeutenden Arbeiten besonders angesehener Wissenschaftler eine vergleichsweise höhere Aufmerksamkeit erhalten.[236] Diese Problematik wird in der Literatur häufig unter dem von MERTON geprägten Begriff „Matthäus-Effekt" („wer hat, dem wird gegeben") diskutiert.[237]

Fraglich ist, inwieweit zitationsanalytische Leistungsmessungen durch die zuvor genannten Kritikpunkte beeinträchtigt werden. Hinsichtlich der Manipulation durch Selbstzitationen ist zu bemerken, dass diese an eine zitierende Veröffentlichung gekoppelt ist. Eine bewusste Manipulation von Zitationsraten durch Selbstzitationen setzt somit auch eine entsprechende Anzahl an Veröffentlichungen voraus.[238] Zitationsanalysen beruhen darauf, dass in einer Auswahl zitierender bzw. zitatgebender Quellen die Zitationen der dort zitierten Quellen erfasst werden. Legt man für die Auswahl der zitatgebenden Quellen sinnvolle Qualitätsmaßstäbe zugrunde, wie bspw. die ausschließliche Berücksichtigung von Publikationen, die einen Peer-Review-Prozess durchlaufen haben, so werden manipulative kontextfreie Selbstzitationen dahingehend erschwert, als dass diese möglicherweise bereits durch den Begutachtungsprozess eliminiert werden. Grundsätzlich ist es Gutachtern und Herausgebern möglich, Zitationen in den ihnen zur Veröffentlichung angetragenen Arbeiten daraufhin zu prüfen, ob diese für die Argumentationskette des zitierenden Autor plausibel und wesentlich sind.[239] Zweifelsohne ist diese Frage oft nur graduell zu beantworten. Allzu offensichtlichen Manipulationen könnte jedoch im Rahmen des Peer Review entgegengewirkt werden.

LEHRL ET AL. schlagen zur Beseitigung der Verzerrungen von Zitationsanalysen durch Selbstzitationen oder Zitationskartelle vor, nicht die Anzahl der Zitationen zu zählen, sondern die Anzahl der zitierenden Autoren. Für ihre personenbezogene Zitationsanalyse der Wahrnehmung deutscher Neurologie- und Psychiatrie-Ordinarien verwenden sie den von ihnen als *SII* bezeichneten *Science Impact Index,* der *„der Anzahl der verschiedenen Fremdautoren, die einen Wissenschaftler während eines Jahres zitiert haben"*[240] entspricht. Auf diese Weise können der Einfluss von Selbstzitationen ausgeschaltet und Verzerrungen durch Zitationskartelle begrenzt werden.

---

[236] Vgl. Weingart/Winterhager (1984), S. 139f.

[237] In diesem Kontext ist zu bemerken, dass Merton den Begriff Matthäus-Effekt in seiner im Jahr 1968 in der Zeitschrift *Science* veröffentlichten Arbeit „The Matthew Effect in Science" nicht ausschließlich auf den oben genannten Sachverhalt, sondern auf das Kommunikations- und Belohnungssystem in der Wissenschaft insgesamt bezieht. Vgl. dazu Merton (1968).

[238] Vgl. Garfield (1979a), S. 362, und Dilger (2000), S. 477.

[239] Vgl. Heiber (1983), S. 98f.

[240] Lehrl et al. (1988), S. 293.

Neben möglichen Verzerrungen durch Selbstzitationen und Zitationskartelle ist ebenso zu diskutieren, inwieweit die Aussagekraft von Zitationsanalysen dadurch beeinträchtig wird, dass Autoren Quellen zitieren, um die Ergebnisse der zitierten Arbeit zurückzuweisen, abzuwerten oder als unrichtig zu charakterisieren. Dieses Problem wird in der Literatur häufig unter dem Begriff „negative Zitationen" erörtert.[241] In diesem Kontext ist zunächst auf die Filterfunktion von Herausgebern und Gutachtern hinzuweisen. Bei begutachteten Publikationen ist anzunehmen, dass zahlreiche, aber nicht alle, Fehler bereits durch den Auftrag zur Überarbeitung oder aber die Ablehnung des Publikationswunsches herausgefiltert werden. Darüber hinaus ist zu hinterfragen, inwieweit eine Arbeit, die umstrittene und später möglicherweise abgelehnte Erkenntnisse enthält und aus diesem Grund häufig zitiert wird, einen positiv zu würdigenden Beitrag zum Erkenntnisfortschritt geleistet hat, da zahlreiche Wissenschaftler in ihr einen Impuls zu weiteren Überlegungen gesehen haben. Der durch die Arbeit ausgelöste wissenschaftliche Klärungsprozess kann neben der Erkenntnismehrung ebenfalls als Rechtfertigung für die Erteilung wissenschaftlicher Beachtung und der damit verbundenen Reputation betrachtet werden.[242]

Die hier erfolgte kritische Diskussion von Problemen der zitationsanalytischen Leistungsmessung bleibt insofern unbefriedigend, als dass sie zwar aufgrund logischer Überlegungen erfolgt, letztendlich jedoch keine empirisch belastbaren Aussagen über den verzerrenden Einfluss der genannten Probleme zulässt. Aus diesem Grund ist der folgende Abschnitt einem Überblick über Untersuchungen zur empirischen Relevanz verschiedener Zitiergründe bzw. Zitationsmotive gewidmet.

3.3.4 Empirische Relevanz von Zitiergründen

Einen Literaturüberblick zu solchen Studien, in denen verschiedene Zitiergründe empirisch auf ihre Relevanz untersucht werden, gibt VINKLER.[243] Im Folgenden werden die wesentlichen Ergebnisse dieser und weiterer Bemühungen anhand ausgewählter – zum Teil jedoch methodisch problematischer – Studien in chronologischer Reihenfolge dargestellt. Da einige zentrale Kritikpunkte auf mehrere der dargestellten Studien gleichermaßen zutreffen, erfolgt ihre kritische Würdigung zur Vermeidung unnötiger Redundanzen gebündelt im Anschluss an

241 Vgl. z.B. Stock (1985), S. 312, oder auch Heiber (1983), S. 109f., der den Begriff „negative Zitate" verwendet.
242 Vgl. Heiber (1983), S. 97, und S. 110.
243 Vgl. dazu Vinkler (1998), S. 111ff.

die Darstellung. Darüber hinaus werden die Implikationen der Befunde für die Verwendung von Zitationsindikatoren zur Messung der Forschungsleistung herausgearbeitet und diskutiert.

Eine der ersten Arbeiten, in der die empirische Relevanz von Zitiergründen systematisch untersucht wird, ist der Beitrag von MORAVCSIK/MURUGESAN aus dem Jahr 1975. Sie führen eine inhaltsanalytische Auswertung von 30 Aufsätzen durch, die im Zeitraum von 1968 bis einschließlich 1972 in der Zeitschrift *Physical Review* erschienen und dem Gebiet der theoretischen Hochenergiephysik zuzuordnen sind. In ihrer Klassifikation der Referenzen verwenden sie die folgenden vier Dichotomien: *conceptual - operational*, *organic - perfunctory*, *evolutionary - juxtapositional*, *confirmative - negational*. Die Referenzen werden von ihnen innerhalb jeder dieser vier Dichotomien entweder genau einem oder keinem der aufgeführten Begriffe zugeordnet, wobei nur sehr wenige Referenzen keinem der jeweils zwei Begriffe zugeordnet wurden. Darüber hinaus stufen sie Referenzen dann als redundant ein, wenn innerhalb eines Verweises mehrere Quellen für einen bestimmen Sachverhalt genannt werden und aus wissenschaftlicher Perspektive die Nennung einer einzigen Quelle ausreichend gewesen wäre. Sie kommen zu dem Ergebnis, dass etwa 40 % der analysierten Referenzen oberflächlich (perfunctory) sind und nicht unbedingt zum Verstehen des zitierenden Aufsatzes benötigt werden. Sie stellen weiterhin fest, dass bei etwa 14 % der Referenzen deren Richtigkeit verneint wird (negational). Etwa 31 % der Referenzen werden von ihnen als redundant eingestuft.[244]

CHUBIN/MOITRA knüpfen an die Arbeit von MORAVCSIK/MURUGESAN an und führen ebenfalls eine inhaltsanalytische Auswertung der Referenzen von Aufsätzen aus dem Bereich der Hochenergiephysik durch. Sie untersuchen dazu insgesamt 43 Aufsätze, die im Zeitraum von 1968 bis 1969 in den Zeitschriften *Nuclear Physics*, *Physical Letters B*, *Physical Review* und *Physical Review Letters* erschienen sind. Sie erarbeiten eine überschneidungsfreie Typologie, die insgesamt sechs verschiedene Rubriken erfasst. Sie ordnen jede Referenz genau einer der sechs Kategorien zu. Die Struktur ihrer Typologie, die verwendeten Kategorien und der Prozentsatz der ihnen zugeordneten Referenzen sind der nachfolgenden Abbildung 3.2.4.1 zu entnehmen.

[244] Vgl. Moravcsik/Murugesan (1975), S. 86ff.

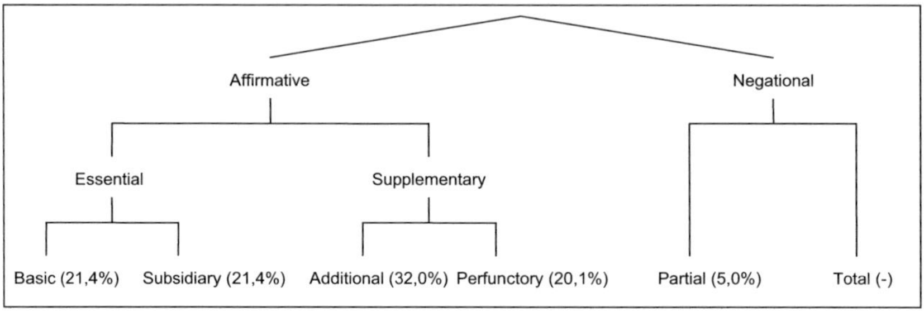

Abbildung 3.2.4.1: Zitiergründe und deren Relevanz nach Chubin/Moitra[245]

Die Ergebnisse unterscheiden sich von denen aus der Studie von MORAVSCIK/MURUGESAN insofern, als dass der Prozentsatz der als verneinend/ablehnend eingestuften Referenzen mit 5,0 % im Vergleich zu 14 % geringer ausfällt. Ferner stufen sie lediglich 20,1 % der Referenzen (im Vergleich zu etwa 40 %) als oberflächlich ein.[246]

CRONIN analysiert Normen und Funktionen des Zitierens im Bereich der Psychologie. Er befragt zu dieser Thematik gezielt die Herausgeber und Mitglieder des Herausgeberbeirats (editorial board) angesehener referierter Fachzeitschriften, da diese maßgeblich für die Auswahl der zu veröffentlichenden Manuskripte und damit auch die Entwicklung des Wissensstands in der Disziplin verantwortlich sind. Die Grundlage seiner Auswertungen bilden insgesamt 60 beantwortete Fragebögen (das entspricht einer Rücklaufquote von ca. 23 %) der Herausgeber und Mitglieder des Herausgeberbeirats von insgesamt 23 referierten Fachzeitschriften aus der Psychologie. Der Fragebogen besteht aus 18 Aussagen, die normative Aspekte des Zitierens, die Funktion und Bedeutung von Zitationen sowie weitere spezielle Aspekte des Zitierverhaltens betreffen. Die Befragten sind dazu angehalten, den Grad ihrer Zustimmung zu den genannten Aussagen anhand von fünf Antwortmöglichkeiten (von „starke Zustimmung“ bis „gar keine Zustimmung“) anzugeben.[247]

In Bezug auf zahlreiche der zu beurteilenden Aussagen zeichnet sich ein recht deutliches Meinungsbild der Befragten ab. So stimmen etwa 95 % der Befragten der Aussage zu, dass über das Zitieren Anerkennung in der Scientific Community verteilt wird. 87 % der Befragten vertreten die Ansicht, dass das Zitieren ein Prozess ist, der nicht gänzlich anhand von Regeln gesteuert werden kann. Hinsichtlich der Beeinflussung des Zitierverhaltens akademischer

[245] Abbildung erstellt auf Basis von Chubin/Moitra (1975), S. 429, und Cronin (1984), S. 45.

[246] Vgl. Chubin/Moitra (1975), S. 425ff. Die Vergleichbarkeit der Ergebnisse ist insofern eingeschränkt, als dass Chubin/Moitra jede Referenz nur einem der angeführten Zitiergründe zuordnen. Moravscik/Murugesan ordnen dagegen jede Referenz jeder der vier von ihnen verwendeten Dichotomien zu.

[247] Vgl. Cronin (1982), S. 67ff.

Autoren vertreten 95 % der Befragten die Auffassung, dass diese sich für ihr Zitierverhalten die gängige Praxis in ihrem jeweiligen Wissensgebiet zum Vorbild nehmen. Weiterhin sind 85 % der Befragten der Meinung, dass akademische Autoren dazu tendieren, bevorzugt die Quellen bzw. Autoren zu zitieren, die ihre eigene Meinung stützen. Die große Mehrheit von 87 % der Befragten nimmt an, dass akademische Autoren es häufig nicht schaffen, die gesamte für ihre Publikation einschlägige Literatur zu zitieren.[248]

PRABHA widmet seine Studie verschiedenen Aspekten des Zitierverhaltens akademischer Autoren auf dem Gebiet der BWL (Business Administration). Für seine Studie befragt er insgesamt 19 Wissenschaftler der betriebswirtschaftlichen Fakultät der Universität Illinois zu den Referenzen eines von ihnen verfassten, maximal zwei Jahre alten Zeitschriftenaufsatzes mittels Fragebogen. Im Fokus dieser Befragung stehen weniger die konkreten Zitationsmotive der Wissenschaftler, sondern vielmehr spezielle Aspekte des Zitierverhaltens, die insbesondere die Gewinnung und Nutzung der zitierten Quellen betreffen. Im Detail geht PRABHA bspw. den Fragen nach, inwieweit die Autoren, die von ihnen zitierten Quellen selbst gelesen haben, wie stark sie diese Quellen beim Verfassen des Aufsatzes in Anspruch genommen haben und wie viele dieser Quellen sie als unverzichtbar für die Entwicklung ihrer Themenstellung erachten.[249]

Die Befragten gaben an, insgesamt 4 % der zitierten Quellen nicht selbst gelesen zu haben. Setzt man die wahrheitsgemäße Beantwortung dieser Frage voraus, so zeigt sich bezogen auf die teilnehmenden Wissenschaftler, dass das „Zitieren aus zweiter Hand“ lediglich eine untergeordnete Rolle spielt. Des Weiteren wurden 48 % der zitierten Quellen von den Befragten bei der Abfassung der Aufsätze lediglich am Rande herangezogen. Die Befragten erachteten etwas weniger als ein Drittel der von ihnen zitierten Quellen als unverzichtbar für das Verfassen des eigenen Aufsatzes.[250]

BROOKS untersucht die Zitiermotive akademischer Autoren anhand einer Befragung von insgesamt 26 Wissenschaftlern der Universität Iowa, die in verschiedenen wissenschaftlichen Disziplinen tätig sind. Auf Basis einer Literaturauswertung leitet er insgesamt sieben Zitationsmotive ab, deren Relevanz er mit Hilfe der Befragung untersucht. In seiner Befragung sind die Teilnehmer dazu angehalten, für jede einzelne Zitation in einem von ihnen veröffentlichten Aufsatz die Relevanz der von ihm zur Disposition gestellten sieben Zitiermotive auf einer Skala von null (nicht relevant) bis drei (sehr relevant) anzugeben. Dabei ist es den Be-

---

[248] Vgl. Cronin (1982), S. 71.
[249] Vgl. Prabha (1983), S. 202f.
[250] Vgl. Prabha (1983), S. 203.

fragten möglich, mehrere Zitiermotive für eine Zitation als relevant einzustufen. BROOKS unterteilt die sieben Zitiermotive anhand einer statistischen Analyse ihrer arithmetischen Mittel (AM) in insgesamt drei Gruppen. Als Motiv mit dem höchsten arithmetischen Mittel von 1,15 ermittelt BROOKS die Überzeugungsabsicht des Zitierenden. Das Zitieren von Quellen, um den Leser von ihrer eigenen Meinung zu überzeugen, ist das Zitiermotiv, dem die Befragten die höchste Relevanz zugeschrieben haben.[251]

Die zweite Gruppe der Zitiermotive bilden das Aussprechen von Anerkennung (AM = 0,76), das Zitieren von Quellen, um die eigene Kenntnis der neuesten Arbeiten in einem bestimmten Wissensgebiet zu demonstrieren (AM = 0,70), der Verweis auf weiterführende Informationen (AM = 0,67) sowie das Zitieren von Quellen aufgrund eines operationalen Bezugs, wie bspw. der Nennung bestimmter Methoden oder Ergebnisse (AM = 0,65). Die dritte Gruppe bilden die Zitiermotive mit den geringsten arithmetischen Mitteln. Die Befragten maßen der Absicht, Quellen zu zitieren, weil dies in gewisser Weise zum sozialen Konsens innerhalb eines Fachgebiets gehöre und dem Zitierenden so die Möglichkeit gibt, anderen Wissenschaftlern die eigenen Kenntnisse dieses vermeintlichen Konsenses zu demonstrieren, lediglich eine sehr geringe Relevanz bei (AM = 0,28). Als ähnlich wenig relevant stuften die Befragten die Absicht ein, Quellen zu zitieren, um auf deren Fehler hinzuweisen bzw. diese abwertend zu kritisieren (AM = 0,19).[252]

VINKLER analysiert die Zitiergründe von Wissenschaftlern auf dem Gebiet der Chemie. Er befragt insgesamt 20 Wissenschaftler mittels Fragebögen zu den aufgeführten Referenzen in einem von ihnen veröffentlichten maximal drei Jahre alten Zeitschriftenaufsatz. Im Fragebogen unterscheidet er explizit, für die Befragten sichtbar, zwischen zwei Kategorien von Zitiergründen, die er als *professional motivations* und *connectional motivations* bezeichnet. Erstere bezeichnen Zitiergründe, die vorwiegend darauf abzielen, in welcher inhaltlichen Beziehung das zitierte zum zitierenden Dokument steht und welche Bedeutung es für die zitierende Arbeit besitzt. Letztere stellen maßgeblich auf die mit der Referenz verfolgten Zwecke ab, die in keiner konkreten inhaltlichen Beziehung zur zitierenden Arbeit stehen. Er fragt bspw. danach, inwieweit Autoren bewusst eigene oder fremde Quellen zitieren, um ihren Bekanntheitsgrad zu erhöhen oder weil sie in einer – wie auch immer gearteten – Abhängigkeit zum zitierten Autor stehen. Anders als bei den vorwiegend inhaltlich motivierten Zitationen steht hier stärker die Beziehung von zitierendem und zitiertem Autor im Vor-

[251] Vgl. Brooks (1985), S. 225ff.

[252] Vgl. Brooks (1985), S. 226. In einer nachfolgenden Veröffentlichung analysiert Brooks die Korrelationsstruktur der sieben Motive mittels einer Faktorenanalyse. Vgl. dazu Brooks (1986).

dergrund.[253] VINKLER unterscheidet somit zwischen eher wissenschaftlich und eher sozial orientierten Motiven des Zitierens.

Die Ergebnisse hinsichtlich der Bedeutung der zwei Motivationsarten für das Zitierverhalten sind überaus eindeutig. Lediglich 2 % der Zitationen fallen ausschließlich in die Kategorie der *connectional motivations*. Der Prozentsatz der Zitationen, die simultan Motiven aus beiden Kategorien zugeordnet werden, liegt bei etwa 17 %. Als besonders relevante Zitiergründe der ersten Kategorie identifiziert VINKLER die Nennung von Vorgängerstudien im Rahmen der Einleitung oder eines späteren Literaturüberblicks in der zitierenden Quelle (dies trifft auf etwa 50 % der zitierten Quellen zu). Darüber hinaus stellt er fest, dass die Motivation, Quellen zu zitieren, um diese zu kritisieren, nur eine geringe Relevanz besitzt (dies trifft auf etwa 5 % der Zitationen zu). Der am häufigsten genannte Zitiergrund aus der zweiten Kategorie ist das Zitieren eigener Arbeiten, um ihren Bekanntheitsgrad zu erhöhen (dies trifft auf etwa 6 % der Zitationen zu).[254]

VINKLER beschränkt seine Analyse nicht ausschließlich auf die Gründe, andere Quellen zu zitieren, sondern untersucht darüber hinaus auch, was Autoren dazu bewegt, Zitationen auszulassen. Zu diesem Zweck sind die Teilnehmer seiner Studie dazu angehalten, zunächst bezogen auf die in Rede stehende Publikation die Anzahl der Quellen anzugeben, deren Zitation aus fachlicher Hinsicht möglich gewesen wäre, aber unterlassen wurde. Die Befragten gaben an, durchschnittlich etwa 4 Quellen deshalb nicht zitiert zu haben, weil die Quellen für die jeweilige Arbeit nicht so bedeutend waren, dass eine Zitation unbedingt nötig gewesen wäre. Zudem wurden durchschnittlich etwa 4,2 Quellen pro Publikation deshalb nicht explizit zitiert, weil der Name des Autors der potentiell zitierfähigen Arbeit ohnehin mit dem zitierten Ergebnis verbunden ist (Planck-Konstante, Nash-Gleichgewicht, etc.) und dieses damit gewissermaßen als wissenschaftliches Gemeingut gilt.[255]

CANO kombiniert bei seiner Analyse des Zitierverhaltens im Bereich des Bauingenieurwesens die Untersuchungsansätze von MORAVCSIK/MURUGESAN, PRABHA und BROOKS. Er legt seiner Analyse die Klassifikation von MORAVCSIK/MURUGESAN zugrunde. Er ermittelt die Einordnung einzelner Zitationen in dieses Schema jedoch nicht wie in der Vorgängeruntersuchung durch eine eigenständige inhaltsanalytische Auswertung verschiedener Aufsätze, sondern leitet die Teilnehmer seiner Studie mit Hilfe eines Fragebogens dazu an, die in ihren Aufsätzen getätigten Zitationen selbstständig in das Schema einzuordnen. Ähnlich wie einige

[253] Vgl. Vinkler (1987), S. 50ff.
[254] Vgl. Vinkler (1987), S. 53ff.
[255] Vgl. Vinkler (1987), S. 59f.

der bereits angeführten Vorgängerstudien kommt er zu dem Ergebnis, dass die abwertende Kritik bzw. der Hinweis auf Fehler in wissenschaftlichen Arbeiten als Zitiergrund kaum empirische Relevanz besitzt (dies betrifft nur etwa 2 % der in seiner Studie ausgewerteten Zitationen).[256]

BONZI/SNYDER widmen sich in ihrer Studie der Fragestellung, inwieweit sich die Zitiergründe von Wissenschaftlern beim Zitieren eigener Arbeiten von den Zitiergründen unterscheiden, die beim Zitieren von Arbeiten anderer Wissenschaftler vorliegen. Sie untersuchen diese Thematik anhand einer Befragung von insgesamt 51 Wissenschaftlern der State University of New York und der Syracruse University, die sich auf verschiedene wissenschaftliche Disziplinen mit Schwerpunkten in der Chemie und Biologie verteilen. Die Wissenschaftler werden anhand eines Fragebogens zu insgesamt vier – von BONZI/SNYDER ausgewählten – Zitationen in einem von ihnen verfassten Beitrag befragt. Die ausgewählten Zitationen enthalten aus Sicht der befragten Wissenschaftler sowohl Selbst- als auch Fremdzitationen. Der Fragebogen enthält insgesamt 13 Zitiergründe. Die im Fragebogen aufgeführten Zitationen werden von den Befragten daraufhin untersucht, welche der 13 Zitiergründe beim Zitieren eine Rolle gespielt haben.[257]

Das Ergebnis der Studie von BONZI/SNYDER ist insofern interessant, als dass sie kaum grundlegende Unterschiede zwischen den Beweggründen für das Zitieren eigener bzw. fremder Quellen gefunden haben. Signifikante Unterschiede hinsichtlich der Relevanz der Zitiergründe für Selbst- und Fremdzitationen treten lediglich bei insgesamt 3 der 13 Zitiergründe auf. Selbstzitationen werden demzufolge im Vergleich zu Fremdzitationen häufiger deshalb getätigt, weil Wissenschaftler auf den Ergebnissen der zitierten Arbeit aufbauen. Umgekehrt sind Fremdzitationen stärker als Selbstzitationen darin begründet, dass der zitierende Autor mit den zitierten Quellen seine gute Kenntnis der in einem Fachgebiet wichtigen Quellen demonstrieren möchte. Dies erscheint insofern plausibel, als dass die Anzahl der zentralen Arbeiten in einem Fachgebiet, die von Fremdautoren verfasst wurden, i.d.R. schlicht größer ist als die Anzahl der eigenen Arbeiten.[258]

Die aufgeführten Studien geben erste Anhaltspunkte dafür, inwieweit einige der häufig angeführten Kritikpunkte gegenüber der zitationsbasierten Messung von Forschungsleistung empirisch begründet sind. So zeigt sich bspw. trotz einer unterschiedlichen Abgrenzung der unter-

[256] Vgl. Cano (1989), S. 284f.
[257] Vgl. Bonzi/Snyder (1991), S. 246f.
[258] Vgl. Bonzi/Snyder (1991), S. 249ff.

suchten Zitiergründe in den Studien ein Konsens hinsichtlich der eher untergeordneten Bedeutung negativer Zitationen.

Weitere häufig genannte Kritikpunkte an zitationsbasierten Messungen von Forschungsleistung wie Manipulationen durch Selbstzitationen oder Zitationskartelle in größerem Umfang können durch die hier skizzierten Ergebnisse nicht empirisch bestätigt aber auch nicht überzeugend widerlegt werden. Zunächst ist festzustellen, dass die Anzahl der Studien, in denen die empirische Relevanz von Zitiergründen untersucht wird – angesichts der zahlreichen Studien, die mittlerweile auf dem Gebiet der Szientometrie/Bibliometrie durchgeführt werden, – als gering einzustufen ist.[259] Die Ergebnisse sind aufgrund der geringen Anzahl der ausgewerteten Aufsätze bzw. befragten Wissenschaftler sowie der Beschränkung auf bestimmte wissenschaftliche Disziplinen kaum verallgemeinerungsfähig. Problematisch ist zudem, dass die inhaltsanalytischen Auswertungen von Aufsätzen und den dort zitierten Quellen einen erheblichen Ermessensspielraum beinhalten, da die Einordnung der Zitationen letztendlich auf der persönlichen Einschätzung des durchführenden Wissenschaftlers beruht. Im Zuge einer solchen Einstufung ist es lediglich möglich, auf Basis einer Kontextanalyse auf die Motive des zitierenden Autors zu schließen. Diese sind jedoch keinesfalls eindeutig beobachtbar. Inhaltsanalytische Auswertungen bieten damit keine gesicherten Erkenntnisse über die Motive der zitierenden Autoren.[260]

Wie weit dieses Problem durch befragungsbasierte Untersuchungen abgeschwächt werden kann, bleibt fraglich. Diese bieten zwar den Vorteil, dass sich die untersuchten Wissenschaftler selbst zu ihren Motiven äußern können, setzen aber voraus, dass diese ex-post ihre Zitiergründe korrekt rekonstruieren bzw. sich an diese erinnern können und sie wahrheitsgemäß berichten. Es ist ungewiss, ob Fragen nach Zitiermotiven, wie z.B. dem Zitieren eigener Quellen zur Erhöhung des eigenen Bekanntheitsgrades, die ein unredliches Verhalten des Befragten implizieren, immer ehrlich beantwortet werden.[261]

Unabhängig davon, wie gut die durch inhaltsanalytische Auswertungen oder aber Befragungen gewonnenen Erkenntnisse geeignet sind, um die Zitiergründe und das Zitierverhalten von Wissenschaftlern zu beschreiben, ist es grundsätzlich problematisch, anhand solcher Untersuchungen die Validität zitationsanalytischer Leistungsmessungen zu beurteilen. Es ist bekannt, dass die Verteilung der Zitierhäufigkeiten wissenschaftlicher Publikationen regelmäßig durch eine hohe Schiefe gekennzeichnet ist. Viele Publikationen werden nur selten zitiert. Folglich

[259] Vgl. auch Vinkler (1998), S. 111.
[260] Vgl. Cronin (1984), S. 49f., und Beed/Beed (1996), S. 380.
[261] Durch die Anonymisierung von Fragebögen kann der Anreiz, Zitiergründe nicht wahrheitsgemäß zu berichten, reduziert werden.

befindet sich i.d.R. auch in den Literaturverzeichnissen solcher Beiträge, die inhaltsanalytischen Auswertungen oder Befragungen zugrunde gelegt werden, ein hoher Anteil nur selten zitierter Arbeiten.[262] Die erfassten Zitiergründe beziehen sich somit zu einem großen Teil auf eben solche Publikationen. Sie sind damit nicht zwangsläufig repräsentativ für Beiträge, die häufiger zitiert werden. Aufgrund der asymmetrischen Verteilung der Zitationshäufigkeiten wissenschaftlicher Publikationen können aber gerade diejenigen Publikationen, die in Bezug auf ihre Zitationshäufigkeit weit über dem Durchschnitt liegen, das Ergebnis zitationsbasierter Leistungsmessungen stark beeinflussen.

3.3.5 Studien zur Validität von Zitationsindikatoren

Neben den Untersuchungen von Zitiergründen gibt es weitere Studien, in denen versucht wird, die Validität von Zitationsanalysen als Instrument zur Messung von Forschungsleistung empirisch zu überprüfen. In diesen Studien wird versucht, Aussagen zur Validität von Zitationsindikatoren über ihre Korrelation mit Peer-Urteilen oder daraus abgeleiteten wissenschaftlichen Belohnungen und Ehrungen zu gewinnen. Einen Überblick zu früheren Arbeiten auf diesem Gebiet geben SPIEGEL-RÖSING ET AL. und NEDERHOF.[263] Aktuellere Studien auf diesem Gebiet werden bei MOED erörtert.[264] Eine nach Methoden strukturierte, tabellarische Übersicht zu Studien dieses Themengebiets gibt VINKLER.[265] Nachfolgend werden einige ausgewählte Studien charakterisiert. Im Anschluss daran werden die Implikationen der Studienergebnisse im Hinblick auf die Validität zitationsbasierter Leistungsmessungen diskutiert.

SHER/GARFIELD untersuchen die Zitierhäufigkeiten der Nobelpreisträger in den Fachrichtungen Physik, Chemie und Medizin aus den Jahren 1962 und 1963. Um eine verzerrende Wirkung durch die mit der Verleihung des Nobelpreises verbundenen Aufmerksamkeit auszuschließen, ermitteln sie die Zitationshäufigkeiten dieser Preisträger für das Jahr 1961, in dem die Wissenschaftler den Preis noch nicht erhalten hatten. Sie berücksichtigen sämtliche Zitationen früherer Arbeiten dieser Wissenschaftler im SCI im Jahr 1961. Sie können zeigen, dass die Anzahl der Zitationen im Durchschnitt über die Preisträger etwa 30-mal so groß ist, wie der entsprechende Wert der anderen im SCI im Jahr 1961 mindestens einmal zitierten Autoren.[266]

[262] Vgl. van Raan (1998), S. 135f.
[263] Vgl. Spiegel-Rösing et al. (1975), S. 9ff., und Nederhof (1988), S. 209ff.
[264] Vgl. Moed (2005), S. 234ff.
[265] Vgl. Vinkler (1998), S. 121.
[266] Vgl. Sher/Garfield (1966).

MYERS prüft in seiner Studie aus dem Jahr 1970 in Bezug auf die Psychologie, inwieweit Zitationsindikatoren mit Peer-Urteilen oder daraus abgeleiteten Belohnungen und Ehrungen korrelieren. Er wertet für seine Studie insgesamt 14 psychologische Fachzeitschriften über einen 6-Jahres-Zeitraum aus. Er erhebt für alle Autoren, die in den ausgewerteten Beiträgen insgesamt mindestens sechsmal zitiert werden, die Zitationshäufigkeiten und berechnet anhand dieser Daten die Verteilung der Zitationen auf diese Autoren. MYERS untersucht im Anschluss daran anhand verschiedener Teilstichproben, inwieweit Peer-Urteile oder daraus abgeleitete Ehrungen mit den Zitationshäufigkeiten der Wissenschaftler korreliert sind. Er zeigt, dass die Peer-Urteile mit den von ihm erhobenen Zitationshäufigkeiten je Wissenschaftler stark korrelieren. Darüber hinaus belegt er, dass das durch Umfrage ermittelte Prestige US-amerikanischer Psychologiefachbereiche stark mit der Anzahl der Zitationen, die auf die Beiträge der Wissenschaftler dieser Fachbereiche entfallen, korreliert. Er kann ebenso belegen, dass diejenigen Wissenschaftler, die bedeutende wissenschaftsbezogene Ehrungen erhalten haben oder aber Ämter mit einem hohen wissenschaftlichen Prestige bekleiden, zu den besonders häufig zitierten Wissenschaftlern gehören.[267]

COLE/COLE ergründen in ihrer Arbeit aus dem Jahr 1973 Zusammenhänge zwischen Forschungsleistungen amerikanischer Physiker und daraus resultierenden wissenschaftlichen Auszeichnungen. Für eine anhand verschiedener Kriterien abgegrenzte Gruppe von 120 Physikern, in der hochproduktive Physiker im Vergleich zur Gesamtpopulation überrepräsentiert sind,[268] analysieren sie konkret die Fragestellung, inwieweit die Anzahl wissenschaftlicher Auszeichnungen durch die Qualität und Quantität ihrer Veröffentlichungen beeinflusst werden. Sie operationalisieren die Quantität der Veröffentlichungen durch die Anzahl der in der Datenbank *Science Abstracts* erfassten Zeitschriftenbeiträge. Die Qualität messen sie über die Zitationshäufigkeiten der Wissenschaftler im SCI in den Jahren 1961, 1964 und 1965. Sie zeigen, dass die Anzahl wissenschaftlicher Ehrungen mit den Zitationshäufigkeiten korreliert ist (r = 0,57). Die Zitationshäufigkeiten haben darüber hinaus einen wesentlich stärkeren Einfluss auf die Anzahl wissenschaftlicher Ehrungen als die bloße Anzahl der Veröffentlichungen.[269]

MOED ET AL. analysieren in ihrer Studie aus dem Jahr 1985 den Zusammenhang zwischen verschiedenen bibliometrischen Indikatoren und Peer-Urteilen für Forschungsgruppen aus den Bereichen Chemie und Biologie der Universität Leiden. Grundlage ihrer Untersuchung für

---

[267] Vgl. Myers (1970), S. 1041ff.
[268] Zur genauen Auswahl dieses Samples vgl. Cole/Cole (1973), S. 264f.
[269] Vgl. Cole/Cole (1973), S. 91ff.

den Bereich Chemie sind die Ergebnisse einer von der Kommission für Chemie der Niederländisch-Königlichen Akademie der Wissenschaften durchgeführten Beurteilung niederländischer Forschungsgruppen. Die Berechnung der bibliometrischen Indikatoren fußt auf den Daten des SCI. Im Ergebnis zeigt sich eine geringe Korrelation zwischen den Peer-Urteilen und den bibliometrischen Indikatoren. Sie können jedoch zeigen, dass sich die Übereinstimmung zwischen Peer-Urteilen und Zitationsindikatoren erhöht, wenn man bei der Berechnung der Zitationsindikatoren teilgebietsspezifische Besonderheiten über die Normalisierung anhand von zeitschriftenspezifischen Wirkungsindikatoren beseitigt. MOED ET AL. führen ihre Ergebnisse im Wesentlichen darauf zurück, dass in den Peer-Urteilen die internationale Wahrnehmung der Forschergruppen im Vergleich zu nicht niederländischen Forschungsgruppen auf den gleichen Spezialgebieten nicht ausreichend berücksichtigt worden ist.[270]

NEDERHOF/VAN RAAN untersuchen in ihrer Studie aus dem Jahr 1993 die Forschungsleistung von sechs Forschergruppen auf dem Gebiet der VWL im Zeitraum von 1980 bis 1988. Zu diesem Zweck verwenden sie verschiedene Publikations- und Zitationsindikatoren. Für die Berechnung der Zitationsindikatoren werden sowohl der SCI als auch der SSCI herangezogen. Auftraggeber dieser Studie ist das *British Economic and Social Research Council* als Drittmittelgeber dieser Forschergruppen. Zusätzlich zu den bibliometrischen Ergebnissen wurde die Forschungsleistung der Gruppen von ausgewählten Peers beurteilt. Diese wurden erst im Anschluss an ihre Beurteilung mit den Ergebnissen der bibliometrischen Analyse konfrontiert und erhielten die Möglichkeit, diese zu kommentieren.[271]

Auch wenn sich wesentliche Übereinstimmungen zwischen den Peer-Urteilen und den Ergebnissen der bibliometrischen Untersuchungen zeigen, machen die beteiligten Gutachter auf einige Probleme im Zusammenhang mit der zitationsbasierten Messung von Forschungsleistung aufmerksam. Sie weisen darauf hin, dass die Anzahl der Zitationen einer Veröffentlichung in hohem Maße davon abhängig sei, wie viele andere Arbeiten nachfolgend auf diesem Gebiet veröffentlicht würden. Da zahlreiche internationale Fachzeitschriften eher theoretisch ausgerichtet sind, seien vor allem für Forschergruppen, deren Gewicht hauptsächlich auf der angewandten Forschung liege, geringe Zitationshäufigkeiten zu erwarten. Diese ließen jedoch nicht auf eine geringe Qualität oder Nützlichkeit der Forschungsergebnisse schließen. Insgesamt betrachteten die Gutachter die bibliometrische Analyse als ein sinnvolles Instrument, das Peer Reviews unterstützen, aber keinesfalls ersetzen kann.[272]

---

270 Vgl. Moed et al. (1985), S. 149ff.
271 Vgl. Nederhof/van Raan (1993), S. 353f.
272 Vgl. Nederhof/van Raan (1993), S. 365ff.

NEDERHOF/VAN RAAN prüfen in ihrer Studie aus dem Jahr 1987 die Validität bibliometrischer Indikatoren zur Messung von Forschungsleistung anhand von Physikern, die an der Universität Leiden die Doktorwürde erhalten haben. Sie analysieren anhand verschiedener Auswertungen, inwieweit sich die Resonanz der veröffentlichten Zeitschriftenbeiträge solcher Physiker, die ihre Promotion mit Auszeichnung abgeschlossen haben, von denjenigen ohne Auszeichnung unterscheidet. In ihre Untersuchung werden solche Beiträge einbezogen, die von den Wissenschaftlern im Zeitraum von fünf Jahren vor bis zu drei Jahren nach ihrer Promotion veröffentlicht wurden. Sie kommen zu dem Ergebnis, dass insbesondere die vor der Promotion veröffentlichten Beiträge der mit Auszeichnung promovierten Wissenschaftler über wesentlich höhere Zitationsraten verfügen als die vergleichbaren Beiträge derjenigen Wissenschaftler, die ihre Promotion ohne Auszeichnung abgeschlossen haben. So ein Unterschied ist auch für die anhand der Veröffentlichung von Zeitschriftenbeiträgen gemessene Produktivität der Wissenschaftler festzustellen.[273] Es ist anzunehmen, dass die Entscheidung der Kommission, die mit der Notenfindung für die Promotionsprüfung betraut ist, auch von der Veröffentlichungsrate der Doktoranden und der frühen Resonanz auf die veröffentlichten Beiträge beeinflusst wird. Es ist jedoch wenig wahrscheinlich, dass die Note ausschließlich anhand dieser Kriterien vergeben wird, da in einigen Fällen produktive und häufig zitierte Doktoranden keine Auszeichnung für ihre Dissertation erhalten haben. NEDERHOF/VAN RAAN interpretieren die Übereinstimmungen zwischen Zitationsindikatoren und Peer-Urteilen als Indiz für die Validität beider Ansätze als Indikatoren für die Qualität von Forschung.[274]

RINIA ET AL. untersuchen den Zusammenhang zwischen bibliometrischen Indikatoren und Peer-Urteilen für insgesamt 56 niederländische Forschungsgruppen auf dem Gebiet der Festkörperphysik. Diese 56 Forschungsprogramme entsprechen etwa einem Drittel der in den Niederlanden betriebenen Forschung auf dem Gebiet der Physik. Sie sind in zwei Gruppen eingeteilt. Die Forschungsprogramme der Gruppe A sind vorwiegend anwendungsorientiert ausgerichtet, wohingegen die Forschungsprogramme der Gruppe B im Wesentlichen Grundlagenforschung betreiben. Die Forschungsprogramme wurden von zumeist nicht niederländischen Experten hinsichtlich verschiedener Kriterien auf einer Skala von 1 (exzellent) bis 9 (schwach) beurteilt. Aus den Forschungsprogrammen gingen im Zeitraum von 1985 bis 1994 mehr als 5000 Beiträge hervor, die im SCI erfasst sind. Auf Basis dieser Beiträge und ihrer Zitationen im SCI werden für die Forschungsprogramme verschiedene bibliometrische Indikatoren berechnet, deren Rangkorrelation mit den Peer-Urteilen überprüft wird. RINIA ET AL.

[273] Vgl. Nederhof/van Raan (1987), S. 334ff.
[274] Vgl. Nederhof/van Raan (1987), S. 349f.

messen signifikant positive, aber keinesfalls perfekte Korrelationen zwischen den Peer-Urteilen und den zitationsbasierten bibliometrischen Indikatoren. Im Gegensatz zu den zitationsbasierten Indikatoren ist die Rangkorrelation der ausschließlich publikationsbasierten Indikatoren mit den Peer-Urteilen wesentlich geringer und statistisch nicht signifikant. Weiterhin stellen sie fest, dass die gemessenen Rangkorrelationen zwischen den Peer-Urteilen und den Zitationsindikatoren bei den vorwiegend auf die Grundlagenforschung ausgerichteten Forschungsprogrammen der Gruppe B höher ausfallen als bei den eher anwendungsorientierten Forschungsprogrammen der Gruppe A.[275]

SMITH/EYSENCK analysieren anhand von 38 britischen Fachbereichen der Psychologie den Zusammenhang zwischen ihren Ratings im *Research Assessment Exercise*[276] aus den Jahren 2001 und 1996 und der Anzahl der Zitationen, die auf das festangestellte wissenschaftliche Personal dieser Fachbereiche im Jahr 1998 entfallen. Zur Ermittlung der Zitationshäufigkeiten nutzen sie das *Web of Science* des ISI, welches Zugriff auf den SSCI, SCI-X und A&HCI bietet. Sie versuchen sämtliche Zitationen im Jahr 1998 der in die Studie einbezogenen Personen im Web of Science unter Ausschluss von Selbstzitationen zu erfassen. In der Studie werden die Zitationen von Publikationen der einbezogenen Personen unabhängig davon erhoben, wie lange der Veröffentlichungszeitpunkt der zitierten Publikation zurückliegt. SMITH/EYSENCK analysieren konkret den Zusammenhang zwischen der durchschnittlichen Anzahl der Zitationen pro Autor im Jahr 1998 und dem Rating der Fachbereiche im RAE in den Jahren 1996 und 2001. Der von ihnen berechnete Rangkorrelationskoeffizient beträgt 0,91 für das RAE 1996 und 0,85 für RAE 2001. Auch vor dem Hintergrund, dass die in die Studie eingezogenen Mitarbeiter der Fachbereiche nicht exakt der Besetzung der Fachbereiche zum Zeitpunkt der Evaluierung im Rahmen des RAE in den Jahren 1996 und 2001 entsprachen, ist diese Korrelation als hoch einzustufen. Ein Blick in den Datensatz zeigt jedoch, dass vereinzelte „Ausreißer“ vorhanden sind.[277]

Die Ergebnisse der vorgestellten Studien zeigen, dass Peer-Urteile oder daraus abgeleitete Belohnungen und Ehrungen häufig – aber keinesfalls immer – hohe Korrelationen mit Zitationsindikatoren aufweisen. Darüber hinaus sind diese Untersuchungen in verschiedener Hinsicht recht spezifisch, so dass die Verallgemeinerungsfähigkeit der Ergebnisse zu hinterfragen ist. SHER/GARFIELD vergleichen bspw. die Zitationshäufigkeiten von Nobelpreisträgern

[275] Vgl. Rinia et al. (1998), S. 95ff.

[276] Zum Ablauf des RAE vgl. Wissenschaftsrat (2004), S. 12ff.

[277] Vgl. Smith/Eysenck (2002), S. 1ff. Norris/Oppenheim führen eine ähnliche Analyse für die Archäologie durch und ermitteln ähnlich hohe Korrelationen wie Smith/Eysenck. Vgl. Norris/Oppenheim (2003), S. 724ff.

verschiedener wissenschaftlicher Disziplinen mit denen sämtlicher mindestens einmal im SCI im Jahr 1961 zitierten Wissenschaftler. Das Ergebnis der Studie, welches belegt, dass sich Nobelpreisträger ein bzw. zwei Jahre vor dem Erhalt des Preises durch eine wesentlich höhere Zitationsfrequenz als die Vergleichsgruppe auszeichnen, ist wenig überraschend. Seine Aussagekraft im Hinblick auf die Validität zitationsbasierter Leistungsmessungen ist jedoch insofern deutlich eingeschränkt, als dass es bei der Messung wissenschaftlicher Leistung nicht primär darum geht, Nobelpreisträger von Durchschnittswissenschaftlern zu unterscheiden, sondern darum auch vergleichsweise kleinere Leistungsunterschiede zwischen Wissenschaftlern oder ihnen übergeordneten Organisationseinheiten zu ermitteln.[278]

Weitere Probleme im Hinblick auf die Generalisierbarkeit der Ergebnisse resultieren aus der Spezialisierung der meisten vorgestellten Studien auf bestimmte wissenschaftliche Disziplinen und Länder. Mit Ausnahme der Studie von SHER/GARFIELD beziehen sich die Studien durchweg auf einzelne wissenschaftliche Disziplinen in einzelnen Ländern. Inwieweit diese Ergebnisse grundsätzlich über Länder- und Fächergrenzen hinweg generalisierbar sind, ist fraglich.

Es ist grundsätzlich schwierig, die Validität des Anspruchs, dass Zitationsraten als Maß wissenschaftlicher Qualität gelten können, empirisch zu überprüfen. Da es keine anderen objektiven Maße wissenschaftlicher Qualität gibt, können für eine Prüfung bislang nur subjektive Urteile von Fachkollegen und aus ihnen abgeleitete wissenschaftliche Belohnungen und Ehrungen herangezogen werden. Um von einer hohen Korrelation der Zitationsindikatoren mit anderen Indikatoren oder Peer-Urteilen auf ihre Validität zu schließen, ist jedoch vorauszusetzen, dass beide Arten von Indikatoren unabhängig voneinander sind, aber dasselbe messen. Inwieweit diese Voraussetzung erfüllt ist, ist durchaus kritisch zu hinterfragen. Die Wissenschaft als soziales System ist auch dadurch gekennzeichnet, dass einzelne Indikatoren wie z.B. Zitationsraten, wissenschaftliche Ehrungen oder Berufungen in prestigeträchtige Positionen gerade nicht unabhängig voneinander sind, da sie sich auf miteinander verknüpfte Prozesse beziehen, deren Verursachungsfolge nicht bekannt ist.[279] WEINGART/WINTERHAGER kommen aufgrund dieser Argumentation zu dem Schluss, dass *„der Nachweis der adäquaten Funktionsweise des wissenschaftlichen Belohnungssystems [...] ebenso wenig über die Korrelation verschiedener Indikatoren erfolgen [kann], wie die Validierung dieser Indikatoren.“*[280]

[278] Vgl. dazu auch Spiegel-Rösing et al. (1975), S. 11.
[279] Vgl. Weingart/Winterhager (1984), S. 142.
[280] Weingart/Winterhager (1984), S. 142. Zu diesem Einwand vgl. auch Knorr-Cetina (1984), S. 138f.

Folgt man dieser Argumentation, so deuten hohe Korrelationen zwischen verschiedenen wissenschaftsbezogenen Leistungsindikatoren lediglich auf die Durchlässigkeit der Belohnungs- und Kommunikationsprozesse hin. Umgekehrt kann aus unkorrelierten oder nur partiell korrelierten wissenschaftsbezogenen Leistungsindikatoren gefolgert werden, dass die den Indikatoren zugrunde liegenden Bewertungs- und Belohnungsmechanismen voneinander abgeschottet sind.[281] Anstatt die unzureichende Korrelation zweier Indikatoren als Zeichen ihrer mangelnden Validität zu interpretieren, eröffnet sich somit die Möglichkeit, Strukturen und Prozesse des komplexen wissenschaftlichen Kommunikations- und Belohnungssystems detaillierter zu analysieren.[282]

3.3.6 Kritische Würdigung

Die vorhergehenden Ausführungen haben gezeigt, dass die Beweggründe, aus denen heraus wissenschaftliche Arbeiten zitiert werden, durchaus vielschichtig sind. Nicht immer werden Arbeiten nur aus wissenschaftlichen Erwägungen heraus zitiert. Aus diesen und weiteren Gründen wird die Frage, was mit Zitationsraten gemessen wird, in der Literatur häufig und teilweise kontrovers diskutiert.[283]

Einen zweckmäßigen Beitrag zur Klärung der Fragestellung, inwieweit Zitationsraten als Maß wissenschaftlicher Qualität gelten können, leisten MARTIN/IRVINE, die zwischen der Qualität (quality), Bedeutung (importance) und Wirkung (impact) wissenschaftlicher Arbeiten unterscheiden.[284]

Die Qualität einer wissenschaftlichen Arbeit wird MARTIN/IRVINE zufolge von zahlreichen Eigenschaften einer Arbeit, wie bspw. der Originalität der zugrundeliegenden Idee, der Richtigkeit der präsentierten Ergebnisse oder der Eleganz der Darstellung, beeinflusst. Sie verstehen Qualität als eine relative Kategorie, die sowohl sozial als auch kognitiv bestimmt ist. Ihre Beurteilung setzt den Bezug zu anderen Arbeiten voraus und ist abhängig von den Kriterien

---

[281] In ähnlicher Weise kommentieren z.B. Moed et al. die von ihnen gemessenen geringen Korrelationen zwischen Peer-Urteilen und verschiedenen anderen Indikatoren zur Messung der Forschungsleistung von Forschungsgruppen auf den Gebieten der Biologie und Chemie der Universität Leiden. Vgl. Moed et al. (1985), S. 158.

[282] Vgl. Winterhager (1994), S. 86f.

[283] Vgl. exemplarisch Cozzens (1989), Garfield (1979a), Lindsey (1989), MacRoberts/MacRoberts (1996), MacRoberts/MacRoberts (1989), Martin/Irvine (1983), Marx et al. (1998), und van Raan (1998).

[284] Zu den nachfolgend erläuterten Begriffen Qualität, Bedeutung und Wirkung vgl. Martin/Irvine (1983), S. 70.

der Beurteilenden, welche bspw. durch die individuellen Forschungsinteressen und Wertvorstellungen beeinflusst werden.[285]

Die Bedeutung einer wissenschaftlichen Arbeit bezieht sich dagegen auf ihren potentiellen Einfluss auf nachfolgende Forschungsaktivitäten, unter der Annahme, dass ein perfektes Kommunikationssystem in der Wissenschaft bestünde.

Die Wirkung einer Publikation beschreibt ihren tatsächlichen Einfluss auf umliegende Forschungsgebiete zu einem bestimmten Zeitpunkt. Sie resultiert zum Teil aus ihrer Bedeutung, wird aber auch von anderen Faktoren, wie bspw. der Reputation des Autors, dem wissenschaftlichen Prestige, der Sprache und der Verbreitung des Publikationsorgans bestimmt.

Da die Wahrnehmung der Qualität, Bedeutung oder Wirkung einer wissenschaftlichen Arbeit sowohl durch kognitive als auch soziale Faktoren beeinflusst wird, kommen MARTIN/IRVINE zu dem Schluss, dass sie keinesfalls direkt anhand von Zitationen objektiv und quantitativ gemessen werden kann.[286] Sie betrachten Zitationsraten vielmehr als *„partial indicator"* [287] der Wirkung wissenschaftlicher Publikationen.

Die Argumentation von MARTIN/IRVINE, die in ähnlicher Form auch von anderen Wissenschaftlern vorgebracht wird,[288] zeigt sehr deutlich, dass die Beantwortung der Frage, inwieweit Zitationsraten grundsätzlich als Maß wissenschaftlicher Qualität gelten können, entscheidend von dem zugrunde gelegten Verständnis des Begriffs „Qualität" abhängt. Dieser mehrdimensionale Begriff ist sowohl im alltäglichen Sprachgebrauch als auch in der wissenschaftlichen Literatur mit verschiedenen Begriffsinhalten besetzt.

Folgt man dem Begriffsverständnis von MARTIN/IRVINE, so handelt es sich bei „Qualität" um eine Eigenschaft eines Gutes, die von Individuen subjektiv wahrgenommen wird und deren Beurteilung durch ihre unterschiedlichen Interessen und Wertvorstellungen beeinflusst wird. Qualität wird damit als relative Kategorie aufgefasst, die sich einer objektiven und quantitativen Messbarkeit entzieht. Wenn bereits die objektive und quantitative Messbarkeit von Quali-

---

285 Die Soziologen Beck und Hartmann beschäftigen sich mit der Qualitätsbeurteilung von Aufsätzen in Bezug auf die Ermittlung von Spitzenbeiträgen zur Vergabe eines Wissenschaftspreises. In diesem Zusammenhang schildern sie ihre Erfahrungen als Herausgeber der soziologischen Fachzeitschrift *Soziale Welt*. Sie berichten, dass es sehr viel einfacher ist, im Rahmen ihrer Herausgebertätigkeit veröffentlichungswürdige von nicht veröffentlichungswürdigen Manuskripten zu unterscheiden als unter mehreren ohnehin gut gelungenen Aufsätzen den bzw. die besten für die Vergabe eines Preises auszuwählen. Sie führen dieses Problem im Wesentlichen darauf zurück, dass die Maßstäbe für die Beurteilung eines Zeitschriftenaufsatzes in der Soziologie außerordentlich unbestimmt sind und die Auszeichnung besonders hervorragender Beiträge Entscheidungen über die Gewichtung und Ausbalancierung sehr unterschiedlicher Kriterienbündel bedingt. Vgl. Beck/Hartmann (1983).

286 Vgl. Martin/Irvine (1983), S. 70f.

287 Martin/Irvine (1983), S. 71.

288 Vgl. z.B. Marx et al. (1998), S. 24f., sowie Weingart/Winterhager (1984), S. 141.

tät grundsätzlich verneint wird, so folgt daraus – wenig überraschend –, dass auch die Qualität wissenschaftlicher Publikationen nicht anhand von Zitationsraten gemessen werden kann.

Die Auslegungen des Begriffs Qualität sind in der Literatur jedoch vielfältig,[289] so dass keineswegs eine „Allgemeingültigkeit" der Begriffsauffassung von MARTIN/IRVINE konstatiert werden kann. Dieser Sachverhalt spiegelt sich bspw. in den Arbeiten von COLE/COLE wider, die in Bezug auf wissenschaftliche Veröffentlichungen zwei Qualitätsbegriffe differenzieren. Zunächst beschreiben sie solche Veröffentlichungen als qualitativ hochwertig, die wissenschaftliche Wahrheit verkörpern: *„Those papers which embody scientific truth [...] are high-quality papers."*[290]

Diese absolute Definition des Qualitätsbegriffs ist mit dem Problem verbunden, dass die Qualität einer wissenschaftlichen Arbeit in Einzelfällen erst Jahre nach ihrer Publikation erkannt wird.[291] Ein häufig genanntes Beispiel für eine derartige wissenschaftliche Arbeit ist die Arbeit MENDELS zur Pflanzengenetik. Die hohe Bedeutung von MENDELS Forschungsergebnissen für die Genetik wurde erst mehr als 30 Jahre nach ihrer Veröffentlichung erkannt.[292] Darüber hinaus ist der Begriff „scientific truth" mit dem Problem behaftet, dass sich die Beurteilung der Richtigkeit wissenschaftlicher Erkenntnisse im Zeitablauf verändern kann. Wissenschaftliche Erkenntnisse, die zu einem bestimmten Zeitpunkt als korrekt gelten, können zu einem späteren Zeitpunkt von Wissenschaftlern falsifiziert werden. Aufgrund dieser Probleme definieren COLE/COLE die Qualität wissenschaftlicher Arbeiten als einen sozialen durch die Scientific Community bestimmten Wert: *„we define high-quality work as that which is currently thought useful by one`s colleagues."*[293] Dieses pragmatische Begriffsverständnis zugrunde legend, betrachten sie Zitationen als geeignetes Maß für die Qualität wissenschaftlicher Arbeiten: *„Current citations are not a measure of the absolute quality of work, they are an adequate measure of the quality of work socially defined."*[294]

Diese Argumentation in Bezug auf die Fragestellung, inwieweit Zitationsraten als Maß für die Qualität wissenschaftlicher Veröffentlichungen gelten können, mutet tautologisch an, eröffnet

---

289 Bereits eine Analyse der in den Wirtschaftswissenschaften verwendeten Qualitätsbegriffe zeigt die Vielschichtigkeit und Mehrdimensionalität dieses Begriffs. Zu einer Systematisierung des Qualitätsbegriffs vgl. Garvin (1984). Dieser unterscheidet den transzendenten, den produktorientierten, den kundenorientierten, den herstellungsorientierten und den wertorientierten Ansatz.

290 Cole/Cole (1973), S. 23.

291 Vgl. Cole/Cole (1973), S. 23.

292 Vgl. van Raan (2004b), S. 461, und Garfield (1979b), S. 246f. Van Raan bezeichnet solche Arbeiten, die längere Zeit unbemerkt bleiben und dann plötzlich von zahlreichen Wissenschaftlern aufgegriffen werden, auch als „Dornröschen in der Wissenschaft". In seiner Analyse der etwa 20.000.000 Beiträge, die im SCI, SSCI und AHCI im Zeitraum von 1980 bis 2004 erfasst sind, zeigt er, dass der Anteil dieser Publikationen an den insgesamt erfassten Beiträgen äußerst gering ist. Vgl. van Raan (2004b), S. 461ff.

293 Cole/Cole (1973), S. 24.

294 Cole/Cole (1973), S. 24.

jedoch gleichwohl einen pragmatischen Zugang zur Erörterung dieser Problematik, indem auf den Begriff der Nützlichkeit abgestellt wird. Wenn Wissenschaftler andere Quellen bei der Anfertigung einer wissenschaftlichen Arbeit zitieren, kann i.d.R.[295] angenommen werden, dass ihnen diese Quellen bei der Erstellung des Forschungsbeitrags Nutzen gestiftet haben. Ist eine Arbeit hochzitiert, so kann dieser Sachverhalt folglich dahingehend interpretiert werden, dass sie von einer relativ hohen Zahl an Wissenschaftlern im Hinblick auf ihren eigenen Forschungsbeitrag als nützlich eingestuft wurde.[296]

Legt man den Produktionsbegriff von DYCKHOFF zugrunde, so handelt es sich bei der Produktion um die Erbringung von Leistungen, die der Nutzenerhöhung (Wertschöpfung) dienen. Wenn der zitierende Wissenschaftler in diesem Kontext als Konsument bzw. Kunde betrachtet wird, so dokumentiert er durch das Zitieren einer Quelle, dass der zitierte Wissenschaftler als Wissensproduzent eine Leistung für ihn erbracht hat.[297]

Die anhand von Zitationen gemessene erbrachte Leistung, Resonanz bzw. Wirkung oder Nützlichkeit kann zweifelsohne neben der Qualität der wissenschaftlichen Arbeit auch auf andere Ursachen zurückzuführen sein. So steht die Zitatattraktivität wissenschaftlicher Publikationen in Zusammenhang mit ihrer inhaltlichen Ausrichtung. Ein allgemeiner Überblicksaufsatz oder ein Beitrag, in dem eine Auseinandersetzung mit häufig eingesetzten Forschungsmethoden erfolgt, dürften bspw. über ein höheres Zitationspotential verfügen als ein Aufsatz, der sich mit einem besonderen Detailproblem auf innovative Art und Weise beschäftigt.[298] So zeigen VOETH ET AL. z.B. in ihrer Zitationsanalyse der deutschsprachigen *Marketing-ZfP-Jahrgänge* von 1979 bis 2004, dass die besonders häufig zitierten Beiträge durch Publikationen, in denen methodische Fragestellungen im Vordergrund stehen, dominiert werden.[299]

---

295 In Abschnitt 3.2.4 wurde bereits erörtert, dass die – zum Teil problematischen – empirischen Studien zu den Zitiergründen von Wissenschaftlern Verzerrungen durch strategisches Zitierverhalten in Form von Selbstzitationen oder Zitationskartellen in größerem Umfang nicht belegen können.

296 Vgl. Garfield (1979a), S. 363.

297 Zum Produktionsbegriff nach Dyckhoff vgl. ausführlich Dyckhoff (2006), S. 3.

298 Vgl. Albrecht (1999), S. 319.

299 Vgl. Voeth et al. (2006), S. 16. Ein besonders extremes Beispiel für einen häufig zitierten Methodenbeitrag ist die Arbeit von Lowry et al. aus dem Jahr 1951, in dem sie eine von ihnen entwickelte Methode zur Proteinbestimmung vorstellen. Der Beitrag wurde im Zeitraum von 1961 bis 1975 etwa 50.000-mal zitiert. Dies entspricht näherungsweise dem Fünffachen der Zahl an Zitationen des in diesem Zeitraum zweithäufigst zitierten Beitrags. Lowry selbst führte den Zitationserfolg seiner Publikation im Wesentlichen auf zwei Faktoren zurück. Zum einen die hohe „Benutzerfreundlichkeit" seiner Methode und zum anderen die enorme Zahl an Wissenschaftlern, die die Proteinbestimmung in ihrer Forschung benötigen. Vgl. Garfield (1979a), S. 363f.

Diese und weitere Aspekte zeigen, dass in Bezug auf die Interpretation von Zitationsraten als Qualitätsindikator durchaus Fallstricke existieren. DILGER, der in diesem Kontext Zitationen als Indikator für die Bedeutung eines Aufsatzes betrachtet, weist darauf hin, dass Zitationsraten keine kardinale, sondern bestenfalls eine ordinale Messung der Bedeutung eines Aufsatzes erlauben. So ist ein Aufsatz, der 100-mal zitiert wurde, im Vergleich zu einem nur zweimal zitierten Aufsatz mit ziemlich hoher Wahrscheinlichkeit bedeutender. Dieser Bedeutungsunterschied muss jedoch keinesfalls zwangsläufig beim Faktor 50 liegen.[300]

Auch die Interpretation von Zitationsraten, die lediglich auf geringen absoluten Werten der Zitationshäufigkeiten beruhen, ist problembehaftet. So hat ein Aufsatz, der zweimal zitiert worden ist, zwar rein rechnerisch eine um 100 % höhere Zitationsrate als ein nur einmal zitierter Beitrag, daraus jedoch belastbare Schlussfolgerungen im Hinblick auf die Qualität oder Bedeutung dieser Aufsätze ziehen zu wollen, scheint aufgrund der geringen Zahl an Zitationen wenig sinnvoll.

Inwieweit die Validität von Zitationsindikatoren durch die diskutierten Probleme beeinträchtigt werden kann, hängt folglich wesentlich von der Anzahl der in die Zitationsanalysen einbezogenen Veröffentlichungen sowie deren Zitationen und damit auch vom Aggregationsgrad der Untersuchungen ab.[301] Je kleiner die Anzahl der einbezogenen Publikationen und die darauf entfallenden Zitationen sind, umso stärker beeinflussen z.B. einzelne häufig zitierte „Ausreißer“ oder Verzerrungen durch Zitationskartelle oder Negativzitate das Ergebnis. Wird bspw. auf einem sehr niedrigen Aggregationsgrad die Forschungsleistung einzelner Wissenschaftler auf Basis von Zitationen miteinander verglichen, so wird der Einfluss eines einzelnen häufig zitierten Übersichtsartikels stärker ins Gewicht fallen als bei einem Leistungsvergleich auf Fachbereichsebene.

Einfluss auf die Validität von Zitationsindikatoren besitzt in besonderem Maße auch die Auswahl der zitierten und zitatgebenden Publikationen. Sie müssen für die schriftliche wissenschaftliche Kommunikation eine hohe Relevanz besitzen und diese sinnvoll abdecken.[302]

---

300 Vgl. Dilger (2000), S. 478.

301 Vgl. Gläser et al. (2004), S. 20, van Raan (1996), S. 403, und Weingart/Winterhager (1984), S. 145.

302 Diese Forderung wäre bspw. verletzt, wenn man die Forschungsleistung von Wissenschaftlern auf dem Gebiet des Marketings anhand ihrer Zitationen im Handwörterbuch des Personalwesens vergleichen würde.

Da eine manuelle Auszählung von Zitationen in den zitatgebenden Publikationen mit hohem Aufwand verbunden ist,[303] werden zahlreiche Zitationsanalysen mit Hilfe routinemäßig erstellter Zitationsindizes durchgeführt, die die Ermittlung von Zitationshäufigkeiten auf verschiedenen Aggregationsebenen, wie z.B. Publikation, Autor oder Zeitschrift, erheblich vereinfachen. Ein großer Vorteil von Zitationsindizes liegt des Weiteren darin, dass für ihre Konstruktion i.d.R. eine sehr hohe Anzahl zitatgebender Publikationen ausgewertet wird, die häufig anhand bestimmter Qualitätskriterien ausgewählt werden. Dadurch ist es möglich, in Zitationsanalysen auf eine hohe Anzahl zitatgebender Publikationen und damit zitierender Autoren zurückzugreifen. Der verzerrende Einfluss durch Eigenheiten im Zitierverhalten einzelner Autoren auf das Ergebnis von Zitationsanalysen, wie bspw. das Zitieren beliebiger Quellen zur „Aufblähung" des Literaturverzeichnisses, fehlende Verweise zu zentralen Quellen oder eine übertriebene Beachtung bestimmter Autoren, kann so durch die Berücksichtigung zahlreicher zitatgebender Publikationen und Autoren reduziert werden. Dafür ist lediglich vorauszusetzen, dass die Auswahl der zitierten Quellen in den zitatgebenden Publikationen nicht gänzlich zufällig erfolgt und dass die Autoren der zitatgebenden Publikationen nicht alle dem gleichen Bias unterliegen.[304]

Zusammenfassend lässt sich festhalten, dass eine pauschale Antwort auf die Frage, inwieweit Zitationsraten grundsätzlich als Maß wissenschaftlicher Qualität gelten können, wenig sinnvoll ist. Ergebnisse empirischer Studien, wie bspw. die von CRONIN (1982) und BROOKS (1985) sowie anderweitig in der Literatur dargelegte Auffassungen, deuten darauf hin, dass zahlreiche Wissenschaftler Zitationen als Zeichen von Anerkennung begreifen.[305] Damit sind Zitate ein wichtiger Bestandteil des informellen und kontinuierlich ablaufenden Bewertungsprozesses in der Wissenschaft.[306] Auch wenn Zitationsraten keine genaue Messung der Qualität einer Publikation ermöglichen, so wird über die anhand von Zitationsraten gemessene Wirkung bzw. Resonanz zumindest ein sehr wichtiger Bestandteil dessen, was als wissenschaftliche Qualität betrachtet wird, erfasst.[307] Dabei darf jedoch nicht übersehen werden,

[303] Beispiele für derartige Analysen sind u.a. das Ranking von Forschern auf dem Gebiet der Personalwirtschaftslehre von Gmür (2005), in dem als zitatgebende Publikation das Handwörterbuch des Personalwesens zugrunde gelegt wird, sowie die Arbeit von Heiber (1983), der Zitate in verschiedenen Handwörterbüchern der Enzyklopädie der Betriebswirtschaft auswertet und darauf aufbauend verschiedene Rankings auf Personen- und Hochschulebene erstellt.

[304] Zu dieser Argumentation vgl. ausführlich van Raan (1998), S. 134ff., und in Grundzügen Dilger (2000), S. 478.

[305] Vgl. exemplarisch Helmstädter (2004b), S. 54, Walstad (2002), S. 24, und Weingart/Winterhager (1984), S. 145. Eine abweichende Meinung vertritt diesbezüglich Hirschauer (2004), S. 80. Für ihn sind Zitationsziffern „wegen der normalerweise schwachen Fallzahl und der unklaren Valenz von Zitationen bloße Additionen einsilbiger Lesermeinungen, deren Bedeutung als Bewertung völlig unklar ist."

[306] Vgl. auch Weingart/Winterhager (1984), S. 145.

[307] Vgl. van Raan (1996), S. 404.

dass die Zuverlässigkeit von Zitationsanalysen als Instrument zur Messung der Forschungsleistung im Zusammenhang mit dem Aggregationsgrad der Untersuchung steht. Gerade auf einem sehr niedrigen Aggregationsgrad, wie bspw. dem kurzfristigen Leistungsvergleich einzelner Forscher, ist die Gefahr ungerechtfertigter Schlussfolgerungen hoch. Aus diesem Grund ist es sinnvoll, Forschungsleistung nicht ausschließlich anhand von Zitationsanalysen zu messen. Im Verbund mit weiteren Indikatoren oder als quantitativer Kern peer-review-basierter Evaluationen können sie jedoch als wertvolle Informationsgrundlage über einen wichtigen Aspekt der Forschungsleistung dienen.

Teil B: Konzeptionelle Überlegungen

4 Erfassung betriebswirtschaftlich relevanter Literatur in den ISI-Zitationsindizes[308]

Die Durchführung von Zitationsanalysen mittels Zitationsindizes bietet den Vorteil, auf eine größere Anzahl zitatgebender Veröffentlichungen zurückgreifen zu können, ohne diese manuell auswerten zu müssen. Die Anzahl verfügbarer Zitationsindizes, für die betriebswirtschaftlich relevante Literatur ausgewertet wird, ist jedoch gering. Weltweit bekannt und häufig genutzt ist der von ISI über das Web of Science angebotene SSCI. In einigen Forschungsevaluationen sozialwissenschaftlicher Disziplinen wird der SSCI jedoch verwendet, ohne im Vorfeld die Datenbasis des SSCI im Hinblick auf den konkreten Anwendungsfall kritisch zu würdigen. Ziel dieses Kapitels ist es, einige Probleme bibliometrischer Analysen, in denen ausschließlich der SSCI eingesetzt wird, um die Forschungsleistung betriebswirtschaftlicher Forscher und Fachbereiche zu messen, herauszuarbeiten. Da auch im SCI-X einige betriebswirtschaftlich relevante Zeitschriften gelistet sind, wird dieser Index in die in diesem Kapitel durchgeführte Analyse miteinbezogen.

Zu diesem Zweck erfolgt zunächst die Beschreibung von Aufbau und Abfragemöglichkeiten dieser Zitationsindizes. Im Anschluss daran wird anhand der im VHB-JOURQUAL aufgeführten Zeitschriften und ihrer Ratingeinstufungen analysiert, welche betriebswirtschaftlich relevanten Zeitschriften für diese Zitationsindizes ausgewertet werden und wie diese in qualitativer Hinsicht zu beurteilen sind. Darüber hinaus wird untersucht, inwieweit in Bezug auf diese Aspekte Unterschiede zwischen den verschiedenen betriebswirtschaftlichen Forschungsfeldern bestehen.

4.1 Relevanz

Das ISI hat beim Angebot interdisziplinär ausgerichteter Datenbanken mit dem SCI-X, dem SSCI und dem A&HCI aktuell (noch?) eine marktbeherrschende Stellung inne.[309] Als ein noch junges Konkurrenzprodukt zu den Zitationsindizes des ISI ist die Zitationsdatenbank SCOPUS zu nennen, die von einem Verlagskonsortium unter der Führung von Elsevier seit

---

[308] Kapitel 4 ist angelehnt an Schmitz (2006) bzw. in Teilen an Clermont/Schmitz (2008).

[309] Vgl. z.B. Müller (2003), S. 10, van Raan (2005b), S. 54, und Weingart (2003), S. 8.

2004 angeboten wird.[310] Da der SSCI und der SCI-X im Rahmen von Zitationsanalysen weit häufiger verwendet werden und diesbezügliche Erfahrungen mit der Datenbank SCOPUS noch ausstehen, wird diese Datenbank im Folgenden nicht näher betrachtet.[311]

Die Zitationsindizes des ISI gelten international als renommiert und spielen – mit Ausnahme des A&HCI – eine wichtige Rolle bei der Messung von Forschungsleistung. Laut STERNBERG/LITZENBERGER handelt es sich beim SSCI um die mit Abstand am häufigsten genutzte Quelle für institutionenvergleichende bibliometrische Analysen in den Wirtschafts- und Sozialwissenschaften.[312] KIESER berichtet im Zuge seiner kritischen Diskussion von Zitationsindikatoren als Instrument zur Leistungsmessung in der BWL, dass der SSCI bei der Evaluation betriebswirtschaftlicher Forscher in den USA eine außerordentlich wichtige Rolle spiele. Er hält es für nicht unwahrscheinlich, dass gewichtete Zitationshäufigkeiten als Bewertungsgrundlage auch in der deutschen Evaluationsdiskussion auftauchen.[313] DILGER hält im Jahr 2000 ein Plädoyer für einen deutschsprachigen sozialwissenschaftlichen Zitationsindex, in dem er an KIESERS Beitrag anknüpft. Aufgrund der unzureichenden Erfassung deutschsprachiger Zeitschriften der BWL im SSCI tritt er für die Erstellung eines deutschsprachigen sozialwissenschaftlichen Zitationsindexes ein.[314]

Ungefähr acht Jahre nach DILGERS Plädoyer ist festzuhalten, dass sein Vorschlag noch nicht realisiert wurde. Publikationen in internationalen Fachzeitschriften werden dagegen auf dem Gebiet der BWL insbesondere für Nachwuchswissenschaftler immer wichtiger.[315] Der Analyse bisheriger Untersuchungen zur Messung der Forschungsleistung in der BWL in Abschnitt 2.5 der vorliegenden Arbeit kann zudem entnommen werden, dass der SSCI bereits in ersten Studien zur Erhebung von Publikations- und Zitationsdaten betriebswirtschaftlicher Fachbe-

---

[310] Vgl. van Raan (2005b), S. 54. Darüber hinaus existieren noch einige wenige Anbieter fachlich spezialisierter Zitationsindizes, die hinsichtlich der angebotenen Funktionen und der erfassten Datenmenge hinter den Zitationsindizes des ISI deutlich zurückstehen. Zu einer Übersicht derartiger Datenbanken für den Bereich der Wirtschaftsinformatik, die auch für die BWL insgesamt Relevanz besitzt, vgl. Knackstedt/Winkelmann (2006).

[311] Dem Verfasser dieser Dissertation sind – mit Ausnahme von Jansen et al. (2007) – keine Untersuchungen bekannt, in der die Datenbank SCOPUS zur Messung von Forschungsleistung auf Basis von Publikations- und Zitationsindikatoren eingesetzt wird. Zu einer Analyse der Zeitschriftenabdeckung von SCOPUS vgl. ausführlich Clermont/Schmitz (2008).

[312] Sternberg/Litzenberger (2005), S. 31, mit Verweis auf Verbeek et al. (2002).

[313] Vgl. Kieser (1998), S. 216.

[314] Vgl. Dilger (2000), S. 473f. Zur Erfassung deutschsprachiger betriebswirtschaftlich relevanter Zeitschriften in den ISI-Zitationsindizes vgl. ausführlich Clermont/Schmitz (2008).

[315] Zur Bedeutung von Publikationen in internationalen Fachzeitschriften vgl. sinngemäß Backhaus (2006), S. 115, Sporn (2005), S. 80, Köhler (2004), S. 128, und Fiedler et al. (2006), S. 481, die auch kritische Positionen des Hochschullehrernachwuchses gegenüber dieser Entwicklung aufzeigen.

reiche und Forscher eingesetzt wurde.[316] Da die Zeitschriftenabdeckung des SSCI von zentraler Bedeutung für die Validität dieser Untersuchungen ist, ist es dringend erforderlich, die Erfassung betriebswirtschaftlich relevanter Zeitschriften im SSCI systematisch zu analysieren.

4.2 ISI-Zitationsindizes im Web of Science

4.2.1 Grundlagen und Zeitschriftenauswahl

Die Idee, Zitationsindizes für die Wissenschaften bereitzustellen, geht auf den Wissenschaftler EUGENE GARFIELD zurück. Im Jahr 1955 veröffentlichte er sein Grundkonzept eines wissenschaftlichen Zitationsindexes unter Rückgriff auf die Ideen von *Shepard's Citations*, einem juristischen Zitationsindex, in der Zeitschrift *Science*. Der ursprünglich von GARFIELD intendierte Zweck dieses Zitationsindexes war die Erleichterung der Quellenerschließung für das wissenschaftliche Arbeiten.[317] Zusammengefasst unter der Benutzeroberfläche Web of Science bietet das von GARFIELD gegründete und im Jahr 1992 von der Firma Thomson Scientific übernommene Institute for Scientific Information (ISI)[318] drei Zitationsindizes mit unterschiedlicher fachspezifischer Ausrichtung an. Der offiziell seit 1964 herausgegebene SCI,[319] der im Web of Science in einem erweiterten Format als SCI-X angeboten wird, bezieht sich vorwiegend auf die Lebens- und Naturwissenschaften einschließlich der Medizin. Der SSCI ist sozialwissenschaftlich ausgerichtet und datiert aus dem Jahr 1973. Im Fokus des im Jahr 1978 gegründeten A&HCI stehen die Kunst- und Geisteswissenschaften.[320]

---

[316] Vgl. insbesondere Sternberg/Litzenberger (2005), die in ihrer Untersuchung die Forschungsleistung der Wirtschafts- und Sozialwissenschaftlichen Fakultät der Universität zu Köln ausgewählten Fakultäten anderer Universitäten in verschiedenen Fächern gegenüberstellen. Die bei Winterhager et al. (2001) präsentierten Auswertungen resultieren aus einer Erhebung, deren primäres Ziel nicht die gesamthafte Messung von Forschungsleistungen wirtschaftswissenschaftlicher Fakultäten in der BWL ist. Sie bezieht sich nur auf einzelne Teilaspekte und besitzt somit in Bezug auf die Messung der Forschungsleistung wirtschaftswissenschaftlicher Fakultäten eine geringere Aussagekraft als die wesentlich umfassendere Studie von Sternberg/Litzenberger (2005).

[317] Vgl. Garfield (1955) S. 108. Zu weiteren Gründen für einen Zitationsindex vgl. Dilger (2000), S. 474f.

[318] Zur Gründung und Entwicklung des ISI vgl. Cawkell/Garfield (2001).

[319] Die Angaben zum genauen Gründungsdatum des SCI differieren in der Literatur. Stock (2001b), S. 24, nennt als erstes Erscheinungsdatum des SCI das Jahr 1961. Dilger (2000), S. 474, gibt mit Bezug auf Garfield (1979b) an, dass der SCI seit 1963 herausgegeben wird. Garfield (1979b), S. 12ff., ist zu entnehmen, dass die Anfänge des SCI in den Zeitraum 1961 bis 1963 fallen. Als offizielles Einführungsdatum, nach dem der SCI regelmäßig herausgegeben wurde, nennt er in anderen Quellen jedoch das Jahr 1964 (vgl. Cawkell/Garfield (2001), S. 82f., Garfield (1998a), S. 497, und Garfield (1996)). Zu den Anfängen des SCI vgl. Cawkell/Garfield (2001).

[320] Vgl. Garfield (1979b), S. 16.

Mit Ausnahme der Aufnahme einiger häufig zitierter regelmäßig erscheinender Schriftenreihen,[321] hauptsächlich Sammelbände wissenschaftlicher Originalbeiträge, beruht die Konstruktion der Zitationsindizes ausschließlich auf der Indexierung von Zeitschriftenbeiträgen.[322] Bei der Entscheidung über die Zeitschriftenabdeckung der Zitationsindizes in den verschiedenen Wissensgebieten verfolgt das ISI das Ziel *„to provide comprehensive coverage of the world's most important journals for our subscribers` current awareness and information retrieval needs.“*[323] Eine Indexierung möglichst aller Zeitschriften der von den Zitationsindizes abgedeckten Wissensgebiete scheidet schon aus ökonomischen Gründen aus. Die mit der Indexierung der Zeitschriftenbeiträge verbundenen Kosten führen zu einer beabsichtigten Selektion qualitativ hochwertiger Zeitschriften. Da sich dieser Selektionsprozess letztendlich an den Bedürfnissen der Nutzer orientieren soll, liegt ein möglicher Vorteil dieser Selektion für den Nutzer darin, bei der Quellenerschließung vorwiegend auf qualitativ hochwertige Beiträge zu stoßen.[324]

Die empirische Fundierung für die selektive Zeitschriftenauswahl bei der Konstruktion der Zitationsindizes geht zunächst zurück auf BRADFORDS Erkenntnisse hinsichtlich der Verteilung der für eine Wissenschaftsdisziplin relevanten Artikel auf Zeitschriften. Er zeigt, dass es jeweils einen relativ kleinen Kern von Zeitschriften gibt, die einen Großteil der für eine Wissenschaftsdisziplin relevanten Artikel veröffentlichen, aber sehr viele Zeitschriften, die jeweils nur wenige disziplinenspezifisch relevante Artikel beitragen. Aufbauend auf diesen Erkenntnissen kann GARFIELD anhand von Studien auf Basis der im SCI indexierten Zeitschriften nachweisen, dass auch die Verteilung der Zitationen auf die Zeitschriften in den verschiedenen wissenschaftlichen Disziplinen eine hohe Konzentration aufweist.[325]

Die Zeitschriftenauswahl in den verschiedenen Wissensgebieten wird von ISI den eigenen Angaben zufolge regelmäßig geprüft. In diesem Prozess können sowohl Zeitschriften neu in die Zitationsindizes aufgenommen als auch aus diesen ausgeschlossen werden.[326] Für die Zeitschriftenauswahl in den verschiedenen Wissensgebieten zieht das ISI Zitationsdaten, die Prüfung formaler Standards und Expertenurteile heran. Die Zitationsdaten werden genutzt, um zu analysieren, inwieweit die Artikel einer beurteilten Zeitschrift in den bereits von ISI

---

[321] So wurde bspw. bis zum Jahr 2004 die jährlich erscheinende Schriftenreihe *Advances in Consumer Research* für den SSCI ausgewertet. Diese Schriftenreihe enthält Beiträge, die für die Konferenz der Association of Consumer Research in einem doppelt-blinden Begutachtungsprozess angenommen wurden. Grundsätzlich ist die Unterscheidung zwischen Zeitschriften und anderen regelmäßig erscheinenden Publikationen nicht immer eindeutig zu treffen. Vgl. Hennig-Thurau et al. (2004), S. 525.

[322] Vgl. Cronin et al. (1997), S. 263.

[323] Garfield (1990), S. 186.

[324] Vgl. Garfield (1979b), S. 20, und Allee (1988), S. 47.

[325] Vgl. Garfield (1971), S. 222, Stock (2001b), S. 25f., und ausführlich Garfield (1979b), S. 19ff.

[326] Vgl. Testa (2004).

erfassten Zeitschriften zitiert werden. Diesbezüglich ist sowohl die gesamte Anzahl der Zitationen, die in einem bestimmten Zeitraum auf eine Zeitschrift entfallen, relevant als auch der Impact-Faktor. Der Impact-Faktor trägt dem Umstand Rechnung, dass große Zeitschriften, in denen im Gegensatz zu kleineren Zeitschriften mehr Artikel veröffentlicht werden, damit tendenziell auch mehr Zitationen erhalten. Die häufig verwendete, auf einen Zeitraum von zwei Jahren bezogene Variante des Impact-Faktors wird berechnet als Quotient aus den Zitationen, die im Jahr t auf die in den Jahren t–1 und t–2 veröffentlichten Artikel einer Zeitschrift entfallen, und der Anzahl der in diesen Jahren veröffentlichten Artikel. Größenvorteile einer Zeitschrift werden so durch die Berücksichtigung der Artikelanzahl im Nenner kompensiert.[327]

Bezüglich der formalen Kriterien ist das termingerechte Erscheinen einer Zeitschrift eine notwendige Voraussetzung für die Aufnahme in die Zitationsindizes. Um dies zu prüfen, werden bei Entscheidungen über die Neuaufnahme oder den Verbleib einer Zeitschrift i.d.R. mindestens drei Belegexemplare herangezogen. Weitere formale Standards beziehen sich auf das Vorhandensein englischsprachiger Titelangaben, Zusammenfassungen und Keywords (insbesondere bei nicht englischsprachigen Zeitschriften), aussagekräftiger Artikeltitel, vollständiger Adressangaben aller Autoren, vollständiger bibliografischer Angaben der zitierten Quellen sowie ein Peer-Review-Verfahren vor der Aufnahme eingereichter Manuskripte.[328]

Darüber hinaus werden der Inhalt und die internationale Ausrichtung einer Zeitschrift berücksichtigt. Liegt eine zur Aufnahme vorgeschlagene Zeitschrift in einem Wissensgebiet, das durch die ISI-Zitationsindizes bereits umfassend abgedeckt ist, so stehen die Chancen zur Aufnahme relativ schlechter als in einem weniger gut erfasstem Wissensgebiet. International ausgerichtete Zeitschriften haben tendenziell größere Chancen, in die Zitationsindizes aufgenommen zu werden, als Zeitschriften mit vorwiegend regionaler Bedeutung. Zur Prüfung der internationalen Ausrichtung einer Zeitschrift analysiert das ISI, inwieweit Autoren unterschiedlicher Nationalitäten in ihr publizieren und inwieweit Beiträge einer Zeitschrift von Autoren unterschiedlicher Nationalitäten zitiert werden. Neben wichtigen international ausgerichteten Zeitschriften versucht das ISI ebenso für die abgedeckten Wissensgebiete die besten regionalen Zeitschriften auszuwerten.[329]

---

[327] Vgl. Garfield (1990), S. 185ff. Zur genaueren Berechnung von Impact-Faktoren auf Basis der ISI-Datenbanken vgl. Garfield (1999).

[328] Vgl. Testa (2004), Garfield (1990), S. 191f., und Stock (2001b), S. 26.

[329] Vgl. Testa (2004), Garfield (1990), S. 190f., und Stock (2001b), S. 26.

4.2.2 Indexierung von Publikationen

Die Indexierung der einzelnen Beiträge der in den von ISI in die Zitationsindizes aufgenommenen Zeitschriften (diese Beiträge werden im Weiteren als Quellpublikationen bezeichnet) erstreckt sich auf zahlreiche Merkmale. Die bibliografischen Angaben eines Beitrags, bestehend aus Autoren, Artikeltitel, Zeitschriftentitel, Jahrgang und Ausgabe der Zeitschrift sowie den Seitenangaben, werden mit Ausnahme der Vornamen der Autoren, die lediglich gekürzt über die Initialen erfasst werden, vollständig gespeichert. Darüber hinaus werden (sofern verfügbar) die Sprache, die Autorenadressen, die Keywords und die Zusammenfassung des Beitrags indexiert. Im Falle von mehr als zwei Autoren ist jedoch nur die erste Adressangabe dem ersten Autor eindeutig zuzuordnen. Weitere Adressangaben können nicht aufgrund der Reihenfolge ihrer Nennung den Koautoren eindeutig zugeordnet werden. Die erfassten Zeitschriftenbeiträge werden durch das ISI nach ihrem Dokumententyp klassifiziert. So wird unterschieden zwischen *article*, *book review*, *correction*, *letter*, *review* etc.[330] Die in einem Beitrag zitierten Quellen werden in gekürzter Form indexiert. Es werden der Name ausschließlich des ersten Autors mit einer Länge von bis zu fünfzehn Zeichen und der Vorname bzw. die Vornamen dieses Autors über bis zu drei Initialen erfasst. Die Titel der Quellen (bei Zeitschriftenbeiträgen der Titel der Zeitschrift) werden in gekürzter Form mit bis zu 20 Buchstaben gespeichert. Darüber hinaus wird bei allen zitierten Quellen das Veröffentlichungsjahr und bei Zeitschriftenbeiträgen die Nummer der Zeitschriftenausgabe sowie die Startseite des Beitrags erfasst.[331]

SCI-X und SSCI sind anhand von Zeitschriftenkategorien nach wissenschaftlichen Disziplinen organisiert. Die für die Konstruktion der Zitationsindizes ausgewerteten Zeitschriften werden jeweils einer oder mehreren Zeitschriftenkategorien zugeordnet. In einigen Fällen werden Zeitschriften simultan in Kategorien des SCI-X und SSCI geführt. Für das Jahr 2005 werden in den JCR, die verschiedene bibliometrische Kennzahlen – wie bspw. den Impact-Faktor – für die im SCI-X und SSCI gelisteten Zeitschriften enthalten, für den SCI-X 171 und für den SSCI 54 verschiedene Zeitschriftenkategorien ausgewiesen. Alle Beiträge der in diesen Kategorien aufgeführten Zeitschriften werden durch das ISI klassifiziert und indexiert.[332]

---

[330] Zu einer vollständigen Auflistung der Dokumententypen vgl. The Thomson Corporation (2006c), S. 7.

[331] Vgl. The Thomson Corporation (2004a), S. 15, und The Thomson Corporation (2006c), S. 35f.

[332] Vgl. The Thomson Corporation (2005a) und The Thomson Corporation (2005b). Eine (nicht erschöpfende) Aggregation dieser Zeitschriftenkategorien zu insgesamt 15 wissenschaftlichen Fächergruppen findet sich bei Moed (2005), S. 189.

Neben den vollständig ausgewerteten Zeitschriften, die in den verschiedenen eigenen Kategorien des SSCI gelistet sind, werden ausgewählte Beiträge aus ausschließlich im SCI-X gelisteten Zeitschriften im SSCI zusätzlich als Quellpublikationen erfasst. Die Auswahl dieser Beiträge wird durch einen Algorithmus unterstützt, der untersucht, in welchem Umfang in den ausschließlich im SCI-X erfassten Artikeln Beiträge aus im SSCI gelisteten Zeitschriften zitiert werden, so dass eine sozialwissenschaftliche Relevanz dieser Artikel vermutet werden kann.[333] GLÄNZEL ET AL. beziffern den Anteil dieser selektiv ausgewählten Beiträge an den insgesamt im SSCI im Jahr 1995 ausgewerteten Quellpublikationen auf 21,9 %.[334]

4.2.3 Abfragemöglichkeiten

Die Zitationsindizes des ISI bieten verschiedene Abfragemöglichkeiten zur Ermittlung von Zitationshäufigkeiten. Dabei ist zu unterscheiden, ob als zitierte Dokumente ausschließlich in den Indizes erfasste Quellpublikationen oder auch andere Beiträge in die Analyse einbezogen werden. Durch den Prozess der Indexierung, bei dem für die Quellpublikationen wesentlich mehr Merkmale erfasst werden als für die in diesen Beiträgen zitierten Quellen, bieten sich entsprechend mehr Möglichkeiten, Publikations- und Zitationsdaten zu erheben und zu filtern.

Die Abfragemaske *general search* des Web of Science bietet die Möglichkeit, Quellpublikationen und die Anzahl ihrer erhaltenen Zitationen – sofern diese korrekt zitiert wurden – anhand von Autorenname (Nachname und Initialen der Vornamen), Autorenadresse, Zeitschriftentitel, Veröffentlichungszeitraum, Dokumententyp und Veröffentlichungssprache zu spezifizieren. Die bei der Abfrage erhaltenen Datensätze können anschließend nach weiteren Kriterien wie bspw. den Zeitschriftenkategorien gefiltert werden.

Die Abfragemaske *cited reference search* bietet die Möglichkeit, anhand von Autorennamen, Titel und Veröffentlichungsjahr bzw. Zeitraum Zitationshäufigkeiten für alle in den Indizes zitierten Publikationen – also nicht nur die Quellpublikationen – zu ermitteln.

Eine Beschränkung von Zitationsanalysen auf Quellpublikationen und die ihnen durch den Index zugeordneten Zitationshäufigkeiten ist mit dem Problem verbunden, dass eine Zitation, in der Autorenname, Zeitschriftentitel, Jahrgang, Startseite oder Veröffentlichungsjahr nicht richtig genannt werden, der Quellpublikation nicht immer korrekt zugeordnet werden kann

---

[333] Eine ausführliche Beschreibung dieses Auswahlprozesses anhand eines Flussdiagramms findet sich bei Garfield (1987), S. 323ff.

[334] Vgl. Glänzel et al. (1999), S. 436.

und somit nicht erfasst wird.[335] Abhängig vom Ausmaß der Abweichungen kann eine zweifelsfreie Zuordnung von Zitation und Publikation sehr schwierig werden. MOED untersucht anhand sämtlicher im SCI erfassten Referenzen aus dem Zeitraum 1980–1999 solche Zitationen, die genau in einem der Felder Autorenname, Jahrgang, Seitenzahl oder Veröffentlichungsjahr von dem zitierten Quellenartikel abweichen und ermittelt so eine Fehlerquote von 7,7 %. Diese setzt sich zusammen aus Abweichungen in der Nennung der Startseite (3,2 %), des Autorennamens (2,1 %), des Jahrgangs (1,6 %) und des Veröffentlichungsjahrs (0,7 %).[336] Da sich diese Analyse ausschließlich auf Zitationen mit genau einer Abweichung bezieht und diese keine Abweichung in der Nennung der Zeitschriftentitel berücksichtigt, ist die Fehlerquote von 7,7 % als Untergrenze zu interpretieren.

Weil komplizierte Autorennamen, wie z.B. Doppelnamen, ein höheres Potential für mögliche Fehler durch den Zitierenden beinhalten, ist eine schiefe Verteilung dieser abweichenden Zitationen anzunehmen. Aufgrund mangelnder Vertrautheit zahlreicher Wissenschaftler mit chinesischen oder spanischen Autorennamen sind bspw. diese Personengruppen laut MOED besonders durch derartige Abweichungen betroffen.[337]

Weitere Probleme treten bei der Abfrage von Publikationen und deren Zitationshäufigkeiten über das Adressfeld auf. Die Recherche von Quellpublikationen und deren Zitationshäufigkeiten über das Adressfeld ist aufgrund von Variationen und Unvollständigkeiten in der Nennung von Universitäts- und Institutsnamen fehleranfällig.[338] So sind bspw. Publikationen der Universität Frankfurt sowohl unter „Universität Frankfurt“ als auch unter „Johann Wolfgang Goethe Universität“ gelistet.[339]

4.2.4 Disziplinenspezifische Eignung zur Messung von Hochschulforschung

Die Eignung der Zitationsindizes des ISI zur Leistungsmessung von Hochschulforschung in verschiedenen wissenschaftlichen Disziplinen wird maßgeblich von der jeweiligen vorherrschenden Publikationskultur beeinflusst. Da für die Konstruktion der Zitationsindizes von ISI fast ausschließlich Zeitschriften herangezogen werden, hängt die Aussagekraft von Zitationsanalysen als Instrument zur Leistungsmessung von Hochschulforschung wesentlich davon ab,

---

335 Zur Erweiterung von Zitationsanalysen um Publikationen, die in den Zitationsindizes des ISI ausschließlich zitiert aber nicht als Quellpublikationen erfasst werden, vgl. ausführlich Butler/Visser (2006). Ihr Verfahren setzt einen umfassenden Zugriff auf die den Zitationsindizes zugrunde liegenden Rohdaten voraus.

336 Vgl. Moed (2005), S. 175f.

337 Vgl. Moed (2002), S. 731, und MacRoberts/MacRoberts (1989), S. 346.

338 Vgl. ausführlich van Raan (2005a), S. 136f.

339 Vgl. Moed (2005), S. 185.

welcher Stellenwert Zeitschriftenpublikationen relativ zu anderen Publikationsformen beigemessen wird. Obschon Beiträge in begutachteten wissenschaftlichen Zeitschriften in fast allen Wissensgebieten ein zentrales Medium der (schriftlichen) wissenschaftlichen Kommunikation sind, kann ihre Bedeutung relativ zu anderen Publikationsformen durchaus variieren.[340]

Vor dem Hintergrund unterschiedlicher Publikationskulturen in verschiedenen Wissensgebieten, Fächergruppen und einzelnen Disziplinen[341] ist es fraglich, inwieweit die Zitationsindizes des ISI zur Leistungsmessung in verschiedenen wissenschaftlichen Disziplinen grundsätzlich geeignet sind. Zu einer ersten Beurteilung dieser Eignung kann auf eine von MOED präsentierte Methode zurückgegriffen werden, deren Vorgehensweise und Befunde im Folgenden kurz skizziert werden.[342]

Unter der Annahme, dass die Quellenverzeichnisse der Beiträge in den von ISI ausgewerteten Zeitschriften die Bedeutung verschiedener Publikationsformen in der schriftlichen wissenschaftlichen Kommunikation in den verschiedenen Disziplinen adäquat widerspiegeln, können drei Indikatoren berechnet werden, die Aufschluss über die Erfassung der schriftlichen wissenschaftlichen Kommunikation durch die Zitationsindizes des ISI geben.

- Indikator *a* gibt den Prozentsatz der von ISI erfassten Referenzen an, die sich auf Zeitschriftenbeiträge beziehen, und kann als Maß für die Bedeutung von Zeitschriftenpublikationen als Publikationsmedium interpretiert werden.
- Indikator *b* bezeichnet den Prozentsatz der Referenzen, die in von ISI ausgewerteten Zeitschriften erschienen sind, relativ zu den insgesamt auf Zeitschriftenbeiträge bezogenen Referenzen und ermöglicht Rückschlüsse auf die Abdeckung der disziplinspezifisch relevanten Zeitschriften durch das ISI.
- Indikator *c* wird als das Produkt der Indikatoren a und b berechnet und gibt den Prozentsatz der von ISI erfassten Referenzen an den gesamten Referenzen an. Dieser Indikator dient dazu, die Abdeckung der Literatur einer Disziplin durch das ISI insgesamt zu beurteilen.

340 Zur Bedeutung wissenschaftlicher Zeitschriften als Medium der schriftlichen wissenschaftlichen Kommunikation vgl. Borchardt (1978), S. 484f., und Hennig-Thurau et al. (2004), S. 520f.

341 Zur Relevanz verschiedener Publikationsarten in unterschiedlichen Wissensgebieten vgl. DFG (2005), S. 22ff., oder Abschnitt 3.2.1 dieser Dissertation.

342 Zu diesen Ausführungen vgl. Moed (2005), S. 122ff.

Discipline	*a Importance of journals (%)*	*b ISI coverage of journal literature (%)*	*c = a*b Overall ISI coverage (%)*
Molecular biology & biochemistry	96	97	92
Biological sciences related to humans	95	95	90
Chemistry	90	93	84
Clinical medicine	93	90	84
Physics & astronomy	89	94	83
* Total ISI *	84	90	75
Applied physics & chemistry	83	89	73
Biological sciences ~ animals and plants	81	84	69
Psychology & psychiatry	75	88	66
Geosciences	77	81	62
Other social sciences ~ medicine and health	75	80	60
Mathematics	71	74	53
Economics	59	80	47
Engineering	60	77	46
Other social sciences	41	72	29
Humanities & arts	34	50	17

Tabelle 4.2.4.1: Abdeckung der ISI-Zitationsindizes für verschiedene wissenschaftliche Disziplinen[343]

Die in Tabelle 4.2.4.1 ausgewiesenen Fachgruppen ergeben sich aus der Aggregation verschiedener Zeitschriftenkategorien. So sind unter der ausgewiesenen Fachgruppe *economics* die einzelnen Zeitschriftenkategorien *business*, *business/finance*, *economics* und *management* subsumiert.[344] Die ausgewiesenen Ergebnisse beruhen auf einer Auswertung aller auf den Zeitraum von 1980 bis 2002 bezogenen Referenzen der im SCI, SSCI und A&HCI erfassten Zeitschriften aus dem Jahr 2002.[345] Die Ergebnisse zeigen deutlich, dass die im SCI (bzw. SCI-X) erfassten Natur- und Lebenswissenschaften einen großen Anteil zeitschriftenbezogener Referenzen aufweisen (a) und über eine hohe Abdeckung der relevanten Zeitschriften durch das ISI verfügen (b). Im Gegensatz dazu ist sowohl die Bedeutung der Zeitschrift als Kommunikationsmedium sowie die Abdeckung der Zeitschriftenliteratur durch das ISI bei den Geistes- und Kunstwissenschaften wesentlich geringer ausgeprägt. Die Abdeckung der Referenzen in der Fachgruppe Wirtschaftswissenschaften liegt bei 47 % und setzt sich zu-

[343] Leicht modifiziert nach Moed (2005), S. 126.

[344] Eine Aufschlüsselung der in der Tabelle ausgewiesenen Werte in die zugrunde liegenden Zeitschriftenkategorien findet sich bei Moed (2005), S. 129f. Die Streuung der für die Indikatoren ausgewiesenen Werte über die vier Kategorien ist als gering einzustufen.

[345] Zu weiteren Details vgl. Moed (2005), S. 124.

sammen aus einem Zeitschriftenanteil an den Referenzen in Höhe von 59 % und einer Erfassung der zeitschriftenbezogenen Referenzen durch die Zitationsindizes in Höhe von 80 %.[346]

Der Abdeckungsgrad der Referenzen durch das ISI hat Auswirkungen auf die Ausgestaltung und Aussagekraft von Zitationsanalysen als Instrument zur Leistungsmessung von (Hochschul-)Forschung. So folgt aus einer geringen Abdeckung der Referenzen für die Fächergruppen *humanities & arts* und *other social sciences*, dass ausschließlich A&HCI- bzw. SSCI-basierte Zitationsanalysen kein sinnvolles Instrument sind, um Forschungsleistungen in diesen Fachgebieten zu messen. Für die verschiedenen Fächergruppen der Natur- und Lebenswissenschaften, die zum großen Teil sehr gut durch den SCI abgedeckt werden, ist die Zitationsanalyse zur Leistungsmessung wesentlich besser geeignet. Aufgrund der starken Fokussierung auf Zeitschriftenpublikationen und der hohen Abdeckung der relevanten Zeitschriften durch den SCI können Zitationsanalysen, die als zitierte Quellen ausschließlich Beiträge in von ISI erfassten Zeitschriften heranziehen, bereits aussagekräftige Ergebnisse liefern.

Zitationsanalysen in Fächergruppen wie *economics* oder *engineering*, die über eine mittlere bis gute Abdeckung im SSCI bzw. SCI verfügen, können zur Erhöhung der Aussagekraft in zweierlei Hinsicht erweitert werden. Zum einen kann die Menge der einbezogenen zitierten Publikationen um Dokumente erweitert werden, die nicht in von ISI ausgewerteten Zeitschriften erschienen sind. Zum anderen ist es möglich, den Kreis der zitierenden Dokumente nicht ausschließlich auf die Zitationsindizes des ISI zu beschränken, sondern andere Zitationsindizes oder manuell ausgezählte Dokumente hinzuzuziehen.[347] Diesbezüglich könnte geprüft werden, inwieweit die vom Verlag Elsevier angebotene Zitationsdatenbank SCOPUS oder die Suchmaschine *Google Scholar* besser als der SSCI geeignet sind, um die Zitationen deutschsprachiger Veröffentlichungen von Betriebswirten aus dem deutschsprachigen Raum zu erfassen.

Die Aussagekraft der in Tabelle 4.2.4.1 präsentierten Ergebnisse wird jedoch durch die ausschließliche Fokussierung auf Referenzen in von ISI bereits erfassten Zeitschriften limitiert. Oft werden in Manuskripten, die bei einer bestimmten Zeitschrift zur Veröffentlichung eingereicht werden, Beiträge aus dieser Zeitschrift relativ häufiger zitiert als Beiträge anderer Zeitschriften. Diese Beobachtung kann bspw. dadurch erklärt werden, dass Arbeiten, die auf zahlreichen Beiträgen einer bestimmten Zeitschrift aufbauen, von den Autoren bei dieser Zeitschrift zur Veröffentlichung eingereicht werden, da sie besonders gut zur thematischen

[346] Albrecht weist in seiner Analyse der Zitierpräferenzen in *Schmalenbachs Zeitschrift für betriebswirtschaftliche Forschung* für die Jahre 2000 und 2001 vergleichbare Anteile zeitschriftenbezogener Referenzen an den gesamten Referenzen in Höhe von 55,7 % bzw. 58,8 % aus. Vgl. Albrecht (2002), S. 373.

[347] Vgl. sinngemäß Moed (2005), S. 137ff.

Ausrichtung dieser Zeitschrift passen. Durch die Erwartung der Autoren, die Wahrscheinlichkeit auf ein erfolgreiches Durchlaufen des Begutachtungsprozesses auf diese Weise zu erhöhen, können zeitschrifteninterne Zitationen ebenso strategisch motiviert sein. Unabhängig von der konkreten Ursache ist anzunehmen, dass Beiträge, die in von ISI ausgewerteten Zeitschriften erscheinen, einen höheren Anteil an von ISI erfassten Referenzen ausweisen als Beiträge in anderen Zeitschriften oder sonstigen Publikationsarten.[348] Der Prozentsatz der von ISI erfassten zeitschriftenbezogenen Referenzen und die Abdeckung der Referenzen insgesamt werden damit tendenziell sehr optimistisch ausgewiesen und sind als Obergrenze zu interpretieren.

Ein Abgleich der auf Basis der ISI-Daten gewonnenen Ergebnisse zur relativen Bedeutung von Zeitschriften als Publikationsmedium in verschiedenen Fächergruppen mit den Befunden der DFG-Studie zum Publikations- und Rezeptionsverhalten DFG-geförderter Wissenschaftler zeigt wesentliche Übereinstimmungen. Die Annahme, dass die Referenzen in den von ISI erfassten Zeitschriften die relative Bedeutung von Zeitschriften in den verschiedenen Fächergruppen adäquat widerspiegeln, scheint folglich plausibel zu sein.[349] Die Problematik der zeitschrifteninternen Zitationen sowie eine starke Dominanz US-amerikanischer Zeitschriften im SSCI[350] machen es dennoch erforderlich, die Erfassung betriebswirtschaftlich relevanter Zeitschriften im SSCI und SCI-X detaillierter zu analysieren.

4.3 Journal Citation Reports

In den JCR werden verschiedene bibliometrische Kennzahlen für die im SSCI und SCI-X gelisteten Zeitschriften aufgeführt. Es existieren zwei Ausgaben der JCR. In der *Science Edition* werden im Wesentlichen die im SCI-X gelisteten Zeitschriften aufgeführt. Die *Social Sciences Edition* enthält dagegen die meisten der für den SSCI ausgewerteten Zeitschriften. Es werden nicht alle Zeitschriften, die für Zitationsindizes ausgewertet werden, auch in den entsprechenden Ausgaben der JCR erfasst, da bei einigen Zeitschriften die Berechnung des Impact-Faktors noch nicht möglich ist. Da die Formel des Impact-Faktors sich über einen Zeitraum von drei Jahren (das Berichtsjahr t und die beiden vorangegangenen Jahre) erstreckt, werden nur solche Zeitschriften in den JCR aufgeführt, die mindestens drei Jahre lang in den entsprechenden Zitationsindizes geführt werden, so dass die Berechnung dieser Kennzahl

[348] Vgl. Moed (2005), S. 132f.

[349] Vergleichbare Ergebnisse liefern auch Glänzel/Schoepflin (1999), die überdies die mittlere Anzahl von Referenzen pro Artikel und das mittlere Alter der Referenzen in verschiedenen Fächergruppen ausweisen.

[350] Vgl. van Leeuwen (2006), S. 141ff.

möglich ist. Die ausschließlich für den A&HCI erfassten Periodika werden nicht in den JCR ausgewertet.[351]

Der Impact-Faktor stellt die wohl mit Abstand bekannteste Kennzahl der JCR dar. Ihm kommt insbesondere in der Forschungsevaluation in der Medizin eine sehr hohe Bedeutung zu. Gemäß einer Umfrage an deutschen medizinischen Fakultäten wird der Impact-Faktor sowohl als scientometrischer Parameter zur Evaluation von Forschung und einzelnen Forschern verwendet als auch in mehr als zwei Drittel der befragten Fakultäten neben der Aufstellung der Drittmittel als Kriterium für die Mittelvergabe herangezogen. Darüber hinaus gaben mehr als die Hälfte der befragten Fakultäten an, den Impact-Faktor bei der Entscheidungsfindung für Berufungen zu verwenden.[352] Der Impact-Faktor einer Zeitschrift wird wie folgt berechnet:[353]

$$\mathrm{IF_t} = \frac{\text{\textit{Anzahl der Zitationen, die im Jahr t für die Beiträge der Zeitschrift aus den Jahren } } t-1 \text{ \textit{und} } t-2 \text{ \textit{gezählt werden}}}{\text{\textit{Anzahl der zitierfähigen Beiträge, die in den Jahren} } t-1 \text{ \textit{und} } t-2 \text{ \textit{in der Zeitschrift erschienen sind}}}$$

Bei der Berechnung ist zu berücksichtigen, dass sich die im Zähler aufgeführte Summe der Zitationen im Berichtsjahr t auf alle Beiträge, also sämtliche in einer Zeitschrift existierenden Dokumententypen bezieht. Die im Nenner erfassten zitierfähigen Dokumente beziehen sich jedoch i.d.R. ausschließlich auf die Dokumententypen *article*, *review* und *note* (letzter Dokumententyp wird nach 1996 praktisch nicht mehr vergeben[354]). Dieser Abgrenzung liegt die Überlegung zugrunde, dass die anderen nicht erfassten Dokumententypen, wie z.B. *editorial material*, *book review* oder *letter* kaum zur Kommunikation originärer Forschungsergebnisse genutzt und infolgedessen kaum zitiert werden, so dass der Impact-Faktor durch ihre Berücksichtigung im Nenner verzerrt werden könnte.[355]

MOED/VAN LEEUWEN untersuchen den Zusammenhang zwischen den Dokumententypen und den auf sie entfallenden Zitationen anhand einer Stichprobe von 320 im SCI erfassten Zeit-

[351] Vgl. Stock (2001b), S. 27f. Dieser bietet eine sehr detaillierte und anschauliche Beschreibung der Kennzahlen und Funktionen der über das Web of Science online abrufbaren Fassung der JCR.

[352] Vgl. Kaltenborn/Kuhn (2003), S. 173f., und auch Schenk et al. (2004), S. 301f.

[353] Vgl. Kahl (1995), S. 40, und Moed (2005), S. 92.

[354] Anstelle des Dokumententyps *note* wird nach 1996 für gewöhnlich der Dokumententyp *article* verwendet. Vgl. dazu van Leeuwen et al. (2003), S. 259. Eine Recherche des Verfassers dieser Dissertation hat ergeben, dass nach 1996 lediglich zwei Beiträge unter dem Dokumententyp *note* im Web of Science erfasst sind. Bereits im Jahr 1996 geht die Anzahl der als *note* erfassten Beiträge massiv zurück. In diesem Kontext vgl. auch Moed (2005), S. 99.

[355] Vgl. Garfield (1976), S. 563.

schriften. Für die Zusammenstellung der Stichprobe wählen sie aus insgesamt 16 Zeitschriftenkategorien, die ein breites Spektrum der Natur- und Lebenswissenschaften abdecken, die jeweils 20 Zeitschriften mit den höchsten Impact-Faktoren aus. In dieser Stichprobe machen die von ISI als zitierfähig eingestuften Dokumententypen 68,5 % der erfassten Beiträge aus. Ihr Anteil an den Zitationen liegt dagegen bei etwa 95 %. MOED/VAN LEEUWEN zeigen, dass es bei der von ISI angewandten Berechnungsmethode durchaus zu Verzerrungen der Impact-Faktoren einzelner Zeitschriften kommen kann. Die Ursache ist darin zu sehen, dass einige Zeitschriften mit von ISI als „nicht zitierfähig“ eingestuften Beiträgen zahlreiche Zitationen erzielen. Diese Zitationen werden bei der Berechnung des Impact-Faktors im Zähler erfasst. Da die zitierten Beiträge jedoch von ISI als nicht zitierfähig eingestuft werden, erhöht sich der Nenner des Impact-Faktors nicht. MOED bezeichnet solche Zitationen als *„for free.“*[356] Die dadurch bedingte Verzerrung kann in Einzelfällen beträchtliche Ausmaße annehmen. So ist etwa der Impact-Faktor der renommierten medizinischen Fachzeitschrift *The Lancet* um etwa 40 % geringer, wenn man derartige Zitationen aus der Berechnung des Impact-Faktors ausschließt.[357]

Der in den JCR aufgeführte *Immediacy Index* gibt an, wie häufig ein durchschnittlicher Artikel einer Zeitschrift im Jahr seiner Veröffentlichung zitiert wird. Er wird berechnet als der Quotient aus den im Jahr t erfassten Zitationen, die auf sämtliche im Jahr t in der entsprechenden Zeitschrift erschienenen Beiträge entfallen, und der Anzahl der für dieses Jahr von ISI als zitierfähig erfassten Beiträge der Zeitschrift. Bei der Berechnung dieser Kennzahl ist zu berücksichtigen, dass die Ausprägung des Immediacy Index in hohem Maße durch die Publikationsgeschwindigkeit von Zeitschriften und Disziplinen beeinflusst wird. Für den Zähler des Quotienten ist es besonders relevant, wie schnell eine zitierende Publikation erscheinen kann. Je länger die für den Begutachtungs- und Drucklegungsprozess benötigte Zeitspanne in einer wissenschaftlichen Disziplin ist, desto geringer fallen die Werte des Immediacy Index der für diese Disziplin relevanten Zeitschriften aus. Der Immediacy Index einer einzelnen Zeitschrift ist darüber hinaus von ihrer Erscheinungsweise abhängig. Eine wöchentlich erscheinende Zeitschrift hat so bspw. eine höhere Chance aktuell zitiert zu werden, als eine viertel- oder halbjährlich erscheinende Zeitschrift.[358]

---

[356] Moed (2005), S. 99.

[357] Vgl. Moed/van Leeuwen (1995), S. 462ff. Zu Problemen in Bezug auf die Erfassung “zitierfähiger Beiträge” durch ISI am Beispiel der Zeitschrift *The Lancet* vgl. auch Hopkins et al. (2002), S. 732. Zu weiteren Problemen bei der Berechnung von Impact-Faktoren durch ISI vgl. Lange (2002) und Moed et al. (1996). Zur Reliabilität der Daten in den JCR vgl. insbesondere Rice et al. (1989), S. 263ff.

[358] Vgl. Stock (2001b), S. 32, und Kahl (1995), S. 40f.

Die Kennzahl *Citing Half-life* bezieht sich auf die Altersstruktur der im Berichtsjahr t in einer Zeitschrift X zitierten Quellen. Sie gibt vom aktuellen Berichtsjahr t rückwärts gerechnet denjenigen Zeitraum an, auf den 50 % der in der Zeitschrift X zitierten Quellen entfallen. Diese auch als Halbwertszeit bezeichnete Kennzahl repräsentiert damit den Median der Altersverteilung der Referenzen einer Zeitschrift aus dem Berichtsjahr t. Im Gegensatz zur Kennzahl *Citing Half-life* bezieht sich die Kennzahl *Cited Half-life* nicht auf die Altersstruktur der in einer Zeitschrift X im Berichtsjahr t zitierten Quellen sondern auf die Altersstruktur der Beiträge aus der Zeitschrift X, die im Berichtsjahr t in den ISI-Zitationsindizes zitiert werden. Sie gibt damit vom aktuellen Berichtsjahr t rückwärts gerechnet denjenigen Zeitraum an, auf den 50 % der auf die Zeitschrift X bezogenen Zitationen entfallen. In den JCR werden diese Kennzahlen nur dann genau ausgewiesen, wenn sie 10 Jahre oder weniger betragen. Alle größeren Zeiträume werden lediglich mit „>10.0" vermerkt.[359] Die ausgewiesene Halbwertszeit ist ein Indikator für die Geschwindigkeit, mit der das Wissen in verschiedenen wissenschaftlichen Disziplinen veraltet.

4.4 VHB-JOURQUAL als Vergleichsmaßstab

Setzt man den SSCI zur Leistungsmessung mittels Publikations- und Zitationsanalysen ein, so ist es von zentraler Bedeutung, inwieweit das ISI seinem Anspruch, die wichtigsten Zeitschriften in den jeweiligen Wissensgebieten abzudecken, gerecht wird. MACHARZINA ET AL. beurteilen die Eignung des SSCI als Instrument für eine aussagekräftige zitationsanalytische Beurteilung der Forschungsleistung deutschsprachiger Betriebswirte gerade aufgrund der Zeitschriftenabdeckung sehr kritisch. Sie halten ihn für wenig geeignet, weil nahezu alle erstklassigen deutschsprachigen Fachzeitschriften nicht für den SSCI ausgewertet würden, andere drittklassige Journale dagegen enthalten seien.[360] Da der SSCI dennoch in ersten Studien zur Leistungsmessung betriebswirtschaftlicher Fachbereiche in Deutschland eingesetzt wird,[361] erscheint es notwendig, die Erfassung betriebswirtschaftlich relevanter Zeitschriften im SSCI in Bezug auf die Vollständigkeit und die Qualität der erfassten Zeitschriften genauer zu untersuchen, um die Probleme SSCI-basierter Leistungsmessungen in der BWL systematisch herauszuarbeiten.

---

[359] Vgl. Stock (2001b), S. 32f., und Kahl (1995), S. 41. Zu einer graphischen Veranschaulichung der in diesem Abschnitt diskutierten Kennzahlen vgl. Amin/Mabe (2000), S. 2.

[360] Macharzina et al. (2006), S. 5.

[361] Vgl. Abschnitt 2.5 dieser Dissertation.

Eine Analyse der Zeitschriftenkategorien von SSCI und SCI-X zeigt, dass die Kategorie mit der Bezeichnung *operations research & management science* nicht im SSCI, sondern im SCI-X gelistet ist. Da das Forschungsfeld *Operations Research* mit einer eigenen Kommission im VHB vertreten ist, kann Zeitschriften auf diesem Gebiet folglich betriebswirtschaftliche Relevanz zugemessen werden. Aus diesem Grund werden bei der nachfolgend durchgeführten Analyse, inwieweit die im VHB-JOURQUAL aufgeführten Zeitschriften in den ISI-Zitationsindizes enthalten sind, sowohl der SSCI als auch der SCI-X einbezogen.

Die Begründung für die Auswahl des VHB-JOURQUAL als Vergleichsmaßstab resultiert in diesem Kontext zunächst aus der im Vergleich zu anderen befragungsbasierten Rankings, die betriebswirtschaftlich relevante Zeitschriften einbeziehen, großen Zahl an Zeitschriften, die im Ranking berücksichtigt werden. Insgesamt 385 Zeitschriften mit betriebswirtschaftlicher Relevanz erhielten im Rahmen der Befragung die für die Aufnahme ins Ranking mindestens erforderlichen zehn Bewertungen.[362] Dies ermöglicht eine umfangreiche Analyse.

Das VHB-JOURQUAL basiert auf einer Befragung der Mitglieder des VHB und der dort gemeldeten Habilitierenden, wobei sich 651 Personen aus dieser Gruppe an dem Ranking beteiligt haben.[363] Da die Befragten[364] für einen maßgeblichen Anteil des Forschungsoutputs der an deutschen Hochschulen tätigen Wissenschaftler in der BWL verantwortlich sein dürften und zudem von SSCI-basierten Leistungsmessungen in der BWL betroffen sind, erscheint es angemessen, das VHB-JOURQUAL auszuwählen, um ihre Einschätzungen bezüglich der Qualität betriebswirtschaftlich relevanter Zeitschriften mit deren Erfassung im SSCI zu kontrastieren.

Hinsichtlich der Validität des Rankings ist zu bemerken, dass die im Ranking ausgewiesenen Ergebnisse für die einzelnen Forschungsgebiete durchaus kritisch diskutiert werden. GÜNTHER/SCHEFFLER berichten über Kritik der Mitglieder aus den wissenschaftlichen Kommissionen *Rechnungswesen* und *Betriebswirtschaftliche Steuerlehre*, die sich darauf bezieht, dass allgemein ausgerichtete Rankings, wie bspw. das VHB-JOURQUAL, die spezifischen Zeitschriften eines Fachgebiets nicht angemessen berücksichtigen könnten und durch die Durchschnitts-Sicht aller Befragten verzerrt seien.[365] Bezogen auf das Teilranking des Forschungsgebiets *Technologie- und Innovationsmanagement* kritisieren FRANKE/SCHREIER Größe und Zusammensetzung der für dieses Teilranking relevanten Stichprobe. Gegenstand

---

[362] Vgl. Hennig-Thurau et al. (2004), S. 528.

[363] Zur detaillierten Beschreibung der Rücklaufquote und sozio-demografischen Zusammensetzung der Stichprobe vgl. Hennig-Thurau et al. (2004), S. 526f.

[364] Zur Mitgliedschaft im VHB vgl. Abschnitt 2.2.4 dieser Dissertation.

[365] Vgl. Günther /Scheffler (2005), S. 3.

dieser Kritik sind im Speziellen die geringe durchschnittliche Anzahl an Bewertungen pro Zeitschrift sowie mangelnde Informationen über Autoren- bzw. Gutachtererfahrung der eine Zeitschrift bewertenden Personen.[366]

Die geschilderten Einwände zeigen, dass geringe Rangdifferenzen von Zeitschriften vorsichtig interpretiert werden sollten, insbesondere da diesen unter Umständen eine sehr unterschiedlich hohe Zahl an Bewertungen zugrunde liegt. Nichts desto trotz lassen die Einstufungen der Zeitschriften in die Kategorien A+ bis E – nach Auffassung des Verfassers – näherungsweise darauf schließen, welche durchschnittliche Qualität den entsprechenden Zeitschriften von den in Deutschland tätigen Universitäts-Hochschullehrern für BWL zugesprochen wird.

4.5 Auswertung der Zeitschriftenabdeckung

4.5.1 Auswertung nach Ratingkategorien

Zur Prüfung, welche Zeitschriften aus dem VHB-JOURQUAL im SSCI und SCI-X erfasst werden, wurde auf die über eine entsprechende Lizenz nutzbaren JCR für das Jahr 2005 und die auf der Homepage des ISI[367] kostenlos bereitgestellten *Master Journal Lists* aus dem Jahr 2006 zurückgegriffen. Da in den JCR nur solche Zeitschriften aufgeführt sind, die seit mindestens drei Jahren für den SSCI bzw. SCI-X ausgewertet werden, sind aktuelle Erweiterungen der Datenbasis nur aus den Master Journal Lists ersichtlich.[368]

Abbildung 4.5.1.1 gibt einen aggregierten Gesamtüberblick über die Erfassung der im VHB-JOURQUAL aufgeführten Zeitschriften im SSCI und SCI-X, geordnet nach den verwendeten Ratingkategorien. Alle der Kategorie A+ zugeordneten Zeitschriften sind von den Zitationsindizes des ISI erfasst.[369] Von den 70 der Kategorie A zugeordneten Zeitschriften werden

---

366 Vgl. Franke/Schreier (2004), S. 3.

367 Diese können für die verschiedenen Produkte des ISI unter http://scientific.thomson.com/mjl/ abgerufen werden. Vgl. auch The Thomson Corporation (2006a) und The Thomson Corporation (2006b).

368 Zur Prüfung der Zeitschriftenabdeckung wurden zunächst die JCR aus dem Jahr 2005 herangezogen. Die Erfassung dort nicht aufgeführter Zeitschriften wurde daraufhin mit Hilfe der Master Journal Lists überprüft. Die Zeitschrift *Finanzarchiv* ist bspw. in den Master Journal Lists (Abfragedatum 15.7.2006) zum SSCI aufgeführt, aber nicht in der Social Science Edition der JCR aus dem Jahr 2005. Vgl. The Thomson Corporation (2006b) und The Thomson Corporation (2005b). Da sich die Zeitschriftenabdeckung von SSCI und SCI-X im Zeitablauf verändert, ist darauf hinzuweisen, dass sich die hier vorgestellten Ergebnisse ausdrücklich auf die JCR aus dem Jahr 2005 bzw. die Master Journal Lists Stand 15.7.2006 beziehen. Eine weitere Möglichkeit, die Erfassung einer Zeitschrift in den Zitationsindizes zu prüfen, ist die Eingabe des Zeitschriftentitels in das Suchfeld *source title* in der Abfragemaske *general search* des Web of Science. Eine Analyse der Ergebnismenge erlaubt überdies eine Untersuchung, in welchem Zeitraum die entsprechende Zeitschrift ausgewertet wird bzw. wurde.

369 Die auf das Ranking bezogenen Daten sind der auf der Homepage des VHB zugänglichen Fassung des VHB-JOURQUAL entnommen. Vgl. VHB (2006).

insgesamt noch 62 Zeitschriften von ISI ausgewertet, was einer Abdeckung dieser Kategorie in Höhe von 88,6 % entspricht. Insgesamt zeigt sich, dass die von den Befragten als hochrangig eingestuften Zeitschriften zu einem großen Teil durch SSCI oder SCI-X abgedeckt werden. Die Zeitschriften mit niedriger Bewertung sind vereinzelt in den Zitationsindizes des ISI enthalten.

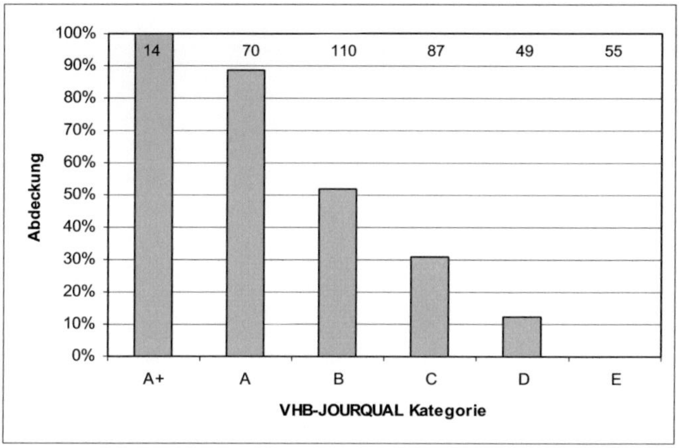

Abbildung 4.5.1.1: Zeitschriftenabdeckung SSCI und SCI-X nach Ratingkategorien

Obwohl die als hochrangig eingestuften Zeitschriften durch die Zitationsindizes des ISI zu einem (sehr) großen Teil ausgewertet werden, sind in mehreren Fällen durchaus Zweifel daran angebracht, ob das ISI sein Ziel, die weltweit wichtigsten und regional äußerst bedeutsamen Zeitschriften abzudecken, bezogen auf die Erfassung betriebswirtschaftlich relevanter Zeitschriften erfüllt. Tabelle 4.5.1.1 enthält mit A eingestufte Zeitschriften, die nicht für die Zitationsindizes des ISI ausgewertet werden.

Rang	Titel	Wiss. Qualität gewichtet	Ratingkategorie
41	Research in Sociology of Organizations	8,510	A
48	Organization and Administrative Science[370]	8,363	A
58	International Journal of the Economics of Business	8,235	A
62	Journal of Accounting and Public Policy	8,221	A
63	Applied Mathematical Finance	8,218	A
78	Management Accounting Research	8,076	A
80	Journal of the AIS	8,047	A
83	Behavioral Research in Accounting	8,025	A

Tabelle 4.5.1.1: Nicht von ISI erfasste Zeitschriften mit dem Rating A

[370] Diese Zeitschrift wird aktuell nicht mehr verlegt und ist dementsprechend nicht im SSCI bzw. SCI-X enthalten.

Eine Analyse der Ergebnisse zeigt, dass drei im Ranking als hochrangig eingestufte, dem Forschungsgebiet *Rechnungswesen und Controlling* zugeordnete Zeitschriften weder im SSCI noch im SCI-X berücksichtigt werden. Im Gegensatz dazu sind jedoch die in Tabelle 4.5.1.2 aufgeführten Zeitschriften, die im VHB-JOURQUAL die Einstufung D erhalten haben, in den Zitationsindizes enthalten.

Rang	Titel	Wiss. Qualität gewichtet	Ratingkategorie
284	Corporate Governance – An International Review	5,978	D
287	GAIA – Ökologische Perspektiven in Natur-, Geistes- und Wirtschaftswissenschaften[371]	5,907	D
292	International Journal of Market Research	5,798	D
297	Betriebswirtschaftliche Forschung und Praxis	5,726	D
303	Technovation	5,618	D
307	Journal of Behavioral Decision Making	5,516	D

Tabelle 4.5.1.2: Von ISI erfasste Zeitschriften mit dem Rating D

Die hier beobachteten Differenzen in der Zeitschriftenerfassung können in unterschiedliche Richtungen interpretiert werden. So ist es möglich, dass die Einschätzungen der internationalen Scientific Community von denen der Befragten, aus deren Bewertungen sich die jeweiligen Zeitschrifteneinstufungen im VHB-JOURQUAL ergeben, abweichen und von ISI über die Zeitschriftenerfassung adäquat abgebildet werden. Konträr dazu ist es denkbar, dass das ISI seinem Ziel, die weltweit wichtigsten und auch regional äußerst bedeutsamen Zeitschriften für die in den Zitationsindizes abgedeckten Wissensgebiete auszuwählen, in einigen Fällen nicht gerecht wird.

Ein Indiz für die zweite Interpretation ist auch die schwer nachvollziehbare selektive Abdeckung der deutschsprachigen Zeitschriften der ABWL im SSCI. Vor dem Hintergrund der Nicht-Berücksichtigung renommierter Titel, wie der ZfbF, der ZfB[372] und DBW, die im VHB-JOURQUAL mit B geratet wurden, erscheint die Berücksichtigung der BFuP als einzi-

[371] Diese Zeitschrift wird im SSCI unter dem Titel *Gaia – Ecological Perspectives for Science and Society* geführt.

[372] Eine Analyse der Erfassung der ZfB im SSCI über die Eingabe des Zeitschriftentitels in die Rubrik *source title* der Abfragemaske *general search* zeigt, dass bis zum Jahr 1980 Beiträge dieser Zeitschrift im SSCI erfasst sind.

ge (!) deutschsprachige Zeitschrift auf dem Gebiet der ABWL im SSCI als nicht mit dem von ISI formulierten Ziel für die Zeitschriftenauswahl vereinbar.[373]

4.5.2 Auswertung nach Zeitschriftenkategorien des SSCI und SCI-X

Die im SSCI und SCI-X erfassten Zeitschriften sind entweder einer oder mehreren Kategorien simultan zugeordnet.[374] Von den insgesamt 166 Zeitschriften, die einerseits im VHB-JOURQUAL geratet und andererseits von ISI ausgewertet werden, sind 88 Zeitschriften genau einer, 54 Zeitschriften 2, 19 Zeitschriften 3 und 5 Zeitschriften 4 Kategorien zugeordnet. Aufgrund dieser Mehrfachzuordnung zu den Kategorien werden insgesamt 114 Zeitschriften ausschließlich im SSCI, 35 Zeitschriften ausschließlich im SCI-X und 17 Zeitschriften sowohl im SSCI als auch im SCI-X gelistet.[375]

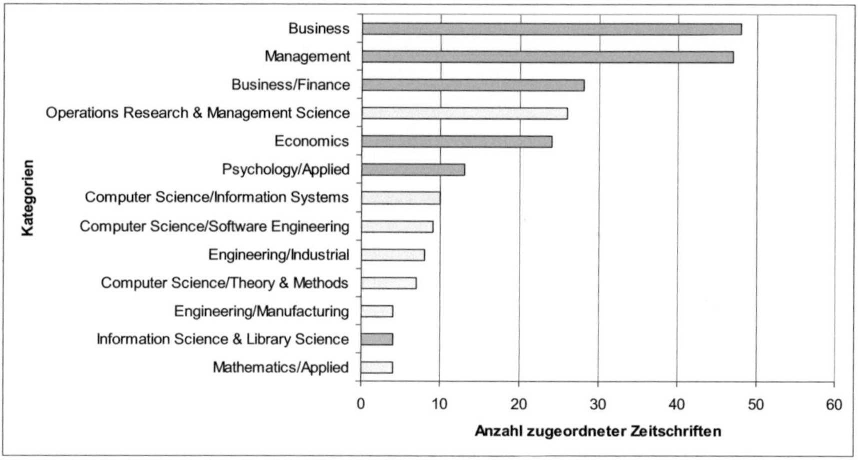

Abbildung 4.5.2.1: Kategorienzuordnung betriebswirtschaftlich relev. Zeitschriften in SSCI und SCI-X

Abbildung 4.5.2.1 zeigt sämtliche Kategorien des SSCI (dunkel markiert) und SCI-X (hell markiert), denen mindestens vier Zeitschriften aus dem VHB-JOURQUAL zugeordnet wer-

---

373 Nicht nur im VHB-JOURQUAL, sondern auch in anderen Rankings werden die genannten Zeitschriften häufig höher eingestuft als die BFuP. Vgl. z.B. Hüfner/Rau (1989), Albrecht (1999), Matzler et al. (2001), Schlinghoff/Backes-Gellner (2002) sowie Gmür (2002), S. 539. Günther/Scheffler (2005), S. 2f., berichten, dass einige der als führend eingestuften deutschsprachigen Zeitschriften trotz mehrfacher Versuche der Herausgeber nicht in den SSCI aufgenommen werden.

374 Eine Beschreibung aller im SSCI bzw. SCI-X aufgeführten Kategorien kann eingesehen werden unter http://scientific.thomson.com/mjl/scope/.

375 Die Zeitschrift *Management Science* wird bspw. sowohl für die Kategorie *management* (SSCI) als auch für die Kategorie *operations research & management science* (SCI-X) ausgewertet.

den können. Erwartungsgemäß sind zahlreiche Zeitschriften den vorwiegend betriebswirtschaftlich ausgerichteten Kategorien *business*, *business/finance* sowie *management* oder der primär volkswirtschaftlich ausgerichteten Kategorie *economics* zugeordnet. Neben diesen wirtschaftswissenschaftlich orientierten Kategorien des SSCI existieren auch mehrere Kategorien des SCI-X, die betriebswirtschaftlich relevante Zeitschriften enthalten. Den größten Anteil an den im SCI-X erfassten Zeitschriften des VHB-JOURQUAL weist die Kategorie *operations research & management science* mit insgesamt 26 Zeitschriften auf. Der Kategorie *computer science/information systems* sind zehn Zeitschriften aus dem VHB-JOURQUAL zugeordnet.

4.5.3 Auswertung nach betriebswirtschaftlichen Forschungsfeldern

Der ausschließliche Einsatz des SSCI zur Messung und Beurteilung des Forschungsoutputs betriebswirtschaftlicher Fachbereiche über Publikations- und Zitationsanalysen ist mit Problemen verbunden, die u.a. im Zusammenhang mit der fachlichen Differenzierung der BWL stehen. Die Forschungsleistung eines betriebswirtschaftlichen Fachbereichs setzt sich zusammen aus dem Forschungsoutput der verschiedenen vertretenen betriebswirtschaftlichen Teildisziplinen bzw. Forschungsfelder. Träger der Forschung sind i.d.R. die Lehrstühle, deren Inhaber für die Forschung verantwortlich sind. Die globale Bewertung eines Fachbereichs hinsichtlich der erbrachten Forschungsleistung erlaubt aufgrund der breiten fachlichen Differenzierung eines vergleichsweise großen Faches, wie der BWL, nicht zwangsläufig einen sinnvollen Rückschluss auf die Forschungsstärke der einzelnen Teildisziplinen oder Lehrstühle.[376] Fachbereiche können in den verschiedenen Teilbereichen individuelle Stärken- und Schwächenprofile aufweisen. Fraglich ist, inwieweit die für die verschiedenen Teildisziplinen relevanten (Top-)Zeitschriften im SSCI gelistet werden, so dass Forschungsbeiträge in diesen Zeitschriften und ihre Zitationen über SSCI-gestützte Leistungsmessungen überhaupt erfasst werden können.

Zur Untersuchung dieser Fragestellung kann auf die im VHB-JOURQUAL ausgewiesenen Teilrankings für die verschiedenen betriebswirtschaftlichen Forschungsfelder zurückgegriffen werden.[377] Die dort aufgeführten Forschungsfelder entsprechen den wissenschaftlichen Kommissionen des VHB, ergänzt um die Gebiete *Dienstleistungs-/Handelsmanagement* und

[376] Müller-Merbach erörtert dieses Problem in seiner Kritik an dem Fragebogen des CHE-Forschungsrankings für die BWL. Vgl. dazu Müller-Merbach (2004).

[377] Ein Ausschnitt dieser forschungsfeldbezogenen Teilrankings findet sich bei Hennig-Thurau et al. (2004), S. 531ff. Eine vollständige Darstellung kann auf der Homepage des VHB eingesehen werden. Vgl. dazu VHB (2006).

Electronic Commerce. Die Kommissionen *Logistik*, *Operations Research* und *Produktionswirtschaft* wurden zu einem Forschungsfeld zusammengefasst. Die Zuordnung der in das Ranking einbezogenen Zeitschriften zu den Forschungsfeldern basiert zunächst auf den Einschätzungen der Autoren HENNIG-THURAU ET AL. Diese haben in einem zweiten Schritt die Vollständigkeit und Relevanz der forschungsgebietsspezifischen Zeitschriftenlisten durch 13 der 16 Kommissionsvorsitzenden und 12 weitere Experten prüfen und die Listen gegebenenfalls ergänzen lassen. Im Zuge der Umfrage konnten die Befragten Zeitschriften aus der ABWL, aus einzelnen Forschungsfeldern und aus den angrenzenden Wissenschaftsdisziplinen bewerten. Bei der Beurteilung der Zeitschriften der Speziellen Betriebswirtschaftslehren ermöglichte eine Abfrage der Forschungsfelder der Befragten die Anpassung der zu bewertenden Zeitschriften an ihre Forschungsinteressen.[378] Aufgrund dieser systematischen Vorgehensweise wird im Folgenden angenommen, dass die in den forschungsfeldbezogenen Teilrankings aufgeführten Zeitschriften und ihre Ratings einen akzeptablen Anhaltspunkt für die Relevanz und Wertschätzung dieser Zeitschriften in den jeweiligen Forschungsfeldern darstellen und als Grundlage für eine weitergehende Untersuchung geeignet sind.[379]

Abbildung 4.5.3.1 gibt Aufschluss darüber, wie viele Zeitschriften den Forschungsfeldern in den verschiedenen Ratingkategorien im VHB-JOURQUAL zugeordnet wurden und in welchem Ausmaß sie ausschließlich vom SSCI bzw. SCI-X oder von beiden Indizes simultan erfasst werden. Aufgeführt sind ausschließlich diejenigen Forschungsfelder, denen mindestens zehn Zeitschriften zugeordnet wurden.

[378] Vgl. Hennig-Thurau et al. (2004), S. 525f.

[379] Einschränkend muss bemerkt werden, dass die als Reaktion auf das VHB-JOURQUAL erstellten Teilrankings der Forschungsfelder *Technologie-/Innovationsmanagement und Entrepreneurship* (Franke/Schreier (2004)) sowie *Rechnungswesen und Steuerlehre* (Günther/Scheffler (2005)) mehr Zeitschriften beinhalten als die entsprechenden Teilrankings im VHB-JOURQUAL. Dennoch bieten die forschungsfeldspezifischen Teilrankings im VHB-JOURQUAL – nach Auffassung des Verfassers – eine hinreichend geeignete Grundlage, um Tendenzaussagen über die Abdeckung der Forschungsfelder im SSCI und SCI-X abzuleiten.

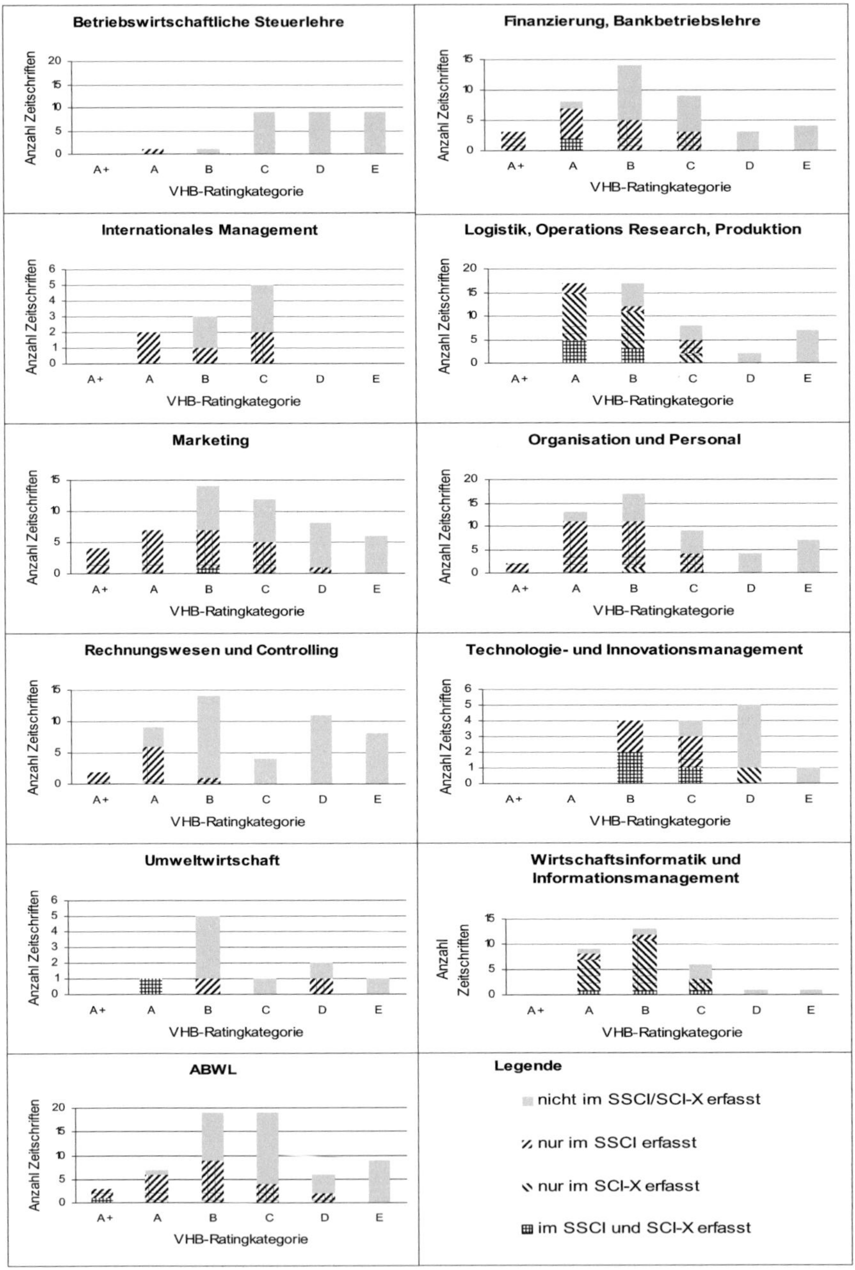

Abbildung 4.5.3.1: Auswertung nach betriebswirtschaftlichen Forschungsfeldern

Eine Analyse der in Abbildung 4.5.3.1 aufgeführten Ergebnisse zeigt große Unterschiede hinsichtlich der Anzahl der den Forschungsfeldern zugeordneten Zeitschriften und deren Erfassung im SSCI und SCI-X. Aus den im Teilranking des Forschungsfelds *Betriebswirtschaftliche Steuerlehre* aufgeführten Zeitschriften ist lediglich die mit A eingestufte und eher volkswirtschaftlich ausgerichtete Zeitschrift *Finanzarchiv* im SSCI vertreten. Eine Erklärung für diese Beobachtung liegt möglicherweise in dem vergleichsweise starken Einfluss von landesspezifischen rechtlichen Gegebenheiten auf dieses Forschungsfeld, deren Diskussion sich auf deutschsprachige Zeitschriften fokussiert, die mit sehr wenigen Ausnahmen kaum im SSCI gelistet sind.

Die Zeitschriften der Forschungsfelder *Wirtschaftsinformatik & Informationsmanagement* sowie *Logistik, Operations Research und Produktion* sind ebenfalls nur schwach im SSCI vertreten. Ursächlich für diese geringe Abdeckung ist jedoch nicht die grundsätzlich fehlende Erfassung der (Top-)Zeitschriften dieser Forschungsfelder durch das ISI, sondern ihre Erfassung und Einordnung in die Zeitschriftenkategorien des SCI-X. Abbildung 4.5.3.1 kann entnommen werden, dass im Forschungsfeld *Wirtschaftsinformatik & Informationsmanagement* von 30 Zeitschriften insgesamt 2 Zeitschriften ausschließlich im SSCI, 18 Zeitschriften ausschließlich im SCI-X und 3 Zeitschriften simultan in beiden Indizes gelistet werden. Der SSCI deckt folglich lediglich 17 % der diesem Forschungsfeld zugeordneten Zeitschriften ab. Dem steht eine Abdeckung durch den SCI-X in Höhe von 70 % gegenüber. Die dort gelisteten Zeitschriften entfallen im Wesentlichen auf die Kategorien *computer science/theory and methods*, *computer science/software engineering* sowie *computer science/information systems*.

Im Forschungsfeld *Logistik, Operations Research und Produktion* werden 12 % der Zeitschriften ausschließlich im SSCI, 39 % im SCI-X und 16 % in beiden Indizes geführt. Der größte Anteil der im SCI-X vertretenen Zeitschriften entfällt auf die Kategorie *management science & operations research*. Die Forschungsfelder *Organisation & Personal*, *Marketing* sowie *Finanzierung, Bankbetriebslehre* verfügen über eine deutlich höhere sowohl relative als auch absolute Erfassung ihrer (Top-)Zeitschriften im SSCI. Die Zeitschriften des Forschungsfelds *Rechnungswesen und Controlling* sind dagegen nur schwach im SSCI vertreten. Insgesamt werden nur 19 % der Zeitschriften dieses Forschungsfelds im SSCI erfasst.

Die unterschiedliche Abdeckung der verschiedenen Forschungsfelder im SSCI impliziert für die Leistungsmessung betriebswirtschaftlicher Fachbereiche, dass die Leistungen von Fachbereichen in Forschungsfeldern, deren Zeitschriften im SSCI nur schwach vertreten sind, über eine ausschließlich SSCI-basierte Leistungsmessung kaum erfasst werden können. Von diesem Problem sind insbesondere das Forschungsfeld *Betriebswirtschaftliche Steuerlehre* sowie die vergleichsweise interdisziplinär ausgerichteten Forschungsfelder *Wirtschaftsinformatik & Informationsmanagement* sowie *Logistik, Operations Research und Produktion* betroffen.

Es bleibt zu prüfen, inwieweit dieses Problem durch die Berücksichtigung von Zeitschriften des Forschungsfelds der ABWL abgeschwächt wird. Die Auswertung für das Teilranking des Forschungsfelds ABWL zeigt – mit Ausnahme der deutschsprachigen Zeitschriften der ABWL – eine hohe Abdeckung der mit einem Rating von A+, A oder B eingestuften Zeitschriften im SSCI. Insgesamt 18 von 29 Zeitschriften aus diesen Kategorien sind im SSCI gelistet. Das Forschungsfeld der ABWL ist grundsätzlich dadurch gekennzeichnet, dass Betriebswirte, deren Interessen auf verschiedenen Forschungsfeldern liegen, um den knappen Publikationsraum in den (Top-)Zeitschriften konkurrieren, da diese (mehrheitlich) nicht in funktionaler oder institutioneller Hinsicht spezialisiert sind.[380] In diesen Zeitschriften können somit grundsätzlich auch Beiträge der genannten, nur schwach über Zeitschriften im SSCI berücksichtigten Forschungsfelder platziert bzw. zitiert werden. Eine ausschließliche Betrachtung der in den Teilrankings aufgeführten Zeitschriften führt folglich tendenziell zu einer Unterschätzung der Abdeckung der Forschungsgebiete im SSCI. Allerdings ist durchaus zu hinterfragen, ob die Zeitschriften aus dem Teilranking für alle Forschungsfelder auf dem Gebiet der BWL als Publikations- und Rezeptionsmedium eine ähnlich hohe Relevanz besitzen.

4.6 Analyse weiterer SSCI und SCI-X Zeitschriften

Für die Beurteilung der Zeitschriftenabdeckung des SSCI und SCI-X im Hinblick auf deren Einsatz zur Leistungsmessung in der BWL ist es auch von Interesse, inwieweit in diesen Indizes betriebswirtschaftlich relevante Zeitschriften enthalten sind, die nicht im VHB-JOURQUAL geratet wurden. Eine Analyse von Zeitschriftenkategorien, die nicht primär betriebswirtschaftlich fokussiert sind, lässt diesbezüglich nur einen geringen Erkenntnisgewinn erwarten. Die folgende Analyse ist deshalb auf die vier Kategorien *business*, *business/finance*, *management* und *operations research & management science* beschränkt.[381]

[380] Vgl. sinngemäß Machazina et al. (2006), S. 7.

[381] Auf eine Auswertung der Kategorie *economics* wird an dieser Stelle verzichtet, da diese primär volkswirtschaftlich ausgerichtet ist und im Vergleich zu den genannten Kategorien eine geringere betriebswirtschaftliche Relevanz besitzt. Die Kategorie *economics* umfasst 197 Zeitschriften, von denen 24 im VHB-JOURQUAL geratet wurden. Die den Kategorien zugeordneten Zeitschriften wurden den Master Journal Lists (Stand Juli 2007) entnommen.

Insgesamt werden 23 von 71 Zeitschriften aus der Kategorie *business,* 18 von 46 Zeitschriften aus der Kategorie *business/finance*, 31 von 78 Zeitschriften aus der Kategorie *management* und 33 von 59 Zeitschriften der Kategorie *operations research* & *management science* nicht mit einem Rating in der Gesamtauswertung des VHB-JOURQUAL aufgeführt. Diese Zeitschriften sind in Tabelle 4.6.1 aufgelistet.

Zeitschriftentitel	wiss. Qual. gw.	Rating WU Wien
Kategorie Management		
Academy of Management Learning & Education		
Academy of Management Perspectives		
Advances in Services Marketing and Management		
Advances in Strategic Management: A Research Annual		
Canadian Journal of Administrative Sciences		
European Journal of Work and Organizational Psychology		
Group & Organization Management	7,614	A
Group Decision and Negotiation	7,165	
Industrial and Corporate Change		A
International Journal of Forecasting	8,506	B
International Journal of Manpower		
International Journal of Selection and Assessment		
Journal of Economics & Management Strategy		B
Journal of Forecasting		A
Journal of Information Technology		A
Journal of Management Information Systems	7,800	A
Journal of Organizational Behavior Management	7,145	B
Management Learning	6,647	A
Negotiation Journal		
New Technology Work and Employment		
Organizational Research Methods	7,991	B
Public Management Review		
Research-Technology Management	5,554	B
Review of Industrial Organization		A
Service Industries Journal		B
System Dynamics Review		
Systemic Practice and Action Research		
Systems Research and Behavioral Science		
Technology Analysis & Strategic Management		B
Total Quality Management & Business Excellence		
Tourism Management		B

Zeitschriftentitel	wiss. Qual. gw.	Rating WU Wien
Kategorie Operations Research & Management Science		
Applied Stochastic Models in Business and Industry		
Asia-Pacific Journal of Operational Research		
Computational Optimization and Applications		A
Concurrent Engineering-Research and Applications		
Discrete Event Dynamic Systems-Theory and Applications		
Engineering Optimization		
Expert Systems with Applications		
Infor	6,446	
International Journal of Computer Integrated Manufacturing		
International Journal of Information Technology & Decision Making		
International Journal of Systems Science		
Journal of Global Optimization		A
Journal of Manufacturing Systems	6,609	
Journal of Optimization Theory and Applications	7,500	A
Journal of Quality Technology		B
Journal of Scheduling	8,829	
Journal of the Operations Research Society of Japan		
Military Operations Research		
Networks		
Networks & Spatial Economics		A
Optimal Control Applications & Methods		
Optimization		A
Optimization and Engineering		
Optimization Methods & Software		B
Probability in the Engineering and Informational Sciences		B
Production Planning & Control		A
Quality and Reliability Engineering International		
Queueing Systems		
Rairo-Operations Research		
Reliability Engineering & System Safety		
Safety Science		
Systems & Control Letters		
Transportations Research Part e-Logistics and Transportation Review		

Kategorie Business		
Advances in Services Marketing and Management		
American Business Law Journal		
Business Ethics Quarterly		
Business History		
Business History Review	7,332	A
Canadian Journal of Administrative Sciences		
Electronic Commerce Research and Applications	6,262	
Emerging Markets Finance and Trade		
Enterprise & Society		
Entrepreneurship and Regional Development		A
Family Business Review		
Fortune		
Industrial and Corporate Change		A
Journal of Business and Psychology		
Journal of Business and Technical Communication		B
Journal of Environmental Economics and Management		A
Journal of Productivity Analysis		A
Journal of Public Policy & Marketing	7,091	A
Public Relations Review		
Research-Technology Management	5,554	B
Review of Agricultural Economics		
Technological Forecasting and Social Change	5,795	B
Transformations in Business & Economics		

Kategorie Business, Finance		
Asia-Pacific Journal of Financial Studies		
Auditing-A Journal of Practice & Theory	8,705	
Federal Reserve Bank of St Louis Review		
Finance a Uver-Czech Journal of Economics and Finance		
Financial Analysts Journal		B
Fiscal Studies		B
Forbes		
IMF Staff Papers	7,369	B
International Journal of Finance & Economics		B
Journal of Financial Markets		
Journal of International Money and Finance	8,266	A
Journal of Monetary Economics		A
Journal of Real Estate Finance and Economics		
Quantitative Finance		
National Tax Journal	8,331	A
Real Estate Economics		B
World Bank Economic Review		A
World Economy		A

Tabelle 4.6.1: Nicht in der Gesamtauswertung des VHB-JOURQUAL gerankte Zeitschriften ausgewählter SSCI- und SCI-X-Kategorien

Die Zeitschriften, deren gewichtete wissenschaftliche Qualität in der Tabelle ausgewiesen wird, sind mit Ausnahme des *Journal of Forecasting* und des *National Tax Journa*l von weniger als zehn, aber mindestens fünf Befragten bewertet und infolgedessen in der Gesamtauswertung des VHB-JOURQUAL keinem Rangplatz und keiner Rating-Kategorie zugeordnet worden. Sie werden dort ausschließlich mit ihrer gewichteten wissenschaftlichen Qualität aufgeführt. Die beiden genannten Zeitschriften werden dagegen nicht in der Gesamtauswertung des VHB-JOURQUAL, sondern ausschließlich im Teilranking für Zeitschriften aus Nachbargebieten der BWL mit mindestens zehn Bewertungen gelistet. Um einen weiteren Anhaltspunkt für die Qualität dieser Zeitschriften zu gewinnen, ist für die Zeitschriften aus Tabelle 4.6.1 ihre im Rating der Wirtschaftsuniversität Wien[382] erhaltene Einstufung – die Zeitschriften wurden in diesem Rating in die Kategorien A+, A, B, C und D eingeteilt – mit aufgeführt.

Eine Analyse der in Tabelle 4.6.1 aufgeführten Zeitschriften und der vorhandenen Bewertungen sowohl durch das VHB-JOURQUAL als auch durch das Rating der WU Wien zeigt, dass

[382] Vgl. Wirtschaftsuniversität Wien (2006).

sich die Qualität der beurteilten Zeitschriften im mittleren bis oberen Bereich bewegt. Eine qualitative Einschätzung der weder im VHB-JOURQUAL noch im Rating der WU Wien berücksichtigten Zeitschriften gestaltet sich dagegen schwierig. Diese fehlende Berücksichtigung lässt darauf schließen, dass es sich zumindest nicht um international anerkannte (Top-)Zeitschriften auf dem Gebiet der BWL handelt. Überraschend ist die Erfassung der Titel *Forbes* und *Fortune*, die nicht als wissenschaftliche Fachzeitschriften, sondern als Wirtschaftsmagazine eingestuft werden können.

4.7 Zwischenfazit

Die Zielsetzung dieses Kapitels liegt in der Identifizierung und Beschreibung ausgewählter Probleme, die sich beim ausschließlichen Einsatz des SSCI zur Messung der Forschungsleistung mittels Publikations- und/oder Zitationsanalysen in der BWL ergeben. Zu diesem Zweck wurde untersucht, wie die Erfassung betriebswirtschaftlich relevanter Zeitschriften in dem als renommiert geltenden SSCI in qualitativer Hinsicht zu beurteilen ist. Da auch der SCI-X betriebswirtschaftlich relevante Zeitschriften enthält, wurde er zusätzlich in die Untersuchung einbezogen. Eine Analyse anhand des VHB-JOURQUAL führt diesbezüglich zu der Erkenntnis, dass die von den Befragten als hochrangig eingestuften Zeitschriften zu einem sehr großen Teil auch im SSCI oder SCI-X enthalten sind. Vor dem Hintergrund der fehlenden Erfassung von acht Zeitschriften mit dem Rating A, der mit Ausnahme der BFuP fehlenden Berücksichtigung renommierter deutschsprachiger Zeitschriften der ABWL sowie der Erfassung einiger Zeitschriften, die weder im VHB-JOURQUAL noch im Rating der Wirtschaftsuniversität Wien aufgeführt sind, ist in einigen Fällen jedoch zu hinterfragen, ob das ISI seinem Ziel, die weltweit wichtigsten und auch regional äußerst bedeutsamen Zeitschriften abzudecken, in Bezug auf die Erfassung betriebswirtschaftlich relevanter Zeitschriften vollends gerecht wird.

Weitere Probleme im Hinblick auf eine Leistungsmessung mittels SSCI und SCI-X ergeben sich insbesondere in Bezug auf die unterschiedlich gute Abdeckung der (Top-)Zeitschriften verschiedener betriebswirtschaftlicher Forschungsfelder. Anhand der im VHB-JOURQUAL aufgeführten Teilrankings kann gezeigt werden, dass die Erfassung der den verschiedenen Forschungsfeldern zugeordneten Zeitschriften im SSCI oder SCI-X zwischen den Forschungsfeldern stark variiert. So sind die dem Forschungsfeld *Betriebswirtschaftliche Steuerlehre* zugeordneten Zeitschriften mit einer Ausnahme weder im SSCI noch im SCI-X gelistet. Weiterhin sind die Zeitschriften der Forschungsfelder *Wirtschaftsinformatik & Informations-*

management sowie *Logistik, Operations Research und Produktion* überwiegend im SCI-X erfasst. Daraus folgt, dass bei einer ausschließlich SSCI-basierten Leistungsmessung betriebswirtschaftlicher Fachbereiche ein sehr großer Teil des Forschungsoutputs in diesen Forschungsfeldern ignoriert wird und somit Fachbereiche mit spezifischen Stärken in diesen Forschungsfeldern systematisch benachteiligt werden.

In Bezug auf die Eignung der Zitationsanalyse mittels der Zitationsindizes des ISI als Instrument zur Messung von Forschungsleistung ist zu konstatieren, dass diese in hohem Maße davon beeinflusst wird, inwieweit ein maßgeblicher Anteil des Publikationsoutputs der einbezogenen Organisationseinheiten in den von den Zitationsindizes des ISI ausgewerteten Zeitschriften veröffentlicht und zitiert wird.[383] Je geringer die Anzahl der Publikationen und die darauf entfallenden Zitationen, umso höher ist der Einfluss von Verzerrungen und Ausreißern auf das Ergebnis einer Organisationseinheit im Rahmen einer zitationsbasierten Leistungsmessung. Die Validität wird folglich von der Anzahl der einbezogenen Publikationen und Zitationen beeinflusst.[384]

Fraglich ist, inwieweit internationale Fachzeitschriften von deutschen bzw. deutschsprachigen Betriebswirten zur Kommunikation ihrer Forschungsergebnisse genutzt werden. Im Jahr 1993 charakterisiert SIMON die Stellung der BWL in Deutschland als *„Schwarzes Loch"*, das zwar Informationen von außen aufnimmt, aber nur in geringerem Maße nach außen abgibt.[385] Folgt man KIESER, so leisten viele deutsche Betriebswirte *„zweifelsohne Beachtliches, bemühen sich aber nicht darum, ihre Ergebnisse in internationalen Zeitschriften zu veröffentlichen."*[386] Noch 2006 begründen MACHARZINA ET AL. ihr Vorgehen, die Forschungsleistung deutschsprachiger Betriebswirte über deren Veröffentlichungen in den sechs führenden deutschsprachigen Zeitschriften der ABWL zu messen, u.a. mit ihrer geringen Präsenz in internationalen Spitzenzeitschriften.[387]

Aktuelle Entwicklungen in der BWL in Deutschland geben jedoch Anlass zu der Vermutung, dass internationale Fachzeitschriften zukünftig verstärkt zur Kommunikation von Forschungsergebnissen genutzt werden. So werden bspw. von Nachwuchswissenschaftlern stärker als in früheren Jahren Publikationen in angesehenen internationalen Fachzeitschriften als Ausweis der internationalen Wettbewerbsfähigkeit eingefordert.[388] Überdies berichten VOETH

---

383 Vgl. sinngemäß Moed (2002), S. 731.

384 Vgl. Gläser et al. (2004), S. 20, Nederhof (1988), S. 207, und van Raan (2000), S. 306.

385 Simon (1993), S. 75.

386 Kieser (1998), S. 215.

387 Vgl. Macharzina et al. (2006), S. 6f. Zur geringen Nutzung englischsprachiger Zeitschriften zur Kommunikation von Forschungsergebnissen durch deutsche Betriebswirte vgl. auch Schlinghoff (2003), S. 119f.

388 Vgl. Fiedler et al. (2006), S. 481, Köhler (2004), S. 128, und Backhaus (2006), S. 115.

ET AL. über eine zunehmende Internationalisierung der Marketingforschung im deutschsprachigen Raum, die sich in der steigenden Wertschätzung und Anzahl englischsprachiger Publikationen äußert.[389]

Zieht man zur Leistungsmessung betriebswirtschaftlicher Fachbereiche oder Forscher ausschließlich im SSCI oder SCI-X erfasste Publikationen und ihre Zitationen heran, so wird der Forschungsoutput in renommierten deutschsprachigen Zeitschriften mit wenigen Ausnahmen fast vollständig ignoriert. Vor diesem Hintergrund wird in Kapitel 8 dieser Arbeit untersucht, in welchem Ausmaß deutschsprachige Betriebwirte in im SSCI und SCI-X erfassten Zeitschriften publizieren, welche Zeitschriften besonders frequentiert werden, inwieweit die publizierten Ergebnisse international rezipiert werden und welche Implikationen daraus für den Einsatz des SSCI und SCI-X zur Leistungsmessung in der BWL abzuleiten sind.

[389] Vgl. Voeth et al. (2006), S. 7f.

5 Zitationsindikatoren auf Basis der ISI-Zitationsindizes

5.1 Bedarf zur Berücksichtigung gebietsspezifischer Effekte in Zitationsanalysen

Im Hinblick auf Zitationsanalysen ist zu beachten, dass sich wissenschaftliche Gebiete in ihrer Zitationspraxis unterscheiden.[390] Solche Unterschiede zeigen sich bspw. in der durchschnittlichen Anzahl der in einem Aufsatz zitierten Quellen, in den bevorzugt zitierten Publikationsarten sowie in der Altersstruktur der zitierten Quellen.[391] Weiterhin unterscheiden sich wissenschaftliche Gebiete bspw. in ihrer Größe, die sich in der Anzahl der auf dem Gebiet tätigen Wissenschaftler und der Anzahl der dort veröffentlichten Forschungsbeiträge äußert, und ihrer Wachstumsrate. Fraglich ist, welchen Einfluss die genannten Merkmale wissenschaftlicher Gebiete auf die Zitationshäufigkeiten der in diesen Gebieten publizierten Beiträge haben.

Sind nur wenige Forscher in einem stark spezialisierten Forschungsfeld tätig, so ist es kaum möglich, dass die von ihnen veröffentlichten Beiträge sehr hohe Zitationshäufigkeiten erzielen können, sofern sie nicht in nennenswertem Umfang außerhalb des Forschungsfelds rezipiert werden. Die Wahrscheinlichkeit, sehr häufig zitiert zu werden, ist damit in kleinen, stark spezialisierten Forschungsfeldern geringer als in größeren, weniger spezialisierten Forschungsfeldern.[392] Unklar ist jedoch, inwieweit ein Parameter wie die durchschnittliche Anzahl der Zitationen pro Beitrag von der Größe eines Forschungsfelds beeinflusst wird. In einem größeren Wissensgebiet werden vergleichsweise mehr Beiträge publiziert, so dass die Anzahl der zitatgebenden Publikationen höher ist als bei einem kleinen Wissensgebiet. Allerdings existieren bedingt durch die Größe auch mehr Publikationen, die darum konkurrieren zitiert zu werden. VINKLER zeigt anhand eines vereinfachenden Modells, dass die durchschnittliche Anzahl der Zitationen pro Beitrag nicht von der Größe eines wissenschaftlichen Gebiets, sondern sehr stark von der durchschnittlichen Zahl der Referenzen pro Beitrag beeinflusst wird.[393] In seinem Modell werden jedoch die Größe des Gebiets, die über die Anzahl der dort veröffentlichen Beiträge operationalisiert wird, und die Anzahl der Referenzen pro Beitrag als voneinander unabhängige Einflussgrößen betrachtet. Die Frage, inwieweit die Größe eines Gebiets die Anzahl der Referenzen der in diesem Feld veröffentlichten Beiträge

---

[390] Vgl. Seglen (1991), S. 77f., und Schubert/Braun (1996), S. 311.
[391] Zu einer Übersicht dieser Kennzahlen für ausgewählte wissenschaftliche Disziplinen vgl. Glänzel/Schoepflin (1999), S. 41.
[392] Vgl. Garfield (1979b), S. 248, und Seglen (1991), S. 77f.
[393] Vgl. zu dieser Erkenntnis auch Seglen (1991), S. 77.

beeinflusst und über diesen Weg auf die durchschnittliche Zahl der Zitationen pro Beitrag wirkt, bleibt offen.[394]

Ebenso ist zu diskutieren, inwieweit Entwicklungsstand und Wachstumsrate eines wissenschaftlichen Gebiets auf die Zitationshäufigkeiten von Publikationen und damit auch von Forschern wirken. Junge, schnell wachsende Gebiete sind dadurch gekennzeichnet, dass im Verhältnis zu der vorhandenen zitierbaren Literatur viele zitatgebende Forschungsbeiträge veröffentlicht werden. Wegen des relativ größeren Überhangs von zitatgebenden gegenüber zitierbaren Forschungsbeiträgen weisen die Forschungsbeiträge in einem schnell wachsenden Gebiet ceteris paribus eine höhere durchschnittliche Zitationshäufigkeit auf als die Beiträge in einem stagnierenden Gebiet.[395]

Solche gebietsspezifischen Effekte können die Zitationshäufigkeiten auf verschiedenen Aggregationsebenen, wie etwa Forscher, Forschergruppe oder Fachbereich, wesentlich beeinflussen. Für das Gebiet der Medizin berichtet SEGLEN, dass asymmetrische Zitationsbeziehungen zwischen Teilgebieten – wie bspw. die Neigung, in klinischen Artikeln auf Arbeiten zu medizinischen Grundlagen zu verweisen, aber nicht umgekehrt – zu drei- bis fünffachen Differenzen in den gebietsspezifischen Zitationshäufigkeiten führen können.[396]

Eine Möglichkeit, das Problem der gebietsspezifischen Effekte bei Zitationsanalysen zu berücksichtigen, liegt darin, die Wissensgebiete so detailliert zu untergliedern, dass man Teilgebiete mit einer gleichartigen bzw. sehr ähnlichen Zitationscharakteristik erhält. Gebietsspezifische Normierungen sind damit nicht mehr erforderlich.[397] Bezieht man diese Problematik auf die BWL als wissenschaftliche Disziplin, so gilt es zu prüfen, inwieweit die verschiedenen Teilgebiete der BWL ähnliche Charakteristika aufweisen. Diese Fragestellung wird im Folgenden anhand verschiedener Kategorien des SSCI und SCI-X geprüft. Die gewonnenen Erkenntnisse beziehen sich demzufolge ausschließlich auf die in diesen Zitationsindizes erfassten Zeitschriften und sind darüber hinaus nicht ohne weiteres verallgemeinerungsfähig.[398]

---

394 Vgl. Vinkler (1991), S. 149f.

395 Vgl. Seglen (1991), S. 78, und Hargens/Felmlee (1984), S. 688ff. Zu einer ausführlichen modelltheoretischen Analyse einer leicht abgewandelten Fragestellung vgl. Vinkler (2002).

396 Vgl. Seglen (1991), S. 77, und Moed et al. (1985).

397 Vgl. sinngemäß Seglen (1991), S. 78.

398 Sie beziehen sich insbesondere nicht auf die deutschsprachige betriebswirtschaftlich relevante Literatur, die kaum für diese Zitationsindizes ausgewertet wird.

5.2 Durchschnittliche Zitationshäufigkeiten verschiedener Fachgebiete

Besondere Relevanz für zitationsanalytische Leistungsmessungen hat die Frage, inwieweit Aufsätze in verschiedenen Fachgebieten unterschiedlich häufig zitiert werden. Die durchschnittliche Zitationshäufigkeit in den über die Zeitschriftenkategorien abgegrenzten Fachgebieten kann über die in den JCR des ISI aufgeführten Impact-Faktoren beurteilt werden.

Die durchschnittliche Zitationshäufigkeit eines Artikels in einem bestimmten Fachgebiet wird dort – bezogen auf ein ein- bis zweijähriges Zitationsfenster – durch den aggregierten Impact-Faktor beschrieben. Für seine Berechnung werden im Jahr t die Zitationen sämtlicher Artikel gezählt, die in den Jahren t-1 und t-2 in den Zeitschriften (die im Jahr t dieser Kategorie zugeordnet werden) dieser Kategorie veröffentlicht wurden. Die Anzahl dieser Zitationen wird anschließend durch die Anzahl der in t-1 und t-2 veröffentlichten Artikel dividiert. Der aggregierte Impact-Faktor entspricht also der Summe der mit der Artikelanzahl der Zeitschrift gewichteten Impact-Faktoren der in einer Kategorie gelisteten Zeitschriften.

Fachgebiet/Kategorie	Aggregierter IF 2005	Mittlerer IF 2005
Business	0,932 (1,116*)	0,811
Business & Finance	0,735 (1,035^)	0,829
Economics	0,830	0,609
Management	1,042	0,831
Operations Research & Management Science	0,735	0,605

*^ = korrigiert um Fortune und Advances in Consumer Research(*) bzw. Forbes(^)

Tabelle 5.2.1: Impact-Faktoren betriebswirtschaftlich relevanter ISI-Kategorien

In Tabelle 5.2.1 sind sowohl die aggregierten als auch die mittleren Impact-Faktoren derjenigen Fachgebiete bzw. Kategorien aufgelistet,[399] die mindestens 20 im VHB-JOURQUAL aufgeführte Zeitschriften beinhalten und somit eine erhöhte betriebswirtschaftliche Relevanz besitzen. Eine Analyse dieser Kennzahlen zeigt, dass sich die mittleren Impact-Faktoren der primär betriebswirtschaftlich ausgerichteten Kategorien *business*, *business & finance* und *management* nur geringfügig unterscheiden. Diese Beobachtung trifft jedoch nicht für die aggregierten Impact-Faktoren zu. Die Begründung für diese Abweichung liegt in dem verzerrenden Einfluss einzelner Zeitschriften bzw. Schriftenreihen, die zur Berechnung dieser

[399] Der mittlere Impact-Faktor (IF) beschreibt den Median in Bezug auf die Impact-Faktoren sämtlicher Zeitschriften, die einer Kategorie zugeordnet sind. Für die Berechnung des aggregierten Impact-Faktors werden die Impact-Faktoren der einer Kategorie zugeordneten Zeitschriften mit ihrem Publikationsanteil in dieser Kategorie gewichtet und summiert. Sämtliche für Tabelle 5.2.1 benötigten Daten wurden den JCR 2005 entnommen. Vgl. The Thomson Corporation (2005a) und The Thomson Corporation (2005b).

Kennzahlen herangezogen werden. So werden für die Kategorie *business* das Wirtschaftsmagazin *Fortune* und für die Kategorie *business & finance* das Wirtschaftsmagazin *Forbes* ausgewertet. Obwohl die in diesen Magazinen veröffentlichten Beiträge nicht als wissenschaftliche Forschungsbeiträge eingestuft werden können, werden sie von ISI als *article* klassifiziert und bei der Berechnung des aggregierten Impact-Faktors miteinbezogen. Die dadurch entstehenden Verzerrungen sind erheblich. In den JCR 2005 werden für die Zeitschrift *Forbes* für die Jahre 2003 und 2004 insgesamt 1272 Artikel gezählt, die im Jahr 2005 insgesamt nur 33-mal zitiert wurden. Auf diese Weise wird die Artikelanzahl zur Berechnung des aggregierten Impact-Faktors der Kategorie *business & finance* von 3014 auf 4286 aufgebläht, ohne die Zitationen nennenswert zu steigern. Eine Bereinigung des aggregierten Impact-Faktors um diese Zeitschrift führt für *business & finance* zu dem plausibleren Wert von 1,035.

Neben dem Wirtschaftsmagazin *Fortune* wirkt sich ebenfalls die Berücksichtigung der Schriftenreihe *Advances in Consumer Research* verzerrend auf das Ergebnis des aggregierten Impact-Faktors der Kategorie *business* aus. In dieser Schriftenreihe werden die für die Konferenz der *Association of Consumer Research* im Rahmen eines doppelt-blinden Begutachtungsprozesses akzeptierten Beiträge veröffentlicht.[400] Sehr viele dieser Beiträge werden ausschließlich als – wenige Seiten lange – Kurzfassungen abgedruckt, die von ISI für die Berechnung des Impact-Faktors als Artikel berücksichtigt werden. Da solche Beiträge i.d.R. kaum zitiert werden, ist der Impact-Faktor der Schriftenreihe mit 0,031 (bei insgesamt 391 berücksichtigten Artikeln) entsprechend gering. Aus dem Ausklammern der Periodika *Advances in Consumer Research* und *Fortune* bei der Berechnung resultiert ein korrigierter Wert für den aggregierten Impact-Faktor in Höhe von 1,116.

Die korrigierten Werte zeigen, dass sich die primär betriebswirtschaftlich orientierten Kategorien im SSCI hinsichtlich der kurzfristigen durchschnittlichen Zitationshäufigkeit (gemessen anhand des aggregierten Impact-Faktors der dort veröffentlichten Aufsätze) kaum unterscheiden.[401] Geringer sind dagegen die durchschnittlichen Zitationshäufigkeiten in der primär volkswirtschaftlich fokussierten Kategorie *economics* (SSCI) und der stärker interdisziplinär ausgerichteten Kategorie *operations research & management science* (SCI-X).

---

[400] Vgl. Hennig-Thurau et al. (2004), S. 525.

[401] Bezogen auf die Kategorien *business* und *management* ist dies auch auf Überschneidungen der Zeitschriftenabdeckung zurückzuführen. Die Master Journal Lists (Stand 15.7.2006) für den SSCI weisen für die 71 Zeitschriften umfassende Kategorie *business* und die 78 Zeitschriften umfassende Kategorie *management* eine Überschneidung von 24 Zeitschriften aus. Vgl. The Thomson Corporation (2006b).

Die Aussagekraft der Impact-Analyse auf Basis der durch die Zeitschriftenkategorien repräsentierten Fachgebiete ist insofern begrenzt, als dass die Abgrenzung der Fachgebiete durch das ISI weniger detailliert ist als die – insbesondere im deutschsprachigen Raum – übliche Untergliederung der BWL in verschiedene Teilgebiete, etwa nach den Kommissionen des VHB. Eine detailliertere Analyse ausgewählter Teilgebiete im Hinblick auf die Impact-Faktoren derjenigen Zeitschriften, die ihnen in den entsprechenden Teilrankings des VHB-JOURQUAL zugeordnet wurden,[402] ergibt für 2005 aggregierte Impact-Faktoren in Höhe von 1,205 für *ABWL*, 1,185 für *Finanzierung und Banken*, 0,802 für *Logistik, Operations Research und Produktion*, 1,308 für *Organisation und Personal*, 1,554 für *Marketing* (ohne Advances in Consumer Research) sowie 1,603 für *Wirtschaftsinformatik* (ohne *Lecture Notes in Computer Science*).[403]

Inwieweit gebietsspezifische Effekte eine Normierung von Zitationshäufigkeiten bei der Leistungsmessung betriebswirtschaftlicher Fachbereiche erforderlich machen, hängt maßgeblich davon ab, wie stark sich die Fachbereiche hinsichtlich ihres Publikationsprofils in den verschiedenen Teilgebieten unterscheiden. So bedarf es bspw. in *Logistik, Operations Research und Produktion* wesentlich weniger Zitationen, um mit einem Aufsatz in Bezug auf die erzielte Wirkung zum internationalen Durchschnitt zu gehören, als im Bereich *Marketing*.

Dabei ist allerdings zu beachten, dass über den verwendeten Impact-Faktor lediglich eine Aussage über die durchschnittliche Zitationshäufigkeit der Beiträge in einem sehr kurzen Zeitfenster getroffen wird. Weil die im VHB-JOURQUAL aufgeführten Teilrankings mit den ihnen zugeordneten Zeitschriften sehr unterschiedlich im SSCI und SCI-X vertreten sind, ist die Betrachtung weiterer statistischer Lageparameter sinnvoll, um den Einfluss dieser Größenunterschiede auf die Zitationshäufigkeiten der Forschungsbeiträge abzubilden. Trifft man die Annahme, dass Forschungsbeiträge, die in einem bestimmten Teilgebiet veröffentlicht werden, auch bevorzugt in diesem zitiert werden,[404] so zeigt sich, dass verschiedene Lageparameter unterschiedlich durch die Größe eines Teilgebiets beeinflusst werden. Sind in einem

---

[402] Die vollständigen Teilrankings des VHB-JOURQUAL können auf der Homepage des VHB abgerufen werden (http://www.v-h-b.de).

[403] In den JCR 2005 ist die Berechnung der Impact-Faktoren der Zeitschriften detailliert aufgeschlüsselt. Die Anzahl der in 2003 und 2004 veröffentlichten Artikel, die zur Berechnung der aggregierten Impact-Faktoren erforderlich ist, wird dort neben vielen weiteren Angaben zu den Zeitschriften aufgeführt. Die genannten Impact-Faktoren beziehen sich ausschließlich auf die in den JCR 2005 erfassten Zeitschriften und können folglich nicht ohne weiteres auf andere den Teilgebieten zugerechnete Zeitschriften übertragen werden.

[404] Die Plausibilität dieser Annahme kann auf Zeitschriftenebene recht einfach mit den in den JCR ausgewiesenen Daten geprüft werden. Diese führen für die dort erfassten Zeitschriften die zitierenden und zitierten Zeitschriften nach Häufigkeit der Zitationen gestaffelt auf. Eine grobe Sichtung dieser Zitationsbeziehungen zeigt, dass die Annahme in Bezug auf die aufgeführten betriebswirtschaftlichen Teilgebiete im Wesentlichen plausibel ist.

Teilgebiet viele Zeitschriften und damit auch Aufsätze in den ISI-Indizes erfasst, so konkurrieren im Vergleich zu einem kleineren Forschungsfeld ceteris paribus mehr Aufsätze um mehr Zitationen. Die durchschnittliche Zahl der Zitationen pro Aufsatz wird von der Größe des Teilgebiets zwar nicht direkt beeinflusst, wohl aber die Zahl der Zitationen, die viel zitierte Arbeiten erhalten. In einem größeren Forschungsgebiet können daher die am häufigsten zitierten Publikationen höhere absolute Zitationshäufigkeiten aufweisen als in einem kleineren Forschungsgebiet.[405]

5.3 Darstellung und Diskussion verschiedener Zitationsindikatoren

Mit Hilfe der von ISI angebotenen Zitationsindizes ist es möglich, für Forschergruppen oder ihnen übergeordnete Organisationseinheiten verschiedene bibliometrische Indikatoren zu berechnen, die wertvolle Hinweise über verschiedene Aspekte der erbrachten Forschungsleistung geben können. Im Folgenden wird zum einen die Methodik des CWTS der Universität Leiden, welches auf langjährige Erfahrungen hinsichtlich der Messung von Forschungsleistung mittels bibliometrischer Methoden zurückblicken kann,[406] anhand eines konkreten Fallbeispiels aus der VWL dargestellt und erläutert. Der Fokus dieser Methodik liegt darauf, den verzerrenden Einfluss gebietsspezifischer und weiterer Effekte durch geeignete Normalisierungen zu korrigieren.

Als weiteres Beispiel aus den Wirtschafts- und Sozialwissenschaften wird die Methodik aus der Studie von STERNBERG/LITZENBERGER zur Messung der Forschungsleistung ausgewählter wirtschafts- und sozialwissenschaftlicher Fachbereiche aus Deutschland dargestellt. In ihrer Studie werden Publikations- und Zitationsindikatoren für verschiedene an den Fachbereichen vertretene Disziplinen, wie z.B. die VWL, die BWL und die Soziologie berechnet. Insbesondere die Ergebnisse für die relativ „großen“ Disziplinen, wie die VWL und BWL, werden anhand verschiedener Indikatoren umfangreich erhoben und beschrieben.[407]

---

405 Vgl. Vinkler (1991), S. 149, Garfield (1998b), S. 73f., und Seglen (1991), S. 77f.

406 Vgl. van Raan (2004a), S. 28.

407 Die Ergebnisse der umfangreichen Studie sind in Form eines Arbeitsberichtes sowie jeweils als ein Aufsatz in den Zeitschriften *Scientometrics* und *Soziologie* veröffentlicht worden (Sternberg/Litzenberger (2003), Sternberg/Litzenberger (2005) und Litzenberger/Sternberg (2005)). Die von Sternberg/Litzenberger angewandte Methodik führte zu einer lebhaften Reaktion Gläsers, der seine Einwände in Form von zwei Stellungnahmen in den Zeitschriften *Scientometrics* und *Soziologie* veröffentlichte (Gläser (2006a) und Gläser (2006b)). Seine Stellungnahmen zogen Repliken seitens der Autoren und des in der Zeitschrift *Scientometrics* beteiligten Gutachters nach sich (Litzenberger/Sternberg (2006), Sternberg/Litzenberger (2006) und Daniel (2006)).

5.3.1 Methodik des CWTS

Das nachfolgend präsentierte Beispiel dient dazu, die vom CWTS eingesetzten Standardindikatoren zur Messung von Forschungsleistung und die zugrunde liegende Methodik zu veranschaulichen. Das Beispiel ist Bestandteil einer bibliometrischen Analyse aus einer Studie der Europäischen Kommission zur Messung der Forschungsleistung europäischer Institutionen auf verschiedenen Teilgebieten der VWL im Zeitraum von 1991 bis 2000. Die Studie bezieht sich auf die vier Teilgebiete *mathematical and quantitative methods*, *labour and demographic economics*, *industrial organisation* sowie *economic development, technological change and growth*. Die Abgrenzung dieser Teilgebiete beruht auf der Klassifikation des *Journal of Economic Literature* (JEL classification).[408] Im ersten Schritt der Analyse wurden insgesamt 23.850 Beiträge in der Datenbank Econlit erfasst, die gemäß ihrer Klassifikation diesen vier Teilgebieten zugerechnet werden. Zur Durchführung der Zitationsanalyse wurden im zweiten Schritt die Beiträge dieser Grundgesamtheit ermittelt, die im SSCI als Quellpublikationen erfasst sind. Insgesamt 13.345 der 23.850 in der Datenbank Econlit gelisteten Beiträge sind im SSCI als Quellpublikationen erfasst. In der darauf aufbauenden Zitationsanalyse wurden nur solche Institutionen berücksichtigt, die im jeweiligen Teilgebiet im Untersuchungszeitraum mindestens 20 Beiträge veröffentlicht hatten.[409] In Tabelle 5.2.1.1 ist ein Ausschnitt der Ergebnisse des Teilgebiets *mathematical and quantitative methods* aufgeführt.

Institution	*P*	*C*	*CPP*	*% Pnc*	*CPP/ FCSm*	*CPP/ JCSm*	*JCSm/ FCSm*	*% Self-citations*
U Cambridge	87	840	9,7	38	3,48	2,19	1,59	9
U Carlos III Madrid	70	463	6,6	50	3,03	2,11	1,44	8
U Oxford	63	534	8,5	32	2,96	1,62	1,82	15
U College London	65	605	9,3	23	2,94	1,45	2,03	8
London School of Econ.	73	430	5,9	33	1,92	0,95	2,03	14
Catholic U Louvain	58	233	4,0	41	1,68	1,45	1,15	30
Stockholm School of Econ.	53	202	3,8	42	1,53	1,30	1,18	22
Humboldt U Berlin	52	200	3,8	42	1,51	1,43	1,05	17

Tabelle 5.2.1.1: Bibliometrische Profile europäischer Institutionen im Forschungsgebiet mathematical and quantitative methods[410]

[408] Die Klassifikation des *Journal of Economic Literature* umfasst drei Ebenen, in denen die Wirtschaftswissenschaften in immer feiner definierte Teilgebiete differenziert werden. Die erste Ebene umfasst 19, die zweite 100 und die dritte 663 Teilgebiete. Die vier in der Studie berücksichtigten Teilgebiete beziehen sich auf die höchste Aggregationsebene, auf der die Wirtschaftswissenschaften in insgesamt 19 Teilgebiete untergliedert werden. Vgl. European Commission (2004), S. 90.

[409] Vgl. European Commission (2004), S. 92ff.

[410] Leicht modifiziert entnommen aus European Commission (2004), S. 265.

Der erste in der Tabelle aufgeführte Indikator P gibt die Anzahl der im Betrachtungszeitraum in den ISI-Zitationsindizes erfassten und den Universitäten zugerechneten Beiträge an. Berücksichtigt werden Beiträge, die von ISI als *article*, *review*, *letter* oder *note* indiziert wurden. Der Indikator C gibt die Anzahl der Zitationen an, die im Untersuchungszeitraum unter Ausschluss von Selbstzitationen auf die erfassten Beiträge entfallen. Der Indikator CPP (citations per publication) ist als Quotient der Indikatoren C und P definiert und gibt die durchschnittliche Anzahl der Zitationen pro Beitrag unter Ausschluss von Selbstzitationen an. Unter der Bezeichnung Pnc ist der prozentuale Anteil der im Betrachtungszeitraum 1991–2000 nicht zitierten Publikationen aufgeführt.[411]

Der Indikator CPP ist hinsichtlich seiner Aussagekraft begrenzt. Er erlaubt zwar einen Vergleich der aufgeführten Universitäten hinsichtlich der durchschnittlichen Resonanz ihrer Veröffentlichungen, inwieweit diese Werte jedoch im Vergleich zum internationalen Durchschnitt im untersuchten Teilgebiet als hoch oder niedrig einzustufen sind, bleibt unklar. Des Weiteren ist die Verwendung des Indikators dann problematisch, wenn innerhalb des untersuchten Wissensgebiets verschiedene Teilgebiete existieren, deren Zitationscharakteristika sich deutlich voneinander unterscheiden.[412]

Darüber hinaus ist zu beachten, dass unter dem Indikator P insgesamt vier Dokumententypen subsumiert werden, deren durchschnittliche Zitationshäufigkeiten sich stark unterscheiden.[413] Ebenso kann die Verteilung der Veröffentlichungszeitpunkte die Ausprägung des Indikators wesentlich beeinflussen. Ein Beitrag, der im ersten Jahr des Betrachtungszeitraums veröffentlicht wird, besitzt ein Zeitfenster von etwa zehn Jahren bis zum Ende des Jahres 2000, in dem seine Zitationen erfasst werden. Wird ein Beitrag erst gegen Ende des Betrachtungszeitraums veröffentlicht, so verkürzt sich dieses Zeitfenster, so dass die Anzahl der Zitationen ceteris paribus geringer ausfällt.

Eine Möglichkeit, dieser Problematik zu begegnen, besteht darin, die Zitationshäufigkeiten der Publikationen um die verzerrenden Effekte zu bereinigen. Für die Berechnung des zu diesem Zweck eingesetzten Indikators CPP/FCSm (FCSm = mean Field Citation Score), der in Tabelle 5.2.1.1 in Spalte 6 aufgeführt ist, wird die Zitationshäufigkeit eines Beitrags ins Verhältnis zur durchschnittlichen Zitationshäufigkeit aller im gleichen Fachgebiet zum gleichen Zeitpunkt veröffentlichten Beiträge gesetzt. Um Verzerrungen durch Selbstzitationen auszuschließen, werden diese bei der Berechnung des Indikators ausgeschlossen. Bei dieser

[411] Vgl. European Commission (2004), S. 94ff.

[412] Inwieweit dieser Sachverhalt für die Studie der Europäischen Kommission relevant ist, bleibt fraglich, da in dieser Studie vier anhand der JEL-Klassifikation abgegrenzte Teilgebiete jeweils einzeln untersucht werden.

[413] Zu einer exemplarischen Übersicht vgl. z.B. Moed/van Leeuwen (1995), S. 463.

Normalisierung wird zusätzlich der Dokumententyp berücksichtigt, so dass bspw. ein veröffentlichter Übersichtsartikel nur mit der durchschnittlichen Zitationshäufigkeit veröffentlichter Übersichtsartikel verglichen wird etc. Zur Abgrenzung der Fachgebiete kann auf die Zeitschriftenkategorien des ISI zurückgegriffen werden.[414] Auf diese Weise wird die Wirkung der Publikationen einer Organisationseinheit mit dem weltweiten Durchschnitt (ausschließlich bezogen auf die von ISI als Quellpublikationen erfassten Beiträge!) in den Fachgebieten verglichen, in denen die Organisationseinheit tätig ist.[415] Die Berechnung des Indikators CPP/FCSm wird im Folgenden anhand eines fiktiven Beispiels veranschaulicht.[416]

	Dokumententyp	Publikationsjahr	Zeitschrift	Zeitschriften-kategorie (ISI)	Anzahl Zitationen bis 2000	FCS	JCS
I	review	1991	A	X	17	23,7	16,9
II	letter	1996	B	Y	4	3,0	3,1
III	article	1997	B	Y	6	4,1	4,8
IV	article	1997	B	Y	8	4,1	4,8

Tabelle 5.2.1.2: Beispiel zur Berechnung normalisierter Zitationsindikatoren[417]

Tabelle 5.2.1.2 enthält 4 Beiträge, die in zwei verschiedenen Zeitschriften in zwei Teilgebieten veröffentlicht wurden. Spalte 1 gibt den Dokumententyp des jeweiligen Beitrags an, Spalte 3 die Zeitschrift, Spalte 4 das über die ISI-Zeitschriftenkategorie erfasste Forschungsfeld und Spalte 5 die Anzahl der auf diese Beiträge entfallenen Zitationen bis zum Jahr 2000. In Spalte 6 ist der FCS vermerkt. Die Berechnung der in Tabelle 5.2.1.2 aufgeführten Kennzahlen erfolgt unter Ausschluss von Selbstzitationen. Der Wert des FCS in Zeile 1 gibt die durchschnittliche Anzahl der Zitationen bis zum Jahr 2000 bezogen auf alle im Jahr 1991 in der Zeitschriftenkategorie X erschienenen Beiträge des Dokumententyps *review* an. Die Resonanz des Beitrags aus dem Jahr 1991 liegt mit 17 Zitationen bis zum Jahr 2000 folglich unterhalb des anhand der ISI-Daten berechneten Wertes für den internationalen Durchschnitt in Höhe von 23,7 Zitationen. Der aggregierte Indikator CPP/FCSm für die gesamten Veröffentlichungen der Forschergruppe errechnet sich aus diesen Daten wie folgt:

$$\text{CPP} = (17 + 4 + 6 + 8) / (1 + 1 + 1 + 1) = 8{,}75$$

$$\text{FCSm} = [(1*23{,}7) + (1*3{,}0) + (2*4{,}1)] / (1 + 1 + 2) = 8{,}725$$

$$\text{CPP/FCSm} = 8{,}75 / 8{,}725 = 1{,}003$$

[414] Vgl. European Commission (2004), S. 95, Schubert/Braun (1996), S. 313, und Moed et al. (1995), S. 399.
[415] Vgl. van Leeuwen et al. (2003), S. 259f.
[416] Das Beispiel ist angelehnt an Moed et al. (1995), S. 421f.
[417] Modifiziert nach Moed et al. (1995), S. 421f.

Die Rezeption der Veröffentlichungen der fiktiven Organisationseinheit liegt damit minimal über dem anhand der ISI-Daten berechneten internationalen Durchschnitt.[418] Bei der Interpretation dieses Indikators ist zu berücksichtigen, dass der anhand der ISI-Datenbanken berechnete „internationale Durchschnitt“ wesentlich durch Wissenschaftler aus den Vereinigten Staaten, Westeuropa, Japan, Kanada und Australien geprägt ist, da etwa 80 % der in den Zitationsindizes gelisteten Beiträge von ihnen verfasst werden.[419] Des Weiteren ist zu beachten, dass das ISI bestrebt ist, insbesondere die führenden Zeitschriften verschiedener Wissensgebiete für die Zitationsindizes auszuwerten. Die Durchschnittswerte beziehen sich folglich nur auf Beiträge in diesen von ISI ausgewählten Zeitschriften und müssen nicht zwangsläufig repräsentativ für die insgesamt in einem Wissensgebiet weltweit veröffentlichten Beiträge sein.

Der in Tabelle 5.2.1.1 in Spalte 7 aufgeführte Indikator CPP/JCSm (JCSm = mean Journal Citation Score) unterscheidet sich von dem Indikator CPP/FCSm in der Berechnung des Referenzwertes. Zu seiner Bestimmung werden nicht die Zeitschriftenkategorien des ISI herangezogen, sondern die einzelnen Zeitschriften, in denen die Veröffentlichungen der Organisationseinheit erschienen sind. Der in der ersten Zeile von Tabelle 5.1.2.2 vermerkte Wert für den JCS gibt an, dass alle im Jahr 1991 in der Zeitschrift A veröffentlichten Beiträge des Typs *review* im Durchschnitt 16,9 Zitationen bis zum Ende des Jahres 2000 erhalten haben. Die Resonanz des in der ersten Zeile von Tabelle 5.2.1.2 aufgeführten Beitrags liegt damit minimal über dem entsprechendem Durchschnitt für die Zeitschrift A. Die konkrete Berechnung des Indikators CPP/JCSm anhand der in Tabelle 5.1.2.2 aufgeführten Daten gestaltet sich wie folgt:

$$\mathrm{CPP} = (17 + 4 + 6 + 8) / (1 + 1 + 1 + 1) = 8{,}75$$

$$\mathrm{JCSm} = [(1*16{,}9) + (1*3{,}1) + (2*4{,}8)] / (1 + 1 + 2) = 7{,}4$$

$$\mathrm{CPP/JCSm} = 8{,}75 / 7{,}4 = 1{,}182$$

Der Wert des Indikators CPP/JCSm in Höhe von 1,182 zeigt, dass die fiktive Organisationseinheit in Bezug auf die durchschnittliche Zitationshäufigkeit ihrer Veröffentlichungen leicht über dem Durchschnitt der in den gleichen Zeitschriften veröffentlichten Beiträge liegt. Die Aussagekraft des Indikators ist jedoch insofern limitiert, als dass es möglich ist, mit kaum zitierten Publikationen, die in Zeitschriften mit einem geringen Impact erscheinen, einen

[418] Dieser Indikator wird in zahlreichen Quellen zur Leistungsmessung mit bibliometrischen Methoden diskutiert. Zu einer eingängigen Darstellung des Indikators und seiner Berechnung vgl. Moed et al. (1995), S. 399f., und S. 421f.

[419] Vgl. van Raan (2004a), S. 31, und van Leeuwen et al. (2003), S. 260.

ähnlich hohen Quotienten zu erreichen wie durch relativ häufig zitierte Publikationen in Zeitschriften mit einem hohen Impact.[420]

Der in Tabelle 5.2.1.1 in der achten Spalte aufgeführte Indikator JCSm/FCSm entspricht dem Quotienten aus den Indikatoren CPP/FCSm und CPP/JCSm. Die Zitationshäufigkeiten der Veröffentlichungen einer Organisationseinheit geht in diesen Indikator – im Gegensatz zu den zuvor diskutierten Indikatoren – nicht ein. Anhand dieses Indikators kann beurteilt werden, inwieweit eine Organisationseinheit relativ zum Durchschnitt der relevanten Gebiete in Zeitschriften mit hohem oder niedrigem Impact veröffentlicht. Der Wert des Indikators berechnet sich in dem hier vorgestellten Beispiel wie folgt: JCSm/FCSm = 7,4 / 8,725 = 0,848. Dies lässt darauf schließen, dass die fiktive Einheit ihre Ergebnisse in Zeitschriften veröffentlicht, deren Impact etwas unter dem gebietsspezifischen Durchschnitt liegt.

Die Studie der Europäischen Kommission zur Forschungsleistung europäischer Institutionen in dem volkswirtschaftlichen Teilgebiet *mathematical and quantitative methods* zeigt deutlich, welchen Einfluss die Normalisierung von Zitationshäufigkeiten haben kann. So weist bspw. die in der zweiten Zeile von Tabelle 5.2.1.1 aufgeführte Universität Carlos III zu Madrid mit 6,6 Zitationen pro Beitrag einen wesentlich geringeren Wert auf als das in Zeile vier aufgeführte University College London mit 9,3 Zitationen pro Beitrag. Die Normalisierung der Zitationshäufigkeiten zeigt jedoch, dass die Beiträge der Universität Carlos III zu Madrid im Vergleich zum internationalen Durchschnitt etwas häufiger zitiert werden als die des University College London. Die Frage, worauf es zurückzuführen ist, dass sich diese beiden Institutionen in Bezug auf die durchschnittliche Zitationshäufigkeit pro Beitrag stark unterscheiden, hinsichtlich des normalisierten Indikators CPP/FCSm aber nahezu identische Werte aufweisen, kann auf Basis des vorliegenden Datenmaterials nur spekulativ beantwortet werden. Da in der Studie der Europäischen Kommission ohnehin bereits anhand der Klassifikation des *Journal of Economic Literature* abgegrenzte Teilgebiete der VWL untersucht werden, ist zu vermuten, dass der beobachtete Effekt stärker auf Unterschiede in der Verteilung der Veröffentlichungszeitpunkte und der Dokumententypen zurückzuführen ist als auf gebietsspezifische Effekte.

Die Berechnung der vom CWTS verwendeten Standardindikatoren ist mit einem sehr hohen Datenbedarf verbunden, da zahlreiche Referenzwerte für die Normalisierung berechnet werden müssen. Darüber hinaus werden die Rohdaten des ISI vom CWTS in verschiedener Hin-

[420] Vgl. van Leeuwen et al. (2003), S. 260.

sicht aufbereitet bzw. ggf. korrigiert. So beschäftigt das CWTS bspw. eine Vollzeitkraft, um die Adressangaben in den aus den ISI-Datenbanken extrahierten Rohdaten zu bearbeiten.[421]

5.3.2 Die Studie von Sternberg/Litzenberger

STERNBERG/LITZENBERGER untersuchen die Forschungsleistung von insgesamt 12 universitären Fachbereichen in der BWL und weiteren wirtschafts- und sozialwissenschaftlichen Fächern im Zeitraum von 1993 bis 2002. Sie greifen zu diesem Zweck auf den SSCI zurück und erheben die Publikationen, von denen mindestens ein Autor zum Zeitpunkt des Einreichens des Manuskripts an einem der einbezogenen Fachbereiche tätig war. Sie modifizieren die aus dem SSCI extrahierten Daten insofern, als dass sie oftmals unklare Angaben zur Zuordnung der Institutionen bei mehr als zwei Autoren sowie teilweise fehlende Seitenzahlen und Institutionen durch Recherchen im Internet und in Zeitschriftendatenbanken ergänzen. Darüber hinaus erheben sie die im SSCI erfassten Zitationen, die auf diese Beiträge vom Zeitpunkt ihrer Veröffentlichung bis zum April 2003 entfallen.[422]

Für die Berechnung von qualitätsgewichteten Publikationsindikatoren verwenden STERNBERG/LITZENBERGER die in den von ISI angebotenen JCR aufgeführten Impact-Faktoren der Zeitschriften. Die Beiträge werden jeweils mit dem jahresspezifischen Impact-Faktor der jeweiligen Zeitschrift gewichtet. Für etwa 21 % der Zeitschriften wiesen die JCR für einzelne Jahre keine Impact-Faktoren aus. Diese fehlenden Einträge wurden durch den Mittelwert der vorhandenen Impact-Faktoren der betreffenden Zeitschrift zwischen 1993 und 2001 ersetzt. Die Impact-Faktoren der Zeitschriften, für die gar keine Impact-Faktoren vorhanden waren, wurden durch die jeweiligen Jahresmittelwerte aller Zeitschriften des betreffenden Jahres ergänzt.[423]

Bei der Berechnung der Zitationsindikatoren gewichten STERNBERG/LITZENBERGER die Zahl der Zitationen einer Publikation mit ihrem Alter, da alte Beiträge zu einem gegebenen Zeitpunkt ceteris paribus eine höhere Zahl an Zitationen auf sich vereinigen können als jüngere. Zu diesem Zweck teilen sie die Anzahl der auf einen Beitrag entfallenden Zitationen durch den Mittelwert der Zitationen aller in der Studie erfassten Artikel des betreffenden Jahres. Die aus dieser Berechnung resultierende Punktzahl wird den beteiligten Autoren bzw. ihren Fach-

---

421 Vgl. van Raan (1996), S. 405.

422 Vgl. Sternberg/Litzenberger (2003), S. 8f. Da der Fokus dieses Abschnitts auf der zitationsanalytischen Messung von Forschungsleistung auf Basis der aus den ISI-Zitationsindizes gewonnenen Daten liegt, werden im Folgenden lediglich die von Sternberg/Litzenberger eingesetzten Zitationsindikatoren sowie die Qualitätsgewichtung anhand von Impact-Faktoren erläutert.

423 Vgl. Sternberg/Litzenberger (2003), S. 19f.

bereichen im Fall von Koautorenschaften anteilig zugerechnet. Die daraus resultierenden Zitationspunkte dienen als Berechnungsgrundlage für drei verschiedene Indikatoren, anhand derer Rangfolgen der Fachbereiche gebildet werden. Als Basis für die Ermittlung der Rangfolgen dienen im Einzelnen die absoluten Zitationspunkte der Fachbereiche, die Zitationspunkte pro Wissenschaftler sowie die Zitationspunkte pro Artikel.[424] STERNBERG/LITZENBERGER verzichten darauf, den Dokumententyp der veröffentlichten Beiträge sowie die ISI-Kategorien zur Normalisierung der Zitationshäufigkeiten heranzuziehen.[425]

Die Ergebnisse von STERNBERG/LITZENBERGER zeigen, dass die Spannweite der Zitationsindikatoren für die von ihnen untersuchten betriebswirtschaftlichen Fachbereiche sehr groß ist. Die Abstände der Indikatorenausprägungen der Fachbereiche sind bei Zitationen wesentlich größer als bei der Verwendung von Publikationsindikatoren. Tabelle 5.3.2.1 gibt einen Überblick über die Indikatorenausprägungen für die betriebswirtschaftlichen Fachbereiche der Universitäten Köln, Mannheim und Münster für den Zeitraum 1993-2002.

	Zitationspunkte gesamt	Zitationspunkte pro Wissenschaftler	Zitationspunkte pro Artikel
Universität Köln	26,5	0,31	0,94
Universität Mannheim	96,3	0,85	1,77
Universität Münster	3,6	0,03	0,25

Tabelle 5.3.2.1: Indikatorenausprägungen ausgewählter betriebswirtschaftlicher Fachbereiche[426]

Tabelle 5.3.2.1 kann entnommen werden, dass die Anzahl der Zitationspunkte des betriebswirtschaftlichen Fachbereichs der Universität Mannheim im Zeitraum von 1993 bis 2002 mehr als 26mal so groß ist wie der entsprechende Wert für den betriebswirtschaftlichen Fachbereich der Universität Münster. Da am betriebswirtschaftlichen Fachbereich der Universität Münster im Untersuchungszeitraum im Jahresdurchschnitt geringfügig mehr Wissenschaftler beschäftigt waren als bei der Universität Mannheim,[427] vergrößert sich dieser Unterschied geringfügig bei der Betrachtung des relativen Indikators „Zitationspunkte pro Wissenschaftler".

[424] Vgl. Sternberg/Litzenberger (2003), S. 35f.

[425] Inwieweit eine Normalisierung anhand der Zeitschriftenkategorien des SSCI in diesem Fall sinnvoll ist, ist insofern fraglich, als dass die Zeitschriftenkategorien im SSCI, denen besonders viele betriebswirtschaftlich relevante Zeitschriften zugeordnet sind, sich hinsichtlich des aggregierten und mittleren Impact-Faktors nur wenig unterscheiden. Vgl. dazu Abschnitt 5.2 dieser Dissertation.

[426] Zusammengestellt auf Basis von Sternberg/Litzenberger (2003), S. 35f.

[427] Vgl. Sternberg/Litzenberger (2003), S. 14.

5.3.3 Analyse des Publikationsoutputs betriebswirtschaftlicher Fachbereiche im SSCI

Die Aussagekraft publikations- und zitationsanalytischer Leistungsmessungen auf Basis des SSCI für betriebswirtschaftliche Fachbereiche in Deutschland wird von zahlreichen Faktoren beeinflusst. Ein zentraler Einflussfaktor ist die Abdeckung betriebwirtschaftlich relevanter Zeitschriften durch den SSCI, die in Kapitel 4 ausführlich erörtert wurde. Darüber hinaus stellt sich die Frage, wie hoch der Anteil des Forschungsoutputs betriebswirtschaftlicher Fachbereiche ist, der auf im SSCI erfasste Zeitschriften entfällt.[428] Sofern dieser Anteil sehr klein ist und andere qualitativ hochwertige nicht im SSCI erfasste Publikation in großer Menge vorliegen, besteht die Gefahr, dass ausschließlich SSCI-basierte Publikations- und Zitationsanalysen ein unvollständiges bzw. verzerrtes Bild über die Forschungsleistung betriebswirtschaftlicher Fachbereiche vermitteln. Des Weiteren ist die absolute Menge der im SSCI erfassten Publikationen betriebswirtschaftlicher Fachbereiche relevant, weil die Aussagekraft von Zitationsanalysen eingeschränkt wird, wenn diese nur auf wenigen zitierten Beiträgen basieren.[429]

Einen ersten Anhaltspunkt für die Beantwortung dieser Fragestellung bietet die Gegenüberstellung der bei STERNBERG/LITZENBERGER und MACHARZINA ET AL. erfassten Publikationsmengen ausgewählter betriebswirtschaftlicher Fachbereiche in Deutschland.

MACHARZINA ET AL. erheben in ihrer Untersuchung den Forschungsoutput betriebswirtschaftlicher Fachbereiche in den Zeitschriften BFuP, DBW, DU, JfB, ZfB und ZfbF im Zeitraum von 1992 bis 2001. Für die Berechnung der Publikationspunkte berücksichtigen sie sämtliche Beiträge in diesen Zeitschriften mit einem Umfang von mindestens fünf Seiten. Im Falle einer Koautorenschaft wird der Publikationspunkt auf die beteiligten Autoren aufgeteilt. Die Publikationspunkte der Autoren werden denjenigen Fachbereichen zugerechnet, denen sie zum Zeitpunkt der Veröffentlichung ihrer jeweiligen Beiträge angehörten.[430]

STERNBERG/LITZENBERGER erheben in ihrer Studie u.a. die Veröffentlichungen betriebswirtschaftlicher Fachbereiche im SSCI im Zeitraum von 1993 bis 2002. Einer der von ihnen berechneten Publikationsindikatoren beruht nahezu auf dem gleichen Zurechnungsverfahren, das MACHARZINA ET AL. verwenden. Der Unterschied besteht im Wesentlichen darin, dass

[428] Zu dieser Fragestellung in Bezug auf die Leistungsmessung in sozialwissenschaftlichen Disziplinen in den Niederlanden vgl. Nederhof (2006), S. 89f.

[429] Vgl. Abschnitt 3.2.6 dieser Dissertation sowie grundlegend zu dieser Problematik van Raan (2000), S. 305ff., Gläser et al. (2004), S. 20, und Nederhof (2006), S. 93.

[430] Vgl. Macharzina et al. (2004), S. 341ff.

STERNBERG/LITZENBERGER für einen Artikel mit weniger als zehn Seiten Länge nur 0,7 Publikationspunkte vergeben.[431]

Aufgrund der Ähnlichkeit der Verfahren zur Berechnung der Publikationspunkte und der großen Überschneidung der Untersuchungszeiträume bieten die Studien von STERNBERG/LITZENBERGER und MACHARZINA ET AL. eine geeignete Grundlage, um den Publikationsoutput betriebswirtschaftlicher Fachbereiche im SSCI mit dem in den führenden deutschsprachigen Zeitschriften der ABWL zu vergleichen.

	Publikationspunkte gesamt	
	Sternberg/Litzenberger	Macharzina et al.
FU Berlin	9,6	23,47
HU Berlin	17,5	19,83
Uni Bonn	15,7	23,15
Uni Dresden	5,2	11,5
Uni Frankfurt/M.	17,9	61,97
Uni Hamburg	7,1	7,65
Uni Köln	27,1	70,47
Uni Mannheim	51,9	84,71
LMU München	16,1	46,45
Uni Münster	13,5	45,77
WHU Vallendar	15,5	39,22
Uni Witten-Herdecke	3,7	5,33
Summe	200,8	439,52

Tabelle 5.3.3.1: Publikationsmengen ausgewählter betriebswirtschaftlicher Fachbereiche[432]

In Tabelle 5.3.3.1 sind die Publikationspunkte der Fachbereiche aufgeführt, die sowohl in der Studie von STERNBERG/LITZENBERGER als auch in der Studie von MACHARZINA ET AL. berücksichtigt werden. Die Anzahl der in diesen Studien ermittelten Publikationspunkte ist in den Spalten zwei und drei vermerkt. Die Gegenüberstellung der Publikationspunkte zeigt, dass in allen aufgeführten Fachbereichen die Anzahl der Publikationspunkte in der Studie von STERNBERG/LITZENBERGER geringer ist als die entsprechenden Punktwerte bei MACHARZINA ET AL. Das Verhältnis dieser Publikationspunkte variiert jedoch sehr stark zwischen den aufgeführten Fachbereichen. So erzielt bspw. der betriebswirtschaftliche Fachbereich der Universität Frankfurt mit sämtlichen im SSCI erfassten Publikationen im Zeitraum von 1993 bis 2002 lediglich 17,9 Publikationspunkte, mit den in den sechs führenden deutschsprachigen Zeitschriften der ABWL erfassten Beiträgen im Zeitraum von 1992 bis 2001 dagegen 61,97 Publikationspunkte. Der betriebswirtschaftliche Fachbereich der Universität Hamburg erzielt dagegen in beiden Studie mit 7,1 und 7,65 Publikationspunkten nahezu identische Werte.

[431] Vgl. Sternberg/Litzenberger (2003), S. 19ff.

[432] Zusammengestellt auf Basis von Sternberg/Litzenberger (2003), S. 32, und Macharzina et al. (2004), S. 350f.

Insgesamt ist jedoch eine hohe Korrelation der Publikationspunkte der Fachbereiche in den beiden untersuchten Studien festzustellen.[433]

Bei der Interpretation der Publikationspunkte ist zu berücksichtigen, dass die Zeitschrift BFuP im gesamten Untersuchungszeitraum der Studie von STERNBERG/LITZENBERGER für den SSCI ausgewertet wurde. Die Punktwerte enthalten also nicht ausschließlich Beiträge, die in internationalen Fachzeitschriften des SSCI veröffentlicht wurden, sondern auch die Beiträge in der BFuP. Fraglich ist, wie viele Publikationspunkte auf die Beiträge in der BFuP entfallen. Diese Anzahl kann mit Hilfe der Angaben in der Studie von MACHARZINA ET AL. grob geschätzt werden. In dieser Studie wurden insgesamt 2.255 Beiträge aus den führenden deutschsprachigen Zeitschriften der ABWL ausgewertet, davon fielen 336 Beiträge (14,9 %) auf die BFuP. Trifft man die Annahme, dass der Anteil der auf die BFuP entfallenden Beiträge der in Tabelle 5.3.3.1 aufgeführten Fachbereiche in etwa dem auf die gesamte Studie von MACHARZINA ET AL. bezogenen Wert von 14,9 % entspricht, so entfallen etwa 65,5 der insgesamt 439,52 Publikationspunkte dieser Fachbereiche aus der Studie von MACHARZINA ET AL. auf die BFuP.

Diese 65,5 Publikationspunkte sind aufgrund der Ähnlichkeit der Gewichtungsverfahren der betrachteten Studien und den großen Überscheidungen der Erhebungszeiträume ein brauchbarer Anhaltspunkt für die Menge der Publikationspunkte, die in der Studie von STERNBERG/LITZENBERGER auf die BFuP entfallen. Setzt man diese 65,5 Publikationspunkte in Relation zu den insgesamt den Fachbereichen zugerechneten 200,8 Punkten, so zeigt sich, dass ein erheblicher Anteil der im SSCI erfassten Publikationen der betrachteten Fachbereiche auf Beiträge in der BFuP zurückzuführen ist.

Bei den hier angestellten Überlegungen ist zu berücksichtigen, dass der im SSCI erfasste Forschungsoutput ausschließlich mit dem Forschungsoutput in den sechs führenden deutschsprachigen Zeitschriften der ABWL verglichen wird. Eine hohe Anzahl betriebswirtschaftlich relevanter Zeitschriften sowie andere Publikationsmedien wie z.B. Monographien oder Sammelbandbeiträge werden nicht in die Untersuchungen einbezogen. Da auch diese Publikationsmedien von betriebswirtschaftlichen Fachbereichen in Deutschland zur Kommunikation von Forschungsergebnissen genutzt werden, ist in Tabelle 5.3.3.1 keineswegs der gesamte

[433] Die Korrelation zwischen den in Tabelle 5.3.3.1 aufgeführten Publikationspunkten der beiden Studien liegt bei 0,85. Der Rangkorrelationskoeffizient nach Spearman ist mit 0,84 geringfügig kleiner. Diese hohen Korrelationen werden etwas reduziert, wenn nicht die absoluten Publikationspunkte der Fachbereiche zugrunde gelegt werden, sondern der relative Indikator Publikationspunkte pro Wissenschaftler (zur Anzahl der Wissenschaftler der untersuchten Fachbereiche vgl. Sternberg/Litzenberger (2003), S. 14). Die Korrelation beträgt in diesem Fall 0,71. Der Rangkorrelationskoeffizient nach Spearman ist mit 0,73 geringfügig größer.

Forschungsoutput der dort aufgeführten Fachbereiche verzeichnet. Der Anteil der im SSCI erfassten Beiträge an den insgesamt in Zeitschriften veröffentlichten Beiträgen betriebswirtschaftlicher Fachbereiche wird folglich überschätzt, wenn man ausschließlich die in der Studie von MACHARZINA ET AL. ermittelten Publikationsmengen als Vergleichsmaßstab zugrunde legt.

Es bleibt zu diskutieren, inwieweit die im SSCI erfassten Publikationsmengen der betriebswirtschaftlichen Fachbereiche und die Anzahl der auf sie entfallenden Zitationen ausreichen, um anhand der Resonanz dieser Beiträge aussagekräftige Schlüsse auf ihre Forschungsleistung ziehen zu können. Bei der Diskussion dieses Punktes ist zu berücksichtigen, dass die Anzahl der Publikationspunkte eines Fachbereichs aufgrund der anteiligen Zurechnung bei Koautorenschaften nicht präzise auf die Anzahl der den Publikationspunkten zugrunde liegenden Beiträge schließen lässt, aber dennoch einen ersten akzeptablen Anhaltspunkt liefert.[434] Tabelle 5.3.3.1 kann entnommen werden, dass 10 der 12 Fachbereiche im Untersuchungszeitraum weniger als 18 Publikationspunkte also 1,8 Publikationspunkte pro Jahr im SSCI erzielt haben. Obwohl die Anzahl der zugrunde liegenden Artikel etwas höher liegen dürfte, ist diese Publikationsmenge im Hinblick auf die Aussagekraft darauf aufbauender Zitationsanalysen als relativ gering einzustufen.[435] Folglich sind lediglich große Differenzen in den Ausprägungen der Zitationsindikatoren aussagekräftig.[436]

5.4 Zwischenfazit

Neben der Analyse gebietsspezifischer Effekte in der BWL anhand der im SSCI und SCI-X erfassten betriebswirtschaftlich relevanten Zeitschriften wurde in diesem Kapitel exemplarisch anhand zweier Studien veranschaulicht, wie die ISI-Zitationsindizes zur Messung von Forschungsleistung anhand von Zitationsindikatoren genutzt werden können. Die dargestellte Methodik des CWTS liefert vielfältige und aufschlussreiche Informationen über verschiedene

[434] Ein Publikationspunkt eines Fachbereichs kann sowohl durch einen Beitrag erzielt werden, bei dem der Autor bzw. die beteiligten Autoren alle dem entsprechenden Fachbereich angehören, als auch durch mehrere Beiträge, bei denen jeweils nur ein Teil der beteiligten Autoren zu dem Fachbereich gehört. Die Studie von Sternberg/Litzenberger basiert bezogen auf sämtliche untersuchten sozialwissenschaftlichen Disziplinen insgesamt auf 2.331 Artikeln, die zu 1.874 Publikationspunkten führen (Vgl. Sternberg/Litzenberger (2003), S. 9 und S. 22). Die Anzahl der Publikationspunkte eines Fachbereichs scheint somit ein akzeptabler Anhaltspunkt für die Anzahl der zugrunde liegenden Beiträge zu sein, die i.d.R. etwas höher ausfällt.

[435] Folgt man der – in ihrer Drastik nicht ganz nachvollziehbaren – Kritik von Gläser, so sind diese Publikationsmengen zu gering, um valide Ergebnisse zu produzieren. Vgl. dazu Gläser (2006a), S. 328. Ein Vergleich mit der in Abschnitt 5.3.1 präsentierten Studie der Europäischen Union zur Forschungsleistungsmessung in verschiedenen Teilgebieten der VWL, in der 20 Publikationen in einem 10-Jahreszeitraum als Untergrenze in den Teilgebieten verwendet wurde, zeigt, dass die Publikationsmengen von einigen der betriebswirtschaftlichen Fachbereiche in der Studie von Sternberg/Litzenberger im Hinblick auf die Aussagekraft der Zitationsindikatoren als eher gering einzustufen sind.

[436] Vgl. in einem ähnlichen Kontext Nederhof/van Raan (1993), S. 366.

Aspekte der Forschungsleistung der untersuchten Organisationseinheiten. Sie ist aufgrund der zahlreichen zu berechnenden Referenzwerte jedoch mit einem enormen Datenbedarf verbunden. STERNBERG/LITZENBERGER verzichten in ihrer Studie auf eine aufwändige Berechnung solcher Referenzwerte, so dass der Datenbedarf für die Berechnung der Zitationsindikatoren im Vergleich zur Methodik des CWTS zwar reduziert wird aber dennoch beträchtlich ist.[437]

In zahlreichen bibliometrischen Untersuchungen wird darauf verzichtet, die Zitationshäufigkeiten von Forschungsbeiträgen zu erheben. Stattdessen werden häufig die Impact-Faktoren der Zeitschriften, in denen die Forschungsbeiträge publiziert werden, zur Qualitätsgewichtung herangezogen. VAN RAAN bezeichnet dieses insbesondere in der Medizin weit verbreitete Vorgehen als *„the poor man's citation analysis."*[438] Kritik wird an diesem Verfahren vor allem deshalb geübt, weil die Verteilung der Zitationen auf die Beiträge in einer Zeitschrift in zahlreichen Fällen so schief ist, dass der Impact-Faktor für die einzelnen Artikel nur wenig repräsentativ ist. Durch diese Vorgehensweise wird folglich der Impact der besonders häufig zitierten Beiträge unter-, und der Impact der i.d.R. zahlreichen wenig oder kaum zitierten Beiträge überschätzt.[439]

Die Anwendung dieser Methodik in den Studien von FABEL/HEßE und STERNBERG/LITZENBERGER zeigt, dass die Verwendung der in den JCR aufgeführten Impact-Faktoren als Qualitätsgewichte auch für betriebswirtschaftliche Fachbereiche in Deutschland Relevanz besitzt.[440] Vor diesem Hintergrund gilt es zu untersuchen, inwieweit die Ausprägungen der von ISI in den JCR bereitgestellten Impact-Faktoren betriebswirtschaftlich relevanter Zeitschriften mit ihrer qualitativen Beurteilung durch betriebswirtschaftliche Forscher aus Deutschland korrespondieren, so dass diese zweckmäßig zur Qualitätsgewichtung eingesetzt werden können. Diese Fragestellung steht im Fokus des folgenden Kapitels.

---

[437] Vgl. Sternberg/Litzenberger (2003), S. 47, und Gläser (2006b), S. 47.
[438] Van Raan zitiert bei Adam (2002), S. 727.
[439] Vgl. Adam (2002), S. 727.
[440] Zur Anwendung dieser Methodik in den genannten Studien vgl. die Abschnitte 2.5 und 5.3.2 dieser Dissertation.

6 Zur Kongruenz von Impact-Faktoren und Expertenurteilen deutschsprachiger Betriebswirte im Hinblick auf Zeitschriftenrankings

Um Impact-Faktoren sinnvoll als Qualitätsgewichte im Rahmen von Publikationsanalysen zur Forschungsleistungsmessung betriebswirtschaftlicher Fachbereiche in Deutschland einzusetzen, sind zwei wichtige Voraussetzungen zu erfüllen. Zum einen sollten die Impact-Faktoren für die zur Veröffentlichung von Forschungsbeiträgen herangezogenen Zeitschriften in großer Zahl vorhanden bzw. einfach zu ermitteln sein.[441] Zum anderen ist zu fordern, dass die über die Impact-Faktoren ausgedrückten Zeitschriftenbewertungen mit Expertenurteilen zur Qualität der Zeitschriften in hohem Maße kongruent sind. Dies ist insbesondere dann der Fall, wenn die Ergebnisse von Zeitschriftenrankings, die auf Impact-Faktoren basieren, eine hohe Korrelation mit den Ergebnissen von Zeitschriftenrankings aufweisen, die anhand von Expertenurteilen erstellt wurden. Zur Untersuchung dieser Fragestellung werden in diesem Kapitel zunächst wichtige Grundlagen zu Zeitschriftenrankings aufgearbeitet. Anschließend wird diskutiert, welche Probleme mit dem Einsatz des Impact-Faktors als Instrument zur Messung der wissenschaftlichen Qualität von Zeitschriften verbunden sind und welche Weiterentwicklungen des Impact-Faktors zur Behebung einiger dieser Probleme in der Literatur vorgeschlagen werden. Aufbauend auf diesen Erkenntnissen wird in einer nachfolgenden empirischen Untersuchung zunächst geprüft, inwieweit die Impact-Faktoren der im VHB-JOURQUAL aufgeführten betriebswirtschaftlich relevanten Zeitschriften in den JCR vorhanden sind. Daraufhin wird analysiert, wie stark die Ergebnisse verschiedener auf Impact-Faktoren basierender Rankings betriebswirtschaftlich relevanter Zeitschriften mit den Ergebnissen des anhand von Expertenurteilen erstellten VHB-JOURQUAL korrelieren. Darüber hinaus wird untersucht, in welchem Ausmaß auf Impact-Faktoren basierende Rankings betriebswirtschaftlich relevanter Zeitschriften methodisch konsistent und zeitlich stabil sind.

6.1 Relevanz von Zeitschriftenrankings

Zeitschriftenrankings sind ein wichtiges Hilfsmittel für die Messung der Forschungsleistung im Hochschulbereich. Bei der Messung der Forschungsleistung wird in zahlreichen wissenschaftlichen Disziplinen insbesondere den Veröffentlichungen in Fachzeitschriften eine zentrale Rolle zugesprochen. Da bei referierten Fachzeitschriften eine Begutachtung der einge-

---

[441] Das heißt insbesondere, dass die Gewichtung möglichst vieler Artikel mittels Impact-Faktoren möglich sein sollte, damit für fehlende Impact-Faktoren keine unsicheren Schätzungen vorgenommen werden müssen. Folglich ist es besonders wichtig, dass die Impact-Faktoren derjenigen Zeitschriften vorliegen, die besonders häufig zur Veröffentlichung von Forschungsbeiträgen genutzt werden.

sandten Manuskripte durch – i.d.R. fachlich versierte – Gutachter erfolgt, impliziert die Annahme eines Manuskripts zur Veröffentlichung die positive Beurteilung des Inhalts durch Sachverständige. Trifft man die Annahme, dass der Standard einer wissenschaftlichen Fachzeitschrift mittelfristig konstant ist, so können von der Qualität der Zeitschrift Rückschlüsse auf die Qualität der in ihr veröffentlichten Beiträge gezogen werden. Für viele andere Veröffentlichungsformen, wie z.B. Sammelbandbeiträge oder Monographien, gibt es keine vergleichbaren Qualitätsindikatoren, so dass eine Beurteilung der Qualität nur über eine Einzelfallbegutachtung erfolgen kann.[442]

Da sich verschiedene Fachzeitschriften hinsichtlich ihrer Qualität unterscheiden, bedarf es möglichst objektiver Bewertungsverfahren zur Erstellung von Rankings, um die Qualitätsunterschiede im Zeitschriftenranking angemessen zu berücksichtigen. Zu diesem Zweck werden im Wesentlichen zitationsanalytische Verfahren oder Expertenbefragungen eingesetzt.[443] Darüber hinaus gibt es noch weitere, eher vereinzelt angewandte Verfahren, die z.B. auf der Auflagenstärke[444] oder Lesehäufigkeit der Zeitschriften basieren. Zu den weniger verbreiteten Verfahren gehört auch der Ansatz von MOORE. Dieser bemisst die Qualität einer Zeitschrift anhand der institutionellen Zugehörigkeit der in der Zeitschrift veröffentlichenden Autoren. Je höher die Qualität der Institutionen der in einer Zeitschrift veröffentlichenden Autoren ist, desto höher ist der Rang dieser Zeitschrift.[445] Diese Methode ist aufgrund des inhärenten Zirkelschlusses für die Leistungsmessung im Hochschulbereich jedoch wenig geeignet.[446]

Zeitschriftenrankings sind nicht nur relevant im Hinblick auf die Messung der Forschungsleistung von Wissenschaftlern oder ihnen übergeordneten Organisationseinheiten, sondern sie erfüllen auch eine Orientierungsfunktion. Beim wissenschaftlichen Arbeiten stellt sich das Problem, das für das Literaturstudium zur Verfügung stehende Zeitbudget möglichst optimal zu nutzen. Bei der Fülle der wissenschaftlichen Literatur gilt es folglich, qualitativ hochwertige Quellen auszuwählen, um keine Zeit für das Studium minderwertiger Beiträge zu verwenden. Da wissenschaftliche Beiträge insofern ein Merkmal eines Erfahrungsgutes aufweisen, als dass der (hinreichend fachkundige) Leser die Qualität eines Aufsatzes erst nach der Kenntnisnahme bzw. dem Konsum beurteilen kann, besteht bei der Quellenerschließung die Schwierigkeit, auf Basis unvollständiger Informationen sinnvolle Auswahlentscheidungen zu

---

[442] Vgl. Hennig-Thurau et al. (2004), S. 520. Zur besonderen Bedeutung von Fachzeitschriften in den Wirtschaftswissenschaften vgl. Pommerehne/Renggli (1986), S. 92f.

[443] Vgl. Matzler et al. (2001), S. 162f.

[444] Zu dieser Methode vgl. Schlinghoff/Backes-Gellner (2002), S. 344f.

[445] Siehe dazu Moore (1972). Gorman/Kanet (2005) arbeiten mit einer ähnlichen Methode, die sie als *Author Affiliation Index* bezeichnen.

[446] Vgl. ausführlicher Matzler et al. (2001), S. 163.

treffen. Zeitschriftenrankings können in diesem Kontext insbesondere Personen mit relativ wenig Erfahrung im wissenschaftlichen Arbeiten, wie z.B. fortgeschrittenen Studierenden oder noch jungen Nachwuchswissenschaftlern, wertvolle Informationen zur Optimierung der Quellenerschließung geben.[447] Die Informationen aus Zeitschriftenrankings können ebenso genutzt werden, wenn sich im Falle einer abgeschlossenen Forschungsarbeit die Frage stellt, in welcher Zeitschrift diese publiziert werden soll.[448]

Weiterhin ist es im Zuge des starken Anstiegs der Zahl wissenschaftlicher Veröffentlichungen für Bibliotheken weder möglich noch sinnvoll, sämtliche zur Verfügung stehenden Periodika anzuschaffen. Angesichts der knappen öffentlichen Mittel im Bildungssektor stehen Hochschulbibliotheken vor der Herausforderung einen Zeitschriftenbestand zu akquirieren, der auf die Wünsche der Benutzer möglichst optimal zugeschnitten ist.[449] Zeitschriftenrankings können Bibliothekaren diesbezüglich wertvolle Hinweise auf die Wertschätzung wissenschaftlicher Zeitschriften geben, die sie zur Optimierung der Zeitschriftenbestände nutzen können.

6.2 Anforderungen an Zeitschriftenrankings

Für Zeitschriftenrankings, die der Messung der Forschungsleistung oder als Orientierungshilfe für Wissenschaftler und/oder wissenschaftliche Bibliotheken dienen, ist die wissenschaftliche Qualität der einbezogenen Zeitschriften das zentrale Kriterium. Bei der wissenschaftlichen Qualität einer Zeitschrift handelt es sich um ein theoretisches Konstrukt, das sich einer unmittelbaren Erfassung entzieht. Zu seiner Messung werden folglich Indikatoren eingesetzt.[450] Zentrale Gütekriterien solcher Messungen sind zum einen die Reliabilität (Zuverlässigkeit) und zum anderen die Validität (Gültigkeit).[451]

Werden Zeitschriftenrankings als Entscheidungsgrundlage zu einem der genannten Zwecke eingesetzt, so ist zu fordern, dass das bzw. die eingesetzten Zeitschriftenrankings Aktualität besitzen. KALAITZIDAKIS ET AL. bemängeln in diesem Kontext, dass zahlreiche Forschungsrankings wirtschaftswissenschaftlicher Institutionen auf Zeitschriftenrankings basieren, die sich auf einen anderen Zeitraum beziehen als die Forschungsrankings.[452] Die Forderung nach Aktualität resultiert aus den Veränderungen, denen der Markt für wissenschaftliche Zeitschrif-

[447] Vgl. Bräuninger/Haucap (2003), S. 175.
[448] Vgl. Matzler et al. (2001), S. 172.
[449] Vgl. Kahl (1995), S. 31.
[450] Vgl. Hennig-Thurau et al. (2003), S. 4.
[451] Vgl. Schnell et al. (2005), S. 151. Zur Diskussion dieser Anforderungen an indikatorenbasierte Messungen vgl. Abschnitt 2.4 dieser Dissertation.
[452] Vgl. Kalaitzidakis et al. (2003), S. 1347.

ten unterworfen ist. So ist dieser Markt bspw. dadurch gekennzeichnet, dass regelmäßig neue Zeitschriftentitel herausgegeben, andere dagegen eingestellt werden. Zudem können wissenschaftliche Zeitschriften ihre Qualität im Zeitablauf steigern oder auch einbüßen. Die Ursachen für solche Veränderungen können bspw. Umstellungen im Begutachtungsprozess einer wissenschaftlichen Zeitschrift sein. Sie können ebenso durch Änderungen in dem Verhältnis von Angebot und Nachfrage des knappen Publikationsraums in einer Fachzeitschrift hervorgerufen werden.[453]

Eine weitere Anforderung an Zeitschriftenrankings ist die Vollständigkeit. Diese Anforderung besagt, dass nach Möglichkeit alle im Untersuchungsbereich relevanten Zeitschriften im Ranking zu berücksichtigen sind.[454] Die Nichtberücksichtigung relevanter Zeitschriften ist insbesondere deshalb problematisch, weil dort publizierende Wissenschaftler bei der Messung ihrer Forschungsleistung anhand eines solchen Zeitschriftenrankings systematisch benachteiligt werden. Hinsichtlich des Rankings bzw. Ratings von Fachzeitschriften in der BWL unterscheiden HENNIG-THURAU ET AL. insgesamt vier verschiedene Arten von Vollständigkeitsdefiziten:[455]

1. Das unsystematische Fehlen einzelner Zeitschriften, das i.d.R. durch mangelnde Sorgfalt bei der Rankingerstellung hervorgerufen wird.
2. Die Nichtberücksichtigung von Zeitschriften der speziellen Betriebswirtschaftslehren.
3. Die Nichtberücksichtigung von Zeitschriften, die sich an der Schnittstelle zu benachbarten Wissenschaftsdisziplinen befinden.
4. Die Vernachlässigung internationaler Zeitschriften in deutschsprachigen Rankings und umgekehrt die mangelnde Berücksichtigung deutschsprachiger Zeitschriften in internationalen Rankings.

Die von HENNIG-THURAU ET AL. konstatierte mangelnde Berücksichtigung deutschsprachiger Zeitschriften erscheint aufgrund der Sprachbarriere, die die Verbreitung in deutscher Sprache publizierter Forschungsbeiträge außerhalb des deutschen Sprachraums stark einschränkt bzw. verhindert, wenig überraschend. So zeigt auch die in Kapitel 4 dieser Dissertation durchge-

[453] Die Konkurrenz um den knappen Veröffentlichungsraum in einer wissenschaftlichen Zeitschrift kann sich bspw. durch die sich wandelnde Attraktivität bestimmter wissenschaftlicher Teilgebiete verändern. Vgl. Hennig-Thurau et al. (2003), S. 5.

[454] Vgl. Hennig-Thurau et al. (2004), S. 522.

[455] Vgl. Hennig- Thurau et al. (2003), S. 4f.

führte Analyse der Zeitschriftenabdeckung der ISI-Zitationsindizes, dass betriebswirtschaftlich relevante Zeitschriften in deutscher Sprache lediglich vereinzelt ausgewertet werden. Ähnliche Ergebnisse zeigen sich auch hinsichtlich der Erfassung dieser Zeitschriften in der von Elsevier angebotenen Datenbank SCOPUS.[456]

Hinsichtlich der von HENNIG-THURAU ET AL. festgestellten mangelnden Berücksichtigung von Zeitschriften der speziellen Betriebswirtschaftslehren ist zu bemerken, dass dieser Befund mit Ausnahme des VHB-JOURQUAL und der auf ihm aufbauenden Nachfolgestudien sowie dem Zeitschriftenranking der WU-Wien insbesondere für die im deutschsprachigen Raum erstellten Zeitschriftenrankings auf dem Gebiet der BWL Relevanz besitzt.

In betriebswirtschaftlich relevanten Zeitschriften aus dem anglo-amerikanischen Raum finden sich dagegen häufig Zeitschriftenrankings, die sich ausschließlich auf einzelne betriebswirtschaftliche Teildisziplinen beziehen.[457] Dies ist möglicherweise ein Resultat der starken Spezialisierung betriebswirtschaftlicher Forschung im anglo-amerikanischen Raum. Dort sind die Gebiete der BWL anders als im deutschen Sprachraum auf viele Einzeldisziplinen verteilt, die verselbstständigte wissenschaftliche Gemeinschaften ohne ein übergreifendes disziplinäres Dach bilden.[458]

6.3 Der Impact-Faktor als Rankinggrundlage

6.3.1 Ermittlung des klassischen Impact-Faktors und Kritik

Der Impact-Faktor wird sehr häufig als Indikator bei der Messung von Forschungsleistung eingesetzt. Der in der wissenschaftlichen Literatur gebräuchliche Terminus „Impact-Faktor" bezieht sich i.d.R. auf die von GARFIELD entwickelte Kennzahl zur Bewertung der wissenschaftlichen Relevanz einer Zeitschrift. GARFIELD entwickelte diese Kennzahl in den frühen 60er Jahren als Hilfsmittel für die Entscheidung über die Aufnahme von Zeitschriften in den Science Citation Index.[459] Zur Berechnung des Impact-Faktors wird die Anzahl der Zitationen aller Beiträge einer Zeitschrift aus den Jahren t-1 und t-2 im Berichtsjahr t durch die Anzahl aller zitierfähigen Beiträge dieser Zeitschrift in den Jahren t-1 und t-2 geteilt.

---

456 Vgl. Clermont/Schmitz (2008), S. 9f.

457 Vgl. z.B. Gorman/Kanet (2005) für das Gebiet Operations Management, Extejt/Smith (1990) für das Gebiet Verhaltenswissenschaften und Management, Ballas/Theoharakis (2003) für das Gebiet Rechnungswesen, Linton/Thongpapanl (2004) für das Gebiet Technologie- und Innovationsmanagement, Hult et al. (1997) für das Gebiet Marketing sowie McNulty/Boekeloo (1999) für das Gebiet Finanzwirtschaft.

458 Vgl. Schreyögg (2007), S. 141 und S. 145f.

459 Vgl. Garfield (2000), S. 368.

Die Eignung des Impact-Faktors als Indikator für die wissenschaftliche Qualität einer Zeitschrift und die Verwendung des Impact-Faktors zur Qualitätsgewichtung von Publikationen im Rahmen der Forschungsevaluation einzelner Forscher oder Organisationseinheiten werden in der wissenschaftlichen Literatur vielfach kritisiert. Diese Kritik bezieht sich sowohl auf die Ermittlung und Bereitstellung der Impact-Faktoren durch das ISI als auch auf das Konzept als solches.

Wie bereits in Abschnitt 4.3 erläutert wurde, werden von ISI bei der Berechnung der Impact-Faktoren sämtliche Zitationen der in einer Zeitschrift erschienenen Beiträge der Jahre t-1 und t-2 im Berichtsjahr t im Zähler berücksichtigt. Im Nenner werden dagegen lediglich die von ISI als zitierfähig eingestuften Beiträge gezählt. Im Regelfall sind das die Dokumententypen *article*, *review* und *note*.[460] In Einzelfällen tragen jedoch auch die als nicht zitierfähig eingestuften Beiträge einer Zeitschrift in beträchtlichem Ausmaß zur Zahl der auf sie entfallenden Zitationen bei, so dass die Impact-Faktoren dieser Zeitschriften verzerrt werden. MOED ET AL. berichten bspw. über den Extremfall der Zeitschrift *The Lancet*, deren Impact-Faktor aus dem Jahr 1988 bei einer Nichtberücksichtigung derartiger Zitationen um etwa 40 % sinkt.[461] Die Zuweisung von Dokumententypen zu einzelnen Beiträgen im Rahmen der Datenverarbeitung durch das ISI beruht auf menschlichem Urteilsvermögen. Aus diesem Grund besteht insbesondere bei Zeitschriften, die ein breites Spektrum an Dokumententypen enthalten und zahlreiche Beiträge veröffentlichen, die keine originären Forschungsbeiträge darstellen, Raum für Ungenauigkeiten.[462]

Ein weiterer Kritikpunkt an der Berechnung des Impact-Faktors durch das ISI bezieht sich auf den Umstand, dass die unterschiedlich hohe Zitatattraktivität von Original- und Übersichtsartikeln nicht berücksichtigt wird. Übersichtsartikel werden i.d.R. wesentlich häufiger zitiert als Originalartikel. Da die Anzahl dieser Dokumententypen bei der Berechnung des Impact-Faktors ungewichtet in den Nenner einfließt, erhalten Zeitschriften mit einem hohen Anteil an Übersichtsartikeln einen höheren Impact-Faktor als Zeitschriften, die über ein ähnliches Qualitätsniveau verfügen aber in geringerem Ausmaß Übersichtsartikel publizieren.[463]

Darüber hinaus wird von einigen Wissenschaftlern bemängelt, dass die in den JCR aufgeführten Zitationshäufigkeiten, die bei der Berechnung des Impact-Faktors in den Zähler einfließen, nicht anhand der im Web of Science aufgeführten Zitationshäufigkeiten in Bezug auf die

---

460 Der Dokumententyp *note* wird ab 1996 praktisch nicht mehr von ISI verwendet. Vgl. dazu van Leeuwen et al. (2003), S. 59, und Fußnote 354 dieser Dissertation.

461 Vgl. Moed/van Leeuwen (1995), S. 465ff.

462 Vgl. Garfield (1999), S. 979, und Adam (2002), S. 728. Ein Beispiel dafür ist die Zeitschrift *Nature*.

463 Vgl. Glänzel/Moed (2002), S. 179f., und Kaltenborn/Kuhn (2003), S. 179.

einzelnen in einer Zeitschriften erschienenen Beiträge rekonstruiert werden können. Die Ursache für diese mangelnde Rekonstruierbarkeit liegt darin begründet, dass für die Berechnung der Zitationshäufigkeit für die Impact-Faktoren lediglich der Zeitschriftentitel und das Jahr aus den im Web of Science indexierten Referenzen verwendet werden. Um eine Referenz zweifelsfrei einem einzelnen Beitrag einer Zeitschrift als Zitation zuzuordnen, sind jedoch auch eine korrekte Nennung von Autorennamen, Jahrgang und Seitenzahl des Beitrags bzw. der Zeitschrift erforderlich. Wenn in einer Referenz bspw. der Name des Autors des zitierten Beitrags falsch genannt wird, kann dies dazu führen, dass diese Referenz nicht als Zitation dieses einzelnen Beitrags im Web of Science aufgeführt wird, aber als Zitation der Zeitschrift bei der Berechnung des Impact-Faktors der Zeitschrift berücksichtigt wird.[464]

Beanstandungen an der Berechnung des Impact-Faktors beziehen sich zudem auf die fehlende Berücksichtigung der Qualität der Zeitschriften, die durch ihre Zitationen zum Impact-Faktor der zitierten Zeitschrift beitragen. Bei der Berechnung des Zählers des Impact-Faktors einer Zeitschrift X durch das ISI spielt es keine Rolle, in welcher Zeitschrift die Beiträge der Zeitschrift X zitiert werden, sofern diese Zeitschriften für die ISI-Datenbanken ausgewertet werden.[465] Als Konsequenz aus dieser Berechnungsmethodik gehen auch die Selbstzitationen auf Zeitschriftenebene vollständig in die Berechnung des Impact-Faktors ein. Da Wissenschaftler oftmals zahlreiche Quellen aus den Journalen zitieren, bei denen sie ihre Manuskripte einreichen, können Selbstzitationen durchaus einen beträchtlichen Beitrag zur Höhe des Impact-Faktors leisten.[466] KALTENBORN/KUHN berichten in diesem Kontext über eine Zeitschrift, deren Herausgeber ihre Autorenschaft bewusst aufforderten, mehr Artikel aus der Zeitschrift selbst zu zitieren, um den Impact-Faktor zu steigern.[467]

Da nur solche Zeitschriften zum Impact-Faktor einer Zeitschrift beitragen können, die von ISI als Quellenzeitschriften für die Zitationsindizes ausgewertet werden, ist eine angemessene Zeitschriftenauswahl durch das ISI von hoher Bedeutung für die Aussagekraft der Impact-Faktoren. Diesbezüglich ist zu konstatieren, dass englischsprachige Zeitschriften in den Datenbanken des ISI klar dominieren. Im Jahr 1997 wurden über 95 % der im SCI indexierten Beiträge in englischer Sprache verfasst.[468] Da deutschsprachige Beiträge nur sehr selten in englischsprachigen Zeitschriften zitiert werden, haben in deutscher Sprache publizierende

[464] Vgl. dazu Moed/van Leeuwen (1995), S. 462, Rossner et al. (2007), S. 1092, und Pendlebury (2008). Zu weiteren Problemen in Bezug auf die Genauigkeit der durch das ISI bereitgestellten Impact-Faktoren vgl. Lange (2002), Moed et al. (1996) sowie van Leeuwen et al. (1999).
[465] Vgl. Tomer (1986), S. 252.
[466] Vgl. Schenk et al. (2004), S. 300.
[467] Vgl. Kaltenborn/Kuhn (2003), S. 181.
[468] Vgl. Garfield (1998a), S. 500.

Zeitschriften entsprechend geringere Chancen auf einen hohen Impact-Faktor.[469] Darüber hinaus ist es im Hinblick auf den Einsatz des Impact-Faktors als Qualitätsgewicht in Publikationsanalysen problematisch, dass viele Zeitschriften nicht in den JCR enthalten sind. SCHMITZ/CLERMONT zeigen in ihrer Analyse der Zeitschriftenabdeckung der ISI-Datenbanken, dass die große Mehrheit betriebswirtschaftlich relevanter Zeitschriften, die in deutscher Sprache publizieren, kaum im SSCI und SCI-X gelistet werden.[470] Es ist zwar grundsätzlich möglich, für die nicht als Quellenzeitschriften in den ISI-Datenbanken gelisteten Zeitschriften anhand der Anzahl ihrer Zitationen in diesen Quellenzeitschriften Impact-Faktoren zu konstruieren,[471] allerdings ist diese Option für deutschsprachige betriebswirtschaftlich relevante Zeitschriften insofern wenig sinnvoll, als dass die Zahl der auf sie entfallenden Zitationen bei dieser Methode aufgrund der Dominanz englischsprachiger Zeitschriften in den ISI-Datenbanken gering ist und keinen adäquaten Überblick über die Rezeption dieser Zeitschriften im deutschen Sprachraum gibt.[472]

Der Impact-Faktor wird zudem kritisiert, weil er sich lediglich auf den kurzen Beobachtungszeitraum von zwei Jahren bezieht. Aufsätze einer Zeitschrift, die noch viele Jahre nach ihrem Erscheinen häufig zitiert werden und damit sogenannte „Zitationsklassiker" darstellen, können somit lediglich in den ersten beiden Jahren nach ihrem Erscheinen zu den Impact-Faktoren einer Zeitschrift beitragen. Dadurch werden tendenziell Zeitschriften bevorzugt, deren Wissen schnell konsumiert wird. Zeitschriften, die die maximale Zahl an Zitationen pro Jahr erst später erhalten, werden dagegen benachteiligt. Aufgrund des relativ kurzen Betrachtungszeitraums wird der in den JCR aufgeführte Impact-Faktor in der wissenschaftlichen Literatur auch als *short term impact factor* bezeichnet.[473] Es ist fraglich, inwieweit dieser kurze Beobachtungszeitraum geeignet ist, um die Wirkung von Zeitschriften auf solchen Wissensgebieten adäquat abzubilden, die durch eine relativ langsame Umschlagszeit des Wissens gekennzeichnet sind, wie z.B. einige Gebiete in den Sozialwissenschaften.[474]

Ein weiterer Kritikpunkt am Impact-Faktor bezieht sich darauf, dass die Verteilung der Zitationen einer Zeitschrift auf die einzelnen Beiträge i.d.R. sehr schief ist, so dass der errechnete

---

[469] Zum sprachspezifischen Bias des SCI und seiner Konsequenzen für die Messung der Forschungsleistung vgl. van Leeuwen et al. (2001).

[470] Vgl. Clermont/Schmitz (2008), S. 7., und S. 111 dieser Dissertation.

[471] Zu diesen Verfahren vgl. Stegmann (1999) und Stock (2001b), S. 29.

[472] Da nur wenige deutschsprachige Zeitschriften im SSCI vertreten sind, verzichten bspw. Schlinghoff/Backes-Gellner darauf, den SSCI für das von ihnen erstellte zitationsbasierte Ranking deutschsprachiger betriebswirtschaftlich orientierter Zeitschriften zu verwenden. Vgl. Schlinghoff/Backes-Gellner (2002), S. 348.

[473] Vgl. Stock (2001b), S. 30, und Moed et al. (1998), S. 388f.

[474] Vgl. Glänzel/Schoepflin (1995), S. 44f., und Garfield (1999), S. 979.

Impact-Faktor nur für wenige Beiträge einer Zeitschrift repräsentativ ist.[475] Damit verbunden ist die Forderung an das ISI, neben dem Impact-Faktor, der auf einer Durchschnittsbildung basiert, weitere statistische Lageparameter zur Charakterisierung der zeitschriftenbezogenen Zitationsverteilung bereitzustellen. In diesem Kontext bemerkt das ISI, dass die Impact-Faktoren bei einer Verwendung des Medians anstelle des Durchschnitts i.d.R. deutlich geringer ausfallen würden.[476]

6.3.2 Weiterentwicklungen des Impact-Faktors

Aufgrund der im vorherigen Abschnitt skizzierten Mängel des Impact-Faktors haben Wissenschaftler zahlreiche Kennzahlen entwickelt, mit denen versucht wird, bestimmte Schwächen des Impact-Faktors zu beheben. Das Spektrum dieser Kennzahlen reicht von leichten Änderungen des Betrachtungszeitraums bis hin zu nahezu vollkommen veränderten Methoden. Im Folgenden werden einige ausgewählte Ansätze kurz skizziert.[477]

Eine vergleichsweise kleine Änderung am Konzept des klassischen Impact-Faktors stellt die Änderung des Betrachtungszeitraums dar, die dem Umstand Rechnung trägt, dass bei der Anwendung des klassischen Impact-Faktors Zeitschriften benachteiligt werden, deren Zitationen in großem Umfang außerhalb des kurzen Betrachtungszeitraums liegen. STOCK schlägt zu diesem Zweck die Berechnung eines 5-Jahres-Impact-Faktors vor.[478] Diese Berechnung ist mit Hilfe der in den JCR unter der Rubrik *cited journal data* aufgeführten Daten relativ einfach möglich. In dieser Rubrik wird dargestellt, wie häufig die Beiträge einer Zeitschrift X, für die der Impact-Faktor ermittelt wird, in anderen Quellenzeitschriften des ISI im Berichtsjahr t zitiert werden. Dabei werden die Zitationshäufigkeiten sowohl einzeln für die verschiedenen zitierenden Zeitschriften als auch als Gesamtsumme ausgewiesen. Darüber hinaus wird für den Zeitraum von t bis t-9 detailliert aufgeführt, aus welchem Jahr die in den Quellenzeitschriften zitierten Beiträge der Zeitschrift X stammen. In der Tabelle wird folglich ersichtlich, wie häufig die Beiträge aus den Jahren des Zeitraums t bis t-9 der Zeitschrift X im Berichtsjahr t zitiert werden. Somit können die für die Berechnung des Zählers des 5-Jahres-Impact-Faktors benötigten Daten, nämlich die Anzahl der Zitationen im Jahr t, die auf die Beiträge der Zeitschrift X aus den Jahren t-1, t-2, t-3, t-4 und t-5 entfällt, recht unkompliziert in dieser Tabelle abgelesen werden. Zur Berechnung des Nenners ist die Anzahl der von ISI als zitierfähig eingestuften Beiträge der Zeitschrift X für den Zeitraum von t-1 bis t-5 zu ermitteln.

---

475 Vgl. Seglen (1991), S. 74.
476 Vgl. Rossner et al. (2007), S. 1091f.
477 Für einen umfassenden Überblick vgl. Glänzel/Moed (2002).
478 Vgl. Stock (2001b), S. 30.

Diese Daten können der Rubrik *Impact Factor Trend* der JCR entnommen werden. Dort werden neben dem Impact-Faktor einer Zeitschrift im Berichtsjahr t auch die Impact-Faktoren der Jahre t-1, t-2, t-3 und t-4 so detailliert aufgeführt, dass die Anzahl der zitierfähigen Beiträge aus den Jahren des Zeitraums t-1 bis t-5 dort abgelesen werden kann.[479]

Ein weiterer, häufig geäußerter Kritikpunkt am klassischen Impact-Faktor ist die Berücksichtigung von Selbstzitationen.[480] Da in den JCR in der Rubrik *cited journal data* aufgeschlüsselt wird, von welchen Zeitschriften die Beiträge einer Zeitschrift X im Berichtsjahr t zitiert werden, ist es relativ einfach möglich, die Anzahl der Selbstzitationen zu ermitteln und einen um die Selbstzitationen bereinigten Impact-Faktor zu berechnen.[481] Inwieweit es grundsätzlich sinnvoll ist, Selbstzitationen bei der Berechnung von Impact-Faktoren auszuschließen, bleibt zu diskutieren. STOCK vertritt diesbezüglich die Ansicht, dass Selbstzitationen anzeigen, wie die Artikel einer Zeitschrift auf die eigenen Leser wirken und diese zu neuen Beiträgen anregen, und dass sie deshalb bei der Berechnung des Impact-Faktors zu berücksichtigen sind.[482] Dies ist zumindest insofern problematisch, als dass der Impact-Faktor die Informationen über die Wirkung einer Zeitschrift so stark verdichtet, dass keine Rückschlüsse darauf gezogen werden können, ob diese Wirkung sich vorwiegend auf die Rezeption der Beiträge in anderen Zeitschriften oder in der Zeitschrift selbst bezieht.

Damit verbunden ist die Kritik, dass bei der Berechnung des Impact-Faktors nicht nach der Qualität der zitierenden Zeitschrift oder ihrer fachlichen Ausrichtung differenziert wird. Der berechnete Impact-Faktor bezieht sich auf die für die ISI-Datenbanken ausgewerteten Zeitschriften. Auf diese Weise werden bspw. bei der Berechnung des Impact-Faktors wirtschaftswissenschaftlicher Zeitschriften auch Zitationen in nicht-wirtschaftswissenschaftlichen Zeitschriften berücksichtigt, die von ISI ausgewertet werden. Da es für Wirtschaftswissenschaftler durchaus relevant ist, welche Wirkung eine wirtschaftswissenschaftliche Zeitschrift nur auf andere wirtschaftswissenschaftliche Zeitschriften und nicht auf sämtliche für die ISI-Datenbanken ausgewerteten Zeitschriften hat[483] und wie die Qualität der zitatgebenden Zeitschriften zu beurteilen ist, haben LIEBOWITZ/PALMER ein iteratives Gewichtungsverfahren zur

---

479 Zu einer detaillierten Anleitung zur Berechnung eines 5-Jahres-Impact-Faktors vgl. The Thomson Corporation (2008a).

480 Vgl. z.B. Kaltenborn/Kuhn (2003), S. 179.

481 Zu einer detaillierten Anleitung vgl. The Thomson Corporation (2008b).

482 Vgl. Stock (2001b), S. 29.

483 Barrett et al. gehen in dieser Hinsicht noch weiter. Sie konstruieren ein Ranking für verschiedene wirtschaftswissenschaftliche Teilgebiete basierend auf der Klassifikation des *Journal of Economic Literature*. Als zitatgebende Zeitschriften berücksichtigen sie dabei nur die Zeitschriften, die sie den verschiedenen Teilgebieten zugeordnet haben. Vgl. ausführlich Barett et al. (2000).

Berechnung des Journal Impact entwickelt, das diesem Informationsbedürfnis Rechnung trägt.[484]

In diesem Gewichtungsverfahren werden als zitatgebende Zeitschriften von LIEBOWITZ/PALMER nahezu ausschließlich wirtschaftswissenschaftliche Zeitschriften aus dem SSCI berücksichtigt. Zitationen aus fachfremden Zeitschriften werden lediglich zur Berechnung der Startwerte für das Iterationsverfahren herangezogen. Das Ziel dieser Selektion ist die weitgehende Elimination des Einflusses fachfremder Zeitschriften auf das Zeitschriftenranking. Zudem wird die Qualität der zitatgebenden Zeitschrift bei der Berechnung des Qualitätsgewichts berücksichtigt. LIEBOWITZ/PALMER verwenden zu diesem Zweck das folgende Iterationsverfahren:

$$Q_{i,h} = \frac{\sum_{j=1}^{n} C_{ij} \cdot Q_{j,h-1}}{Z_i}$$

In der angegebenen Formel steht $Q_{i,h}$ für das Qualitätsgewicht einer Zeitschrift i nach der h-ten Iteration, C_{ij} bezeichnet die Anzahl der Zitationen, die Zeitschrift i von Zeitschrift j erhält, n ist die Anzahl der gerankten wirtschaftswissenschaftlichen Zeitschriften. Z_i stellt einen Korrekturfaktor für den Umfang der Zeitschrift i dar. Da eine Zeitschrift, in der sehr viele Beiträge veröffentlicht werden, ceteris paribus häufiger zitiert wird als eine Zeitschrift, in der nur wenige Beiträge veröffentlicht werden, wird zur Berechnung des relativen Impact der Korrekturfaktor Z_i eingesetzt. LIEBOWITZ/PALMER erstellen zwei verschiedene Rankings, in denen sie als Korrekturfaktor zum einen die Zahl der in einer Zeitschrift veröffentlichten Forschungsbeiträge und zum anderen die Zahl der auf die Forschungsbeiträge entfallenden Buchstaben verwenden.[485] Zur Ermittlung des Startwerts $Q_{i,0}$ wird die ungewichtete Zahl der auf eine Zeitschrift i entfallenden Zitationen sämtlicher Zeitschriften des SSCI verwendet, die durch den Korrekturfaktor Z_i dividiert wird. Die Anwendungen dieses Iterationsverfahrens in der Studie von LIEBOWITZ/PALMER und den Nachfolgerstudien von LABAND/PIETTE und KALAITZIDAKIS ET AL. belegen, dass der Prozess bereits nach einer relativ geringen Anzahl von Iterationen (etwa 15 bis 20) Ergebnisse mit einer hohen Stabilität hervorbringt.[486]

[484] Vgl. ausführlich Liebowitz/Palmer (1984), S. 81f. Liebowitz/Palmer beziehen sich in ihren Ausführungen nicht direkt auf den Impact-Faktor, sondern auf den „total impact" im SSCI, den sie als die Summe der auf eine Zeitschrift entfallenden Zitationen definieren.

[485] Dieses Vorgehen ist wohl dem Umstand geschuldet, dass sich unterschiedliche Druckformate hinsichtlich der Anzahl der Buchstaben pro Seite unterscheiden, so dass die Seitenzahl eines Artikels kein verlässliches Maß für seinen Umfang darstellt. Zur Ermittlung der Buchstabenanzahl und dem Iterationsverfahren vgl. Liebowitz/Palmer (1984), S. 82f.

[486] Vgl. Liebowitz/Palmer (1984), S. 82f., Laband/Piette (1994), S. 643, und Kalaitzidakis et al. (2003), S. 1352.

MOED ET AL. entwickeln eine von ihnen als *normalised impact factor* bezeichnete Kennzahl, mit der zwei wesentliche Mängel des klassischen Impact-Faktor behoben werden. Dies ist zum einen der Umstand, dass bei der Berechnung des Zählers Zitationen mitgezählt werden, die auf von ISI als nicht zitierfähig eingestufte Beiträge entfallen. Zum anderen wird beim *normalised impact factor* die unterschiedliche Zitatattraktivität verschiedener Dokumententypen berücksichtigt. Die Berechnung dieser Kennzahl erfolgt, indem die Wirkung der in einer Zeitschrift veröffentlichten Beiträge des Typs *article*, *review* oder *note*[487] in Relation gesetzt wird zu den im gleichen Fachgebiet und zum gleichen Zeitpunkt veröffentlichten Beiträgen des gleichen Dokumententyps. Die Zitationshäufigkeit jedes einzelnen Beitrags einer Zeitschrift, der den berücksichtigten Dokumententypen zuzuordnen ist, wird folglich dividiert durch die durchschnittliche Zitationshäufigkeit der im gleichen Fachgebiet und zum gleichen Zeitpunkt veröffentlichten Beiträge des gleichen Dokumententyps.[488] Die Berechnung dieses Indikators ist somit nahezu identisch mit dem in Abschnitt 5.3 ausführlich vorgestellten Indikator CPP/FCSm, der vom CWTS zur Messung von Forschungsleistung vielfach eingesetzt wird.

6.4 Aufbau der empirischen Untersuchung

Um angemessen beurteilen zu können, inwieweit der Einsatz von Impact-Faktoren als Qualitätsgewicht in Publikationsanalyen zur Messung der Forschungsleistung betriebswirtschaftlicher Fachbereiche in Deutschland sinnvoll ist, ist zunächst zu analysieren, ob die Impact-Faktoren derjenigen Zeitschriften, die von deutschsprachigen Betriebswirten zur Veröffentlichung ihrer Forschungsergebnisse genutzt werden, in den JCR enthalten sind. Im Fall von fehlenden Impact-Faktoren tritt in Publikationsanalysen die Frage auf, wie die Beiträge in Zeitschriften, für die kein Impact-Faktor vorliegt, gewichtet werden. Eine pragmatische Herangehensweise an dieses Problem ist bspw. die Verwendung des durchschnittlichen Impact-Faktors der anderen erfassten Zeitschriften.[489] Da solche Methoden jedoch Ungenauigkeiten zur Folge haben, die umso größer sind, je mehr der erfassten Beiträge in der Publikationsanalyse davon betroffen sind, ist es insbesondere von Bedeutung, inwieweit die Impact-Faktoren derjenigen (renommierten) Fachzeitschriften vorliegen, die besonders häufig von deutschsprachigen Betriebswirten zur Kommunikation von Forschungsergebnissen genutzt werden.

---

[487] Zur Vergabe des Dokumententyps *note* siehe Fußnote 354.

[488] Vgl. Moed et al. (1998), S. 393ff., und Moed et al. (1999), S. 581f.

[489] Zu dieser Methode vgl. Sternberg/Litzenberger (2003), S. 20. Zu einer anderen Herangehensweise an dieses Problem vgl. Fabel/Heße (1999), S. 198.

Zur Analyse dieser Fragestellung wird untersucht, für welche der im VHB-JOURQUAL aufgeführten Zeitschriften Impact-Faktoren in den JCR enthalten sind.[490] Im darauffolgenden Teil der empirischen Untersuchung wird untersucht, inwieweit die Ergebnisse verschiedener auf Impact-Faktoren basierender Zeitschriftenrankings mit den Ergebnissen des VHB-JOURQUAL korrelieren. Aufgrund der in Abschnitt 6.3.3 gewonnenen Erkenntnisse werden verschiedene Varianten der auf Impact-Faktoren basierenden Rankings erstellt. Dabei findet sowohl der klassische 2-Jahres-Impact-Faktor Berücksichtigung als auch der 5-Jahres-Impact-Faktor. Beide Varianten werden unter Einschluss und unter Ausschluss von Selbstzitationen berechnet. Die gesammelten Daten werden weiterhin genutzt, um zu prüfen, wie die methodeninterne Konsistenz dieser zitationsbasierten Zeitschriftenrankings zu beurteilen ist. Die Erhebung der Daten für mehrere Berichtsjahre lässt darüber hinaus Schlüsse auf die zeitliche Stabilität dieser Rankings zu.

Die Untersuchungen in Abschnitt 6.5 basieren auf der Fassung des VHB-JOURQUAL,[491] die auf der Homepage des VHB eingesehen werden kann, sowie auf den Daten der JCR aus den Jahren 2005 und 2004.

6.5 Ergebnispräsentation und -analyse

6.5.1 Zeitschriftenabdeckung

Insgesamt sind 156 Zeitschriften aus dem VHB-JOURQUAL in den JCR aus dem Jahr 2005 aufgeführt. Wie zu erwarten ist, unterscheidet sich die Erfassung der betriebswirtschaftlich relevanten Zeitschriften aus dem VHB-JOURQUAL in den JCR nur geringfügig von der Erfassung dieser Zeitschriften in den Master Journal Lists des ISI, die bereits in Abschnitt 4.5.1 untersucht wurde. Da in den JCR nur solche Zeitschriften aufgeführt werden, die seit mindestens drei Jahren für die ISI-Datenbanken ausgewertet werden und einige Zeitschriften erst seit 2006 in den Master Journal Lists aufgeführt sind, ist die Anzahl der Zeitschriften aus dem VHB-JOURQUAL, die in den JCR aus dem Jahr 2005 enthalten sind, etwas geringer als die in Abschnitt 4.5.1 berücksichtigten Zeitschriften.[492] Abbildung 6.5.1.1 kann entnommen werden, dass die Zeitschriften, die im VHB-JOURQUAL mit A+ oder A bewertet wurden, zu einem sehr großen Teil in den JCR aus dem Jahr 2005 erfasst sind, so dass ihre Impact-

[490] Die Begründung für die Auswahl des VHB-JOURQUAL in diesem Kontext ist identisch mit der in Abschnitt 4.4 ausführlich dargelegten Begründung.

[491] Vgl. VHB (2006).

[492] Insgesamt sind zehn Zeitschriften in den Master Journal Lists aus dem Jahr 2006 aber nicht in den JCR aus dem Jahr 2005 aufgeführt. Die Zeitschriften entfallen auf die Kategorien A (3), B (3), C (3) und D (1).

Faktoren vorliegen. Zeitschriften mit den Ratings B, C oder D werden dagegen in deutlich geringerem Maße in den JCR aus dem Jahr 2005 aufgeführt.

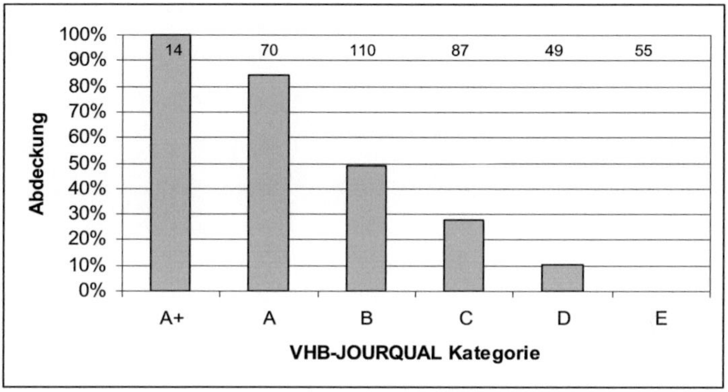

Abbildung 6.5.1.1: Erfassung betriebswirtschaftlich relevanter Zeitschriften in den JCR 2005

Da renommierte deutschsprachige Zeitschriften der ABWL von zahlreichen Betriebswirten aus dem deutschen Sprachraum intensiv zur Kommunikation ihrer Forschungsergebnisse genutzt werden,[493] ist es von besonderem Interesse zu untersuchen, inwieweit sie in den JCR gelistet werden. Eine Analyse dieser Fragestellung zeigt, dass lediglich die BFuP in den JCR enthalten ist. Andere renommierte Zeitschriften, wie DBW, DU, JFB, ZFB und ZfbF, sind nicht in den JCR erfasst.[494] Diese unzureichende Erschließung deutschsprachiger betriebswirtschaftlich relevanter Zeitschriften durch die ISI-Datenbanken[495] wirft im Hinblick auf den Gebrauch der Impact-Faktoren als Qualitätsgewichte in Publikationsanalysen das Problem auf, dass für die in diesen Zeitschriften veröffentlichten Beiträge keine Gewichtungsfaktoren vorhanden sind. Inwieweit diese Problematik sinnvoll dadurch behoben werden kann, dass bspw. die durchschnittlichen Impact-Faktoren anderer erfasster Zeitschriften als Schätzwerte verwendet werden, ist zu hinterfragen.

6.5.2 Ergebnisvergleich mit dem VHB-JOURQUAL

In Tabelle 6.5.2.1 sind für die verschiedenen Kategorien des VHB-JOURQUAL der Durchschnitt, der Median und die Standardabweichung der Impact-Faktoren derjenigen Zeitschriften aufgeführt, die in den JCR aus dem Jahr 2005 gelistet sind. In der ersten Spalte der Tabelle sind die Kategorien des VHB-JOURQUAL und die Anzahl der Zeitschriften aufgeführt, für

[493] Vgl. Macharzina et al. (2006), S. 6f.

[494] Die genannten Zeitschriften sind laut Macharzina et al. die sechs führenden deutschsprachigen Zeitschriften der BWL. Vgl. dazu Macharzina et al. (2006), S. 9f.

[495] Zu einem ähnlichen Befund vgl. Dilger (2000), S. 474ff. und Schlinghoff/Backes-Gellner (2002), S. 348.

die die verschiedenen Kennzahlen anhand der Daten aus JCR berechnet werden können. So können bspw. für 54 der 110 Zeitschriften aus Kategorie B die 2-Jahres-Impact-Faktoren ermittelt werden und für 52 Zeitschriften die 5-Jahres-Impact-Faktoren. In der Tabelle werden insgesamt vier verschiedene Varianten des Impact-Faktors berücksichtigt. Dies sind der 2-Jahres-Impact-Faktor und der 5-Jahres-Impact-Faktor, die jeweils unter Einschluss und Ausschluss von Selbstzitationen berechnet werden.

Ratingkategorie		IF (2) 2005	IF (2) 2005 (ohne Selbstzitationen)	IF (5) 2005	IF (5) 2005 (ohne Selbstzitationen)
A+	Mittelwert	2,387	1,903	3,632	3,119
14/14/14	Median	2,293	1,816	3,408	2,817
	σ	0,829	0,577	1,308	1,209
A	Mittelwert	1,272	1,107	1,927	1,718
59/57/70	Median	1,179	1,020	1,702	1,490
	σ	0,857	0,770	1,293	1,181
B	Mittelwert	0,964	0,769	1,356	1,136
54/52/110	Median	0,824	0,631	1,064	0,924
	σ	0,680	0,674	0,960	0,946
C	Mittelwert	1,100	0,948	1,663	1,502
24/20/87	Median	0,738	0,613	1,126	0,873
	σ	1,417	1,415	1,849	1,840
D	Mittelwert	0,671	0,454	0,847	0,631
5/5/49	Median	0,497	0,377	0,583	0,425
	σ	0,501	0,353	0,591	0,512
E	Mittelwert	-	-	-	-
0/0/55	Median	-	-	-	-
	σ	-	-	-	-

Tabelle 6.5.2.1: Zusammenhang zwischen Impact-Faktoren und den Ergebnissen des VHB-JOURQUAL

Die Analyse der in Tabelle 6.5.2.1 aufgeführten Kennzahlen zeigt, dass die Mittelwerte und Mediane der Zeitschriften der Kategorie A+ bei allen vier aufgeführten Varianten des Impact-Faktors deutlich höher ausfallen als die entsprechenden Werte für die anderen Kategorien. Ebenso sind die entsprechenden Werte für die Kategorie A höher als die der Kategorie B. Diese Beobachtungen zeigen, dass die in den JCR erfassten Zeitschriften, die von deutschsprachigen Betriebswirten im VHB-JOURQUAL als hochrangig eingestuft wurden, im Mittel häufiger zitiert werden, als die in den JCR enthaltenen Zeitschriften, die eine schlechtere Einstufung durch diese Gruppe erhalten haben. Ein auf den ersten Blick widersprüchliches Ergebnis findet sich bei dem Vergleich der Kennzahlen für die Kategorien B und C. Obwohl die Zeitschriften der Kategorie C im VHB-JOURQUAL schlechter geratet wurden als die Zeitschriften der Kategorie B, weisen sie einen höheren durchschnittlichen Impact-Faktor in allen vier Varianten auf. Die Mediane der Zeitschriften der Kategorie B liegen dagegen mit Ausnahme des 5-Jahres-Impact-Faktors unter Einschluss von Selbstzitationen über den entsprechenden Werten der Zeitschriften der Kategorie C. Dieser Befund sowie die in Relation zu den anderen Zeitschriftenkategorien hohe Standardabweichung der Zeitschriften der Kategorie C deuten darauf hin, dass die Berechnung des Mittelwerts durch einen oder mehrere Ausreißer verzerrt wird.

Eine Analyse der Impact-Faktoren bestätigt diese Vermutung. Der 2-Jahres-Impact-Faktor der Zeitschrift *ACM Computing Surveys* beträgt 7,400. Das ist mit Abstand der höchste 2-Jahres-Impact-Faktor der Zeitschriften aus der Kategorie C. Die Zeitschrift mit dem zweithöchsten Impact-Faktor dieser Kategorie ist die Zeitschrift *Human Resource Management* mit einem 2-Jahres-Impact-Faktor von 2,378. Die Zeitschrift *ACM Computing Surveys* kann folglich in Bezug auf die Impact-Faktoren der Zeitschriften der Kategorie C als Ausreißer betrachtet werden. Ein Ausschluss dieser Zeitschrift bei der Berechnung der Kennzahlen für die Zeitschriften der Kategorie C, die in den JCR erfasst sind, führt zu einem durchschnittlichen 2-Jahres-Impact-Faktor in Höhe von 0,826, einem Median in Höhe von 0,712 und einer Standardabweichung in Höhe von 0,542. Diese Werte sind insofern plausibler, als dass der Durchschnitt und Median des 2-Jahres-Impact-Faktors der Zeitschriften der Kategorie C kleiner sind als die entsprechenden Werte der Kategorie B und größer als die der Kategorie D.

In diesem Kontext ist zu hinterfragen, inwieweit der hohe Impact-Faktor der Zeitschrift *ACM Computing Surveys* die wissenschaftliche Qualität dieser Zeitschrift adäquat widerspiegelt. Der 2-Jahres-Impact-Faktor dieser Zeitschrift ist der höchste 2-Jahres-Impact-Faktor aller Zeitschriften des VHB-JOURQUAL. Er ist deutlich höher als die entsprechenden Werte der Zeitschriften der Kategorie A+, obwohl die Zeitschrift im VHB-JOURQUAL lediglich in die Kategorie C eingestuft wurde.[496] Um aufzuklären, ob die wissenschaftliche Qualität der Zeitschrift im VHB-JOURQUAL möglicherweise stark unterschätzt wurde, bietet es sich an, weitere Zeitschriftenrankings hinzuzuziehen. Zu diesem Zweck kann auf die *Journal Quality List* von HARZING zurückgegriffen werden. In dieser Liste werden verschiedene Zeitschriftenrankings bzw. -ratings wirtschaftswissenschaftlich relevanter Zeitschriften zusammengestellt. Die in der Liste berücksichtigten Rankings stammen mehrheitlich von Business Schools, Universitäten oder anderen wirtschaftswissenschaftlichen Institutionen aus Australien, Deutschland (VHB-JOURQUAL), Frankreich, Großbritannien, Hong Kong, Österreich, den Niederlanden sowie den Vereinigten Staaten von Amerika. Eine Analyse der Bewertungen

[496] Den höchsten 2-Jahres-Impact-Faktor aus der Kategorie A+ weist das *Journal of Marketing* mit einem Wert von 4,132 auf.

der Zeitschrift *ACM Computing Surveys* in den Rankings der Journal Quality List zeigt, dass diese Zeitschrift in den meisten Untersuchungen gut aber keinesfalls sehr gut geratet bzw. gerankt wird.[497] Auch wenn die wissenschaftliche Qualität dieser Zeitschrift im VHB-JOURQUAL somit in Relation zu anderen Rankings eher niedrig beurteilt wird, ist dies keine ausreichende Erklärung für den hohen Impact-Faktor dieser Zeitschrift. Es ist vielmehr davon auszugehen, dass der Impact-Faktor dieser Zeitschrift in Relation zu den Impact-Faktoren der anderen Zeitschriften des VHB-JOURQUAL die wissenschaftliche Qualität dieser Zeitschrift nicht angemessen widerspiegelt.[498]

Der hohe Impact-Faktor ist möglicherweise eine Folge des hohen Anteils an Übersichtsbeiträgen in der Zeitschrift *ACM Computing Surveys*. Im Zeitraum von 2000 bis 2007 werden insgesamt 102 Beiträge aus dieser Zeitschrift im *Web of Science* erfasst. Davon entfallen 52 Beiträge auf den Dokumententyp *review*. Da Übersichtsbeiträge i.d.R. häufiger zitiert werden als originäre Forschungsbeiträge, ist zu vermuten, dass der hohe Impact-Faktor dieser Zeitschrift auch auf den hohen Anteil an Übersichtsbeiträgen zurückzuführen ist.

Um genauer beurteilen zu können, inwieweit der Einsatz von Impact-Faktoren als Qualitätsgewicht in Publikationsanalysen zur Messung der Forschungsleistung betriebswirtschaftlicher Fachbereiche in Deutschland sinnvoll ist, ist der Zusammenhang zwischen den Einstufungen der betriebswirtschaftlich relevanten Zeitschriften im VHB-JOURQUAL und ihrer Impact-Faktoren detaillierter zu analysieren. Tabelle 6.5.2.2 zeigt die Korrelationen der verschiedenen Impact-Faktoren mit dem VHB-JOURQUAL-Wert und die Rangkorrelation des VHB-JOURQUAL mit den Rankings, die sich auf Basis der vier verschiedenen Varianten des Impact-Faktors ergeben.

	IF 2005 (2)	IF 2005 (2, ohne SZ)	IF 2005 (5)	IF 2005 (5, ohne SZ)
Korrelation mit dem VHB-JOURQUAL-Wert	0,295	0,260	0,357	0,330
Rangkorrelation mit dem VHB-JOURQUAL	0,423	0,455	0,451	0,460

Tabelle 6.5.2.2: Korrelationen des VHB-JOURQUAL mit Zeitschriftenbewertungen auf Basis von Impact-Faktoren

Die in Tabelle 6.5.2.2 aufgeführten Korrelationen sind den Erwartungen entsprechend positiv. Alle aufgeführten Korrelationen sind (2-seitig) signifikant auf einem Niveau von 0,01. Die Korrelation der absoluten VHB-JOURQUAL-Werte mit den 2-Jahres-Impact-Faktoren ist

497 Vgl. Harzing (2007).

498 In einem anderen Kontext äußert sich Mingers ähnlich zur Diskrepanz zwischen der Höhe des Impact-Faktors und der wissenschaftlichen Qualität dieser Zeitschrift. Vgl. Mingers (2005).

schwach positiv. Zwischen den absoluten VHB-JOURQUAL-Werten und den 5-Jahres-Impact-Faktoren besteht eine geringfügig höhere Korrelation. Der Ausschluss von Selbstzitationen hat lediglich unwesentliche Auswirkungen auf die gemessenen Korrelationen.

Die gemessene Rangkorrelation zwischen dem VHB-JOURQUAL und den auf Impact-Faktoren basierenden Rankings liegt für alle vier betrachteten Kombinationen im mittleren Bereich. Auch hier hat der Ausschluss von Selbstzitationen nur geringe Auswirkungen auf die gemessenen Korrelationen. Die Differenzen zwischen den Rangkorrelationen der 2-Jahres- und 5-Jahres-Impact-Faktoren fallen wesentlich geringer aus als die entsprechenden Differenzen bei der Berechnung der Korrelationen zwischen den Impact-Faktoren und den VHB-JOURQUAL-Werten.

Es bleibt zu diskutieren, welche Implikationen mit den in diesem Abschnitt erarbeiteten Erkenntnissen im Hinblick auf die Eignung der in den JCR aufgeführten Impact-Faktoren als Qualitätsgewichte für Publikationen im Rahmen der Leistungsmessung betriebswirtschaftlicher Fachbereiche in Deutschland verbunden sind. Die Betrachtung der Impact-Faktoren und der VHB-JOURQUAL-Werte sowie der daraus resultierenden Rangfolgen der Zeitschriften zeigt, dass in einigen Fällen deutliche Unterschiede zwischen diesen Bewertungsverfahren bestehen. Die mit A+ eingestufte Zeitschrift *Accounting, Organizations and Society* belegt z.B. im VHB-JOURQUAL den 7. Rangplatz. Bei einem Ranking nach Maßgabe des 2-Jahres-Impact-Faktors nimmt sie lediglich den 88. Rangplatz von insgesamt 156 Zeitschriften ein.

Eine genauere Analyse zeigt, dass diese Zeitschrift kein Einzelfall ist, sondern dass die Top-Zeitschriften des Forschungsfelds *Rechnungswesen und Controlling* bei dem Ranking nach Maßgabe des 2-Jahres-Impact-Faktors deutlich schlechter abschneiden als im VHB-JOURQUAL. Eine Untersuchung der übrigen vier der fünf besteingestuften Zeitschriften dieses Teilrankings führt zu folgenden Ergebnissen: Das *Journal of Accounting Research* rutscht von Rang 12 im VHB-JOURQUAL auf Rang 35 im Impact-Faktor-Ranking ab. Die Zeitschrift *Contemporary Accounting Research* fällt von Rang 17 auf Rang 102, das *Journal of Financial and Quantitative Analysis* fällt von Rang 20 auf Rang 77 und die Zeitschrift *Review of Accounting Studies* fällt von Rang 25 auf Rang 39.

Die Ursache für die mitunter drastischen Einbußen dieser Zeitschriften ist wahrscheinlich in der relativ schlechten Abdeckung der Zeitschriften dieses Forschungsfelds in den ISI-Datenbanken zu sehen. Abbildung 4.5.3.1 ist zu entnehmen, dass zahlreiche (auch hochrangige) Zeitschriften des Forschungsfelds *Rechnungswesen und Controlling* nicht für die ISI-Datenbanken ausgewertet werden. Es ist plausibel anzunehmen, dass Beiträge aus Zeitschriften dieses Gebiets verstärkt in Zeitschriften zitiert werden, die auf dieses Forschungsfeld spezialisiert sind.[499] Da vergleichsweise wenig Zeitschriften aus dem Gebiet für die ISI-Datenbanken ausgewertet werden, ist die Anzahl der zitatgebenden Quellen relativ klein, so dass auch die Impact-Faktoren entsprechend gering ausfallen.

Die Konsequenz aus dem vergleichsweise schlechten Abschneiden der Zeitschriften des Forschungsfelds *Rechnungswesen und Controlling* im Ranking nach Impact-Faktoren für die Leistungsmessung betriebswirtschaftlicher Fachbereiche ist die, dass Fachbereiche mit spezifischen Stärken in diesem Gebiet bei Publikationsanalysen, in denen die Impact-Faktoren als Qualitätsgewichte verwendet werden, gegenüber einer auf dem VHB-JOURQUAL basierenden Qualitätsgewichtung benachteiligt werden.

Weiterhin ist die Verwendung von Impact-Faktoren als Qualitätsgewicht in Publikationsanalysen mit dem Problem verbunden, dass durch den Ausweis der Impact-Faktoren mit drei Nachkommastellen in den JCR sowie das Verfahren als solches eine hohe Messgenauigkeit suggeriert wird. Vor dem Hintergrund der in Abschnitt 6.3.1 erläuterten Kritikpunkte am Impact-Faktor sowie dem Umstand, dass sich Zitationsmaße grundsätzlich auf eine soziale, sich im Kontext der Wissenschaft vollziehende Handlung beziehen, deren Motive vielfältig sind,[500] ist die Gefahr falscher Schlussfolgerungen bei der Interpretation von Impact-Faktoren und darauf aufbauenden Publikationsanalysen hoch.

6.5.3 Beurteilung der methodeninternen Konsistenz

Im Hinblick auf den Einsatz von Impact-Faktoren als Qualitätsgewicht in Publikationsanalysen zur Messung der Forschungsleistung betriebswirtschaftlicher Fachbereiche in Deutschland ist es weiterhin von Interesse zu untersuchen, inwieweit die verschiedenen Varianten des Impact-Faktors zu ähnlichen Ergebnissen führen und damit methodisch konsistent sind. Zur Analyse dieser Fragestellung wird im Folgenden überprüft, welche Korrelationen zwischen den Ausprägungen der Impact-Faktoren der verschiedenen Verfahren vorliegen. Darüber hinaus wird die Rangkorrelation für Zeitschriftenrankings, die sich nach Maßgabe der verschiedenen Impact-Faktoren ergeben, geprüft.

---

[499] Diese Annahme kann relativ einfach mit den in den JCR ausgewiesenen Daten, die die Zitationsbeziehungen zwischen verschiedenen Zeitschriften offenlegen, überprüft werden. Eine grobe Sichtung dieser Daten bestätigt die Plausibilität dieser Annahme.

[500] Vgl. Winterhager (1994), S. 78, und Abschnitt 3.3 dieser Dissertation.

Die Korrelationen zwischen den Ausprägungen der Impact-Faktoren der insgesamt vier verschiedenen Varianten sind in Tabelle 6.5.3.1 aufgeführt. Sämtliche dort aufgeführten Korrelationen sind auf einem Niveau von 0,01 (2-seitig) signifikant.

	IF 2005 (2)	IF 2005 (2, ohne SZ)	IF 2005 (5)	IF 2005 (5, ohne SZ)
IF 2005 (2)	1	0,974	0,937	0,925
IF 2005 (2, ohne SZ)		1	0,922	0,940
IF 2005 (5)			1	0,989
IF 2005 (ohne SZ)				1

Tabelle 6.5.3.1: Korrelationen zwischen den verschiedenen Impact-Faktoren

Die Korrelationen zwischen den vier Verfahren sind als sehr hoch zu beurteilen. Es zeigt sich, dass die Impact-Faktoren mit Einschluss und mit Ausschluss von Selbstzitationen hoch korreliert sind. Größere Änderungen ergeben sich durch den Ausschluss von Selbstzitationen lediglich bei einzelnen Zeitschriften. Die größte relative Änderung des 2-Jahres-Impact-Faktors bei der Elimination der Selbstzitationen ergibt sich für die BFuP, da ihr 2-Jahres-Impact-Faktor aus dem Jahr 2005 zu 6/7 aus Selbstzitationen besteht.[501]

Bei einem Wechsel des Bezugszeitraums von zwei Jahren auf fünf Jahre zeigt eine Analyse der Rohdaten, dass die 5-Jahres-Impact-Faktoren im Vergleich zu den 2-Jahres-Impact-Faktoren im Durchschnitt um etwa 50 % höher ausfallen. Daraus ist zu schließen, dass die Anzahl der Zitationen pro Jahr für die Beiträge dieser Zeitschriften bei einer Vergrößerung des Bezugszeitraums zur Berechnung des Impact-Faktors zunimmt. Die hohen Korrelationen zwischen den Impact-Faktoren mit zwei- und fünfjährigem Beobachtungszeitraum deuten darauf hin, dass sich die Erhöhung der Impact-Faktoren bezogen auf die Zeitschriften relativ gleichmäßig vollzieht.

	IF 2005 (2)	IF 2005 (2, ohne SZ)	IF 2005 (5)	IF 2005 (5, ohne SZ)
IF 2005 (2)	1	0,968	0,934	0,904
IF 2005 (2, ohne SZ)		1	0,917	0,932
IF 2005 (5)			1	0,977
IF 2005 (ohne SZ)				1

Tabelle 6.5.3.2: Rangkorrelationen zwischen den verschiedenen auf Impact-Faktoren basierenden Zeitschriftenrankings

[501] In diesem Kontext ist zu berücksichtigen, dass in den Zähler des Impact-Faktors der BFuP lediglich 7 Zitationen eingehen, von denen sechs aus der BFuP selbst stammen. Die Zeitschrift wird folglich nur sporadisch in anderen von ISI indexierten Zeitschriften zitiert.

In Tabelle 6.5.3.2 sind die Rangkorrelationen zwischen den aus den vier verschiedenen Varianten des Impact-Faktors resultierenden Zeitschriftenrankings aufgeführt. Die Korrelationen sind auf einem Niveau von 0,01 (2-seitig) signifikant. Die durchweg hohen Rangkorrelationen belegen, dass weder die Elimination der Selbstzitationen noch der Wechsel des Bezugszeitraums von zwei Jahren auf fünf Jahre einen starken Einfluss auf die daraus hervorgehenden Zeitschriftenrangfolgen haben. Die Rangfolgen bleiben insgesamt stabil, größere Änderungen der Rangplätze betreffen lediglich einzelne Zeitschriften. Die größte Änderung des Rangplatzes bei der Elimination der Selbstzitationen des 2-Jahres-Impact-Faktors betrifft die Zeitschrift *Leadership Quarterly*. Sie rutscht von Rang 32 auf Rang 85 ab und verschlechtert sich somit um 53 Rangplätze.

Insgesamt zeigen die hohen Korrelationen zwischen den vier verschiedenen Varianten des Impact-Faktors, dass diese unterschiedlichen Methoden mit Ausnahme von Einzelfällen für die untersuchten Zeitschriften zu ähnlichen Ergebnissen führen.

6.5.4 Beurteilung der zeitlichen Konsistenz

In Bezug auf die in diesem Kapitel erörterte Fragestellung ist es weiterhin von Interesse zu analysieren, inwieweit die Impact-Faktoren der in die Untersuchung einbezogenen Zeitschriften und die daraus resultierenden Rangfolgen zeitlich konsistent sind. Wie bereits in Abschnitt 6.2 erläutert wurde, ist der Markt für wissenschaftliche Zeitschriften im Zeitablauf Veränderungen ausgesetzt. Zum einen verändert sich die Zusammensetzung des Marktes durch den Markteintritt und Marktaustritt von Zeitschriften zum anderen kann auch die Qualität wissenschaftlicher Zeitschriften im Zeitablauf variieren. Renommierte wissenschaftliche Zeitschriften arbeiten i.d.R. mit einem institutionalisierten Begutachtungsverfahren, bei dem die eingesandten Manuskripte durch Experten selektiert werden. Sofern seitens der Herausgeber keine gravierenden Änderungen am Begutachtungsprozess vorgenommen werden, ist es plausibel anzunehmen, dass die Qualität renommierter wissenschaftlicher Zeitschriften zumindest mittelfristig konstant ist. Im Hinblick auf die Verwendung von Impact-Faktoren als Qualitätsgewicht in Publikationsanalysen ist folglich zu fordern, dass die Ergebnisse kurz- und mittelfristig eine hohe Stabilität aufweisen.

Zur Analyse dieser Fragestellung wird im Folgenden geprüft, inwieweit die Impact-Faktoren der in Abschnitt 6.5 untersuchten Zeitschriften aus den Jahren 2004 und 2005 sowie die daraus resultierenden Rangfolgen korrelieren. Aufgrund des hohen Aufwands, der mit der Datenerhebung verbunden ist, wird die Analyse auf den Vergleich der zwei Zeitpunkte 2004 und

2005 beschränkt. In Tabelle 6.5.4.1 sind die Korrelationen für die vier verschiedenen Varianten des Impact-Faktors aufgeführt. Die Korrelationen und Rangkorrelationen sind auf einem Niveau von 0,01 (2-seitig) signifikant.

	$IF_{04,05}$ (2)	$IF_{04,05}$ (2, ohne SZ)	$IF_{04,05}$ (5)	$IF_{04,05}$ (5, ohne SZ)
Korrelation	0,912	0,927	0,954	0,951
Rangkorrelation	0,893	0,911	0,964	0,966

Tabelle 6.5.4.1: Korrelationen der Impact-Faktoren aus 2004 und 2005

Die Ergebnisse in Tabelle 6.5.4.1 belegen, dass die Impact-Faktoren aus den Jahren 2004 und 2005 in den vier verschiedenen Varianten sowie die daraus resultierenden Rangfolgen der Zeitschriften hoch korreliert sind. Es zeigt sich, dass die Korrelationen und Rangkorrelationen bei den Varianten des Impact-Faktors mit einem Bezugszeitraum von fünf Jahren etwas höhere Werte annehmen als bei den Varianten mit einem 2-jährigen Bezugszeitraum. Dieser Umstand ist wahrscheinlich auf die größeren Überschneidungen in der Datenbasis zurückzuführen.

Bei der Berechnung des 5-Jahres-Impact-Faktors aus dem Jahr 2005 werden die Zitationen, die im Berichtsjahr 2005 auf die Beiträge entfallen, die in der betreffenden Zeitschrift im Zeitraum von 2000 bis 2004 erschienen sind, gezählt und durch die Anzahl der Beiträge dividiert. Bei der Berechnung des 5-Jahres-Impact-Faktors aus dem Jahr 2004 werden analog die Zitationen, die im Berichtsjahr 2004 auf die Beiträge aus dem Zeitraum von 1999 bis 2003 entfallen, berücksichtigt. Somit gehen die Beiträge aus dem Zeitraum 2000 bis 2003 sowohl in die Berechnung des 5-Jahres-Impact-Faktors aus dem Jahr 2004 als auch in die Berechnung des 5-Jahres-Impact-Faktors aus dem Jahr 2005 ein.[502] Bei der Berechnung des 2-Jahres-Impact-Faktors gehen analog die Beiträge aus dem Jahr 2003 sowohl in die Berechnung des 2-Jahres-Impact-Faktors aus dem Jahr 2004 als auch in den 2-Jahres-Impact-Faktor aus dem Jahr 2005 ein. Die höheren Korrelationen bei den zwei Varianten des 5-Jahres-Impact-Faktors sind somit wahrscheinlich auf die größeren Überschneidungen in der Datenbasis zurückzuführen. Es erscheint plausibel anzunehmen, dass die Höhe der in Tabelle 6.5.4.1 aufgeführten Korrelationen ebenfalls zu einem großen Teil auf die erörterten Überscheidungen in der Datenbasis zurückzuführen sind.

Die Überschneidungen in der Datenbasis könnten reduziert werden, indem Impact-Faktoren aus zwei weiter auseinander liegenden Jahren zum Vergleich herangezogen werden. Die

[502] Dabei ist zu berücksichtigen, dass die auf diese Beiträge entfallenden Zitationen in unterschiedlichen Berichtsjahren (2004 und 2005) ermittelt werden.

Ausdehnung des Zeitraums zwischen den Vergleichszeitpunkten ist jedoch mit dem Problem verbunden, dass die Ergebnisse der Korrelationsanalysen weniger gut zu interpretieren sind. Wie bereits zu Beginn dieses Abschnitts erläutert wurde, ist anzunehmen, dass die Qualität wirtschaftswissenschaftlicher Fachzeitschriften kurzfristig relativ konstant ist. Längerfristig sind dagegen durchaus Veränderungen möglich. Aus diesem Grund kann nicht mehr ohne weiteres gefordert werden, dass die auf Impact-Faktoren basierenden Zeitschriftenrankings, die zeitlich weit auseinander liegen, eine sehr hohe Stabilität aufweisen müssen. Dadurch wird die Interpretation der gemessenen Korrelationen erschwert.

6.6 Zwischenfazit

Im Fokus des sechsten Kapitels steht die Frage, inwieweit die Verwendung von Impact-Faktoren als Qualitätsgewicht zur Messung von Forschungsleistung betriebswirtschaftlicher Fachbereiche in Deutschland sinnvoll ist. Ein zentraler Kritikpunkt am Impact-Faktor bezieht sich auf die i.d.R. schiefe Verteilung der Zitationen einer Zeitschrift auf die einzelnen Beiträge, durch die der Impact-Faktor nur für wenige Beiträge einer Zeitschrift repräsentativ ist.[503] Darüber hinaus besteht das Problem, dass renommierte deutschsprachige Zeitschriften, die betriebswirtschaftliche Relevanz besitzen, nur vereinzelt für die ISI-Indizes ausgewertet werden. Ihre Impact-Faktoren können somit nicht in den JCR abgerufen werden. Dadurch entsteht bei Publikationsanalysen, in denen Impact-Faktoren als Qualitätsgewichte verwendet werden, das Problem, dass Beiträge in diesen Zeitschriften entweder nicht berücksichtigt werden können oder aber Schätzwerte für die Impact-Faktoren verwendet werden müssen. In diesem Kontext besteht weiterer Forschungsbedarf hinsichtlich der Zusammensetzung des Publikationsoutputs betriebswirtschaftlicher Forscher und Fachbereiche in Deutschland. Es ist konkret zu ermitteln, wie hoch der Anteil der Publikationen in renommierten Fachzeitschriften, für die keine Impact-Faktoren vorliegen, in Relation zu den Publikationen in renommierten Fachzeitschriften mit vorliegendem Impact-Faktor ist.

Die Analyse des Zusammenhangs zwischen dem VHB-JOURQUAL-Wert und den Impact-Faktoren der Zeitschriften des VHB-JOURQUAL zeigt, dass lediglich eine schwache Korrelation zwischen ihnen besteht. Die Rangkorrelationen, die sich bei Zugrundelegung dieser Kennzahlen für ein Zeitschriftenranking ergeben, liegen im mittleren Bereich. Es wurde festgestellt, dass sich Zeitschriften des Forschungsfelds *Rechnungswesen und Controlling* bei einem Ranking anhand von Impact-Faktoren gegenüber ihrer Platzierung im VHB-

503 Vgl. Seglen (1991), S. 74.

JOURQUAL deutlich verschlechtern. In diesem Zusammenhang besteht weiterer Forschungsbedarf hinsichtlich der Fragestellung, inwieweit sich ein auf dem VHB-JOURQUAL basierendes Ranking betriebswirtschaftlicher Forscher[504] oder Fachbereiche ändert, wenn Impact-Faktoren als Qualitätsgewichte eingesetzt werden und wie der Einsatz von Impact-Faktoren als Qualitätsgewicht vor diesem Hintergrund zu beurteilen ist. Auf Basis der in diesem Kapitel erörterten und neu gewonnenen Erkenntnisse kann die Verwendung von Impact-Faktoren als Qualitätsgewichte in Publikationsanalysen zur Messung der Forschungsleistung betriebswirtschaftlicher Fachbereiche in Deutschland als problematisch beurteilt werden.

[504] Siehe z.B. das Ranking von Häring (2005).

TEIL C: Die Sichtbarkeit und Wahrnehmung betriebswirtschaftlicher Forscher und Fachbereiche in der internationalen Forschung – Methodik und Befunde empirischer Analysen

7 Pilotstudie zur Wahrnehmung deutschsprachiger Hochschullehrer für Betriebswirtschaft in der internationalen Forschung

7.1 Einordnung des Kapitels

In diesem Kapitel wird eine erweiterte Fassung des Aufsatzes „Die Wahrnehmung deutschsprachiger Hochschullehrer für Betriebswirtschaft in der internationalen Forschung – Eine Pilotstudie zu Zitationsverhalten und möglichen Einflussfaktoren", der im Jahr 2005 in der Zeitschrift DBW veröffentlicht wurde, vorgestellt.[505]

Die nachfolgenden Ergebnisauswertungen weichen teilweise von denen im ursprünglichen Beitrag ab, da sich im Zuge der Datenerhebung für die in Kapitel 8 dargestellte Hauptstudie punktuelle Verbesserungen der dem ursprünglichen Beitrag zugrunde gelegten Datenbasis ergeben haben. Dazu gehört die Erfassung einiger Beiträge von Autoren mit den Anfangsbuchstaben A-K, die wegen einer Umstellung der ISI-Zitationsindizes während der Vorstudie im Jahr 2003 übersehen wurden.

Ebenso bedingen kleinere methodische Änderungen bestimmte Modifikationen der Ergebnisauswertungen. So wurde bspw. die intersubjektive Nachprüfbarkeit der erhobenen Zitationsdaten erhöht, u.a. durch die Einführung einer Zuordnungsregel für solche Zitate, deren bibliografische Angaben in den Zitationsindizes des ISI nicht exakt mit der zitierten Quelle übereinstimmen und deren Zuordnung abhängig vom Ausmaß der Abweichung äußerst schwierig sein kann.

Die Ergebnisauswertungen wurden im Vergleich zur ursprünglichen Fassung um die Auswertung nach Zeitschriften (Abschnitt 7.4.4) erweitert.[506] In dieser Auswertung wird die Verteilung der Aufsätze und Zitationshäufigkeiten auf die Zeitschriften, in denen diese Aufsätze erschienen sind, analysiert.[507]

Die Pilotstudie ist in einem frühen Stadium des dieser Dissertation zugrunde liegenden mehrjährigen Forschungsprozesses erstellt worden. Im Anschluss an die Pilotstudie erzielte Forschungsergebnisse sowie Reaktionen auf die Pilotstudie machen es erforderlich, die Pilotstu-

---

[505] Der Forschungsbeitrag ist gemeinsam von den Autoren Dyckhoff/Thieme/Schmitz erstellt worden. Herrn Prof. Dyckhoff gebührt Dank für die Idee und Konzeption der Pilotstudie sowie für seinen maßgeblichen Anteil an ihrer Umsetzung. Frau Thiemes Beitrag erstreckt sich insbesondere auf die Durchführung einer Vorstudie sowie auf die Datenerhebung für die in der DBW veröffentlichte Fassung der Pilotstudie.

[506] Abweichend vom Aufsatz in der DBW werden in diesem Kapitel solche Inhalte, die bereits an früherer Stelle in dieser Dissertation erörtert wurden, zur Vermeidung von Redundanzen stark gekürzt oder gestrichen. Dies betrifft insbesondere die Grundlagen der zitationsanalytischen Messung der Forschungsleistung, die bereits in Teil A dieser Dissertation intensiv diskutiert wurden.

[507] Diese Ergebnisauswertungen wurden von Dyckhoff/Schmitz im Jahr 2006 in der Zeitschrift *OR News publiziert.*

die einer erneuten kritischen Würdigung zu unterziehen, in der diese Erkenntnisse explizit berücksichtigt werden. Um deutlich zu machen, welche Inhalte aus der kritischen Würdigung am Ende dieses Kapitels auf neueren Erkenntnissen beruhen und welche bereits im ursprünglichen Aufsatz enthalten sind, werden die aus neueren Erkenntnissen resultierenden Aspekte in einem gesonderten Abschnitt (7.6) erörtert.

7.2 Ziele der Untersuchung

Im Rahmen der Pilotstudie wird die Zitationsanalyse als Instrument eingesetzt, um zu messen, welche international veröffentlichten Aufsätze im deutschen Sprachraum tätiger Hochschullehrer für Betriebswirtschaft in der internationalen Forschung besonders stark wahrgenommen werden. Als Datenbasis für diese Studie wurde zunächst unter Verwendung bestimmter Ausschlusskriterien auf Basis des Mitgliederverzeichnisses des VHB aus dem Jahr 2001 eine relevante Grundgesamtheit der Hochschullehrer ausgewählt. Für diese Grundgesamtheit wurden anschließend mit Hilfe der von ISI angebotenen Zitationsindizes für eine Spitzengruppe häufig zitierter Aufsätze die Zitationshäufigkeiten im Zeitraum von 1993 bis 2002 ermittelt. Dieses Zeitfenster zur Ermittlung der Zitationshäufigkeiten ist mit zehn Jahren im Vergleich zu anderen Zitationsanalysen bewusst groß gewählt worden, um eine hohe Aussagekraft der Studie zu gewährleisten. Im Unterschied zu anderen Zitationsanalysen ist dieses Zeitfenster bezogen auf den Erscheinungszeitraum der Publikationen, deren Zitationshäufigkeiten erhoben werden, nicht begrenzt. Somit werden in der Studie sowohl „Zitationsklassiker“ als auch jüngere, stark rezipierte Publikationen erfasst. Zusätzlich zu den bibliografischen Angaben der Aufsätze sind weitere überwiegend autorenspezifische Merkmale, wie z.B. die Hochschulzugehörigkeit oder die Mitgliedschaft in VHB-Kommissionen, erhoben worden, die für verschiedene Auswertungen herangezogen werden.

Eine wie hier vorgestellte Studie ist in dieser Form für die deutsche BWL noch nicht durchgeführt worden. Da die detaillierte Erhebung der Zitationsdaten mit einem sehr hohen Aufwand verbunden ist, wird ausschließlich eine Spitzengruppe besonders häufig zitierter Aufsätze identifiziert und analysiert. Diese Pilotstudie besitzt somit einen explorativen Charakter. Ihre Zielsetzung ist nicht die umfassende Abbildung der internationalen Präsenz der deutschen BWL mittels Zitationsindikatoren, sondern die Vermittlung eines Eindrucks darüber,

- welche Forschungsbeiträge international stark rezipiert werden,
- welche deutschsprachigen Autoren dazu beitragen,

- welche Teilgebiete der BWL betroffen sind und
- an welchen Hochschulen die Autoren bei der Erstellung des Aufsatzes (work done at-Erhebung) bzw. im Jahr 2003 (current potential-Erhebung) tätig waren.

Daraus lassen sich Ideen für Einflussfaktoren auf die Präsenz deutschsprachiger Autoren in der internationalen Forschung ableiten. Insbesondere vor dem Hintergrund des bisher scheinbar geringen Einflusses der deutschen BWL auf die internationale Forschung ergeben sich aus der Studie erste Ansatzpunkte, wie die internationale Präsenz in den Zitationen verstärkt werden kann. Allerdings bleibt es nachfolgenden Untersuchungen vorbehalten, entsprechende Hypothesen zu präzisieren und empirisch weitergehend zu prüfen.

7.3 Konzeption der Untersuchung

Die empirische Studie vollzieht sich im Wesentlichen in drei Schritten. Im ersten Schritt wird die Grundgesamtheit derjenigen Hochschullehrer ermittelt, die in die Zitationsanalyse Eingang finden. Gegenstand des zweiten Arbeitsschrittes ist die Zählung der Zitationen für die in internationalen Fachzeitschriften veröffentlichten Aufsätze der betreffenden Hochschullehrer der Grundgesamtheit. Auf diese Weise werden die Zitationshäufigkeiten der häufig zitierten Publikationen unter Zugrundelegung bestimmter Ausschlusskriterien für den Zeitraum von 1993 bis 2002 detailliert erhoben. Im letzten Schritt der Studie werden diese Publikationen einer weitergehenden Analyse unterzogen, bei der z.B. die beteiligten Autoren, deren Hochschulzugehörigkeit, die inhaltlichen Schwerpunkte der Publikationen, die veröffentlichenden Zeitschriften und weitere Punkte untersucht werden.

7.3.1 Ermittlung der Grundgesamtheit

Um die Hochschullehrer zu ermitteln, für deren Publikationen die Zitationsdaten erhoben werden, wurde auf das gedruckte Mitgliederverzeichnis des VHB aus dem Jahr 2001 zurückgegriffen.[508]

Um den Erhebungsaufwand zu begrenzen, ohne jedoch die Aussagekraft der Ergebnisse zu beeinträchtigen, wurden nicht alle Mitglieder des VHB in die Untersuchung miteinbezogen. Der Auswahl der Hochschullehrer liegen die folgenden Kriterien zugrunde:

---

[508] Ein aktuelleres gedrucktes Mitgliederverzeichnis konnte der 2003 durchgeführten Erhebung nicht zugrunde gelegt werden, weil das Mitgliederverzeichnis des VHB nur alle drei Jahre in gedruckter Form erscheint und somit das letzte Verzeichnis aus dem Jahr 2004 noch nicht vorlag.

1) Es werden ausschließlich Hochschullehrer mit dem Titel Professor in die Datenbasis aufgenommen. Honorarprofessoren, außerplanmäßige Professoren, außerordentliche Professoren sowie Gast- und Vertretungsprofessoren finden keinen Eingang in die vorliegende Untersuchung.[509]

2) Den Bezeichnungen im Mitgliederverzeichnis des VHB aus dem Jahr 2001 entsprechend werden ausschließlich im Jahr 2001 an Hochschulen beschäftigte oder (z.B. auf Grund von Emeritierung) ehemals beschäftigte Professoren und ordentliche Professoren, Universitätsprofessoren und ordentliche Universitätsprofessoren berücksichtigt. Nach nordrhein-westfälischem Recht hat nur diese Personengruppe den Professorentitel im Anschluss an einen erfolgreichen Berufungsprozess erlangt. Ehrenhalber verliehene Professorentitel werden nicht berücksichtigt, da solche von der Hochschule verliehen werden,[510] während der Titel „(ordentlicher) (Universitäts-) Professor" i.d.R. durch das Landesministerium ausgesprochen wird.[511] Um Ungleichheiten beim zu betrachtenden Autorenkreis zu vermeiden, wird hier die Norm des nordrhein-westfälischen Rechts auf den gesamten Autorenkreis ausgedehnt.

3) Weiterhin erstreckt sich die Zitationszählung nur auf Professoren, die den Angaben im Verzeichnis des VHB aus dem Jahr 2001 zufolge in diesem Jahr oder vor der Emeritierung bzw. vor dem Ausscheiden aus dem Hochschulwesen im deutschsprachigen Raum tätig waren. Die Messung des Einflusses „deutschsprachiger" Professoren für Betriebswirtschaft auf die internationale Forschung legt nahe, Professoren, die nicht im deutschen Sprachraum forschen, nicht mit in die Studie einzubeziehen. Es ist anzunehmen, dass dieser Personenkreis bereits andernorts in die internationale Forschung integriert ist. Folglich ließe sich bei seiner Berücksichtigung das Ausmaß des Beitrags im deutschen Sprachraum tätiger Professoren für Betriebswirtschaft zum internationalen Stand der Wissenschaft in der Zitationsanalyse nur noch schwer feststellen. Maßgeblich für die gewählte Abgrenzung ist ausdrücklich das Mitgliederverzeichnis des VHB aus dem Jahr 2001. Daraus folgt, dass solche Aufsätze von Hochschullehrern, die während früherer Forschungsaufenthalte im Ausland mitunter in Kooperation mit ausländischen Wissenschaftlern entstanden sind, durchaus in die Untersuchung mit-

[509] Diese Abgrenzung wurde vorgenommen, um den Aufwand der Datenerhebung in vertretbaren Grenzen zu halten. Eine Analyse mittels gezielter Stichproben lässt jedoch darauf schließen, dass der Einfluss der ausgeschlossenen Hochschullehrer auf die nachfolgenden Ergebnisse gering ist.

[510] Vgl. Gesetz über die Hochschulen des Landes Nordrhein-Westfalen, § 53, Abs. 3, Satz 1.

[511] Vgl. Gesetz über die Hochschulen des Landes Nordrhein-Westfalen, § 47, Abs. 1, Satz 1.

einbezogen werden, sofern diese Hochschullehrer laut Mitgliederverzeichnis des VHB aus dem Jahr 2001 wieder im deutschen Sprachraum tätig sind.

Die Auswahl der Hochschullehrer unter den oben genannten Kriterien führt zu einer Grundgesamtheit von 828 Personen. Ohne die Verwendung dieser Ausschlusskriterien müssten sämtliche Mitglieder des VHB im Jahre 2001, also insgesamt 1159 Personen, in der Zitationsanalyse berücksichtigt werden. Der Auswahl liegt die Annahme zugrunde, dass der ausgeschlossene Kreis von 331 Personen, unter denen sich viele junge Nachwuchswissenschaftler befinden, bislang noch nicht wesentlich zum Zitationseinfluss beigetragen hatte.

7.3.2 Erhebung der Zitationsdaten

Zur Erhebung der Zitationsdaten werden die von ISI angebotenen Zitationsindizes verwendet. Unter der Benutzeroberfläche Web of Science sind hier der SSCI, der SCI-X sowie der A&HCI zusammengefasst. Im Rahmen einer Vorstudie zeigte sich, dass der A&HCI so gut wie keine relevanten Zitationen enthielt. Deshalb wurden für die Ermittlung der Zitationsdaten der eigentlichen Studie allein der SSCI und der SCI-X ausgewählt.

Bei der Erhebung wurde als Suchkriterium jeweils der Name der in der Grundgesamtheit enthaltenen Hochschullehrer in die Abfragemaske *cited reference search* des Web of Science eingegeben. Als Antwort auf diese Abfrage wird eine Liste ausgegeben, in der alle Publikationen des Autors, die in den vom Index erfassten Zeitschriften innerhalb eines bestimmten Zeitraums zitiert werden, in der folgenden, gekürzten Form aufgeführt sind:

Hits \ Cited Author \ Cited Work \ Volume \ Page \ Year

Um die Übersichtlichkeit der Ergebnismenge zu gewährleisten und den Erhebungsaufwand zu begrenzen, wurden lediglich Aufsätze betrachtet, die seit ihrer Veröffentlichung bis zum Ende des Jahres 2002 insgesamt mindestens 20 mal zitiert wurden. Diese Aufsätze sind 2003 in einer Vorstudie ermittelt und in der hier vorliegenden Aktualisierung 2005 nochmals überprüft worden. Alle Aufsätze, die seit ihrem Erscheinen bis zum Ende des Jahres 2002 weniger als 20 Zitationen auf sich vereinigen, scheiden also verfahrensbedingt aus der weiteren Betrachtung aus.[512]

[512] Abweichend zur Publikation der Pilotstudie in der DBW werden hier nicht mehr 20 Zitationen bis zum August 2003 sondern bis zum Ende des Jahres 2002 vorausgesetzt.

Eine Absenkung dieses Kriteriums auf weniger als 20 Zitationen führt zu einem progressiven Anstieg der Anzahl zu betrachtender Aufsätze und vervielfacht somit den Erhebungsaufwand. Eine Anhebung dieses Kriteriums führt dagegen zu einer starken Verkleinerung der Ergebnismenge. Die verwendete Anzahl von 20 Zitationen wird von den Verfassern der Pilotstudie als geeignet betrachtet, um den Zitationseinfluss der im deutschen Sprachraum tätigen Hochschullehrer für Betriebswirtschaft im Hinblick auf die besonders „wirksamen“ Forschungsbeiträge abzubilden. Ungeachtet dessen liegt die Festlegung dieser Mindestanzahl auf 20 ebenso wie die Auswahl des Erhebungszeitraums im Ermessensspielraum der Verfasser und bleibt somit unweigerlich willkürbehaftet.

Aus der Anwendung dieses Kriteriums resultieren insgesamt 98 – ausschließlich in englischer Sprache verfasste – Aufsätze von insgesamt 53 beteiligten Hochschullehrern der Grundgesamtheit.[513] Für diese Aufsätze sind zwei weitere Erhebungen durchgeführt worden. Zum einen sind für diese Aufsätze die Gesamtzitationshäufigkeiten, die seit Veröffentlichung bis zum Ende des Jahres 2002 auf die jeweiligen Aufsätze entfallen, unter Einschluss von Selbstzitationen erhoben worden. Die Aufsätze und die entsprechenden Zitationshäufigkeiten sind differenziert nach SCI-X und SSCI im Anhang aufgeführt. Zum anderen sind die Zitationshäufigkeiten ausschließlich bezogen auf den Zeitraum von 1993 bis 2002 erhoben worden. Diese Erhebung ist unter expliziter Erfassung von Selbstzitationen erfolgt und besitzt damit eine höhere Genauigkeit. Grundlage für die in Abschnitt 7.4 präsentierten Ergebnisauswertungen ist ausschließlich die Erhebung für diesen Zeitraum.

Bei der Arbeit mit den Zitationsindizes treten folgende Probleme auf, die sich gegebenenfalls negativ auf die Qualität der erhobenen Daten auswirken können:

1) Bei der durchgeführten Erhebung der Zitationsdaten mit Hilfe des Web of Science ist zu beachten, dass in vereinzelten Fällen Ausgaben von Zeitschriften, die im SSCI oder im SCI-X enthalten und im Jahr 2002 erschienen sind, erst im darauf folgenden Jahr 2003 von ISI entsprechend indexiert wurden. Beschränkt man den Abfragezeitraum in den Einstellungen des Web of Science jedoch auf den Zeitraum 1993 bis 2002, so werden ausschließlich die Zitationen erfasst, die in diesem Zeitraum indexiert wurden. Dagegen werden die Zitationen aus dem Jahr 2002, die erst 2003 indexiert wurden, nicht erfasst. Um die Reproduzierbarkeit unserer Ergebnisse und damit deren intersubjektive Nachprüfbarkeit zu gewährleisten, wurde mit einer zeitraumsbezogenen Abfrage von 1993 bis 2002 gearbeitet; daraus folgt, dass einige wenige Zitationen aus

[513] In der ursprünglichen Fassung der Pilotstudie wurden insgesamt 85 Beiträge von 51 beteiligten Hochschullehrern der Grundgesamtheit ausgewertet.

dem Jahr 2002, die erst 2003 indexiert wurden, nicht in die Untersuchung miteinbezogen worden sind.

2) Die (gekürzten) bibliografischen Angaben des ISI weisen nicht selten fehlerhafte Angaben auf. Bspw. werden mehrfach der Jahrgang der Zeitschrift, die Seitenangabe oder das Erscheinungsjahr unkorrekt angegeben. Dabei ist nicht mehr feststellbar, ob der Fehler auf den Zitierenden oder auf die Datenaufnahme durch den Index zurückzuführen ist.[514] Je nach Ausmaß des Fehlers kann es sehr schwierig werden, den Bezug zwischen der bibliografischen Angabe und der Publikation des Autors herzustellen. Um den Ermessenspielraum bei der Zuordnung dieser fehlerhaften Zitationen zu begrenzen, werden grundsätzlich nur solche Zitationen zugeordnet, die mindestens in Quelle, Erscheinungsjahr und entweder dem Jahrgang oder der Seitenzahl mit der korrekten bibliografischen Angabe übereinstimmen. Fehlerhafte Zitationen, die nicht unter diese Regelung fallen und mindestens dreimal in identischer Form auftreten, wurden gesondert geprüft.[515]

3) In der Suchmaske können nur die Nachnamen der Autoren und die Initialen der Vornamen eingegeben werden. Bei sehr häufig auftretenden Namen führt dies zu entsprechend umfangreichen Ergebnislisten.[516] Um in einem solchen Fall die Validität der Ergebnisse zu sichern, ist es für eine korrekte Zitationserfassung erforderlich, die Ergebnisliste mit dem Literaturverzeichnis des jeweiligen Autors – sofern (im Internet) verfügbar – zu vergleichen.

4) Da die Suchmaske keine Eingaben von Doppelnamen und Umlauten verarbeitet, müssen solche Namen aufwändig über verschiedene Abfragen recherchiert werden.

5) Bei Mehrfachautorenschaften werden nicht zwangsläufig alle Autoren von den Indizes erfasst. Wird ein zitierter Artikel in einer Zeitschrift veröffentlicht, die in den Indizes ausgewertet wird, so werden sämtliche Autoren erfasst. Wird dagegen ein Artikel in einer Zeitschrift veröffentlicht, die nicht Bestandteil des Indexes ist, und wird dieser Artikel in einer vom Index erfassten Zeitschrift zitiert, so erfolgt bei dieser Zitation lediglich eine Erfassung des Erstautors.

---

514 Vgl. dazu auch Abschnitt 4.2.3 dieser Dissertation.

515 In der ursprünglichen Fassung dieses Aufsatzes wurde diese Zuordnungsregel nicht verwendet. Durch die Anwendung dieser Regel haben sich die erhobenen Zitationshäufigkeiten in einigen Fällen marginal geändert. Diese Regel kann dann zu Problemen führen, wenn ein Autor innerhalb eines Jahres zwei Aufsätze in derselben Zeitschrift publiziert hat. Um die Qualität der erhobenen Daten sicherzustellen, wurden diese Fälle gesondert geprüft.

516 Vgl. zu dieser Problematik auch Kieser (1998), S. 216f. Wenn nicht alle Initialen eines Autors im VHB-Verzeichnis angegeben sind (z.B. „Stehle, R.E." an Stelle von „Stehle, R."), kann dies dazu führen, dass Aufsätze dieses Autors übersehen werden.

6) Hat ein Hochschullehrer in Folge einer Eheschließung oder aus sonstigen Gründen seinen Namen gewechselt, so werden nur die Zitationen für Publikationen erfasst, die unter dem im Verzeichnis des VHB aus dem Jahr 2001 aufgeführten Namen veröffentlicht worden sind. Publikationen, die unter einem anders lautenden Namen veröffentlicht wurden, können verfahrensbedingt nicht berücksichtigt werden.

Aufgrund der angesprochenen Probleme bei der Arbeit mit den Zitationsindizes sollten unterschiedliche Evaluationsergebnisse, die nur auf geringen Differenzen der Zitationshäufigkeiten beruhen, entsprechend vorsichtig interpretiert werden.

7.4 Ergebnisse der Untersuchung

Die Erhebung weiterer autorenspezifischer Merkmale ermöglicht eine über die Präsentation der Aufsätze im Anhang hinausgehende Analyse der Ergebnisse. Werden Zitationen bzw. Zitationshäufigkeiten wie im Folgenden Autoren, Hochschulen, wissenschaftlichen Kommissionen des VHB und Zeitschriften[517] zugerechnet, so sind bezüglich der Ausgestaltung dieser Zurechnungen einige Festlegungen zu machen. Allgemein muss entschieden werden, ob Zitationsdaten unter Ein- oder Ausschluss von Selbstzitationen verwendet werden. Aufgrund der bereits in Abschnitt 3.3.3 geschilderten Probleme, die Selbstzitationen aufwerfen können, werden für die weiteren Auswertungen nur Zitationsdaten unter Ausschluss von Selbstzitationen verwendet.[518]

Um solchen Aufsätzen gerecht zu werden, die erst nach Beginn des Untersuchungszeitraums 1993 publiziert worden sind, gehen in die nachfolgenden Auswertungen die durchschnittlichen Zitationshäufigkeiten pro Jahr ein, und zwar beginnend 1993 bzw. bei einer späteren Publikation mit dem Erscheinungsjahr und endend 2002. Weitere spezifische Festlegungen, die sich auf die einzelnen Auswertungen beziehen, werden in den entsprechenden Abschnitten erläutert.[519]

---

[517] Die Auswertung nach Zeitschriften findet sich nicht in der ursprünglichen Veröffentlichung der Pilotstudie.

[518] Die Erfassung von Selbstzitationen setzt eine sehr genaue und damit auch zeitaufwändige Erhebung der Zitationsdaten voraus.

[519] Die Ergebnisauswertungen in den Abschnitten 7.4.1, 7.4.2 und 7.4.3 weisen gegenüber der Publikation der Pilotstudie in der DBW im Detail Änderungen auf, die bedingt sind durch die methodischen Modifikationen und die Verbesserung der Datenbasis.

7.4.1 Auswertung nach Forschern

In diesem Abschnitt werden die erhobenen Zitationsdaten nach Autoren getrennt ausgewertet. Im Fall von Mehrfachautorenschaften ist festzulegen, wie die Zitationshäufigkeiten eines Aufsatzes den verschiedenen Autoren zugerechnet werden. Möchte man die Zitationshäufigkeiten eines Aufsatzes möglichst „verursachungsgerecht" auf die Autoren verteilen, so stellt sich die Frage, wie groß der Anteil der verschiedenen Autoren an der Entstehung des Aufsatzes ist. Unterschiedliche Einzelbeiträge der verschiedenen Autoren bei einer Mehrfachautorenschaft werden von diesen häufig durch eine nicht alphabetische Reihenfolge der Autorennamen zum Ausdruck gebracht. Obschon man anhand dieser Autorennamen eine gewisse Rangfolge im Hinblick auf die verschiedenen Anteile der jeweiligen Autoren am Aufsatz ablesen kann, reichen diese Informationen nicht aus, um wissenschaftlich fundiert konkrete Gewichtungsfaktoren zu ermitteln. Im Folgenden werden zwei (vereinfachende, aber gängige) Zurechnungsverfahren für Mehrfachautorenschaften verwendet. Zum einen werden die Zitationshäufigkeiten zu gleichen Anteilen auf die verschiedenen Autoren verteilt (anteilige Zurechnung), zum anderen bekommt jeder der beteiligten Autoren die gesamten Zitationshäufigkeiten zugerechnet (totale Zurechnung).[520]

Die Hochschullehrer der empirischen Untersuchung werden nach Maßgabe ihrer durchschnittlichen Zitationen pro Jahr (geordnet nach anteiliger Zurechnung) für den Zeitraum 1993–2002 in absteigender Reihenfolge präsentiert (Tabelle 7.4.1.1). Zusätzlich zu den Zitationshäufigkeiten ist die (VHB-)Kommissionsmitgliedschaft der Hochschullehrer abgebildet. Tabelle 7.4.1.1 enthält als ergänzende Information die Anzahl der Aufsätze, mit denen die jeweiligen Autoren unter den 98 häufig zitierten Aufsätzen vertreten sind.

Unter der Annahme, dass Publikationen i.d.R. in den ersten Jahren nach ihrem Erscheinen besonders häufig zitiert werden, werden durch die angewandte Methodik diejenigen Hochschullehrer tendenziell benachteiligt, deren Publikationen lange vor dem Betrachtungszeitraum erschienen sind. Ebenso werden Publikationen, die aufgrund ihres jungen Alters bis 2002 noch keine 20 Zitationen auf sich vereinigen können, in der Untersuchung nicht erfasst.

---

[520] Zur Problematik der Gewichtung von Artikeln in Mehrfachautorenschaft im Rahmen von Publikationsanalysen vgl. Bommer/Ursprung (1998), S. 9f.

Autor	Ø-Zitationen pro Jahr (a.Z.)	R	Ø-Zitationen pro Jahr (t.Z.)	R	Anz. Auf.	Kommissions-mitgliedschaften
Zimmermann, H.-J.	44,15	1	59,50	1	10	OR
Weber, M.	20,48	2	36,30	2	9	BA-FI
Dyckhoff, H.	14,90	3	17,10	5	3	OR, PROD, UMW
Jarke, M.	9,58	4	25,80	3	10	WI
Drexl, A.	8,76	5	22,95	4	6	OR, PROD
Kolisch, R.	8,12	6	16,36	6	5	OR, PROD
Kieser, A.	6,77	7	6,77	10	2	ORG, PERS, TIM
Günther, O.	6,40	8	12,80	8	1	-
Isermann, H.	6,20	9	7,50	9	4	LOG, OR
Fleischmann, B.	5,70	10	5,70	12	2	LOG, OR, PROD
Haupt, R.	5,40	11	5,40	14	1	PROD
Pesch, E.	4,81	12	15,75	7	3	OR, PROD, WI
Dinkelbach, W.	4,70	13	4,70	16	1	OR, PROD, UMW
Simon, H.	4,60	14	5,70	12	3	MARK
Bresser, R.K.F.	3,90	15	5,30	15	3	INT, ORG
Inderfurth, K.	3,50	16	3,50	20	1	OR, PROD, LOG, UMW
Balderjahn, I.	3,10	17	3,10	25	1	MARK, TIM, UMW
Tempelmeier, H.	3,02	18	6,04	11	2	OR, PROD
Wagenhofer, A.	2,80	19	2,80	27	1	RECH
Schneeweiß, C.	2,75	20	2,75	29	1	OR
Witte, E.	2,70	21	2,70	30	1	ORG, TIM
Bühner, R.	2,60	22	2,60	31	1	ORG, PERS
Stehle, R.	2,40	23	3,40	23	2	BA-FI
Schefczyk, M.	2,40	23	2,40	33	1	TIM
Brockhoff, K.K.L.	1,88	25	4,50	17	3	MARK, TIM
Hanssmann, F.	1,80	26	2,60	31	2	OR
Finsinger, J.	1,60	27	3,20	24	1	-
Albers, S.	1,55	28	2,20	35	2	MARK, TIM
von Nitzsch, R.	1,45	29	2,90	26	1	-
Domschke, W.	1,33	30	4,00	19	1	OR, PROD
Schmidt, G.	1,30	31	1,30	46	1	OR, PROD, WI
Helber, S.	1,17	32	2,33	34	1	OR, PROD
Loistl, O.	1,10	33	1,10	48	1	BA-FI
Kleinschmidt, P.	1,05	34	2,10	38	1	-
Milde, H.	1,00	35	2,00	40	1	BA-FI
Derigs, U.	1,00	35	1,50	43	2	OR, WI

Zoller, K.	1,00	35	1,00	49	1	-
Kuß, A.	0,97	38	4,30	18	2	MARK
Fischer, E.O.	0,93	39	2,80	27	1	-
Rentz, O.	0,88	40	3,50	20	1	PROD, UMW
Spengler, T.S.	0,88	40	3,50	20	1	LOG, OR, PROD, UMW
Missbauer, H.	0,80	42	1,60	41	1	PROD
Zäpfel, G.	0,80	42	1,60	41	1	OR, PROD
Rödder, W.	0,80	42	0,80	50	1	OR
Wagner, U.	0,75	45	1,50	43	1	MARK, OR
Gehring, H.	0,73	46	2,20	35	1	OR, WI
Weisenfeld, U.	0,73	46	2,20	35	1	MARK, TIM
Suhl, U.H.	0,70	48	2,10	38	1	WI
Weinberg, P.	0,60	49	1,20	47	1	MARK
Müller-Merbach, H.	0,50	50	0,50	53	1	INT, OR, TIM, WI
Popp, W.	0,40	51	0,80	50	1	TIM
Müller, S.	0,35	52	1,40	45	1	MARK
Luhmer, A.	0,16	53	0,80	50	1	OR, PROD, RECH

Legende: a.Z. = anteilige Zurechnung; t.Z. = totale Zurechnung; R = Rang; Anz. Auf. = Anzahl Aufsätze; BA-FI = Bankbetriebslehre/Finanzierung; INT = Internationales Management; LOG = Logistik; MARK = Marketing; OR = Operations Research; ORG = Organisation; PERS = Personal; PROD = Produktionswirtschaft; RECH = Rechnungswesen; TIM = Technologie- und Innovationsmanagement; UMW = Umweltwirtschaft; WI = Wirtschaftsinformatik.

Tabelle 7.4.1.1: Auswertung nach Autoren

Die Auswertung der Ergebnisse zeigt, dass die Rangfolge der zehn häufigst zitierten Hochschullehrer (nach anteiliger Zurechnung) ziemlich robust gegenüber einer Änderung der Zurechnungsmethodik ist. Bei einem Wechsel von der anteiligen auf die totale Zurechnung der Zitationshäufigkeiten scheidet lediglich ein Hochschullehrer (FLEISCHMANN) aus dieser Gruppe aus, woraufhin ein anderer (PESCH) in die Spitzengruppe nachrückt. Bezüglich der anderen neun Hochschullehrer führt eine Änderung der Zurechnungsmethodik nur zu geringen Verschiebungen in der Rangfolge. Es kann weiterhin festgestellt werden, dass die Hochschullehrer mit Forschungsschwerpunkten in den Bereichen *Operations Research* und *Produktionswirtschaft* in der Spitzengruppe relativ häufig vertreten sind.

Insgesamt zeigt sich, dass die Höhe der Veränderung der Rangplätze durch den Wechsel der Zurechnungsmethode mit sinkenden Rangplätzen tendenziell zunimmt. Die Ursache für diese größeren Abweichungen ist darin zu sehen, dass die Differenz der Zitationshäufigkeiten zwischen zwei Rangplätzen innerhalb einer Zurechnungsmethode auf den oberen Rangplätzen vergleichsweise groß ist, auf den hinteren Rangplätzen aber stark abnimmt. Folglich ziehen absolute Änderungen der Zitationshäufigkeiten – bedingt durch einen Wechsel der Zurechnungsmethodik – auf den hinteren Rangplätzen vergleichsweise größere Rangplatzänderungen nach sich.

Erwartungsgemäß führt der Wechsel der Zurechnungsmethodik für diejenigen Hochschullehrer zu besonders großen Veränderungen der Rangplätze, deren Aufsätze in Mehrfachautorenschaft mit zahlreichen Koautoren entstanden sind. So führt ein Wechsel der Zurechnungsmethodik für KUß, dessen zwei Aufsätze in Koautorenschaft mit insgesamt fünf bzw. vier Autoren entstanden sind, zu einer Änderung um 20 Rangplätze.

7.4.2 Auswertung nach Hochschulen

Für die Zuordnung der Zitationsdaten zu den Hochschulen werden in der empirischen Untersuchung zwei Zeitpunkte unterschieden. Der Erste ist die Hochschulzugehörigkeit der Autoren zum Zeitpunkt der Datenerfassung 2003 (*current potential*-Erhebung).[521] Im Fall von bereits aus dem Dienst ausgeschiedenen Hochschullehrern werden die Zitationen dem jeweils letzten Lehrort zugerechnet. Als zweiter Zeitpunkt wird der Lehrort der Hochschullehrer zum Zeitpunkt der Publikation zugrunde gelegt (*work done at*-Erhebung).

Bei der Zuordnung der Zitationsdaten nach aktuellem (bzw. letztem) Lehrort profitieren naturgemäß renommierte Hochschulen, die attraktiv für zitationsstarke Wissenschaftler anderer Hochschulen sind. Hochschulen, die selbst zitationsstarke Wissenschaftler hervorbringen, profitieren dagegen von der Zurechnung der Zitationshäufigkeiten zum Zeitpunkt der Publikation.

Für die in Tabelle 7.4.2.1 präsentierte Zurechnung der Zitationshäufigkeiten der jeweiligen Aufsätze zu den Hochschulen wurden zunächst für die einzelnen Aufsätze unter Ausschluss von Selbstzitationen die durchschnittlichen Zitationen pro Jahr für den Zeitraum 1993 bis 2002 bzw. seit Veröffentlichung (nach 1993) bis 2002 berechnet. Anschließend sind diese Zitationshäufigkeiten gemäß den zwei zuvor dargestellten Verfahren über die Autoren den jeweiligen Hochschulen zugeordnet worden. Bei Aufsätzen mit Mehrfachautorenschaften sind die Zitationen sowohl anteilig auf die Autoren verteilt (Spalten 2 und 6) als auch jedem der beteiligten Autoren voll angerechnet worden (Spalten 4 und 8). Durch die Berücksichtigung der Rangplätze (R) können die Änderungen, die sich aus den verschiedenen Zurechnungsarten ergeben, direkt aus der Tabelle abgelesen werden.

[521] Die Adressen wurden mittels Internetrecherche im August 2003 erhoben.

Universität	current potential-Erhebung Ø-Zitationen/Jahr				work done at-Erhebung Ø-Zitationen/Jahr			
	anteilig	R	total	R	anteilig	R	total	R
RWTH Aachen	70,1	1	105,3	1	66,6	1	89,0	1
Uni Mannheim	30,0	2	45,8	2	13,7	4	17,2	4
Uni Kiel	10,3	3	25,2	3	29,5	2	65,2	2
HU Berlin	8,8	4	16,2	5	6,4	7	12,8	6
TU München	8,1	5	16,4	4		23		23
Uni Saarbrücken	6,6	6	7,2	10	2,1	16	2,1	21
Uni Frankfurt	6,2	7	7,5	8		23		23
Uni Augsburg	5,7	8	5,7	11		23		23
FU Berlin	5,6	9	11,7	7	1,7	18	6,5	10
Uni Jena	5,4	10	5,4	14		23		23
Uni Siegen	4,8	11	15,8	6		23		23
Uni Mainz	4,6	12	5,7	11		23		23
Uni München	4,5	13	5,3	15	3,9	11	5,0	13
Uni Köln	4,0	14	7,5	8	16,5	3	23,8	3
Uni Graz	3,7	15	5,6	13	0,9	21	2,8	18
Uni Magdeburg	3,7	15	4,3	19	3,5	12	3,5	16
Uni Passau	3,7	15	4,7	16	6,8	5	15,8	5
Uni Potsdam	3,1	18	3,1	24		23		23
TU Dresden	2,8	19	3,8	21		23		23
Uni Wien	2,4	20	4,7	16		23		23
WHU Koblenz	1,9	21	4,5	18		23		23
Fernuni Hagen	1,5	22	3,0	25	3,5	12	5,7	11
TU Darmstadt	1,3	23	4,0	20	1,8	17	4,5	14
Uni Hannover	1,2	24	2,3	26		23		23
WU Wien	1,1	25	1,1	31	0,8	22	1,5	22
Uni Trier	1,0	26	2,0	28		23		23
B.Uni Hamburg	1,0	26	1,0	32		23		23
Uni Karlsruhe	0,9	28	3,5	22	2,8	14	8,0	9
TU Braunschweig	0,9	28	3,5	22		23		23
Uni Linz	0,8	30	1,6	29	1,6	20	3,2	17
Uni Innsbruck	0,8	30	1,6	29		23		23
Uni Lüneburg	0,7	32	2,2	27		23		23
Uni Kaiserslautern	0,5	33	0,5	34		23		23
Uni Bern	0,4	34	0,8	33		23		23
Uni Bonn		35		35	5,3	9	12,0	7
Uni Bielefeld		35		35	6,5	6	8,4	8
Uni Hamburg		35		35	5,7	8	5,7	11
TU Berlin		35		35	4,4	10	4,4	15
TU Wien		35		35	2,8	14	2,8	18
Uni Paderborn		35		35	1,7	18	2,3	20

Tabelle 7.4.2.1: Auswertung nach Hochschulen

Die RWTH Aachen kann in allen vier Auswertungsvarianten circa ein Drittel der Zitationen auf sich vereinigen und nimmt damit den jeweils ersten Rangplatz ein. Die Universitäten Kiel und Mannheim können sich konstant unter den ersten vier Rangplätzen positionieren.

Da die erhobenen Zitationsdaten auf insgesamt nur 53 Hochschullehrer entfallen, können einzelne besonders zitationsstarke Hochschullehrer den Rangplatz einer Hochschule sehr stark beeinflussen. Die spitzenlastige Verteilung der Zitationen und das extrem positive Abschneiden der RWTH Aachen sind so maßgeblich auf die Arbeiten von HANS-JÜRGEN ZIMMERMANN zurückzuführen. Der Gewinn oder Verlust eines zitationsstarken Hochschullehrers hat folglich große Auswirkungen auf die Position einer Hochschule innerhalb der vorgestellten Auswertung. Der Wechsel der Zuordnung der Zitationen gemäß dem Zeitpunkt der Veröffentlichung auf die Zuordnung nach aktuellem bzw. letztem Lehrort führt somit zu Änderungen in der Rangfolge. Bei diesem Wechsel ist zu beobachten, dass sich unter anderem die Universitäten Kiel und Köln durch den Verlust zitationsstarker Wissenschaftler verschlechtern. Umgekehrt können die Universitäten Mannheim, München (TU) und Siegen durch den Zuwachs zitationsstarker Wissenschaftler ihre Position innerhalb des Rankings zum Teil stark verbessern.

7.4.3 Auswertung nach Forschungsfeldern

Als eines der autorenspezifischen Merkmale ist bei der Durchführung der empirischen Untersuchung die Mitgliedschaft der Hochschullehrer in den Kommissionen des VHB erfasst worden.[522] Unter den Prämissen, dass die Kommissionszugehörigkeit das Teilgebiet (bzw. die Teilgebiete) der BWL angibt, auf dem ein Hochschullehrer tätig ist, und dass die jeweiligen Aufsätze diesen Teilgebieten zuzuordnen sind, kann über die Kommissionszugehörigkeit die internationale Präsenz der deutschen BWL nach verschiedenen Teilgebieten differenziert werden. Über die Gruppierung der Zitationshäufigkeiten nach Kommissionen kann abgebildet werden, welchen Beitrag einzelne Kommissionen zur internationalen Präsenz der deutschen BWL leisten. Für die Zuordnung der Zitationshäufigkeiten zu den entsprechenden Kommissionen ist ähnlich wie bei Mehrfachautorenschaften festzulegen, ob im Falle mehrfacher Kommissionsmitgliedschaften eines einzelnen Hochschullehrers die Zitationen anteilig auf diese verteilt werden. Tabelle 7.4.3.1 zeigt die vier Auswertungsvarianten, die sich ergeben, wenn

[522] Zur Gewährleistung der intersubjektiven Nachprüfbarkeit wurden zu diesem Zweck ausschließlich die Informationen aus dem gedruckten Mitgliederverzeichnis des VHB aus dem Jahr 2001 verwendet. Persönliche Hinweise von Hochschullehrern darauf, dass deren Kommissionsmitgliedschaften nicht in diesem Verzeichnis vermerkt sind, wurden deshalb nicht in der aktualisierten Fassung dieses Beitrags berücksichtigt.

man die anteilige bzw. totale Zurechnung bei den Kommissionsmitgliedschaften bzw. Mehrfachautorenschaften kombiniert.[523]

		Zurechnung nach Kommissionen							
		anteilig				total			
		Zurechnung nach Mehrfachautorenschaften							
Kom.	**Mitgl.**	**R**	**anteilig**	**R**	**total**	**R**	**anteilig**	**R**	**total**
OR	98	1	38%	1	36%	1	34%	1	34%
PROD	134	2	15%	2	16%	2	19%	2	21%
BA-FI	105	3	12%	3	13%	4	7%	4	8%
WI	144	4	7%	4	11%	6	5%	3	9%
MARK	168	5	5%	5	6%	9	4%	6	5%
TIM	92	6	5%	6	4%	5	6%	7	5%
UMW	78	7	5%	7	4%	3	8%	5	6%
ORG	193	8	3%	8	2%	8	5%	9	3%
LOG	47	9	3%	9	2%	7	5%	8	4%
PERS	117	10	2%	10	1%	10	3%	10	2%
RECH	181	11	1%	11	1%	12	1%	12	1%
INT	106	12	1%	12	1%	11	1%	11	1%
Keine	-	-	3%	-	4%	-	2%	-	2%

Legende: Kom. = Kommission; Mitgl. = Mitglieder; R = Rang; BA-FI = Bankbetriebslehre/Finanzierung; INT = Internationales Management; LOG = Logistik; MARK = Marketing; OR = Operations Research; ORG = Organisation; PERS = Personal; PROD = Produktionswirtschaft; RECH = Rechnungswesen; TIM = Technologie- und Innovationsmanagement; UMW = Umweltwirtschaft; WI = Wirtschaftsinformatik.

Tabelle 7.4.3.1: Zitationsdaten gruppiert nach Kommissionen

Tabelle 7.4.3.1 zeigt, dass in allen vier Auswertungsvarianten mindestens 34 % der Zitationen auf die Kommission *Operations Research* entfallen. An zweiter Position erscheint die Kommission *Produktionswirtschaft*, die dritte Position wird abhängig von der Auswertungsvariante von der Kommission *Bankbetriebslehre/Finanzierung*, *Wirtschaftsinformatik* oder *Umweltwirtschaft* eingenommen. Die Ergebnisse lassen darauf schließen, dass insbesondere auf dem Teilgebiet *Operations Research* ein außerordentlicher Beitrag zur internationalen Wahrnehmung der deutschen BWL geleistet wurde.

[523] Zieht man zusätzlich noch die Zitationshäufigkeiten unter Einschluss der Selbstzitationen zur Berechnung heran, so erhält man insgesamt acht mögliche Zurechnungsmöglichkeiten. Die Berücksichtigung von Selbstzitationen hat für diese Untersuchung jedoch keinen Einfluss auf die Rangfolge der Kommissionen innerhalb der dargestellten Zurechnungsarten. Durch die Rundung der Prozentwerte auf ganze Zahlen weicht die Summe der ausgewiesenen Prozentwerte in zwei der vier Auswertungsvarianten geringfügig von 100 % ab.

Um eine Verzerrung der Ergebnisse durch unterschiedliche Kommissionsgrößen auszuschließen, ist ergänzend die Anzahl der Kommissionsmitglieder in der zweiten Spalte von Tabelle 7.4.3.1 aufgeführt worden.[524] Eine Analyse dieser Zahlen belegt, dass der hohe Anteil der Kommission *Operations Research* an den Zitationen nicht durch die unterschiedlichen Kommissionsgrößen zu erklären ist.

Auf die Kommissionen *Betriebswirtschaftliche Steuerlehre, Hochschulmanagement*, *Öffentliche Unternehmen und Verwaltungen* sowie *Wissenschaftstheorie* entfallen keine Zitationen. Dementsprechend sind sie in Tabelle 7.4.3.1 nicht aufgeführt. Eine mögliche Erklärung für dieses Ergebnis könnte in der fehlenden Internationalisierung dieser Fachgebiete liegen. So stehen bspw. im Bereich *Betriebswirtschaftliche Steuerlehre* speziell die in Deutschland geltenden Regeln der Besteuerung im Vordergrund, deren Diskussion auf internationaler Ebene kaum erfolgt. Andererseits würde man aufgrund ähnlicher Überlegungen umgekehrt eigentlich eine stärkere Beteiligung der Mitglieder der Kommission *Internationales Management* an der internationalen Forschung erwarten.

7.4.4 Auswertung nach Zeitschriften

Die Verteilung der Zitationshäufigkeiten auf die Zeitschriften wird ermittelt, indem zunächst für jeden der 98 Aufsätze die durchschnittliche Zitationshäufigkeit pro Jahr (ohne Selbstzitationen) für den Zeitraum 1993–2002 ermittelt wird. Diese Zitationshäufigkeit wird im nächsten Schritt der Zeitschrift zugerechnet, in welcher der Aufsatz veröffentlicht wurde. Anschließend wird für jede Zeitschrift der relative Anteil an der Summe der Zitationshäufigkeiten der 98 Aufsätze berechnet. Als zusätzliche Informationen werden in Tabelle 7.4.4.1 die Anzahl der Aufsätze, die auf die jeweilige Zeitschrift entfallen, und die Einstufung dieser Zeitschriften im VHB-JOURQUAL aufgeführt.

[524] In dem gedruckten Mitgliederverzeichnis des VHB aus dem Jahr 2001 sind unter der Kommission *Operations Research* fälschlicherweise erneut die Mitglieder der Kommission *Öffentliche Unternehmen und Verwaltungen* aufgelistet. Diese fehlerhaften Angaben wurden von den Verfassern korrigiert, indem seitens des Vorstands des VHB die korrekten Angaben zur Verfügung gestellt wurden.

Zeitschrift	Zitations-anteil	Anzahl Artikel	VHB-JOURQUAL Kategorie
European Journal of Operational Research	23,0%	23	A
Fuzzy Sets and Systems	16,5%	6	A
Management Science	9,4%	10	A+
ACM Computing Surveys	6,1%	3	C
OR Spektrum	3,9%	3	A
Journal of Risk and Uncertainty	3,8%	1	A
ACM Transactions on Office Information Systems; heute: ACM Transactions on Information Systems	3,1%	3	B
Strategic Management Journal	2,5%	3	A
International Journal of General Systems	2,3%	1	**
Computers & Operations Research	1,7%	2	B
Journal of Finance	1,6%	2	A+
Operations Research	1,5%	3	A
Organization	1,4%	1	A
Journal of Business Research	1,4%	2	B
Journal of Political Economy	1,4%	1	*
Information Sciences	1,2%	1	**
Journal of Marketing Research	1,2%	2	A
Journal on Intelligent Information Systems	1,2%	1	**
Naval Research Logistics	1,1%	2	A
The Bell Journal of Economics	1,1%	1	**
Academy of Management Review	0,9%	2	A
Journal of Accounting and Economics	0,9%	1	A
Zeitschrift für Operations Research; heute: Mathematical Methods of Operations Research	0,9%	2	B
Operations Research Quarterly; heute: Journal of the Operational Research Society	0,9%	2	B
International Studies of Management and Organization	0,9%	1	B
Organization Science	0,8%	1	A
Journal of Experimental Social Psychology	0,7%	1	*
Journal of Product Innovation Management	0,7%	1	B
IIE Transactions	0,7%	1	A
Journal of Applied Psychology	0,7%	1	A
Mathematics of Operations Research	0,7%	1	A
Quarterly Journal of Economics	0,7%	1	A+
Decision Support Systems	0,6%	1	B

Mathematical Programming	0,6%	1	A
Management Technology	0,5%	1	**
Journal of Financial Economics	0,5%	1	A+
Marketing Science	0,5%	1	A+
Networks	0,5%	2	**
Management International Review	0,5%	1	B
Information Systems	0,4%	1	A
The American Economic Review	0,4%	1	A+
IEEE Transactions on Engineering Management	0,3%	1	B
IEEE Transactions on Software Engineering	0,3%	1	*
Legende: * = Aufgrund von weniger als zehn Bewertungen ohne Rating im VHB-JOURQUAL ** = Zeitschrift nicht im VHB-JOURQUAL aufgeführt			

Tabelle 7.4.4.1: Auswertung nach Zeitschriften

Die Ergebnisanalyse zeigt eine starke Konzentration sowohl der Zitationshäufigkeiten als auch der Anzahl der Aufsätze auf die Zeitschriften *European Journal of Operational Research*, *Fuzzy Sets and Systems* und *Management Science*. Auf diese drei Zeitschriften entfallen 48,9 % der Zitationshäufigkeiten und 39 der 98 Aufsätze. Insgesamt zeigen sich recht hohe Einstufungen der aufgeführten Zeitschriften im VHB-JOURQUAL. Häufig zitierte Aufsätze deutschsprachiger Hochschullehrer für Betriebswirtschaft werden folglich erwartungsgemäß in Zeitschriften veröffentlicht, die von dieser Personengruppe als qualitativ hochwertig eingestuft werden.

7.4.5 Vergleich mit anderen Studien

Aufbauend auf der Ermittlung der häufig zitierten Aufsätze deutschsprachiger Hochschullehrer für Betriebswirtschaft wurden in der Studie verschiedene Auswertungen vorgenommen, die sich aus den erhobenen autorenspezifischen Merkmalen ableiten lassen. In Abschnitt 7.4.2 sind die durchschnittlichen Zitationshäufigkeiten der Aufsätze aus dem Zeitraum 1993–2002 anhand zweier verschiedener Methoden den Hochschulen zugeordnet worden. Im Vergleich mit den Studien von WINTERHAGER ET AL. und STERNBERG/LITZENBERGER, die Zitationsdaten für einen ähnlichen Zeitraum erheben und diese ebenfalls nach Hochschulen bzw. Institutionen getrennt auswerten, zeigen sich sowohl Unterschiede als auch Gemeinsamkeiten bei der Zusammensetzung der Spitzengruppe.

WINTERHAGER ET AL. erheben die Zitationsdaten für alle Veröffentlichungen von an deutschen Institutionen tätigen Autoren, die in dem Zeitraum von 1993 bis 1997 in den Journalen der Kategorien *economics* und *management* des Web of Science erschienen sind. Für diese Veröffentlichungen werden sämtliche Zitationen bis zum Oktober 2000 erfasst.[525] Als Zusatzkriterium müssen mindestens 15 Publikationen auf eine Universität entfallen, um in die Auswertung aufgenommen zu werden. Als zitationsstärkste Institutionen werden in absteigender Reihenfolge[526] die Universitäten Mannheim, München (LMU) und das Wissenschaftszentrum Berlin für Sozialforschung genannt.[527]

Im Fokus der Studie von STERNBERG/LITZENBERGER steht eine bibliometrische Analyse der Wirtschafts- und Sozialwissenschaftlichen Fakultät der Universität zu Köln. Darüber hinaus werden im Rahmen eines interuniversitären Vergleichs in dieser Studie insgesamt zwölf ausgewählte Hochschulen unter Verwendung bibliometrischer Indikatoren gegenübergestellt. Für die Konstruktion der Zitationsindikatoren werden die Zitationen derjenigen Publikationen ermittelt, die im (zu unserer Pilotstudie gleichen) Zeitraum 1993–2002 in vom SSCI erfassten Zeitschriften erschienen sind. Für die Berechnung der Zitationspunkte nehmen STERNBERG/LITZENBERGER eine Gewichtung der absoluten Zitationshäufigkeiten vor, die über die Anzahl der beteiligten Autoren und das Alter der Artikel erfolgt. Bei Zugrundelegung der erzielten absoluten Zitationspunkte nehmen die Universitäten Mannheim, München (LMU) und Berlin (HU) die ersten drei Rangplätze ein.[528]

Ein Vergleich der Ergebnisse dieser Studien mit der in Abschnitt 7.4.2 präsentierten Auswertung zeigt, dass die Universität Mannheim in allen diesen Studien Spitzenplätze belegt. Sehr unterschiedliche Positionierungen ergeben sich insbesondere für die Universität München (LMU). In den Studien von WINTERHAGER ET AL. und STERNBERG/LITZENBERGER kann sich die Universität München (LMU) jeweils unter den ersten drei Plätzen positionieren, dagegen gehört sie in der hier vorgestellten Studie nicht zur Spitzengruppe. Ebenso unterschiedlich fallen die Ergebnisse für die RWTH Aachen aus. Nimmt die RWTH Aachen in der hier vorgestellten Studie noch den ersten Rangplatz ein, so kann sie sich in der Studie von WINTERHAGER ET AL. nicht platzieren, da das Kriterium von mindestens 15 Publikationen in Zeitschriften der ISI-Kategorien *management* und *economics* für den Zeitraum 1993–1999 verfehlt wird. In die Studie von STERNBERG/LITZENBERGER wird die RWTH Aachen nicht einbezogen, da die wirtschaftswissenschaftliche Fakultät der RWTH Aachen hinsichtlich der Fa-

525 Vgl. Winterhager et al. (2001), S. 4ff.

526 Im Vordergrund der Studie von Winterhager et al. steht die Messung der Sichtbarkeit Deutschlands in den international führenden Zeitschriften der Wirtschaftswissenschaften. Die Konstruktion einer Rangfolge von Institutionen auf Basis eines Zitationsindikators ist somit nicht der primäre Zweck dieser Studie.

527 Vgl. Winterhager et al. (2001), S. 21.

528 Vgl. Sternberg/Litzenberger (2003), S. 61.

kultätsgröße und der angebotenen Fächer nicht mit der Wirtschafts- und Sozialwissenschaftlichen Fakultät der Universität zu Köln vergleichbar ist.

Dieser Sachverhalt zeigt, dass die Ergebnisse der Studien stark von der methodischen Ausgestaltung abhängen. Folglich sind die unterschiedlichen Ergebnisse auf die verschiedenen Ausgestaltungsmerkmale zurückzuführen. WINTERHAGER ET AL. betrachten in ihrer Untersuchung bspw. die gesamten Wirtschaftswissenschaften, ohne getrennte Auswertungen für die Fächer BWL und VWL vorzunehmen. Einige Zeitschriften, in denen häufig zitierte Artikel erschienen sind, wie z.B. *Fuzzy Sets and Systems*, sind zudem nicht in den ISI-Kategorien *economics* oder *management* enthalten, die WINTERHAGER ET AL. für ihre Untersuchung zugrunde legen. Ebenso wenig werden diese Zeitschriften vom SSCI erfasst, mit dem STERNBERG/LITZENBERGER ausschließlich in ihrer Untersuchung arbeiten. Die nach Indizes getrennte Erfassung der Zitationshäufigkeiten, die im Anhang dokumentiert ist, zeigt sehr deutlich, dass eine Beschränkung auf den SSCI für die Erhebung der Zitationsdaten gerade bei den Aufsätzen, die den Kommissionen *Operations Research* und *Produktionswirtschaft* zugeordnet werden, zu einem massiven Rückgang der Zitationshäufigkeiten führt.

Methodische Unterschiede ergeben sich auch für den Zeitbezug der verschiedenen Studien. Die Studien von WINTERHAGER ET AL. und STERNBERG/LITZENBERGER bilden ausschließlich den Zitationserfolg der Hochschulen ab, der mit relativ aktuellen Aufsätzen erzielt wird. In unserer Pilotstudie wird dagegen ausschließlich der Zitationserfolg einer Spitzengruppe international häufig zitierter Aufsätze berücksichtigt. Eine Beschränkung auf einen bestimmten Publikationszeitraum wurde ausdrücklich nicht vorgenommen, so dass der aktuelle Zitationserfolg einer Hochschule auch auf Aufsätze zurückzuführen ist, die vor dem Untersuchungszeitraum (1993–2002) erschienen sind. Der Zitationserfolg der RWTH Aachen ist so weniger auf aktuelle als vielmehr auf ältere Publikationen zurückzuführen.

7.5 Kritische Würdigung der Pilotstudie und weiterer Forschungsbedarf

Die vorgestellten Ergebnisse und Auswertungen zeigen eine hohe Präsenz der Beiträge deutschsprachiger Hochschullehrer für Betriebswirtschaft zum Teilgebiet *Operations Research*. Die hohen Zitationshäufigkeiten weisen darauf hin, dass die Leistungen deutschsprachiger Hochschullehrer für Betriebswirtschaft auf diesem Teilgebiet auf internationaler Ebene ein hohes Ansehen genießen. Die Kommission *Operations Research* kann so in der in Abschnitt 7.4.3 vorgestellten Auswertung zwischen 34 % und 38 % der auf die wissenschaftlichen Kommissionen des VHB entfallenen Zitationen auf sich vereinigen. Für die Berechnung der verschiedenen Anteile der wissenschaftlichen Kommissionen an den Gesamtzitationen sind kleinere methodische Mängel in Kauf genommen worden, um ein transparentes Vorgehen und die Nachprüfbarkeit der Studie zu gewährleisten. Die berechneten Prozentwerte spiegeln deshalb nicht vollkommen exakt den über Zitationen gemessenen Anteil der verschiedenen Teilgebiete an der internationalen Präsenz der deutschen BWL wider.

Der Auswertung wurde die Prämisse zugrunde gelegt, dass die Mitgliedschaft in einer wissenschaftlichen Kommission des VHB das Teilgebiet der BWL angibt, auf dem der entsprechende Hochschullehrer tätig ist.[529] Weiterhin wurde angenommen, dass die Aufsätze diesen Teilgebieten thematisch zugeordnet werden können. Die Analyse der 98 Aufsätze zeigt, dass diese Annahme mit Ausnahme weniger Aufsätze insgesamt gut erfüllt wird. Thematische Abweichungen zwischen dem Inhalt des Aufsatzes und dem bzw. den Teilgebieten, denen die Zitationshäufigkeiten zugerechnet werden, treten zum Teil dann auf, wenn ein Autor Mitglied in mehreren wissenschaftlichen Kommissionen des VHB ist.[530] In den meisten Fällen ist eine solche mehrfache Kommissionszugehörigkeit unproblematisch, weil die betreffenden Teilgebiete Schnittmengen aufweisen und die Aufsätze nicht trennscharf einem dieser Teilgebiete, sondern vielmehr eben diesen Schnittmengen zugeordnet werden können. In wenigen Fällen ist der Bezug zwischen der wissenschaftlichen Kommission und der thematischen Ausrichtung des Aufsatzes jedoch kaum vorhanden. Der Anteil der Kommission *Umweltwirtschaft* an den gesamten Zitationshäufigkeiten wird so tendenziell zu hoch ausgewiesen. Insgesamt können die zurechnungsbedingten Verzerrungen jedoch als gering eingestuft werden.[531]

Aus zahlreichen bibliometrischen Untersuchungen ist bekannt, dass sich die Zitationscharakteristika verschiedener wissenschaftlicher Disziplinen stark unterscheiden können.[532] Übertragen auf die verschiedenen Teilgebiete der BWL lässt sich daraus folgern, dass auch hier unterschiedliche Zitationscharakteristika in geringerem Umfang vorliegen können. Eine Analyse der zitierenden Quellen belegt, dass die erfassten Aufsätze nicht ausschließlich von Betriebswirten, sondern auch von Ingenieuren und Wissenschaftlern anderer Disziplinen

---

[529] Für die Unterteilung der BWL in verschiedene Teilgebiete werden hier die verschiedenen wissenschaftlichen Kommissionen des VHB herangezogen. Zweifelsohne sind die Kommissionen des VHB nicht immer deckungsgleich mit den Teilgebieten der Betriebswirtschaft, in denen Forschung und Lehre betrieben wird. Fasst man bspw. die Kommissionen *Organisation, Umweltwirtschaft, Personal, Technologie- und Innovationsmanagement* und *Internationales Management* zum Teilgebiet *Management* zusammen, so erreicht dieses Teilgebiet in drei der vier Auswertungsvarianten in Abschnitt 4.2 den jeweils zweiten oder dritten Rang.

[530] Wie in Abschnitt 7.4.3 bereits erläutert worden ist, werden die Zitationshäufigkeiten in einem solchen Fall zu gleichen Anteilen auf die verschiedenen Kommissionen verteilt.

[531] Auf eine subjektive Zuordnung der Aufsätze zu den verschiedenen Teilgebieten der BWL ist hier bewusst verzichtet worden. Durch die Verwendung eindeutig erfassbarer Kriterien, wie der Mitgliedschaft der Autoren in den wissenschaftlichen Kommissionen des VHB, wird die Transparenz und intersubjektive Nachprüfbarkeit des Vorgehens gewährleistet.

[532] Vgl. van Raan (1996), S. 403.

häufig zitiert werden. Dies trifft besonders für die vom Index SCI-X erfassten Zitationen zu. Die interdisziplinäre Ausrichtung könnte prinzipiell auf eine abweichende Zitationscharakteristik des Teilgebiets *Operations Research* hinweisen, die tendenziell höhere Zitationshäufigkeiten begünstigt.

Zur Prüfung dieser These wurden die von ISI in den JCR 2002 bereitgestellten Daten herangezogen. Ein Vergleich der dort ausgewiesenen Kennzahlen der Zeitschriften aus verschiedenen Teilgebieten der BWL zeigt keine systematischen Unterschiede für das Teilgebiet *Operations Research,* die zur Erklärung der hohen Zitationshäufigkeiten herangezogen werden könnten. Die Aussagekraft dieser Überprüfung wird dadurch etwas vermindert, dass die von ISI in den JCR bereitgestellten Kennzahlen, wie insbesondere der Impact-Faktor, nur den durchschnittlichen kurzfristigen Zitationserfolg von Artikeln der jeweiligen Zeitschrift abbilden. Kennzahlen, die die durchschnittlichen Zitationshäufigkeiten eines Artikels einer bestimmten Fachzeitschrift über einen längeren Zeitraum abbilden, werden in den JCR nicht bereitgestellt. Ein Vergleich dieser Kennzahlen würde in Bezug auf die Validierung der Ergebnisse der vorgestellten Studie, in der ein vergleichsweise langer Zitationszeitraum betrachtet wurde, aussagekräftigere Ergebnisse liefern.

Im Mittelpunkt der hier vorgestellten Studie stand zunächst die Ermittlung und darauf folgend die Analyse von Forschungsbeiträgen deutschsprachiger bzw. im deutschen Sprachraum tätiger Hochschullehrer für Betriebswirtschaft, die auf internationaler Ebene besonders häufig zitiert wurden. Die Studie fokussiert damit eine Spitzengruppe häufig zitierter Aufsätze und besitzt einen explorativen Charakter. Neben der Ermittlung dieser 98 Aufsätze deutschsprachiger Hochschullehrer für Betriebswirtschaft liegt ein weiteres zentrales Ergebnis der Studie in der Differenzierung der internationalen Präsenz der deutschen BWL nach verschiedenen Teilgebieten. Diese Differenzierung gibt einen ersten Anlass zu der Schlussfolgerung, dass das Teilgebiet *Operations Research* eine international wahrgenommene Stärke der deutschen BWL darstellt. Für eine präzisere und besser validierte Abbildung der internationalen Präsenz der deutschen BWL mittels Zitationen ist jedoch eine Erweiterung und Aktualisierung der Datenbasis erforderlich. Ein Ansatzpunkt für die Erweiterung der Datenbasis ist die Absenkung der Mindestzitationen. Die schiefe Verteilung der Zitationshäufigkeiten lässt auf einen starken Anstieg der Ergebnismenge schließen, wobei gleichzeitig jedoch auch der Erhebungsaufwand erheblich steigt.

Die vorgestellte Studie zeigt interessante Ansatzpunkte für die Beantwortung der Frage auf, was die deutsche BWL tun kann, um die internationale Präsenz in den Zitationen zu verstärken. Ein Blick auf die Ergebnismenge der 98 Aufsätze zeigt, dass nicht wenige dieser Aufsätze in Koautorenschaft mit ausländischen Wissenschaftlern entstanden sind. Eine genaue Recherche der jeweiligen Veröffentlichungszeitpunkte hat ergeben, dass die meisten dieser Aufsätze im Rahmen von Auslandsaufenthalten der beteiligten deutschsprachigen Hochschullehrer entstanden sind. Kooperationen mit renommierten ausländischen Wissenschaftlern und die Veröffentlichung gemeinsamer Forschungsergebnisse in Koautorenschaft scheinen somit ein probates Mittel zu sein, um die internationale Präsenz der deutschen BWL zu verstärken. Ferner zeigt das gute Abschneiden des Teilgebiets *Operations Research*, dass die Bearbeitung interdisziplinärer Themen zu einer hohen Resonanz führen kann.

Aus der Studie ergeben sich interessante weiterführende Fragestellungen. So könnte bspw. untersucht werden, inwieweit die Arbeiten junger Nachwuchswissenschaftler in neuerer Zeit auf internationaler Ebene auf Resonanz stoßen. Ebenso sollte geprüft werden, ob institutionell verankerte Anreize zur Publikation in international renommierten Zeitschriften für Wissenschaftler auf dem Gebiet der BWL ausreichend vorhanden sind.

7.6 Nachtrag zur kritischen Würdigung aufgrund neuerer Erkenntnisse

Vor dem Hintergrund neuerer Forschungsergebnisse und Reaktionen auf die Pilotstudie ist ihre kritische Würdigung punktuell zu erweitern. Ein Aspekt, der in diesem Kontext zu erörtern ist, ist der Zusammenhang zwischen der Zeitschriftenabdeckung von SSCI und SCI-X und der in Abschnitt 7.4.3 untersuchten Wahrnehmung der betriebswirtschaftlichen Forschungsfelder. In Abschnitt 4.5.3.1 dieser Dissertation wurde detailliert untersucht, inwieweit die den forschungsfeldbezogenen Teilrankings des VHB-JOURQUAL zugeordneten Zeitschriften von SSCI und/oder SCI-X erfasst werden. Wie aus Abbildung 4.5.3.1 auf S. 114 hervorgeht, sind die verschiedenen Forschungsfelder unterschiedlich stark im SSCI und SCI-X vertreten. Die Forschungsfelder unterscheiden sich sowohl hinsichtlich der absoluten Anzahl im SSCI und SCI-X erfasster Zeitschriften als auch in Bezug auf ihre relative Abdeckung. Eine Analyse der erfassten Zeitschriften pro Forschungsfeld zeigt, dass das Forschungsfeld *Logistik, Operations Research und Produktion* mit 34 Zeitschriften stärker in den ISI-Datenbanken vertreten ist als die übrigen Forschungsfelder.[533] In der Analyse durchschnittlicher Zitationshäufigkeiten verschiedener Forschungsfelder der BWL in Abschnitt 5.2

[533] Das am zweitstärksten vertretene Forschungsfeld ist das Teilgebiet *Organisation und Personal* mit 28 in den ISI-Zitationsindizes erfassten Zeitschriften. Mit mehr als 20 Zeitschriften sind darüber hinaus die Forschungsfelder *Marketing* (24), *ABWL* (23) sowie *Wirtschaftsinformatik & Informationsmanagement* (23) vertreten.

wurde zwar festgestellt, dass der aggregierte Impact-Faktor des Forschungsfelds *Logistik, Operations Research und Produktion* mit 0,802 etwas geringer ist als die aggregierten Impact-Faktoren der anderen untersuchten betriebswirtschaftlichen Forschungsfelder. Bei dieser Analyse ist allerdings zu beachten, dass die durchschnittliche Zahl der Zitationen pro Aufsatz nicht direkt von der Größe des Teilgebiets beeinflusst wird, wohl aber die Zahl der Zitationen, die häufig zitierte Publikationen erhalten. So können häufig zitierte Veröffentlichungen in einem größeren Forschungsfeld höhere Zitationshäufigkeiten aufweisen als in einem kleinen Forschungsfeld.[534] Es ist durchaus denkbar, dass die hohen Zitationshäufigkeiten des Teilgebiets *Operations Research* in der Pilotstudie teilweise auf diesen Effekt zurückzuführen sind.

Ein weiterer Punkt, der in diesem Kontext zu diskutieren ist, ist die Repräsentativität der Pilotstudie in Bezug auf die Erfassung betriebswirtschaftlicher Forscher im deutschen Sprachraum. Der VHB versteht sich als *„Vereinigung der deutschsprachigen Universitäts-Hochschullehrer für Betriebswirtschaft“*[535], sodass die meisten Mitglieder demzufolge aus Deutschland, Österreich und der Schweiz kommen. Es ist allerdings zu beachten, dass der Organisationsgrad österreichischer und schweizer Hochschullehrer im VHB relativ geringer ist.[536] Viele häufig zitierte Beiträge der österreichischen und schweizer Hochschullehrer für Betriebswirtschaft wurden somit aufgrund der Konzeption der Pilotstudie nicht berücksichtigt. Dies hat zur Folge, dass die Rangplätze der österreichischen und schweizer Hochschulen in der in Abschnitt 7.4.2 vorgenommen Auswertung nach Hochschulen systematisch nach unten verzerrt sind.

Die Verwendung des Mitgliederverzeichnisses des VHB als Grundlage für die Erhebung der Zitationsdaten hat weiterhin zur Folge, dass auch Beiträge solcher Verbandsmitglieder berücksichtigt werden, die den in Abschnitt 7.3.1 genannten Kriterien entsprechen, aber keine Mitglieder betriebswirtschaftlicher bzw. wirtschaftswissenschaftlicher Fachbereiche sind. Dieser Erhebungsansatz ermöglicht es, auch Beiträge solcher Hochschullehrer zu erfassen, die in betriebswirtschaftlich relevanten, interdisziplinär ausgerichteten Forschungsfeldern wie z.B. der *Wirtschaftsinformatik* tätig sind, ohne zwingend vorauszusetzen, dass diese an wirtschaftswissenschaftlichen bzw. betriebswirtschaftlichen Fachbereichen tätig sein müssen.[537]

---

[534] Vgl. Vinkler (1991), S. 149, Garfield (1998b), S. 73f., und Seglen (1991), S. 77f.

[535] VHB (2004), S. 9.

[536] Darauf weist Hartl in seiner Reaktion auf die Pilotstudie hin. Hartl stellt darüber hinaus Zitationsdaten zu häufig zitierten Forschungsbeiträgen bereit, die von Hochschullehrern der WU Wien publiziert wurden. Die Daten lassen auf eine hohe internationale Wahrnehmung dieser Beiträge schließen. Vgl. Hartl (2006), S. 88.

[537] In Abschnitt 2.2.4 wurde bereits darauf hingewiesen, dass die organisatorische Anbindung dieser Forschungsfelder an deutschen Hochschulen unterschiedlich gehandhabt wird.

Bedingt durch dieses Vorgehen werden in Einzelfällen jedoch auch Beiträge solcher Hochschullehrer erfasst, deren Forschungstätigkeit nur noch einen geringen Bezug zur BWL hat.

Neben den genannten Punkten ist zu berücksichtigen, dass durch die Fokussierung auf besonders häufig zitierte Beiträge die internationale Sichtbarkeit und Wahrnehmung betriebswirtschaftlicher Forschung aus Deutschland nicht umfassend abgebildet wird. Um diese Forschungslücke zu schließen, wurde die von DYCKHOFF/SCHMITZ in der DBW veröffentlichte Hauptstudie durchgeführt, die Gegenstand des nachfolgenden Kapitels ist.

8 Hauptstudie zur Sichtbarkeit und Wahrnehmung deutschsprachiger Hochschullehrer für Betriebswirtschaft in der internationalen Forschung

8.1 Einordnung des Kapitels

Gegenstand dieses Kapitels ist die von DYCKHOFF/SCHMITZ im Jahr 2007 in der Zeitschrift DBW veröffentlichte Hauptstudie mit dem Titel „Forschungsleistungsmessung mittels SSCI oder SCI-X? – Internationale Sichtbarkeit und Wahrnehmung der Betriebswirtschaftslehre von 1990 bis 2004“.[538] Die Hauptstudie baut auf der bereits in Kapitel 7 erörterten Pilotstudie zur Rezeption deutschsprachiger Hochschullehrer für Betriebswirtschaft in der internationalen Forschung auf und führt diese in konzeptioneller und empirischer Hinsicht fort.

Die folgende Darstellung der Hauptstudie weicht insofern von der in der DBW veröffentlichten Fassung ab, als dass sie zusätzliche Auswertungen beinhaltet, die in der DBW vorwiegend aus Platzgründen nicht mehr berücksichtigt werden konnten. Diese Auswertungen sind im Einzelnen die Analyse der Verteilung der Publikationen und Zitationen auf Hochschulen und Forschungsfelder sowie die erweiterte Analyse der Publikations- und Zitationsverteilung auf Hochschullehrer.[539]

8.2 Ziele der Untersuchung

Wie bereits in den vorangegangenen Kapiteln erläutert wurde, wird der SSCI bereits in ersten Studien zur Messung der Forschungsleistung betriebswirtschaftlicher Fachbereiche in Deutschland eingesetzt, obwohl seine diesbezügliche Eignung von Betriebswirten in Deutschland durchaus kritisch beurteilt wird.

Die Zielsetzung der Hauptstudie ist es, die Möglichkeiten und Grenzen des SSCI zur Messung der Forschungsleistung deutschsprachiger Betriebswirte über Publikationen und Zitationen anhand empirischer Befunde auf der Basis einer umfassenden Erhebung für die deutsche BWL im Zeitraum von 1990 bis 2004 zu verdeutlichen.

Ein wichtiges Ergebnis der in Kapitel 7 dargestellten Pilotstudie ist darin zu sehen, dass neben dem SSCI auch der von ISI angebotene SCI-X Zitationen und Publikationen deutschsprachiger Betriebswirte in einer nicht zu vernachlässigenden Anzahl enthält. Darüber hinaus zeigt

---

[538] Herrn Prof. Dyckhoff gebührt Dank für die Idee zur Durchführung der Hauptstudie und seine maßgeblichen Beiträge zu ihrer Konzeption und Umsetzung.

[539] Analog zu Kapitel 7 enthält die Darstellung der Hauptstudie – abweichend von der Publikation in der DBW – keine Inhalte, die bereits in den vorherigen Kapiteln dieser Dissertation erörtert wurden.

auch die Analyse der Erfassung betriebswirtschaftlich relevanter Zeitschriften in den ISI-Zitationsindizes, dass eine nennenswerte Anzahl dieser Zeitschriften für den SCI-X ausgewertet wird. Aus diesen Gründen wird der SCI-X in die Hauptstudie miteinbezogen.

8.3 Konzeption der Untersuchung

Für die Hauptstudie wurde zur Ermittlung der Grundgesamtheit auf das gedruckte Mitgliederverzeichnis des VHB aus dem Jahr 2004 zurückgegriffen.[540] Der Verband versteht sich zwar als *„Vereinigung der deutschsprachigen Universitäts-Hochschullehrer für Betriebswirtschaft“*[541], sodass die meisten Mitglieder demzufolge aus Deutschland, Österreich und der Schweiz stammen, allerdings ist der Organisationsgrad österreichischer und schweizerischer Hochschullehrer für Betriebswirtschaft im VHB relativ geringer, weshalb die später vorgestellten Ergebnisse nur für die deutsche BWL repräsentativ sind.[542] Diese mangelnde Repräsentativität kann auch für manche Grenzgebiete der BWL gelten, etwa das *Operations Research* oder die *Wirtschaftsinformatik*, deren Hochschullehrer nur zum Teil im VHB vertreten sind.

Um den Aufwand für die Datenerhebung zu begrenzen, bezieht sich die Erhebung der Publikations- und Zitationsdaten ausschließlich auf die im Verzeichnis aufgeführten *ordentlichen* Mitglieder (im Regelfall habilitierte Hochschullehrer und Honorarprofessoren), insgesamt 1.137 Personen.[543] Dieser Abgrenzung liegt die Annahme zugrunde, dass die ausgeschlossene Personengruppe, unter der sich hauptsächlich junge Nachwuchswissenschaftler befinden, aufgrund des geringen Forschungsalters bezogen auf den gesamten Untersuchungszeitraum noch nicht in großem Umfang zu Publikationen und Zitationen in internationalen Fachzeitschriften beigetragen haben.[544] Diese Annahme kann insofern kritisiert werden, als dass akademische Höchstleistungen häufig in frühen Karrierestadien erbracht werden. Diesbezüglich ist jedoch zu beachten, dass herausragende internationale Publikationsleistungen für gewöhnlich eine Berufung auf eine Professur nach sich ziehen und somit in vielen Fällen erfasst sein dürften. Folglich dürften vorwiegend die in der jüngeren Vergangenheit erschienenen interna-

---

540 Da das Mitgliederverzeichnis nur alle drei Jahre in gedruckter Form erscheint, konnte dieser in den Jahren 2005 bis 2006 durchgeführten Untersuchung keine aktuellere Ausgabe zugrunde gelegt werden.

541 VHB (2004), S. 9.

542 Vgl. Hartl (2006), S. 88.

543 Vgl. VHB (2004), S. 9. Die Mitgliedschaft im VHB ist allerdings seitdem neu geregelt und hinsichtlich der ordentlichen Mitglieder weiter gefasst worden.

544 Zweifelsohne mag es in dieser Gruppe Ausnahmen geben, auf die diese Annahme nicht zutrifft. Zur Publikationstätigkeit des Hochschullehrernachwuchses in der BWL vgl. Fiedler et al. (2006), S. 475.

tionalen Publikationen derjenigen Nachwuchswissenschaftler ausgeblendet sein, die aufgrund ihres jungen Alters im Jahr 2004 noch nicht als ordentliche Mitglieder geführt sind.[545]

Um den Erhebungsaufwand weiter zu begrenzen, wurde bei der Hauptstudie die Abfragemaske *general search* des Web of Science verwendet, an Stelle der für Zitationen umfassenderen Abfrage mittels *cited reference search* wie bei der Pilotstudie. Die Ergebnisse der Pilotstudie, in der zwar auch häufig zitierte Aufsätze ermittelt werden konnten, welche ausschließlich als zitierte Arbeiten, aber nicht als Quellpublikationen von ISI erfasst sind (und damit nicht über die Abfragemaske *general search* ermittelt werden können), deuten darauf hin, dass zumindest in Bezug auf Zeitschriftenartikel die überwiegende Mehrheit der international häufig zitierten Aufsätze inzwischen auch in vom SSCI oder SCI-X erfassten Zeitschriften erscheint. Von den 98 in der Pilotstudie[546] erfassten Aufsätzen mit insgesamt mindestens 20 Zitationen sind nur zwei in Zeitschriften erschienen, die aktuell nicht für die ISI-Zitationsindizes ausgewertet werden. Sieben weitere sind in Zeitschriften erschienen, die zwar zum damaligen, meist länger zurückliegenden Veröffentlichungszeitpunkt nicht von den ISI-Zitationsindizes erfasst wurden, aktuell aber ausgewertet werden. Da sich die Pilotstudie jedoch ausschließlich auf häufig zitierte Aufsätze bezieht, ist in Bezug auf die Rezeption von Publikationen, die nicht als ISI-Quellpublikationen erfasst sind, durchaus noch weiterer Forschungsbedarf vorhanden. Offen bleibt somit, inwieweit englischsprachige Publikationen deutschsprachiger Betriebswirte international rezipiert werden, die nicht als Quellpublikationen von ISI erfasst werden, und wie groß der Anteil dieser Publikationen am Publikationsoutput auf der Ebene von Fachbereichen oder Forschern ist. Sofern der Anteil dieser Publikationen sehr gering ist oder diese im SSCI und SCI-X kaum zitiert werden, dürfte die Beschränkung von Zitationsanalysen auf Quellpublikationen zitationsanalytische Leistungsmessungen betriebswirtschaftlicher Fachbereiche, die sich mittels SSCI und SCI-X ausschließlich auf die Rezeption von Forschungsbeiträgen in der internationalen Scientific Community beziehen, nicht wesentlich beeinflussen.[547]

In einigen Fällen verwenden Hochschullehrer bei der Veröffentlichung von Forschungsergebnissen in internationalen Zeitschriften neben dem im VHB-Verzeichnis aufgeführten Vornamen weitere Initialen. Um auch diese Publikationen zu erfassen, wurden bei der autorenbezogenen Abfrage über die Abfragemaske *general search* jeweils der Nachname und die

---

545 Der Hinweis auf diesen Kritikpunkt stammt von einem anonymen Gutachter der DBW.

546 Vgl. Dyckhoff/Schmitz (2006), S. 13.

547 Als Daumenregel zur Entscheidung darüber, ob auch nicht von ISI erfasste Publikationen in Zitationsanalysen berücksichtigt werden sollten, schlägt Nederhof ihre Einbeziehung vor, wenn dadurch die Anzahl der Zitationen der in die Untersuchung einbezogenen Publikationen mindestens verdoppelt wird. Vgl. Nederhof (2006), S. 95.

trunkierte Initiale des ersten Vornamens verwendet.[548] Um eine korrekte Zuordnung der Publikationen zu den Hochschullehrern zu gewährleisten, wurde auf die von ISI aufgeführten Adressangaben und die Publikationsverzeichnisse betroffener Hochschullehrer zurückgegriffen.[549]

Der Aufwand und die Fehleranfälligkeit bei der autorenbezogenen Abfrage ohne weitere Eingrenzungen über andere Kriterien wie Hochschulangehörigkeit oder Fachgebiet ist angesichts der umfangreichen Listen mit Publikationen von „Namensvettern“, die man auf diese Weise erhält, enorm, wie schon die Pilotstudie gezeigt hat. So besteht ein Großteil der Listen aus lebens- oder naturwissenschaftlichen Veröffentlichungen. Durch den geschickten Ausschluss solcher Wissenschaftsgebiete, bei denen keine Gefahr besteht, eine nennenswerte Zahl betriebswirtschaftlicher Beiträge zu übersehen, wurde der Erhebungs- und Validierungsaufwand bei unserer Studie erheblich gesenkt. Eine Analyse der Zeitschriftenabdeckung der im VHB-JOURQUAL als betriebswirtschaftlich relevant eingestuften Zeitschriften zeigt allerdings, dass sich diese Zeitschriften nicht ausschließlich in den primär wirtschaftswissenschaftlich ausgerichteten Kategorien des SSCI befinden, sondern auch im SCI-X.[550] Aus diesem Grund wurden nur solche Kategorien aus der Untersuchung ausgeschlossen, die auch für die interdisziplinär ausgerichteten Teilgebiete der BWL keinerlei Relevanz besitzen.[551]

Die folgenden Auswertungen konzentrieren sich auf die Publikationen und deren Zitationen in internationalen Fachzeitschriften. Die Datenerhebung ist ausschließlich auf englischsprachige Beiträge der Art *article, review, letter* und *note* beschränkt.[552] Deutschsprachige Beiträge, die in vom SSCI oder SCI-X erfassten Zeitschriften, wie etwa der BFuP oder der *Wirtschaftsinformatik* erschienen sind, werden folglich nicht berücksichtigt.[553]

Die Datenerhebung bezieht sich auf sämtliche Publikationen, die den genannten Kriterien entsprechen und in den Zeitraum von 1990 bis 2004 fallen. Für diese Publikationen werden

---

548 Zu weiteren Details autorenbezogener Abfragen vgl. Dyckhoff et al. (2005b), S. 355.

549 In einem Fall konnte eine korrekte Zuordnung der Publikationen nicht gewährleistet werden. Die Untersuchung umfasst folglich nur 1.136 der 1.137 im Verzeichnis gelisteten ordentlichen Mitglieder.

550 Vgl. Abschnitt 4.5.3.

551 Dies sind bspw. Kategorien, die sich auf Fachgebiete wie Biologie, Chemie, Physik, Medizin etc. beziehen. Eine Beschreibung der im SSCI bzw. SCI-X erfassten Zeitschriftenkategorien kann auf der Homepage des ISI unter http://scientific.thomson.com/mjl/scope/scope_ssci.html#BF bzw. http://scientific.thomson.com/mjl/scope/scope_scie.html#AA eingesehen werden.

552 Zur Abgrenzung dieser vier Dokumententypen vgl. Moed et al. (1996), S. 108ff.

553 Die ausführliche Untersuchung der Erfassung deutschsprachiger betriebswirtschaftlich relevanter Zeitschriften in den ISI-Zitationsindizes bei Clermont/Schmitz (2008) zeigt, dass diese Zeitschriften nur vereinzelt und arbiträr erfasst werden. Die in Abschnitt 5.5.3 dieser Dissertation durchgeführte Analyse des Publikationsoutputs betriebswirtschaftlicher Fachbereiche aus Deutschland im SSCI belegt zudem, dass ein nicht unerheblicher Anteil der im SSCI erfassten Beiträge dieser Fachbereiche auf Veröffentlichungen in der BFuP zurückzuführen ist. Der Ausschluß deutschsprachiger Beiträge ist somit erforderlich, um Verzerrungen in der Hauptstudie zu vermeiden.

die laut ISI unter *times cited* aufgeführten Zitationshäufigkeiten vom Veröffentlichungszeitpunkt der jeweiligen Publikation bis zum Zeitpunkt der Datenerhebung, die sich auf den Zeitraum September 2005 bis März 2006 erstreckt hat, berücksichtigt. Die Zitationshäufigkeiten sind nicht um Selbstzitationen bereinigt.

8.4 Sichtbarkeit anhand von Publikationen

8.4.1 Verteilung im Zeitablauf

Die nachfolgende Abbildung 8.4.1.1 zeigt die Veröffentlichungen englischsprachiger Beiträge ordentlicher Mitglieder des VHB im SSCI und SCI-X. Die Anzahl der Veröffentlichungen in Zeitschriften mit Rating A+ bzw. A im VHB-JOURQUAL werden getrennt ausgewiesen.[554] Für die zugrunde gelegte Berechnung werden sämtliche Beiträge, an denen ein oder mehrere Hochschullehrer aus der Grundgesamtheit beteiligt sind, als ein Beitrag gezählt. Aus diesen Konventionen resultiert eine Ergebnismenge von 1.445 Beiträgen (1.382 Articles, 45 Reviews, 12 Notes und 6 Letters). 68 dieser Beiträge wurden in A+-Zeitschriften veröffentlicht, 402 in A-Zeitschriften. Summiert entspricht dies knapp einem Drittel der in dieser Studie erfassten Beiträge.

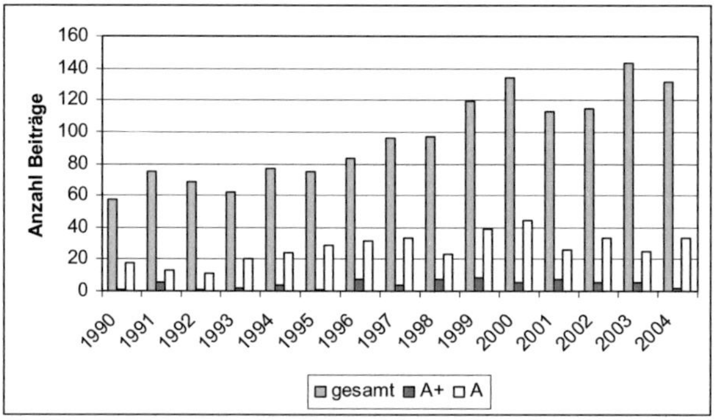

Abbildung 8.4.1.1: Veröffentlichungen englischsprachiger Beiträge der ordentlichen Mitglieder des VHB in SSCI und SCI-X (1990–2004)

Abbildung 8.4.1.1 kann entnommen werden, dass sich die Anzahl englischsprachiger Veröffentlichungen im SSCI und SCI-X mit Beteiligung ordentlicher Mitglieder des VHB im Zeitraum von 1990 bis 2004 deutlich erhöht hat. Zur Quantifizierung dieser Erhöhung kann ein

[554] Die Idee, zusätzlich zu den insgesamt veröffentlichten Beiträgen, die Beiträge in A+- und A-Zeitschriften gesondert auszuweisen und zu analysieren, stammt von einem anonymen Gutachter der DBW. Beginnend im Jahr 2005 werden die in A+- und A-Zeitschriften veröffentlichten Beiträge deutschsprachiger Betriebswirte im *Journal für Betriebswirtschaft* ausgewiesen.

Vergleich der in den ersten fünf Jahren und in den letzten fünf Jahren des Untersuchungszeitraums veröffentlichten Beiträge herangezogen werden.[555] Auf Basis dieses Vergleichs ergibt sich ein Anstieg der insgesamt veröffentlichten Beiträge um etwa 88 %. Der Anstieg der in A+-Zeitschriften veröffentlichten Beiträge liegt bei etwa 93 % (27/14). Er ist aufgrund der relativ geringen zugrunde liegenden Veröffentlichungszahlen jedoch vorsichtig zu interpretieren. Die Anzahl der in A-Zeitschriften veröffentlichten Beiträge ist um etwa 87 % gestiegen und verläuft damit bezogen auf diesen Zeitraum quasi proportional zum Gesamtanstieg.

Fraglich ist, inwieweit dieser Anstieg eine steigende Wertschätzung englischsprachiger Publikationen in der BWL widerspiegelt, Ausdruck einer gesteigerten Fähigkeit ist, Publikationen in internationalen Fachzeitschriften zu platzieren, oder auf die Ausgestaltung der Datenerhebung zurückzuführen ist. Durch die Zugrundelegung des gedruckten Mitgliederverzeichnisses des VHB wurden ausschließlich die Publikationen der dort aufgeführten ordentlichen Mitglieder erfasst. Es bleibt zu prüfen, ob die geringeren Publikationszahlen zu Beginn des Untersuchungszeitraums dadurch bedingt sind, dass zu diesem Zeitpunkt international publizierende Hochschullehrer während des Untersuchungszeitraums aus dem Hochschuldienst ausgeschieden und nicht mehr im gedruckten Mitgliederverzeichnis aus dem Jahr 2004 aufgeführt sind.

Gegen diese Hypothese spricht der Befund, dass im gedruckten Mitgliederverzeichnis des VHB aus dem Jahr 2004 auch emeritierte Hochschullehrer als ordentliche Mitglieder aufgeführt sind, deren Publikationen in die Untersuchung einbezogen wurden.

Die These, dass der in Abbildung 8.4.1.1 dargestellte zeitliche Verlauf der Publikationen Ausdruck einer zunehmenden Wertschätzung englischsprachiger Publikationen in der BWL (im deutschen Sprachraum) und/oder der gesteigerten Fähigkeit international zu publizieren ist, wird durch die Befunde von WINTERHAGER ET AL. gestützt. Diese weisen für den Zeitraum von 1990 bis 1999 einen steigenden Anteil deutscher Institutionen an den Veröffentlichungen der im SSCI geführten wirtschaftswissenschaftlichen Zeitschriften aus.[556]

Weiterhin ist zu untersuchen, ob der Anstieg des Publikationsaufkommens schlicht dadurch bedingt ist, dass sich die Zahl der aktiven Hochschullehrer im angegebenen Zeitraum stark

[555] Der Zeitraum von fünf Jahren ist gewählt worden, da er Schwankungen in der Zeitreihe besser auffängt als ein auf sehr kurzen Zeiträumen basierender Vergleich. Zweifelsohne liegt in der Festlegung dieses Zeitraums ein Ermessensspielraum. Eine Verkürzung oder Verlängerung dieses Zeitraums führt zu Änderungen der einzelnen Prozentwerte, ändert aber nichts an der Kernaussage, dass sich die Anzahl der in der Studie erfassten Veröffentlichungen im Zeitablauf deutlich erhöht hat.

[556] Vgl. Winterhager et al. (2001), S. 14.

erhöht hat und folglich nicht auf eine steigende relative Bedeutung englischsprachiger Publikationen zurückzuführen ist.

In Ermangelung eines gedruckten Mitgliederverzeichnisses für das Jahr 1990 können die von GAUGLER/KOPPERT bereitgestellten Daten zur Entwicklung der Hochschullehrerstellen im deutschsprachigen Raum als Hilfe zur Beantwortung dieser Frage herangezogen werden. Diese weisen für das Jahr 1989 639 Professorenstellen (davon 90 Vakanzen) und 63 Habilitierte ohne Professur aus.[557] Stellt man diesen Zahlen die Anzahl der 1.137[558] ordentlichen Mitglieder des VHB im Jahr 2004 – die im Regelfall habilitierte Hochschullehrer und Honorarprofessoren sind – gegenüber, so stellt sich die Frage, wie der Anstieg der Publikationen in Relation zum Anstieg der Anzahl aktiver Hochschullehrer zu beurteilen ist. Der Anstieg der in internationalen Fachzeitschriften publizierten Beiträge wird durch den Anstieg der Anzahl aktiver Hochschullehrer und auch vor dem Hintergrund des Untersuchungszeitraums von 15 Jahren deutlich relativiert aber nicht vollständig erklärt.[559] Somit erscheint es plausibel, diesen Anstieg auch in Teilen auf eine gestiegene Wertschätzung internationaler Publikationen und die gesteigerte Fähigkeit, Publikationen in internationalen Fachzeitschriften zu platzieren, zurückzuführen. Inwieweit der Publikationsanstieg stärker durch die hier thematisierten motivationalen oder kognitiven Aspekte der Leistung, in internationalen Fachzeitschriften zu publizieren, beeinflusst wird, kann auf Basis der vorliegenden Informationen nicht beantwortet werden. Ob möglicherweise jüngere VHB-Mitglieder verstärkt international publizieren und so für diesen Anstieg verantwortlich sind, bleibt ebenso zu untersuchen.

---

[557] Vgl. Gaugler/Koppert (1990), S. 473ff.

[558] Von denen 1.136 in die Untersuchung einbezogen wurden.

[559] Aus verschiedenen Gründen ist es schwierig, den Anstieg der Publikationen in Relation zum Anstieg aktiver Hochschullehrer im Untersuchungszeitraum auf Basis der vorhandenen Daten genau zu quantifizieren. Der Vergleich der Daten von Gaugler/Koppert (1990) mit der Anzahl der ordentlichen Mitglieder des VHB aus dem Jahr 2004 ist insofern problematisch, als dass nicht alle Inhaber der bei Gaugler/Koppert (1990) erfassten Professuren sowie die ausgewiesenen Habilitierten ohne Professur zwangsläufig (ordentliche) Mitglieder im VHB sind. Weiterhin ist bei der Interpretation der Ergebnisse zu beachten, dass unter den 1.137 ordentlichen Mitgliedern des VHB im Jahr 2004 auch Hochschullehrer aufgeführt sind, die nicht primär in der BWL tätig und organisatorisch auch keinem BWL-Lehrstuhl zugeordnet sind. Ebenso sind einige Hochschullehrer aufgeführt, die nicht (mehr) im deutschen sondern in anderen Sprachräumen tätig sind. Darüber hinaus enthält das Verzeichnis auch bereits emeritierte Hochschullehrer und Honorarprofessoren. Dennoch ist zu konstatieren, dass sich die Anzahl aktiver Hochschullehrer im Betrachtungszeitraum deutlich erhöht hat. Gaugler/Koppert weisen für das Jahr 1989 549 (639 - 90) besetzte Professuren und 63 Habilitierte ohne Professur aus. Für das Jahr 1998, welches etwa in der Mitte des Untersuchungszeitraums liegt, weist Oechsler (2001) 735 (804 - 69) besetzte Professuren und 30 Habilitierte ohne Professur aus. Die entspricht einem Anstieg um 25 % (765/612) in der ersten Hälfte des Untersuchungszeitraumes. Die hohe Anzahl der ordentlichen Mitglieder des VHB im Jahr 2004 (1.137) deutet darauf hin, dass die Anzahl der Professuren und Habilitierten ohne Professur in der zweiten Hälfte des Untersuchungszeitraums tendenziell gestiegen ist. Der Anstieg der Publikationen wird dadurch und auch vor dem Hintergrund des langen Untersuchungszeitraums von 15 Jahren relativiert.

8.4.2 Verteilung auf Zeitschriften

Tabelle 8.4.2.1 weist diejenigen 15 Zeitschriften bzw. Periodika aus, welche die meisten Beiträge aus der empirischen Untersuchung auf sich vereinigen können. Die Zählkonvention aus Abschnitt 8.4.1 wird beibehalten. In der ersten Spalte ist zusätzlich das Rating der jeweiligen Zeitschrift aus dem VHB-JOURQUAL angegeben.[560]

VHB-Rating	Titel	Erfasste Beiträge	Artikel laut JCR in 2004	Index-zuordnung laut JCR
A	European Journal of Operational Research	131	467	SCI-X
B	Lecture Notes in Computer Science*	89	16370	SCI-X
B	International Journal of Production Economics	56	154	SCI-X
A	OR Spectrum	55	26	SCI-X
A	Journal of Institutional and Theoretical Economics	34	33	SSCI
B	International Journal of Production Research	30	277	SCI-X
B	R & D Management	28	42	SSCI
A+	Management Science	27	129	SSCI/SCI-X
-	Lecture Notes in Economics and Mathematical Systems*	22	-	SSCI/SCI-X
D	Technovation	22	82	SCI-X
C	International Journal of Technology Management	21	93	SSCI/SCI-X
B	Journal of Business Research	21	146	SSCI
A	Annals of Operations Research	17	95	SCI-X
A	Information Systems	17	32	SCI-X
B	Research Policy	16	93	SSCI
	* = Buchserie[561]			

Tabelle 8.4.2.1: Auswertung der Veröffentlichungen nach Zeitschriften

Mit insgesamt 131 Veröffentlichungen (Spalte 3) entfällt der größte Anteil auf die Zeitschrift *European Journal of Operational Research.* Hinsichtlich der Interpretation dieser Zahl ist zu berücksichtigen, dass die Anzahl der Beiträge, die in einer Zeitschrift in einem Jahr veröffentlicht werden, zwischen verschiedenen Zeitschriften stark variiert. So wurden laut den JCR 2004[562] allein im Jahr 2004 insgesamt 467 Artikel (dazu werden in den JCR im Wesentlichen die Dokumententypen *article* und *review* gezählt) im *European Journal of Operational Research* veröffentlicht. Die Anzahl der im *OR Spectrum* im Jahr 2004 veröffentlichten Artikel ist dagegen mit 26 deutlich geringer, die der *Lecture Notes in Computer Science* mit 16.370 weitaus größer.

[560] Zum VHB-JOURQUAL vgl. Hennig-Thurau et al. (2004) sowie die Homepage des VHB.

[561] Der Titel „Lecture Notes..." könnte insofern falsch aufgefasst werden, als dass der Begriff „Notes" im Titel suggeriert, dass in diesen Periodika veröffentlichte Beiträge vorwiegend unter dem Dokumententyp *notes* erfasst werden. Dies ist jedoch keineswegs der Fall.

[562] Die JCR erscheinen jährlich in der Science und Social Science Edition, die über eine entsprechende Lizenz genutzt werden können. In ihnen werden von ISI für die im SSCI und SCI-X mindestens seit drei Jahren ausgewerteten Zeitschriften verschiedene bibliometrische Kennzahlen ausgewiesen. Die erfassten Buchserien werden laut ISI nur selektiv in den JCR gelistet.

Die in der Tabelle 8.4.2.1 aufgeführten 15 Zeitschriften (bzw. Lecture Notes) enthalten mit 586 von insgesamt 1.445 Beiträgen etwa 41 % der englischsprachigen Veröffentlichungen der ordentlichen Mitglieder des VHB im Zeitraum von 1990 bis 2004 im SSCI und SCI-X. Ein Blick auf die in Spalte fünf aufgeführten Zitationsindizes, in denen die jeweiligen Zeitschriften erfasst werden, zeigt, dass sehr viele Beiträge auf den SCI-X entfallen.[563] Eine Beschränkung bibliometrischer Leistungsmessungen in der BWL auf den SSCI führt folglich zur Nichtberücksichtigung einer beträchtlichen Zahl englischsprachiger Publikationen in international anerkannten Zeitschriften und Buchserien, die im SCI-X gelistet sind.

Inwieweit die Forschungsleistung deutschsprachiger Betriebswirte durch die Einbeziehung des SCI-X „exakter" erfasst wird, hängt im Wesentlichen davon ab, wie weit man den Begriff „BWL" fassen möchte. Die in Abschnitt 4.5.3 durchgeführte Analyse der Zeitschriftenabdeckung der im VHB-JOURQUAL ausgewiesenen Teilrankings für die verschiedenen dort aufgeführten Forschungsfelder der BWL zeigt, dass die den Forschungsfeldern *Logistik, Operations Research und Produktion*[564] sowie *Wirtschaftsinformatik* zugeordneten Zeitschriften vorwiegend im SCI-X erfasst werden.[565] Auch wenn die Gebiete *Operations Research* und *Wirtschaftsinformatik* von zahlreichen Betriebswirten eher zu den Grenzgebieten der BWL gezählt werden, trifft dies nicht in gleichem Maße für die Gebiete *Logistik* und *Produktion* zu. Der Forschungsoutput dieser Gebiete wird vorwiegend im SCI-X erfasst. Eine Reduktion der Leistungsmessung auf den SSCI erscheint auch aus diesem Grund als problematisch.

8.4.3 Verteilung auf Hochschullehrer: Lotkas Gesetz

Wissenschaftlicher Output bzw. wissenschaftliche Produktivität folgt i.d.R. sowohl auf individuellem als auch auf institutionellem Niveau einer asymmetrischen Verteilung. Auf einen relativ kleinen Anteil der Forscher einer Scientific Community entfällt ein großer Anteil der

[563] Die Zuordnung der Zeitschriften zu den Zitationsindizes und die aufgeführte Artikelanzahl ist den JCR 2004 entnommen worden. Vgl. dazu The Thomson Corporation (2004b) und The Thomson Corporation (2004c). Ein aktuelleres und umfassenderes Bild über die im SSCI bzw. SCI-X erfassten Zeitschriften bzw. Buchserien findet sich in den Journal Lists des ISI. Diese verzeichnen auch Titel, die seit weniger als drei Jahren in den Indizes geführt werden, und geben einen aktuellen Überblick über die für die Indizes ausgewertete Literatur. In Bezug auf die nicht in den JCR 2004 gelistete Buchserie *Lecture Notes in Economics and Mathematical Systems* wird in Tabelle 8.4.2.1 die Indexzuordnung gemäß den Journal Lists für den SSCI und SCI-X (Abfragedatum 15.7.2006) aufgeführt. Für alle anderen in Tabelle 8.4.2.1 aufgeführten Periodika ergeben sich keine Unterschiede in Bezug auf die Indexzuordnung gemäß den JCR 2004 und den entsprechenden Journal Lists vom 15.7.2006. Vgl. dazu The Thomson Corporation (2006a) und The Thomson Corporation (2006b). Die Journal Lists können einzeln für die verschiedenen Produkte bzw. Indizes des ISI unter http://scientific.thomson.com/mjl/ abgerufen werden.

[564] Diese drei Teilgebiete werden im VHB-JOURQUAL als ein Forschungsfeld ausgewiesen.

[565] Vgl. auch Schmitz (2006), S. 27ff.

Publikationen.[566] LOTKA leitete auf Basis seiner empirischen Untersuchungen in den Fächern Physik und Chemie ein statistisches Gesetz über die Verteilung wissenschaftlicher Produktivität ab. Sein *Inverse Square Law of Scientific Productivity* besagt, dass sich die Anzahl der Wissenschaftler, die x Publikationen vorlegen, proportional zu $1/x^2$ verhält.[567] In verallgemeinerter Form lautet die Formulierung seiner Gesetzmäßigkeit:[568] $x^n \cdot y = c$ bzw. $y = c/x^n$. In dieser Gleichung steht x für die Anzahl der Beiträge einzelner Personen, y für die relative Häufigkeit des Auftretens von x = 1, 2, 3,..., m Beiträgen,[569] n und c sind die zu schätzenden Parameter. Wegen y(1) = c kann c als der relative Anteil der Wissenschaftler mit einer einzigen Veröffentlichung interpretiert werden, sofern c und n so bestimmt werden, dass die Summe der relativen Anteile y insgesamt 1 ergibt. LOTKA ermittelte für n = 2 eine gute Anpassung seiner untersuchten Häufigkeitsverteilung an die allgemeine Form.[570]

Bezogen auf die Veröffentlichungen in den sechs führenden deutschsprachigen Zeitschriften der ABWL haben WOLF ET AL. bereits gezeigt, dass sich die Verteilung der Publikationen auf die Autoren mit dem *Inverse Square Law of Scientific Productivity* sehr gut beschreiben lässt.[571] Im Folgenden wird geprüft, inwieweit die Verteilung der englischsprachigen Publikationen der 1.136 untersuchten deutschsprachigen Hochschullehrer für Betriebswirtschaft im SSCI und SCI-X mit der von LOTKA beschriebenen Gesetzmäßigkeit erklärt werden kann.

[566] Vgl. Kocher/Sutter (2001), S. 157, und Sutter/Kocher (2001), S. 405.
[567] Vgl. Daniel/Fisch (1986), S. 161.
[568] Vgl. Lotka (1926), S. 320.
[569] Vgl. auch Kocher/Sutter (2001), S. 157.
[570] Vgl. Lotka (1926), S. 320f., und Kocher/Sutter (2001), S. 157.
[571] Vgl. Wolf et al. (2005), S. 72.

Anzahl der Publikationen (anteilig, gerundet)	Erwarteter Anteil der Wissenschaftler nach Lotka	Erwarteter Anteil der Wissenschaftler nach Lotka (normiert)	Faktischer Anteil der Wissenschaftler	Erwartete Anzahl der Wissenschaftler nach Lotka (gerundet)	Faktische Anzahl der Wissenschaftler
0	-	-	-	-	(811)
1	1,0000	0,6248	0,4369	203	142
2	0,2500	0,1562	0,2369	51	77
3	0,1111	0,0694	0,0800	23	26
4	0,0625	0,0391	0,0862	13	28
5	0,0400	0,0250	0,0400	8	13
6	0,0278	0,0174	0,0277	6	9
7	0,0204	0,0128	0,0246	4	8
8	0,0156	0,0098	0,0185	3	6
9	0,0123	0,0077	0,0123	3	4
10	0,0100	0,0062	0,0062	2	2
11	0,0083	0,0052	0,0031	2	1
12	0,0069	0,0043	0,0154	1	5
13	0,0059	0,0037	0,0031	1	1
14	0,0051	0,0032	0,0031	1	1
15	0,0044	0,0028	0,0000	1	0
16	0,0039	0,0024	0,0000	1	0
17	0,0035	0,0022	0,0000	1	0
18	0,0031	0,0019	0,0031	1	1
19	0,0028	0,0017	0,0000	1	0
20	0,0025	0,0016	0,0000	1	0
21	0,0023	0,0014	0,0000	0	0
22	0,0021	0,0013	0,0031	0	1
Summe	1,6005	1,0000	1,0000	325	325

Tabelle 8.4.3.1: Häufigkeitsverteilung der Publikationen auf Hochschullehrer

Für die Berechnung in Tabelle 8.4.3.1 sind die Publikationen den Autoren im Falle von Koautorenschaften anteilig zugerechnet worden. Des Weiteren wurden die Werte auf- bzw. abgerundet, d.h. Wissenschaftler mit mindestens 0,5 und weniger als 1,5 Beiträgen werden gemäß der ersten Spalte mit einem Beitrag erfasst. Da die Lotkasche Verteilung für n = 0 nicht definiert ist, bezieht sich die Berechnung der faktischen und prognostizierten Anteile in Tabelle 8.4.3.1 nur auf die Wissenschaftler mit mindestens einem Beitrag. Der erwartete Anteil der Wissenschaftler nach LOTKA wird in der Tabelle einmal ohne Normierung (Spalte 2) und einmal mit Normierung (Spalte 3; Summe der relativen Anteile gleich 1) ausgewiesen.[572]

Der Abgleich der prognostizierten mit den faktischen Werten in Tabelle 8.4.3.1 zeigt, dass die Lotkasche Verteilung für n = 2 allenfalls bedingt geeignet ist, um die tatsächliche Verteilung der Publikationen in diesem Fall zu beschreiben. Dies gilt jedoch nicht für das Lotkasche Gesetz in seiner allgemeinen Form. Die folgende Regressionsgleichung erlaubt eine recht

[572] Zu diesem Vorgehen vgl. Wolf et al. (2005), S. 71f.

gute Anpassung der prognostizierten relativen Häufigkeiten des Auftretens von x Beiträgen an die tatsächlichen Werte:[573] $\ln(y) = -0{,}34 - 1{,}89 \cdot \ln(x)$ mit $R^2 = 0{,}92$.

Die Regressionsgleichung deutet darauf hin, dass n = 1,89 ist. Für dieses n ergibt sich im Vergleich zu n = 2 ein geringerer prognostizierter Anteil der Wissenschaftler mit einem Beitrag, der so eine bessere Anpassung an die tatsächlichen Werte ermöglicht.[574] Bei der Interpretation der Ergebnisse ist zu beachten, dass hier nur ein Ausschnitt aus der Veröffentlichungstätigkeit deutschsprachiger Betriebswirte betrachtet wird, nämlich englischsprachige Veröffentlichungen in vom SSCI und SCI-X erfassten Zeitschriften. Die hohe Anzahl von 811 Hochschullehrern ohne Beiträge ist so möglicherweise dadurch zu erklären, dass sie ihre Veröffentlichungstätigkeit vorwiegend auf deutschsprachige Zeitschriften konzentrieren. Weiterhin ist zu berücksichtigen, dass durch die anteilige Zurechnung der Beiträge und die Rundung der einem Wissenschaftler insgesamt zugerechneten Beiträge die Anzahl der Wissenschaftler ohne Beiträge überzeichnet wird.

Die nachfolgende Tabelle 8.4.3.2 enthält die 25 Hochschullehrer mit den meisten Publikationspunkten in der Untersuchung. Im Unterschied zu Tabelle 8.4.3.1 wurden die durch die anteilige Zurechnung ermittelten Publikationspunkte auf eine Stelle nach dem Komma gerundet.

---

[573] Zu einem solchen Vorgehen vgl. Sutter/Kocher (2001), S. 409f.

[574] In seinem kritischen Kommentar zu Sutter/Kocher (2001) plädiert Rousseau für die Anwendung eines Maximum-Likelihood-Ansatzes zur Schätzung der Parameter der verallgemeinerten Lotkaschen Verteilung. Vgl. Rousseau (2002), S. 318ff. Der mit Hilfe des von Rousseau/Rousseau (2000) bereitgestellten Programms zur Schätzung von n auf Basis des Maximum-Likelihood-Ansatzes ermittelte Wert lautet 1,8792. Aufgrund der relativ geringen Differenz zu n = 1,89 wird auf eine ausführliche Darstellung dieser Methodik verzichtet und die von Sutter/Kocher (2001) praktizierte Methode verwendet.

	Name	Publikationspunkte	Kommissionen
1	Jarke, M.	22,2	WI
2	Brockhoff, K.K.L.	17,6	MARK, TIM
3	Voß, S.	13,7	LOG, OR, PROD, TIM, WI
4	Vetschera, R.	12,5	WI
5	Rentz, O.	12,2	PROD, UMW
6	Zimmermann, H.-J.	11,9	OR
7	Weber, M.	11,8	BA-FI
8	Drexl, A.	11,5	OR, PROD
9	Richter, K.	11,5	OR, PROD, UMW
10	Kimms, A.	11,0	LOG, OR, PROD
11	Schmidt, G.	9,5	BA-FI, OR, PROD, WI
12	Holthaus, O.	9,5	OR, PROD, WI
13	Günther, O.	9,4	-
14	Homburg, Chr.	8,6	INT, MARK, ORG, PERS, TIM
15	Jost, P.-J.	8,5	ORG, PERS
16	Kuemmerle, W.	8,5	-
17	Inderfurth, K.	8,3	LOG, OR, PROD, UMW
18	Kolisch, R.	8,3	OR, PROD
19	Ernst, H.	8,2	TIM
20	Kopel, M.	8,2	-
21	Leisten, R.	8,0	OR, PROD
22	Schneeweiß, C.	7,7	OR, PROD, WISS
23	Scheer, A.-W.	7,3	OR, PROD, WI
24	Wellisch, D.F.	7,0	-
25	Zedtwitz, M.v.	7,0	TIM

Tabelle 8.4.3.2: Auswertung nach Hochschullehrern

In Tabelle 8.4.3.2 werden zusätzlich zu den Publikationspunkten die Kommissionszugehörigkeiten der Hochschullehrer gemäß des gedruckten Verzeichnisses des VHB aus dem Jahr 2004 aufgeführt. Die Ergebnisanalyse zeigt, dass Hochschullehrer mit den Forschungsschwerpunkten *Produktionswirtschaft* und/oder *Operations Research* am häufigsten in dieser Gruppe vertreten sind.

Einer Interpretation der Publikationsverteilung als Rangliste in Bezug auf die Forschungsleistung der Hochschullehrer sind in verschiedener Hinsicht Grenzen gesetzt. Zunächst ist zu berücksichtigen, dass bei der Berechnung der Publikationspunkte keine Qualitätsgewichtung vorgenommen wurde. Alle im SSCI oder SCI-X erfassten Beiträge erhalten damit das gleiche Gewicht. Darüber hinaus wurden ebenso keine Gewichtungen nach Beitragsart (*article*, *review*, *letter* oder *note*) oder Beitragslänge verwendet. Weiterhin ist zu beachten, dass sich die verschiedenen Forschungsfelder der BWL hinsichtlich der Erfassung der für sie relevanten Fachzeitschriften im SSCI und SCI-X deutlich unterscheiden. So werden z.B. zahlreiche Zeitschriften der Forschungsfelder *Logistik*, *Operations Research* und *Produktion* für den SSCI oder SCI-X ausgewertet. Die Zeitschriften des Forschungsfelds *Betriebswirtschaftliche*

Steuerlehre werden dagegen fast gar nicht erfasst.[575] Bedingt durch die Konzeption der Untersuchung werden deutschsprachige Veröffentlichungen, selbst wenn sie im SSCI oder SCI-X erfasst werden, nicht berücksichtigt.[576] Es wird somit nur ein Ausschnitt der Forschungsleistung betrachtet.

RAUBER/URSPRUNG weisen darauf hin, dass die Forschungsproduktivität von Hochschullehrern von zwei altersbezogenen Faktoren beeinflusst wird. Dies sind zum einen die Alterskohorte, in der sich die Hochschullehrer befinden, und zum anderen das Karrierealter.[577] Da beide Faktoren bei Erstellung der Übersicht für Tabelle 8.4.3.2 nicht explizit berücksichtigt wurden, ist eine Interpretation im Sinne eines Leistungsvergleichs problembehaftet.

8.4.4 Verteilung auf Hochschulen

Der Fokus dieses Abschnitts liegt auf der Analyse der Verteilung der Publikationen auf die Hochschulen. Ausgangspunkt für die Zurechnung der Publikationspunkte auf die Hochschulen ist die anteilige Zurechnung der Publikationen auf die Hochschullehrer aus Abschnitt 8.4.3. Maßgeblich für die Zurechnung der Publikationspunkte eines Hochschullehrers ist die im gedruckten Mitgliederverzeichnis des Jahres 2004 vermerkte Hochschulzugehörigkeit. Es handelt sich folglich um eine current potential-Erhebung aus Sicht des Jahres 2004.

Alle 1.136 in die Untersuchung einbezogenen Hochschullehrer werden bei dieser Berechnung berücksichtigt, auch solche Hochschullehrer, die im Jahr 2004 bereits emeritiert waren. Bei der Verrechnung der Publikationspunkte der Hochschullehrer auf die Hochschulen wird nicht danach differenziert, welchem Fachbereich die Hochschullehrer laut gedrucktem Mitgliederverzeichnis angehörten, lediglich die Hochschulzugehörigkeit wird berücksichtigt.

Die nachfolgende Tabelle 8.4.4.1 zeigt die auf eine Dezimalstelle gerundeten Publikationspunkte der zehn Hochschulen, die in der vorliegenden Untersuchung die meisten Publikationspunkte auf sich vereinigen konnten.

---

575 Vgl. ausführlich Abschnitt 4.5.3.

576 Eine ausführliche Untersuchung der Forschungsleistung deutschsprachiger Betriebswirte, die ausschließlich auf der Auswertung renommierter deutschsprachiger Fachzeitschriften beruht, bieten Macharzina et al. (2006). In dem Forschungsranking von Häring (2005) werden sowohl nationale als auch internationale Veröffentlichungen berücksichtigt und mit einem auf dem VHB-JOURQUAL aufbauenden Schema gewichtet. Das Vorgehen von Häring ermöglicht damit eine wesentlich umfassendere und genauere Abbildung der Forschungsleistung als die Berechnung der Publikationspunkte in Tabelle 8.4.3.2.

577 Vgl. ausführlich Rauber/Ursprung (2006), S. 1.

	Hochschule	Publikationspunkte
1	Universität Mannheim	44,4
2	RWTH Aachen	39,5
3	WHU Vallendar	39,1
4	Wirtschaftsuniversität Wien	33,3
5	Universität zu Köln	30,4
6	Universität Passau	28,0
7	Universität Hamburg	25,7
8	Europa-Universität Viadrina Frankfurt (Oder)	22,9
9	Christian-Albrechts-Universität zu Kiel	22,1
10	Universität Wien	22,0

Tabelle 8.4.4.1: Auswertung nach Hochschulen

Die Betrachtung der Tabelle 8.4.4.1 zeigt, dass die meisten Publikationspunkte aus der Untersuchung auf die Universität Mannheim entfallen. Hinsichtlich der Publikationsmenge der RWTH Aachen gilt es zu bemerken, dass mehr als die Hälfte der Publikationspunkte von JARKE stammen, der an der Fakultät für Mathematik, Informatik und Naturwissenschaften der RWTH Aachen lehrt und forscht und somit nicht dem wirtschaftswissenschaftlichen Fachbereich der RWTH Aachen zuzurechnen ist.

Neben den bereits im vorherigen Abschnitt erläuterten Problemen, die die Interpretation der Publikationspunkte als Kennzahl der Forschungsleistung betreffen, sind weitere Punkte anzumerken, die speziell die Auswertung nach Hochschulen betreffen. So ist zu beachten, dass in dieser Untersuchung ausschließlich die Beiträge der ordentlichen Mitglieder des VHB berücksichtigt wurden. Damit dürften insbesondere große Teile des Publikationsaufkommens der wissenschaftlichen Mitarbeiter betriebswirtschaftlicher Fachbereiche unberücksichtigt bleiben. Ebenso ist zu berücksichtigen, dass der Indikator Publikationspunkte ausschließlich auf einen Aspekt der Forschungseffektivität abzielt. Der Mitteleinsatz für die Produktion des Publikationsaufkommens bleibt in der obigen Tabelle unberücksichtigt. Des Weiteren ist anzumerken, dass der Organisationsgrad österreichischer und schweizerischer Hochschullehrer für Betriebswirtschaft im VHB geringer ist als der Organisationsgrad der Hochschullehrer aus Deutschland. Aus diesem Grund ist anzunehmen, dass die Publikationspunkte der Universität Wien und der WU Wien bei einer Vollerhebung über alle dort tätigen Professoren auf dem Gebiet der BWL wesentlich höher ausfallen würden.

8.4.5 Verteilung auf Forschungsfelder

In diesem Abschnitt wird analysiert, wie die in der Hauptstudie erfassten Beiträge auf die verschiedenen Forschungsfelder der BWL verteilt sind. Die Zurechnung der Beiträge zu den

Forschungsfeldern erfolgt über die Kommissionsmitgliedschaften der in die Untersuchung einbezogenen Hochschullehrer. Für die Ermittlung der Publikationspunkte, die auf die einzelnen Kommissionen entfallen, werden die Publikationspunkte den Hochschullehrern zunächst im Falle von Koautorenschaften anteilig zugerechnet. Ein Hochschullehrer, der einen Beitrag mit einem Koautor gemeinsam veröffentlicht hat, erhält dafür folglich 0,5 Publikationspunkte usw. Im Anschluss daran erfolgt die Verteilung der den Hochschullehrern zugerechneten Publikationspunkte auf die Kommissionen des VHB, denen sie angehören. Diese Zurechnung erfolgt im Falle der Mitgliedschaft in mehreren Kommissionen ebenso wie die Berechnung der Publikationspunkte der Hochschullehrer anteilig. Insgesamt 220 der 1.136 in die Untersuchung einbezogenen Hochschullehrer gehören keiner Kommission an. Die ihnen zugerechneten Publikationspunkte werden in der nachfolgenden Auswertung explizit aufgeführt. 385 Hochschullehrer der Grundgesamtheit gehören genau einer Kommission an, insgesamt 561 Hochschullehrer sind in zwei oder mehr Kommissionen Mitglied. Die Verteilung der Publikationspunkte auf die Kommissionen des VHB ist in der nachfolgenden Tabelle 8.4.5.1 aufgeführt.

Kommission	Anteil an Gesamtpublikationen in %	Publikationspunkte	Anz. einbez. VHB-Mitglieder
Wirtschaftsinformatik	14,8	128,5	139
Operations Research	12,2	105,7	99
Produktionswirtschaft	11,2	97,1	134
Technologie- und Innovationsmanagement	9,5	82,4	103
Marketing	8,0	69,5	164
Bankbetriebslehre/Finanzierung	5,9	51,0	116
Logistik	5,6	48,9	72
Organisation	5,3	46,4	185
Umweltwirtschaft	3,2	27,4	75
Personalwesen	3,1	27,3	114
Internationales Management	2,6	22,3	102
Rechnungswesen	2,2	18,8	198
Wissenschaftstheorie	1,7	14,5	60
Öffentliche Betriebswirtschaftslehre	1,6	14,3	63
Hochschulmanagement	0,7	6,3	36
Betriebswirtschaftliche Steuerlehre	0,1	0,8	81
Ohne Kommission	12,3	106,6	220

Tabelle 8.4.5.1: Auswertung nach Forschungsfeldern

Die Verteilung der Publikationspunkte auf die einzelnen Kommissionen ist in Tabelle 8.4.5.1 sowohl prozentual (Spalte 2) also auch absolut (Spalte 3) dargestellt. Zusätzlich zu diesen

Angaben ist in Spalte 4 die Anzahl der in die Untersuchung einbezogenen Mitglieder des VHB aus den jeweiligen Kommissionen aufgeführt.[578]

Die Tabelle zeigt eine schiefe Verteilung der Publikationspunkte auf die verschiedenen Kommissionen des VHB. Die starke Präsenz der Kommissionen *Wirtschaftsinformatik* und *Operations Research* ist in Teilen auf die Ausgestaltung der Untersuchung zurückzuführen. Die Analyse der Zeitschriftenabdeckung in Abschnitt 4.5.3 zeigt, dass zahlreiche Fachzeitschriften, die für diese Forschungsfelder eine hohe Relevanz besitzen, ausschließlich im SCI-X erfasst werden. Die Berücksichtigung zahlreicher Beiträge der ordentlichen Mitglieder dieser Kommissionen wird somit durch den Einbezug des SCI-X erst ermöglicht. Dadurch, dass diese Forschungsfelder interdisziplinär ausgerichtet sind und in Einzelfällen auch Hochschullehrer im VHB als ordentliche Mitglieder geführt werden, deren Forschungsschwerpunkt nicht (mehr) primär auf betriebswirtschaftlichen Fragestellungen liegt, werden in wenigen Fällen auch Beiträge erfasst, die nur einen geringen Bezug zur BWL haben.

Die Zeitschriftenabdeckung von SSCI und SCI-X ist darüber hinaus insofern von Bedeutung, als dass Kommissionen, deren für sie relevante Zeitschriften nicht für diese Indizes ausgewertet werden, kaum Möglichkeiten haben, zur internationalen Sichtbarkeit anhand von Publikationen beizutragen, sofern diese mit Hilfe der ISI-Zitationsindizes gemessen wird und die Mitglieder dieser Kommission vorwiegend in denen für das Forschungsfeld relevanten Zeitschriften publizieren.[579] So fällt bspw. bei der Betrachtung der Ergebnisse in Tabelle 8.4.5.1 ins Auge, dass der Anteil der Kommission *Betriebswirtschaftliche Steuerlehre* an den Gesamtpublikationen dieser Untersuchung lediglich 0,1 % beträgt. Vor dem Hintergrund, dass lediglich eine Zeitschrift der Zeitschriften, die diesem Forschungsfeld im Teilranking des VHB-JOURQUAL zugeordnet wurden, von den ISI-Zitationsindizes erfasst wird, kann dieses Ergebnis jedoch kaum verwundern. Es ist zu vermuten, dass dieses Forschungsfeld stark durch landesspezifische rechtliche Gegebenheiten geprägt wird, deren Diskussion sich auf deutschsprachige Zeitschriften fokussiert, die mit wenigen Ausnahmen kaum im SSCI oder SCI-X erfasst werden.

---

[578] Mit Ausnahme der Kommission *Wirtschaftsinformatik* entspricht die in Spalte 3 aufgeführte Zahl der Anzahl der ordentlichen Mitglieder des VHB in den jeweiligen Kommissionen. Die Anzahl der ordentlichen Mitglieder des VHB in der Kommission *Wirtschaftsinformatik* beträgt laut Mitgliederverzeichnis aus dem Jahr 2004 140. Von diesen 140 Teilnehmern wurden jedoch nur 139 in der Untersuchung berücksichtigt, da in einem Fall die korrekte Zuordnung der Publikationen nicht gewährleistet werden konnte. Vgl. dazu auch Fußnote 549.

[579] Sofern die Hochschullehrer in anderen von den ISI-Zitationsindizes erfassten Zeitschriften publizieren und so Publikationspunkte erzielen, werden diese der Kommission zugerechnet. In diesem Kontext ist weiterhin zu berücksichtigen, dass im Falle der Mitgliedschaft in mehreren Kommissionen die Publikationspunkte eines Hochschullehrers anteilig auf die Kommissionen verteilt werden.

Fraglich ist, inwieweit diese Argumentation auch auf das Forschungsfeld *Rechnungswesen* zutrifft. Lediglich 9 von insgesamt 48 Zeitschriften, die in dem Teilranking *Rechnungswesen und Controlling* im VHB-JOURQUAL aufgeführt wurden, werden für die ISI-Zitationsindizes ausgewertet. Unter den nicht ausgewerteten Zeitschriften befinden sich im Unterschied zum Forschungsfeld *Betriebswirtschaftliche Steuerlehre* zahlreiche englischsprachige Zeitschriften. Inwieweit ordentliche Mitglieder der Kommission *Rechnungswesen* in diesen nicht erfassten Zeitschriften publizieren, kann aufgrund des vorliegenden Datenmaterials nicht geklärt werden.

Bei der durchgeführten Analyse ist zu berücksichtigen, dass die Anzahl der ordentlichen Mitglieder zwischen den verschiedenen Kommissionen teilweise erheblich variiert. Die Größenunterschiede könnten grundsätzlich durch die Berechnung des Effizienzindikators *Publikationspunkte/ordentliches Mitglied* berücksichtigt werden. Auf die Verwendung dieses Indikators wird jedoch aus zwei Gründen verzichtet. Zum einen ist es nicht das Anliegen dieses Abschnitts, ein genaues Ranking der verschiedenen Forschungsfelder im Hinblick auf ihre internationale Sichtbarkeit in den ISI-Zitationsdatenbanken durchzuführen. Zum anderen würde ein solcher Indikator lediglich eine Scheingenauigkeit erzeugen, da diese Produktivitätskennziffer vollkommen außer Acht lässt, wie zahlreich die für die Forschungsfelder relevanten Zeitschriften im SSCI und SCI-X erfasst werden.

8.5 Wahrnehmung anhand von Zitationen

8.5.1 Verteilung auf Aufsätze

Dieser Abschnitt widmet sich der Verteilung der Zitationen auf die insgesamt 1.445 einzelnen Aufsätze. Abbildung 8.5.1.1 zeigt eine – für bibliometrische Verteilungen typische – schiefe Verteilung der Zitationshäufigkeiten auf die Aufsätze. Die meisten Aufsätze wurden kaum oder gar nicht zitiert, nur relativ wenige Aufsätze verfügen über hohe Zitationshäufigkeiten. Insgesamt 695 (48,1 %) der in die Untersuchung einbezogenen Publikationen wurden ein- oder keinmal zitiert. 1.361 (94,2 %) Aufsätze wurden weniger als 20-mal zitiert. Der Anteil an den Gesamtzitationen, der auf diese Aufsätze entfällt und in Abbildung 8.5.1.1 auf der rechten Ordinatenachse abgelesen werden kann, liegt bei 57,2 %. 84 Aufsätze wurden in diesem Untersuchungszeitraum 20-mal oder mehr zitiert. Der Anteil dieser Aufsätze an den Gesamtzitationen liegt bei 42,8 %.

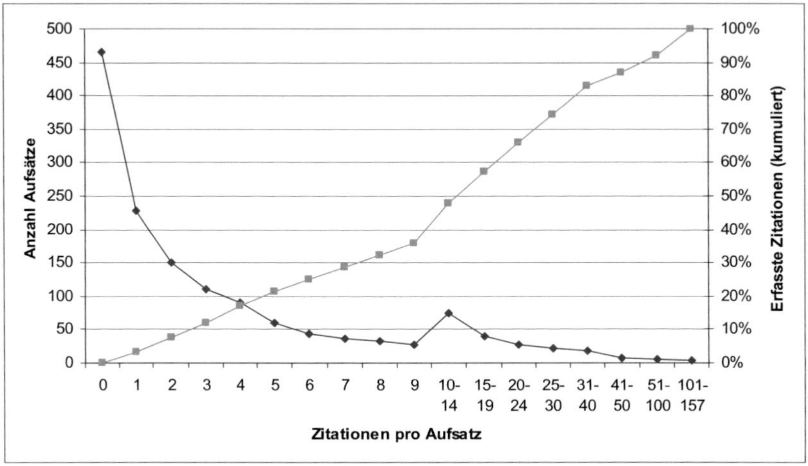

Abbildung 8.5.1.1: Zitationsverteilung nach Aufsätzen

Anhand des vorliegenden Datenmaterials kann geprüft werden, ob und in welchem Umfang Übersichtsartikel im Vergleich zu anderen Aufsätzen häufiger zitiert werden.[580] Gemäß ISI werden solche Artikel als *review* klassifiziert, die in auf Übersichtsartikel spezialisierten Zeitschriften erscheinen oder mindestens 100 Referenzen sowie Wörter wie „Review" oder „Overview" in der Zusammenfassung enthalten.[581] Von den 45 als *review* klassifizierten Beiträgen in der Datenbasis weisen insgesamt 30 Beiträge 100 oder mehr Referenzen auf. Im Gegensatz dazu wurden insgesamt vier Beiträge mit 100 oder mehr Referenzen nicht als *review* sondern als *article* klassifiziert.

Bei der Untersuchung der Frage, inwieweit die in der Studie erfassten Übersichtsartikel häufiger zitiert wurden als die berücksichtigten „normalen" Artikel, besteht das Problem, dass diese Beiträge in unterschiedlichen Jahren veröffentlicht wurden. Ein Vergleich der absoluten Zitationshäufigkeiten ist deshalb problematisch, da sich diese auf unterschiedlich große Zeiträume beziehen können, in denen die Publikationen zitiert wurden. Um dieses Problem zu umgehen, werden für sämtliche Beiträge die Zitationshäufigkeiten pro Jahr seit ihrer Veröffentlichung zugrunde gelegt. Obwohl angemerkt werden muss, dass solche Zitationsraten keinesfalls linear verlaufen, sondern ausgehend vom Veröffentlichungszeitpunkt i.d.R. zu-

[580] Zu dieser Vermutung vgl. Albrecht (1999), S. 319.
[581] Vgl. The Thomson Corporation (2006c), S. 7, und auch Moed et al. (1996), S. 110.

nächst ansteigen und dann wieder abfallen,[582] sind sie in diesem Kontext aussagekräftiger als ein ausschließlich auf absoluten Zitationshäufigkeiten basierender Vergleich.[583]

Da die Aussagekraft von Durchschnittswerten bei schiefen Verteilungen begrenzt ist, werden für den Vergleich sowohl durchschnittliche als auch mittlere Zitationsraten herangezogen. Die durchschnittliche Zitationsrate der in der Studie erfassten und als *article* klassifizierten Beiträge beträgt 0,62 Zitationen pro Jahr, die mittlere Zitationsrate liegt bei 0,29 Zitationen pro Jahr. Diese hohe Differenz zwischen Mittelwert und Median ist Ausdruck der schiefen Verteilung der Zitationen auf die Beiträge. Die durchschnittliche Zitationsrate der als *review* klassifizierten Beiträge liegt dagegen bei 1,92, die mittlere Zitationsrate bei 0,42 Zitationen pro Jahr. Die durchschnittliche Zitationsrate der erfassten Reviews ist damit mehr als dreimal so hoch wie die entsprechenden Werte der als *article* erfassten Beiträge. Die mittlere Zitationsrate der als *review* erfassten Beiträge liegt etwa 45 % höher als der Wert der als *article* erfassten Beiträge. Bezogen auf das untersuchte Datenmaterial kann die Vermutung, dass Übersichtsartikel im Vergleich zu „normalen" Artikeln eine höhere Zitatattraktivität besitzen, also durchaus bestätigt werden.

8.5.2 Verteilung auf Hochschullehrer

Wie die Ausführungen in Abschnitt 8.4.3 verdeutlicht haben, ist die Verteilung internationaler Publikationen auf die ordentlichen Mitglieder des VHB sehr schief. Bei den Zitationen ist die Verteilung sogar noch schiefer. Abbildung 8.5.2.1 stellt die Publikationshäufigkeiten der Forscher in einen Zusammenhang mit ihren Zitationshäufigkeiten, indem sie die Verteilung von Publikationen und Zitationen auf Hochschullehrer mittels zweier Lorenzkurven darstellt. Für die Berechnung der Verteilung wurden die Publikationen und Zitationen den Hochschullehrern anteilig zugerechnet, im Weiteren jedoch nicht gerundet.

---

582 Zum Verlauf von Zitationsraten in den Sozialwissenschaften vgl. van Leeuwen (2006), S. 142.

583 Die durchschnittliche (mittlere) Zeitspanne von der Veröffentlichung eines Article bis zum Zeitpunkt der Datenerhebung für diese Untersuchung liegt bei 7,3 (6,5) Jahren. Diese durchschnittliche (mittlere) Zeitspanne beträgt bei den Reviews 7,1 (6,5) Jahre. Die geringen Differenzen zwischen den Zeitspannen deuten an, dass die Veröffentlichungszeitpunkte der Beiträge ähnlich verteilt sind und die Untersuchungsergebnisse wohl nicht verfälschen. Für die Berechnung des Zeitraums zwischen der Publikation eines Beitrags und der Durchführung der Datenerhebung wurde angenommen, dass sämtliche Beiträge jeweils zur Jahresmitte ihres Erscheinungsjahres veröffentlicht wurden.

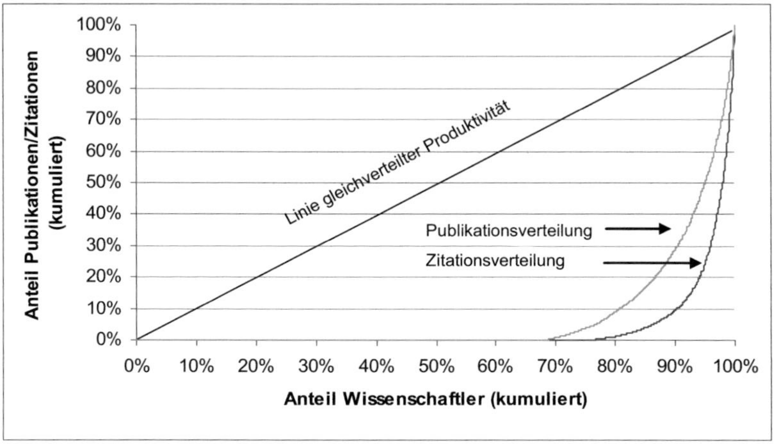

Abbildung 8.5.2.1: Lorenzkurven zur Publikations- und Zitationsverteilung

Für insgesamt 767 Hochschullehrer aus der Grundgesamtheit – dies entspricht ca. 68 % – ist in der empirischen Studie keine internationale Publikation verzeichnet. Die Anzahl der nicht zitierten Hochschullehrer liegt mit 841 Personen um etwa 6 % höher. Abbildung 8.5.2.1 ist zu entnehmen, dass im Zeitraum von 1990 bis 2004 ca. 81 % der Forscher nur 10 % der internationalen Publikationen erzeugt haben, d.h. dass etwa 90 % der internationalen Publikationen von 19 % der Hochschullehrer verfasst wurden. Etwa die Hälfte der internationalen Publikationen geht zurück auf die 5 % der in dieser Hinsicht produktivsten Hochschullehrer.

Die Verteilung der Zitationen weist eine noch höhere Konzentration auf. Die 10 % der zitationsstärksten Hochschullehrer erreichen einen Anteil an den Gesamtzitationen in Höhe von 90 %. Auf die zitationsstärksten 5 % der Hochschullehrer entfallen etwa 75 % der gesamten Zitationen.

Zitationen, die ausschließlich mit Hilfe des SSCI und SCI-X und der dort erfassten Quellpublikationen erhoben werden, sind folglich nicht geeignet, um die Forschungsleistung der gemäß dieser Studie nicht zitierten deutschsprachigen Betriebswirte (dies sind mit 74 % die überwiegende Mehrheit) weitergehend zu differenzieren.

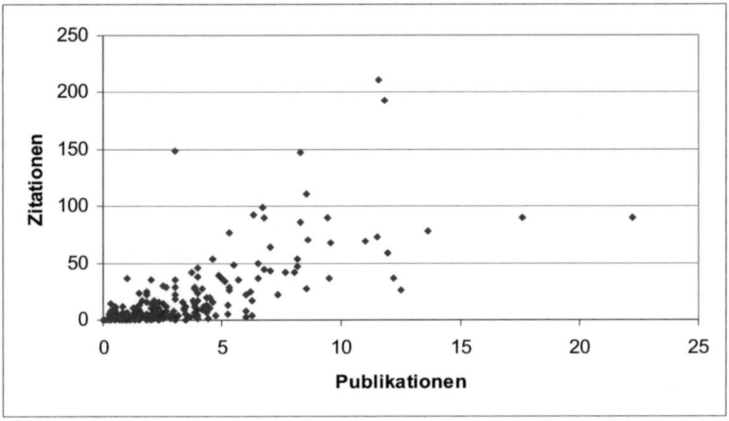

Abbildung 8.5.2.2: Kombinierte Publikations- und Zitationsverteilung auf Hochschullehrer

Abbildung 8.5.2.2 stellt den Zusammenhang zwischen Publikationen und Zitationen auf der individuellen Ebene der in die Untersuchung einbezogenen Hochschullehrer dar. Die Berechnung der Publikationen und Zitationen beruht bei Koautorenschaften wieder auf einer anteiligen Zurechnung ohne Rundung der Ergebnisse.

Es zeigt sich im Wesentlichen, dass diejenigen Hochschullehrer, die häufig zitiert werden, in Bezug auf Publikationen vergleichsweise produktiv sind. Hochschullehrer, die mit wenig Publikationen viele Zitationen auf sich vereinigen können, treten in der Untersuchung eher selten auf. Umgekehrt gibt es jedoch mehrere Hochschullehrer, die zwar einen vergleichsweise hohen Publikationsoutput haben, aber relativ wenig zitiert werden.

Die nachfolgend präsentierte Tabelle 8.5.2.1 enthält die 25 meistzitierten Hochschullehrer gemäß anteiliger Zurechnung der Zitationen im Falle von Koautorenschaften. Hinsichtlich dieser Auswertung ist zu bemerken, dass mit der Anzahl der Zitationen im SSCI und SCI-X lediglich eine Facette der Forschungsleistung betrachtet wird. Da weitere Faktoren wie z.B. die Publikations- oder Vortragstätigkeit bei dieser Untersuchung gänzlich ausgeblendet werden, handelt es sich keinesfalls um eine Gesamtbetrachtung der Forschungsleistung.

	Name	Zitationspunkte	Kommissionen
1	Drexl, A.	211,5	OR, PROD
2	Weber, M.	193,0	BA-FI
3	Dyckhoff, H.	149,0	LOG, OR, PROD, UMW
4	Kolisch, R.	147,4	OR, PROD
5	Kuemmerle, W.	111,0	-
6	Fleischmann, B.	99,3	LOG, OR, PROD
7	Kieser, A.	93,0	ORG, PERS, TIM
8	Pesch, E.	90,4	LOG, OR, PROD, WI
9	Jarke, M.	90,3	WI
10	Brockhoff, K.K.L.	90,3	MARK, TIM
11	Günther, O.	89,4	-
12	Inderfurth, K.	86,5	LOG, OR, PROD, UMW
13	Voß, S.	77,6	LOG, OR, PROD, TIM, WI
14	Harhoff, D.	76,2	TIM
15	Richter, K.	73,0	OR, PROD, UMW
16	Homburg, Chr.	70,0	INT, MARK, ORG, PERS, TIM
17	Kimms, A.	68,5	LOG, OR, PROD
18	Schmidt, G.	67,5	BA-FI, OR, PROD, WI
19	Wellisch, D.F.	63,5	-
20	Zimmermann, H.-J.	58,4	OR
21	Ernst, H.	53,2	TIM
22	Schlegelmilch, B.	53,1	MARK
23	Tempelmeier, H.	50,0	LOG, OR, PROD
24	Stadtler, H.	48,5	LOG, OR, PROD
25	Kopel, M.	46,7	-

Tabelle 8.5.2.1: Auswertung nach Hochschullehrern

Zusätzlich zu den Namen und den Zitationspunkten werden in Tabelle 8.5.2.1 die Kommissionsmitgliedschaften der Hochschullehrer gemäß des gedruckten Mitgliederverzeichnisses des VHB aus dem Jahr 2004 aufgeführt. Die Analyse der Kommissionsmitgliedschaften der aufgeführten Hochschullehrer zeigt, dass insbesondere die Hochschullehrer mit den Forschungsschwerpunkten *Operations Research* und *Produktionswirtschaft* sehr zahlreich in dieser Gruppe vertreten sind.

Einer Interpretation der Tabelle als Leistungsvergleich sind in verschiedener Hinsicht Grenzen gesetzt. So erfolgte bspw. keine gebietsspezifische Normierung der Zitationspunkte. Darüber hinaus ist zu berücksichtigen, dass sich die Erhebung der Zitationsdaten auf den Zeitraum von September 2005 bis März 2006 erstreckte. Die Hochschullehrer, deren Zitationsdaten am Ende dieses Zeitraums erhoben wurden, haben somit den Vorteil, dass der Zeitraum, in dem ihre Publikationen zitiert werden konnten, im Gegensatz zu den Hochschullehrern, deren Zitationsdaten zu Beginn des Zeitraums erhoben wurden, geringfügig größer war.

In diesem Kontext ist ebenfalls zu beachten, dass sich die in die Untersuchung einbezogenen Hochschullehrer in ihrem Alter und Karrierealter unterscheiden.[584] Dies ist insofern relevant, als dass Hochschullehrer, deren Beiträge z.B. aufgrund ihres geringen Forschungsalters erst gegen Ende des Untersuchungszeitraums erschienen sind, gegenüber solchen Hochschullehrern, deren Beiträge zu Beginn des Untersuchungszeitraums erschienen sind, benachteiligt sind, da der Zeitraum, in dem ihre Beiträge zitiert werden konnten, kleiner war.

8.5.3 Verteilung auf Hochschulen

Der Fokus dieses Abschnitts liegt auf der Auswertung der Zitationspunkte nach Hochschulen. Die Zurechnung der Zitationspunkte auf die Hochschulen erfolgt analog zur Zurechnung der Publikationspunkte in Abschnitt 8.4.4. Die nachfolgende Tabelle 8.5.3.1 gibt Aufschluss über die Zitationspunkte der zehn Hochschulen, die die meisten Zitationspunkte in dieser Untersuchung auf sich vereinigen können. Die Zitationspunkte wurden auf eine Dezimalstelle gerundet.

	Hochschule	Zitationspunkte
1	Universität Mannheim	431,2
2	RWTH Aachen	302,7
3	Christian-Albrechts-Universität zu Kiel	254,5
4	WHU Vallendar	203,8
5	Otto-von-Guericke-Universität Magdeburg	193,5
6	Technische Universität München	166,3
7	Universität Augsburg	132,8
8	Technische Universität Dresden	121,7
9	Wirtschaftsuniversität Wien	120,8
10	Universität Hamburg	119,1

Tabelle 8.5.3.1: Auswertung nach Hochschulen

Tabelle 8.5.3.1 zeigt, dass die Universität Mannheim mit Abstand die meisten Zitationspunkte auf sich vereinigen kann. Hinsichtlich der Interpretation der Zitationspunkte als Indikator der Forschungsleistung der Hochschulen in der BWL ist zu bemerken, dass sie im Sinne eines exakten Forschungsrankings als problematisch zu beurteilen sind, da Normalisierungsbedarfe hinsichtlich gebietsspezifischer Effekte, der Veröffentlichungszeitpunkte der zitierten Veröffentlichungen sowie der unterschiedlichen Zitatattraktivität der verschiedenen Beitragsarten nicht berücksichtigt wurden.[585] Die Tabelle vermittelt vielmehr einen Eindruck darüber, welche deutschen Hochschulen in welchem Umfang zur internationalen Wahrnehmung be-

[584] Zum Einfluss von Alter und Karrierealter auf die wissenschaftliche Produktivität vgl. Rauber/Ursprung (2006).

[585] Zu Bereinigung von Zitationsanalysen um diese Effekte vgl. Abschnitt 5.3.1.

triebswirtschaftlicher Forschung (in den ISI-Zitationsindizes) im Untersuchungszeitraum beigetragen haben. Wie bereits in Abschnitt 8.4.4 erläutert wurde, ist anzunehmen, dass aufgrund des geringeren Organisationsgrads österreichischer und schweizerischer Hochschullehrer im VHB zahlreiche betriebswirtschaftlich relevante Beiträge dieser Gruppe in der Untersuchung nicht erfasst wurden, so dass auch die Zitationspunkte der österreichischen und schweizerischen Hochschulen in dieser Auswertung nach unten verzerrt werden.

8.5.4 Verteilung auf Forschungsfelder

Gegenstand dieses Abschnitts ist die Analyse der Verteilung der Zitationen, die auf die in der Hauptstudie erfassten Beiträge entfallen, auf die verschiedenen Forschungsfelder der BWL. Die Zurechnung der Zitationen zu den Hochschullehrern erfolgt bei Koautorenschaften analog zu Abschnitt 8.5.2 anteilig. Die Verteilung der den Hochschullehrern zugerechneten Zitationen auf die einzelnen Kommissionen des VHB geschieht im Falle der Mitgliedschaft in mehreren Kommissionen analog zu Abschnitt 8.4.5 ebenfalls anteilig. Die Verteilung der Zitationen auf die Kommissionen des VHB ist in der nachfolgenden Tabelle 8.5.4.1 dargestellt.

Kommission	Anteil an Gesamtzitationen in %	Zitations-punkte	Anteil an Gesamtpublikationen in %	Zitationspunkte pro Publikationspunkt	Anz. einbez. VHB-Mitglieder
Operations Research	16,0	710,7	12,2	6,7	99
Produktionswirtschaft	14,6	648,6	11,2	6,7	134
Technologie- und Innovationsmanagement	10,8	481,2	9,5	5,8	103
Wirtschaftsinformatik	8,7	385,8	14,8	3,0	139
Logistik	7,2	321,6	5,6	6,6	72
Marketing	7,2	320,8	8,0	4,6	164
Bankbetriebslehre/Finanzierung	6,7	297,2	5,9	5,8	116
Organisation	4,5	197,7	5,3	4,3	185
Umweltwirtschaft	3,3	148,6	3,2	5,4	75
Personalwesen	3,2	141,3	3,1	5,2	114
Internationales Management	2,5	109,0	2,6	4,9	102
Rechnungswesen	2,2	99,8	2,2	5,3	198
Wissenschaftstheorie	1,2	53,1	1,7	3,7	60
Öffentliche Betriebswirtschaftslehre	0,5	20,3	1,6	1,4	63
Hochschulmanagement	0,4	19,4	0,7	3,1	36
Betriebswirtschaftliche Steuerlehre	0,0	0,0	0,1	0,0	81
Ohne Kommission	10,9	484,4	12,3	4,5	220

Tabelle 8.5.4.1: Auswertung nach Forschungsfeldern

Die Verteilung der Zitationspunkte auf die einzelnen Kommissionen des VHB ist in Tabelle 8.5.4.1 sowohl prozentual (Spalte 2) als auch absolut (Spalte 3) dargestellt. Darüber hinaus werden der prozentuale Anteil an den Gesamtpublikationen (Spalte 4), die Anzahl der Zitationspunkte pro Publikationspunkt (Spalte 5) und die Anzahl der in die Untersuchung einbezogenen Mitglieder der Kommissionen (Spalte 6) aufgeführt.

Die Tabelle zeigt eine schiefe Verteilung der Zitationen auf die verschiedenen Kommissionen des VHB. Der größte Anteil der Zitationen entfällt auf die Kommission *Operations Research* gefolgt von den Kommissionen *Produktionswirtschaft* sowie *Technologie- und Innovationsmanagement*. Die Verteilung gleicht dem Ergebnis aus der Pilotstudie insofern, als dass dort auch die Kommissionen *Operations Research* und *Produktionswirtschaft* den größten und zweitgrößten Anteil der Zitationen auf sich vereinigen konnten. Im Gegensatz zur Pilotstudie ist die Verteilung der Zitationen auf die Kommissionen in der Hauptstudie insgesamt wesentlich weniger spitzenlastig.

Der Vergleich der Publikations- und Zitationsverteilung auf die Kommissionen zeigt, dass sich diese Verteilungen relativ ähnlich sind. Die Korrelation zwischen den den Kommissionen zugerechneten Publikationspunkten und Zitationspunkten beträgt 0,90 bei einem (zweiseitigen) Signifikanzniveau von 0,01. Bei vielen Kommissionen bestehen lediglich geringe Abweichungen zwischen dem Anteil an den Gesamtpublikationen und dem Anteil an den Gesamtzitationen. Diese geringen Unterschiede spiegeln sich auch in der relativ kleinen Bandbreite der Ausprägungen der Kennzahl *Zitationen pro Publikationspunkt* wieder. Größere Abweichungen dieser Kennzahl von den Ausprägungen der anderen Kommissionen finden sich bei den Kommissionen, die nur einen sehr geringen Anteil an den Gesamtpublikationen aufweisen. Aufgrund der geringen Publikationsmenge dieser Kommissionen ist die Kennzahl *Zitationen pro Publikationspunkt* in diesen Fällen wenig aussagekräftig. Die größte Abweichung besteht bei der Kommission *Wirtschaftsinformatik*. Einem Anteil von 14,8 % an den Gesamtpublikationen steht ein Anteil von 8,7 % an den Gesamtzitationen gegenüber.

8.6 Implikationen für die Auswahl der Aggregationsebene

Leistungsmessungen im Hochschulbereich können auf verschiedenen Aggregationsebenen durchgeführt werden. Auf der untersten Ebene stehen die einzelnen Forscher. Die zitationsanalytische Leistungsmessung ist bezogen auf deutschsprachige Betriebswirte auf dieser niedrigen Aggregationsebene mit einigen Problemen behaftet. Zunächst ist sie grundsätzlich mit dem Problem verbunden, dass die Zahl der Publikationen einzelner Forscher, deren Resonanz gemessen wird, i.d.R. relativ gering ist, vor allem wenn es sich um kurze Zeiträume handelt. Wenn Zitationsindikatoren, wie die durchschnittliche Zitationshäufigkeit der Publikationen im Vergleich zum internationalen Durchschnitt im entsprechenden Teilgebiet, nur auf wenigen (Quell-)Publikationen basieren, dann ist die statistische Signifikanz eines solchen

Indikators deutlich eingeschränkt.[586] Bei zitationsanalytischen Leistungsmessungen, die auf wenigen Quellpublikationen basieren, deuten lediglich große Differenzen in Bezug auf die Ausprägungen der verwendeten Zitationsindikatoren auf signifikante Unterschiede hin.[587]

Da zahlreiche deutschsprachige Betriebswirte ihre Forschungsergebnisse nicht bzw. nur selten in vom SSCI bzw. SCI-X erfassten Zeitschriften publizieren, dürften in Bezug auf diese Gruppe zitationsanalytische Leistungsmessungen mit den ISI-Zitationsindizes nur sehr bedingt aussagekräftig sein. Weiterhin bergen zitationsanalytische Leistungsvergleiche von Betriebswirten, die auf unterschiedliche Teilgebiete spezialisiert sind, das Problem, dass die Teilgebiete zum einen unterschiedlich gut durch Fachzeitschriften im SSCI und SCI-X repräsentiert sind und zum anderen hinsichtlich der durchschnittlichen Zitationshäufigkeiten der dort veröffentlichten Publikationen nicht ohne weiteres vergleichbar sind.[588]

Auf Fachbereichsebene stellt sich das Problem einer zu kleinen Menge an Quellpublikationen zur Berechnung aussagekräftiger Zitationsindikatoren in geringerem Maße als auf der Ebene eines einzelnen Wissenschaftlers. Sinnvoll berechnete Zitationsindikatoren, die den in Abschnitt 5.1 beschriebenen Normalisierungsbedarfen ausreichend Rechnung tragen, können durchaus wertvolle Informationen über die Rezeption von Forschungsbeiträgen in der internationalen Scientific Community liefern. Eine ausschließlich auf den ISI-Indizes basierende Leistungsmessung greift allerdings bezogen auf deutsche betriebswirtschaftliche Fakultäten insofern zu kurz, als dass exzellente, in deutscher Sprache publizierte Forschungsbeiträge auf diese Weise kaum angemessen berücksichtigt und beurteilt werden können.[589] Da sie zum aktuellen Zeitpunkt in Leistungsmessungen jedoch kaum ignoriert werden können, bedarf es zu ihrer Berücksichtigung weiterer Indikatoren und damit verbundenem Aufwand bei der Datenerhebung.

Vor diesem Hintergrund ist zu prüfen, inwieweit die Verwendung gewichteter Publikationsindikatoren, in denen die Qualität deutsch- und englischsprachiger wissenschaftlicher Zeitschriftenpublikationen bspw. über Zeitschriftenrankings wie das VHB-JOURQUAL berücksichtigt werden kann, zum aktuellen Zeitpunkt einer Verwendung von Zitationsindika-

---

[586] Vgl. van Raan (2000), S. 307, van Raan (1996), S. 403, und Gläser et al. (2004), S. 20.

[587] Vgl. Nederhof/van Raan (1993), S. 366. Zu statistisch signifikanten Unterschieden in Bezug auf die Wirkung einzelner Publikationen vgl. insbesondere Dieks/Chang (1976).

[588] Beim Leistungsvergleich von Wissenschaftlern ist weiterhin zu berücksichtigen, dass sich der Publikationsoutput im Karriereverlauf verändert. Zu dieser Problematik und zu Befunden in Bezug auf derartige Publikationsprofile deutscher Volkswirte vgl. Rauber/Ursprung (2006).

[589] Zur Problematik, dass zahlreiche nicht englischsprachige Zeitschriften im SSCI fehlen, in verschiedenen Bereichen der Sozialwissenschaften aber durchaus Relevanz besitzen, vgl. auch Hicks (2004), S. 484ff., und van Leeuwen (2006).

toren vorzuziehen ist.[590] Dadurch wird wohl die Forschungsleistung solcher Forscher nicht adäquat berücksichtigt, die zwar relativ wenige, aber dafür auf internationaler Ebene häufig zitierte Arbeiten veröffentlichen; die empirischen Befunde in Abschnitt 8.4.3 deuten jedoch darauf hin, dass dieser Forschertyp unter den deutschsprachigen Betriebswirten eher selten anzutreffen ist.

8.7 Zwischenfazit und kritische Würdigung der Untersuchung

Gegenstand dieses Kapitels ist eine kritische Analyse der Eignung der ISI-Indizes als Instrument zur Messung der Forschungsleistung in der (deutschen) BWL. Die schon in der Pilotstudie von DYCKHOFF ET AL. festgestellte Relevanz des SCI-X für die Erfassung von Publikationen konnte über die Befunde der neuen, umfassenden empirischen Untersuchung bestätigt werden. Sie erfasst 1445 englischsprachige, von ISI als *article*, *review*, *letter* oder *note* mittels SSCI und/oder SCI-X klassifizierte Beiträge, die im Zeitraum 1990 bis 2004 von ordentlichen Mitgliedern des VHB veröffentlicht wurden.[591] Zahlreiche Veröffentlichungen deutschsprachiger Hochschullehrer für Betriebswirtschaft erscheinen in ausschließlich vom SCI-X erfassten Zeitschriften. Mit der Einbeziehung des SCI-X ist jedoch auch die Erfassung vieler Beiträge aus Randbereichen der BWL verbunden. Dies betrifft insbesondere Beiträge in stark mathematisch ausgerichteten Grenzgebieten. Es ist festzuhalten, dass durch die Hinzuziehung des SCI-X ein umfassenderes Ergebnis erzeugt wird als bei einer ausschließlichen Zugrundelegung des SSCI. Inwieweit das Ergebnis dadurch im Hinblick auf die Messung *betriebswirtschaftlicher* Forschungsleistung qualitativ verbessert wird, kann aufgrund der Ergebnisse

[590] Als erster Schritt in diese Richtung ist das Ranking der „klügsten Köpfe der BWL“ des *Handelsblatts* zu werten, das jedoch stärker auf die Leistung einzelner Forscher als auf die Leistung von Fachbereichen abstellt; vgl. dazu Häring (2005). In Bezug auf die Beurteilung der Forschungsleistung einzelner Forscher ist insgesamt jedoch festzuhalten, dass qualitätsgewichtete Publikationskennzahlen Peer-Urteile keinesfalls ersetzen sondern vielmehr unterstützen können. Grundsätzlich könnte es in Bezug auf die Fragestellung, wie sich indikatorenbasierte Leistungsmessungen von Hochschulforschung sinnvoll konzipieren lassen, hilfreich sein, die Entwicklungen in benachbarten sozialwissenschaftlichen Disziplinen zu verfolgen. Interessante Erkenntnisse für die deutsche Soziologie finden sich bei Münch (2006) und Gerhards (2002). Plümper (2003) analysiert die Publikationstätigkeit und den Rezeptionserfolg der deutschen Politikwissenschaften in internationalen Fachzeitschriften. Eine ähnliche Untersuchung für die psychologische Forschung in Deutschland findet sich bei Pfrang/Schneider (2006) (Dieser Literaturüberblick ist einem anonymen Gutachter der DBW zu verdanken). Zu einem Überblick über die „top of the line“ Rankings in Bezug auf die europäische Forschungslandschaft in der VWL vgl. Ursprung (2003), S. 181ff. Zur Verwendung gewichteter Publikationsindikatoren zur Leistungsmessung in den Sozial- und Geisteswissenschaften insgesamt vgl. Nederhof (2006), S. 94.

[591] Da lediglich diejenigen Wissenschaftsgebiete aus der Erhebung ausgeschlossen wurden, bei denen keine Gefahr besteht, eine nennenswerte Anzahl betriebswirtschaftlich relevanter Beiträge zu übersehen (das sind vor allem Bereiche aus den Lebens- und Naturwissenschaften), dürften in den erfassten Publikationen nahezu sämtliche englischsprachige Beiträge der ordentlichen Mitglieder des VHB enthalten sein, die im SSCI oder SCI-X erfasst werden und betriebswirtschaftlich relevant sind. Umgekehrt sind durch diese umfassende Erhebung mitunter auch solche Beiträge erfasst, die bspw. im Grenzbereich zwischen BWL und Mathematik liegen und eine geringere betriebswirtschaftliche Relevanz besitzen.

wissenschaftlich letztendlich nicht belegt werden. Die Verteilung der von den ISI-Indizes erfassten Publikationen und Zitationen auf die in die Untersuchung einbezogenen Hochschullehrer ist darüber hinaus so stark asymmetrisch, dass eine Beurteilung des „normalen" betriebswirtschaftlichen Forschers nur anhand des ISI-Indizes kaum aussagekräftig ist.

Folgt man KIESER, so leisten viele deutsche Betriebswirte *„zweifelsohne Beachtliches, bemühen sich aber nicht darum, ihre Ergebnisse in internationalen Zeitschriften zu veröffentlichen."*[592] Noch 2006 begründen MACHARZINA ET AL. ihr Vorgehen, die Forschungsleistung deutschsprachiger Betriebswirte über deren Veröffentlichungen in den sechs führenden deutschsprachigen Zeitschriften der ABWL zu messen, unter anderem mit ihrer geringen Präsenz in internationalen Spitzenzeitschriften.[593] Aktuelle Entwicklungen in der deutschsprachigen BWL wie auch die empirischen Ergebnisse (in Abschnitt 8.4.1) geben jedoch Anlass zu der Vermutung, dass internationale Fachzeitschriften zukünftig verstärkt zur Kommunikation von Forschungsergebnissen genutzt werden. So werden insbesondere von Nachwuchswissenschaftlern stärker als in früheren Jahren Publikationen in angesehenen internationalen Fachzeitschriften als Ausweis der internationalen Wettbewerbsfähigkeit eingefordert.[594]

Forschungsbedarf besteht im Hinblick auf das Veröffentlichungsspektrum betriebswirtschaftlicher Fachbereiche. In Bezug auf die Eignung von Leistungsmessungen auf Basis der ISI-Zitationsindizes gilt es zu untersuchen, in welcher Relation der Forschungsoutput in hochrangigen, nicht von ISI erfassten Zeitschriften zu den als Quellpublikationen erfassten Beiträgen steht. Bei einem hohen Anteil solcher hochrangiger, nicht von den ISI-Indizes erfassten Veröffentlichungen, vor allem in den führenden deutschsprachigen Fachzeitschriften der BWL, ist eine Beschränkung bibliometrischer Leistungsmessungen auf die ISI-Indizes als problematisch zu beurteilen. Vor diesem Hintergrund scheint zum gegenwärtigen Zeitpunkt die Verwendung qualitätsgewichteter Publikationsindikatoren zur Leistungsmessung betriebswirtschaftlicher Fachbereiche der sinnvollere Weg zu sein. Diese sind zwar vergleichsweise weniger gut geeignet, um zwischen Forschungsleistungen auf hohem Niveau zu differenzieren, bieten aber den Vorteil, weniger Aufwand in der Erhebung zu verursachen und ein größeres Veröffentlichungsspektrum berücksichtigen zu können.

---

592 Kieser (1998), S. 215. Zur Stellung der (deutschen) BWL im internationalen Wettbewerb vgl. auch Simon (1993), und Szyperski (1999).

593 Vgl. Macharzina et al. (2006), S. 6f. Zur geringen Nutzung englischsprachiger Zeitschriften zur Kommunikation von Forschungsergebnissen durch deutsche Betriebswirte vgl. auch Schlinghoff (2003), S. 119f.

594 Vgl. Fiedler et al. (2006), S. 481, Köhler (2004), S. 128, und Backhaus (2006), S. 115.

9 Resümee und Ausblick

Der Ausgangspunkt dieser Dissertation war die Beobachtung, dass der SSCI in zunehmenden Maße in Studien zur Messung der Forschungsleistung betriebswirtschaftlicher Fachbereiche in Deutschland eingesetzt wird. Seine diesbezügliche Eignung wird jedoch von nicht wenigen Betriebswirten in Deutschland bezweifelt. Vor diesem Hintergrund war es das zentrale Anliegen dieser Dissertation, die Eignung des SSCI als Instrument zur publikations- und zitationsanalytischen Messung der Forschungsleistung betriebswirtschaftlicher Forscher und Fachbereiche kritisch zu würdigen. Als weiteres Ziel wurde die Gewinnung empirischer Erkenntnisse über die Sichtbarkeit und Wahrnehmung der deutschen BWL in der internationalen Forschung verfolgt.

Zur Erreichung dieser Zielsetzung wurde die Dissertation in drei Teile gegliedert. Der Schwerpunkt des Teils A lag dabei auf grundlegenden Überlegungen zur Leistungsmessung der Hochschulforschung. Im Fokus des zweiten Kapitels stand zunächst die Abgrenzung zentraler Begriffe. Bei der Abgrenzung des Begriffs Leistungsmessung stellte sich heraus, dass der Begriff Leistung durch eine große Bedeutungsvielfalt gekennzeichnet ist. In Anbetracht der unterschiedlichen Definitionen erschien es zweckmäßig, bei der Leistungsmessung auf die Messung der Effektivität und/oder Effizienz einer Handlung abzustellen, wobei den Begriffen Effektivität und Effizienz das entscheidungstheoretisch orientierte Begriffsverständnis nach DYCKHOFF/AHN zugrunde gelegt wurde. Auf diesem Begriffsverständnis aufbauend wurde anschließend eine exemplarische Ziel- und Indikatorenstruktur der Hochschulforschung vorgestellt, die den Zweck der Hochschulforschung – die Produktion neuen i.d.R. öffentlichen Wissens über die Welt – konkretisiert. Kapitel 2 schloss mit einer Diskussion bisheriger Studien zur Messung der Forschungsleistung betriebswirtschaftlicher Forscher und Fachbereiche in Deutschland und einer darauf aufbauenden Ableitung des dieser Dissertation zugrunde liegenden Forschungsbedarfs.

Gegenstand des dritten Kapitels war die ausführliche Diskussion bibliometrischer Leistungsindikatoren. Während die Verwendung von Publikationsindikatoren zur Messung von Forschungsleistung weitgehend unumstritten ist, gilt dies nicht im gleichen Maße für Zitationsindikatoren. Die Annahme, dass über die Rezeptionshäufigkeit von Publikationen Rückschlüsse auf ihre Qualität gezogen werden können, wird teilweise bezweifelt, weil neben dem Zuteilen von Anerkennung zahlreiche weitere Zitationsmotive existieren. Die Aufarbeitung empirischer Studien zu Zitationsmotiven zeigte, dass häufig genannte Kritikpunkte an Zitationsanalysen, wie Selbstzitationen oder Zitationskartelle, in größerem Umfang nicht empirisch bestätigt werden konnten. Sie konnten jedoch u.a. aufgrund methodischer Probleme der Studien auch nicht überzeugend widerlegt werden. Die Analyse weiterer empirischer Studien ergab, dass Peer-Urteile häufig – aber keinesfalls immer – hohe Korrelationen mit Zitationsindikatoren aufweisen. Durch die spezifischen Untersuchungsdesigns dieser Studien sind der Verallgemeinerungsfähigkeit der Ergebnisse jedoch Grenzen gesetzt. Zusammenfassend ist festzuhalten, dass die Zitationsraten zwar keine genaue Messung der Qualität einer Publikation ermöglichen, aber über die gemessene Wirkung bzw. Resonanz zumindest einen wichtigen Bestandteil dessen, was unter wissenschaftlicher Qualität verstanden wird, erfassen.

Der Fokus des Teils B lag auf konzeptionellen Überlegungen hinsichtlich der Eignung des SSCI zur Messung der Forschungsleistung betriebswirtschaftlicher Forscher und Fachbereiche in Deutschland. In diesem Kontext ist es von zentraler Bedeutung, inwieweit die für diese Forschergruppe relevanten Zeitschriften für diesen Index ausgewertet werden. Eine detaillierte Analyse dieser Fragestellung stand im Mittelpunkt des vierten Kapitels. Zur Beurteilung der Zeitschriftenabdeckung wurde konkret untersucht, inwieweit die im VHB-JOURQUAL berücksichtigten betriebswirtschaftlich relevanten Zeitschriften für den SSCI und/oder für den SCI-X ausgewertet werden. Die Analyse ergab, dass die von den Befragten als hochrangig eingestuften Zeitschriften zu einem sehr großen Teil in diesen Indizes enthalten sind. Zu hinterfragen ist insbesondere die arbiträre Erfassung der deutschsprachigen Zeitschriften, die lediglich vereinzelt ausgewertet werden. Darüber hinaus wurde festgestellt, dass die Erfassung der für die verschiedenen Forschungsfelder der BWL relevanten Zeitschriften in den ISI-Zitationsindizes zwischen den Forschungsfeldern variiert. So fehlen bspw. zahlreiche renommierte Zeitschriften des Forschungsfelds *Rechnungswesen und Controlling*. Die für die Forschungsfelder *Logistik, Operations Research und Produktion* sowie *Wirtschaftsinformatik* relevanten Zeitschriften werden dagegen vorwiegend im SCI-X erfasst. Dies ist für eine ausschließlich SSCI-basierte Leistungsmessung betriebswirtschaftlicher Fachbereiche insofern relevant, als dass somit ein großer Teil des Forschungsoutpus in diesen Forschungsfeldern ignoriert wird und Fachbereiche mit spezifischen Stärken in diesen Bereichen systematisch benachteiligt werden.

Da sich verschiedene wissenschaftliche Gebiete in ihrer Zitationspraxis unterscheiden, ist die adäquate Berücksichtigung gebietsspezifischer Effekte für Zitationsanalysen von hoher Relevanz. Vor diesem Hintergrund widmete sich das fünfte Kapitel sowohl der Analyse gebietsspezifischer Effekte in der BWL als auch der Diskussion speziell auf diese Problemstellung zugeschnittener Zitationsindikatoren. Die Untersuchung der gebietsspezifischen Effekte ergab lediglich geringe Differenzen zwischen den vorwiegend im SSCI erfassten Forschungsfeldern der BWL. Kleinere Unterschiede zu diesen Forschungsfeldern gab es dagegen bei den vorwiegend im SCI-X erfassten Forschungsfeldern. Aufgrund der Beschränkung dieser Analyse auf die 2-Jahres-Impact-Faktoren sowie die Durchschnittswerte und Mediane der jeweiligen Forschungsfelder existiert hier weiterer Forschungsbedarf.

In zahlreichen Publikationsanalysen zur Messung der Forschungsleistung werden die in den JCR veröffentlichten Impact-Faktoren als Qualitätsgewichte für Publikationen herangezogen. Da diese Methodik auch in ersten Studien zur Messung der Forschungsleistung betriebswirtschaftlicher Fachbereiche in Deutschland Anwendung gefunden hat, wurde in Kapitel 6 die Sinnhaftigkeit dieses Verfahrens analysiert. In diesem Kontext wurden mehrere Probleme identifiziert. Zunächst fehlen die Impact-Faktoren insbesondere für renommierte deutschsprachige Zeitschriften, so dass Beiträge in diesen Zeitschriften entweder nicht berücksichtigt werden können oder aber Schätzwerte für die Impact-Faktoren verwendet werden müssen. Darüber hinaus besteht lediglich eine geringe Korrelation zwischen dem aus Expertenbeurteilungen resultierenden Punktwert betriebswirtschaftlich relevanter Zeitschriften im VHB-JOURQUAL und den Impact-Faktoren aus den JCR. Der Einsatz von Impact-Faktoren als Qualitätsgewichte für Publikationsanalysen zur Messung der Forschungsleistung betriebswirtschaftlicher Forscher oder Fachbereiche in Deutschland ist somit als problematisch zu beurteilen.

In Teil C stand die Gewinnung empirischer Befunde zur Sichtbarkeit und Wahrnehmung betriebswirtschaftlicher Forscher und Fachbereiche in der internationalen Forschung im Vordergrund. In Kapitel 7 wurde eine Pilotstudie zur Wahrnehmung deutschsprachiger Hochschullehrer für Betriebswirtschaft in der internationalen Forschung präsentiert. In dieser Studie wurden international besonders häufig zitierte Aufsätze deutschsprachiger Hochschullehrer für Betriebswirtschaft innerhalb des Zeitraums 1993 bis 2002 analysiert. Die Zitationsdaten wurden getrennt nach Forschern, Hochschulen, Forschungsfeldern und Zeitschriften ausgewertet. In der Analyse zeigten sich hohe Zitationshäufkeiten der Beiträge deutschsprachiger Hochschullehrer für Betriebswirtschaft zum Teilgebiet *Operations Research.* Die getrennte Erfassung der Zitationen mittels SSCI und SCI-X ergab darüber hinaus, dass zahlreiche Zitationen der Beiträge im SCI-X erfasst wurden.

In der Pilotstudie wurden ausschließlich besonders häufig zitierte Aufsätze deutschsprachiger Hochschullehrer für Betriebswirtschaft ermittelt und ausgewertet. Da somit die internationale Sichtbarkeit und Wahrnehmung betriebswirtschaftlicher Forschung aus Deutschland nicht umfassend abgebildet wurde, wurde von DYCKHOFF/SCHMITZ eine wesentlich umfangreichere

Hauptstudie durchgeführt, die die Pilotstudie in konzeptioneller und empirischer Hinsicht fortführte. Der Aufbau, die Ergebnisse und die Schlussfolgerungen der Hauptstudie wurden in Kapitel 8 ausführlich erörtert. Für die Studie wurden die englischsprachigen Veröffentlichungen der ordentlichen Mitglieder des VHB im SSCI und SCI-X im Zeitraum von 1990 bis 2004 erhoben. Die Analyse der zeitlichen Verteilung der Publikationen zeigte einen starken Anstieg im Untersuchungszeitraum. Dieser Anstieg wurde durch die Steigerung der Anzahl aktiver Hochschullehrer im Untersuchungszeitraum zwar deutlich relativiert aber nicht vollständig erklärt. Die Analyse der Publikationsverteilung auf die Zeitschriften zeigte, dass zahlreiche Beiträge in vom SCI-X erfassten Zeitschriften veröffentlicht wurden. Dies betraf insbesondere die Beiträge aus stark mathematisch ausgerichteten Grenzgebieten der BWL. Die Verteilung der Zitationen auf die verschiedenen Forschungsfelder der BWL wies sowohl Gemeinsamkeiten als auch Unterschiede zu dem Ergebnis der Pilotstudie auf. So wie in der Pilotstudie entfielen die meisten Zitationen auf die Forschungsfelder *Operations Research* und *Produktionswirtschaft*. Die Verteilung der Zitationshäufigkeiten war jedoch im Vergleich zur Pilotstudie wesentlich weniger spitzenlastig. Die Auswertung der Publikations- und Zitationsverteilung auf die Hochschullehrer zeigte, dass für etwa 68 % der Hochschullehrer aus der Grundgesamtheit keine internationalen Publikationen und für etwa 74 % der Hochschullehrer keine Zitationen verzeichnet wurden. Die Verteilungen waren darüber hinaus so stark asymmetrisch, dass eine Beurteilung des „normalen" betriebswirtschaftlichen Forschers nur anhand der ISI-Indizes wenig aussagekräftig ist.

Obwohl sich das Problem einer zu kleinen Publikationsmenge auf Fachbereichsebene in geringerem Maße als auf der Ebene eines einzelnen Forschers stellt, ist die Sinnhaftigkeit einer publikations- und zitationsanalytischen Leistungsmessung betriebswirtschaftlicher Fachbereiche in Deutschland nur anhand der ISI-Zitationsindizes aus verschiedenen Gründen zu hinterfragen. Zunächst können auf diese Weise exzellente, in deutscher Sprache publizierte Forschungsbeiträge nicht adäquat berücksichtigt werden. Darüber hinaus wird der Forschungsoutput verschiedener Forschungsfelder der BWL sehr unterschiedlich im SSCI und/oder SCI-X erfasst, so dass Fachbereiche mit Stärken in kaum erfassten Forschungsfeldern, wie z.B. *Betriebswirtschaftliche Steuerlehre,* bei einer ausschließlich auf den ISI-Indizes basierenden Leistungsmessung benachteiligt würden. Des Weiteren ist zu berücksichtigen, dass die Berechnung von Zitationsindikatoren, die den in Abschnitt 5.1 beschriebenen Normalisierungsbedarfen ausreichend Rechnung tragen, mit einem enormen Datenbedarf verbunden ist. Vor diesem Hintergrund ist zu diskutieren, ob die Verwendung gewichteter Publikationsindikatoren für die Leistungsmessung betriebswirtschaftlicher Fachbereiche in Deutschland zum aktuellen Zeitpunkt vorzuziehen ist. Diese bieten den Vorteil, dass bei der Verwendung geeigneter Zeitschriftenrankings, wie z.B. dem VHB-JOURQUAL, sowohl deutschsprachige als auch englischsprachige Zeitschriftenbeiträge adäquat berücksichtigt werden können.

Die in dieser Dissertation getätigten Aussagen hinsichtlich der Eignung der ISI-Zitationsindizes zur Forschungsleistungsmessung betriebswirtschaftlicher Fachbereiche und Forscher in Deutschland sind insofern als relativ anzusehen, als dass die Veröffentlichungstätigkeit deutschsprachiger Betriebwirte und die Zeitschriftenabdeckung der ISI-Zitationsindizes im Zeitablauf Veränderungen ausgesetzt sind. So ist z.B. nicht auszuschließen, dass englischsprachige Publikationen in der BWL weiter an Bedeutung gewinnen. Ebenso ist es denkbar, dass das ISI die Anzahl der für die Zitationsindizes ausgewerteten betriebswirtschaftlich relevanten Zeitschriften erhöht. In einer solchen Situation wären diese Indizes deutlich besser zur Leistungsmessung in der BWL geeignet.

In dieser Dissertation konnte lediglich ein Ausschnitt der interessanten Fragen bezüglich der Leistungsmessung betriebswirtschaftlicher Forscher und Fachbereiche in Deutschland erörtert werden. Es besteht weiterer Forschungsbedarf in vielerlei Hinsicht. So ist bspw. unklar, welcher Anteil der Publikationen betriebswirtschaftlicher Fachbereiche auf nationale oder internationale Fachzeitschriften entfällt und wie sich dieses Verhältnis im Zeitablauf verändert. Weiterhin gibt es zahlreiche Datenbanken, die zur Messung der Forschungsleistung eingesetzt werden, ohne das diese explizit auf die Erfassung betriebswirtschaftlich relevanter Zeitschriften geprüft wurden. Da diese Erfassung für die Eignung der Datenbanken zur Forschungsleistungsmessung von zentraler Bedeutung ist, könnten in diesem Bereich weitere Studien durchgeführt werden. Eine Frage, die nicht nur die BWL als wissenschaftliche Disziplin sondern den gesamten Hochschulsektor in Deutschland betrifft, ist die Frage nach der Wirksamkeit der durch die W-Besoldung eingeführten individuellen Leistungsanreize für Hochschullehrer. Während diese Fragestellung in modelltheoretischer Hinsicht bereits vielfach erörtert wurde, sind empirische Befunde kaum vorhanden. Aufgrund der immensen Bedeutung dieser Fragestellung im Hinblick auf die Hochschulsteuerung ist jedoch zu erwarten, dass diese Forschungslücke in naher Zukunft bearbeitet wird.

Anhang

Betriebswirtschaftliche Steuerlehre							
	A+	A	B	C	D	E	Summe
VHB	**0**	**1**	**1**	**9**	**9**	**9**	**29**
SSCI	0	1	0	0	0	0	1
	x	100%	0%	0%	0%	0%	3%
SCI-X	0	0	0	0	0	0	0
	x	0%	0%	0%	0%	0%	0%
SSCI+ SCI-X	0	0	0	0	0	0	0
	x	0%	0%	0%	0%	0%	0%
	x	100%	0%	0%	0%	0%	3%

Finanzierung, Bankbetriebslehre							
	A+	A	B	C	D	E	Summe
VHB	**3**	**8**	**14**	**9**	**3**	**4**	**41**
SSCI	3	5	5	3	0	0	16
	100%	63%	36%	33%	0%	0%	39%
SCI-X	0	0	0	0	0	0	0
	0%	0%	0%	0%	0%	0%	0%
SSCI+ SCI-X	0	2	0	0	0	0	2
	0%	25%	0%	0%	0%	0%	5%
	100%	88%	36%	33%	0%	0%	44%

Internationales Management							
	A+	A	B	C	D	E	Summe
VHB	**0**	**2**	**3**	**5**	**0**	**0**	**10**
SSCI	0	2	1	2	0	0	5
	x	100%	33%	40%	x	x	50%
SCI-X	0	0	0	0	0	0	0
	x	0%	0%	0%	x	x	0%
SSCI+ SCI-X	0	0	0	0	0	0	0
	x	0%	0%	0%	x	x	0%
	x	100%	33%	40%	x	x	50%

Logistik, Operations Research, Produktion							
	A+	A	B	C	D	E	Summe
VHB	**0**	**17**	**17**	**8**	**2**	**7**	**51**
SSCI	0	2	1	3	0	0	6
	x	12%	6%	38%	0%	0%	12%
SCI-X	0	10	8	2	0	0	20
	x	59%	47%	25%	0%	0%	39%
SSCI+ SCI-X	0	5	3	0	0	0	8
	x	29%	18%	0%	0%	0%	16%
	x	100%	71%	63%	0%	0%	67%

Marketing							
	A+	A	B	C	D	E	Summe
VHB	**4**	**7**	**14**	**12**	**8**	**6**	**51**
SSCI	4	7	6	5	1	0	23
	100%	100%	43%	42%	13%	0%	45%
SCI-X	0	0	0	0	0	0	0
	0%	0%	0%	0%	0%	0%	0%
SSCI+ SCI-X	0	0	1	0	0	0	1
	0%	0%	7%	0%	0%	0%	2%
	100%	100%	50%	42%	13%	0%	47%

Organisation und Personal							
	A+	A	B	C	D	E	Summe
VHB	**2**	**13**	**17**	**9**	**4**	**7**	**52**
SSCI	2	11	10	4	0	0	27
	100%	85%	59%	44%	0%	0%	52%
SCI-X	0	0	1	0	0	0	1
	0%	0%	6%	0%	0%	0%	2%
SSCI+ SCI-X	0	0	0	0	0	0	0
	0%	0%	0%	0%	0%	0%	0%
	100%	85%	65%	44%	0%	0%	54%

Rechnungswesen und Controlling							
	A+	A	B	C	D	E	Summe
VHB	**2**	**9**	**14**	**4**	**11**	**8**	**48**
SSCI	2	6	1	0	0	0	9
	100%	67%	7%	0%	0%	0%	19%
SCI-X	0	0	0	0	0	0	0
	0%	0%	0%	0%	0%	0%	0%
SSCI+ SCI-X	0	0	0	0	0	0	0
	0%	0%	0%	0%	0%	0%	0%
	100%	67%	7%	0%	0%	0%	19%

Technologie- und Innovationsmanagement							
	A+	A	B	C	D	E	Summe
VHB	**0**	**0**	**4**	**4**	**5**	**1**	**14**
SSCI	0	0	2	2	0	0	4
	x	x	50%	50%	0%	0%	29%
SCI-X	0	0	0	0	1	0	1
	x	x	0%	0%	20%	0%	7%
SSCI+ SCI-X	0	0	2	1	0	0	3
	x	x	50%	25%	0%	0%	21%
	x	x	100%	75%	20%	0%	57%

Umweltwirtschaft							
	A+	A	B	C	D	E	Summe
VHB	**0**	**1**	**5**	**1**	**2**	**1**	**10**
SSCI	0	0	1	0	1	0	2
	x	0%	20%	0%	50%	0%	20%
SCI-X	0	0	0	0	0	0	0
	x	0%	0%	0%	0%	0%	0%
SSCI+	0	1	0	0	0	0	1
SCI-X	x	100%	0%	0%	0%	0%	10%
	x	100%	20%	0%	50%	0%	30%

Wirtschaftsinformatik & Informationsmanagement							
	A+	A	B	C	D	E	Summe
VHB	**0**	**9**	**13**	**6**	**1**	**1**	**30**
SSCI	0	1	1	0	0	0	2
	x	11%	8%	0%	0%	0%	7%
SCI-X	0	6	10	2	0	0	18
	x	67%	77%	33%	0%	0%	60%
SSCI+	0	1	1	1	0	0	3
SCI-X	x	11%	8%	17%	0%	0%	10%
	x	89%	92%	50%	0%	0%	77%

ABWL							
	A+	A	B	C	D	E	Summe
VHB	**3**	**7**	**19**	**19**	**6**	**9**	**63**
SSCI	2	6	9	4	2	0	22
	67%	86%	47%	21%	33%	0%	35%
SCI-X	0	0	0	0	0	0	0
	0%	0%	0%	0%	0%	0%	0%
SSCI+	1	0	0	0	0	0	1
SCI-X	33%	0%	0%	0%	0%	0%	2%
	100%	86%	47%	21%	33%	0%	37%

Tabelle 10.1: Zeitschriftenerfassung nach Forschungsfeldern

In der nachfolgend aufgeführten Tabelle werden die 98 auf internationaler Ebene häufigst zitierten Aufsätze präsentiert, also diejenigen, die bis zum Ende des Jahres 2002 mindestens 20 mal seit ihrem Erscheinen zitiert worden sind. Sie sind absteigend nach Maßgabe der absolut erzielten Zitationen (unter Einschluss von Selbstzitationen), die vom Zeitpunkt der Veröffentlichung bis zum Ende des Jahres 2002 auf die jeweiligen Aufsätze entfallen, geordnet. Die Ausweisung der Zitationshäufigkeiten erfolgt sowohl getrennt für die verwendeten Indizes, den SCI-Expanded und den SSCI, als auch als Gesamtwert. Da manche Zeitschriften sowohl vom SCI-Expanded also auch vom SSCI erfasst werden, entspricht der Gesamtwert nicht der Summe der einzelnen Indizes. Die Namen der zur Grundgesamtheit gehörenden Hochschullehrer sind fett geschrieben.

bibliografische Angaben	SCI	SSCI	Ges.
Zimmermann, Hans-Jürgen (1978), Fuzzy programming and linear programming with several objective functions, in: Fuzzy Sets and Systems, Vol. 1, S. 45-55.	**299**	**100**	**328**
Zimmermann, Hans-Jürgen / Zysno, Peter (1980), Latent connectives in human decision making, in: Fuzzy Sets and Systems, Vol. 4, S. 37-51.	**183**	**44**	**193**
Mizumoto, Masaharu / **Zimmermann, Hans-Jürgen** (1982), Comparison of fuzzy reasoning methods, in: Fuzzy Sets and Systems, Vol. 8, S. 253-283.	**152**	**8**	**153**
Camerer, Colin / **Weber, Martin** (1992), Recent developments in modelling preferences: Uncertainty and ambiguity, in: Journal of Risk and Uncertainty, Vol. 5, S. 325-370.	**27**	**126**	**126**
Zimmermann, Hans-Jürgen (1976), Description and optimization of fuzzy systems, in: International Journal of General Systems, Vol. 2, S. 209-215.	**113**	**36**	**126**
Dyckhoff, Harald (1990), A typology of cutting and packing problems, in: European Journal of Operational Research, Vol. 44, S. 145-159.	**96**	**48**	**120**
Dinkelbach, Werner (1967), On nonlinear fractional programming, in: Management Science, Vol. 13, S. 492-498.	**102**	**58**	**117**
Grauer, Frederick L.A. / Litzenberger, Robert H. / **Stehle, Richard E.** (1976), Sharing rules and equilibrium in an international capital market under uncertainty, in: Journal of Financial Economics, Vol. 3, S. 233-256.	**2**	**114**	**114**
Jarke, Matthias / Koch, Jürgen (1984), Query optimization in database systems, in: ACM Computing Surveys, Vol. 16, S. 111-152.	**100**	**5**	**102**
Mylopoulos, John / Borgida, Alex / **Jarke, Matthias** / Koubarakis, Manolis (1990), Telos: Representing knowledge about information systems, in: ACM Transactions on Information Systems, Vol. 8, S. 325-362.	**96**	**10**	**97**
Witte, Eberhard (1972), Field research on complex decision-making processes: The phase theorem, in: International Studies of Management and Organization, Vol. 2, S. 156-182.	**16**	**76**	**79**
Vogelsang, Ingo / **Finsinger, Jörg** (1979), Regulatory adjustment process for optimal pricing by multiproduct monopoly firms, in: Bell Journal of Economics, Vol. 10, S. 157-171.	**7**	**77**	**77**
Kolisch, Rainer / Sprecher, Arno / **Drexl, Andreas** (1995), Characterization and generation of a general class of resource-constrained project scheduling problems, in: Management Science, Vol. 41, S. 1693-1703.	**73**	**49**	**74**
Zimmermann, Hans-Jürgen / Zysno, Peter (1983), Decisions and evaluations by hierarchical aggregation of information, in: Fuzzy Sets and Systems, Vol. 10, S. 243-260.	**66**	**21**	**72**
Weber, Martin / Camerer, Colin (1987), Recent developments in modelling preferences under risk, in: OR Spektrum, Vol. 9, S. 129-151.	**14**	**64**	**67**
Gaede, Volker / **Günther, Oliver** (1998), Multidimensional access methods, in: ACM Computing Surveys, Vol. 30, S. 170-231.	**65**	**2**	**65**
Weber, Martin (1987), Decision making with incomplete information, in: European Journal of Operational Research, Vol. 28, S. 44-57.	**47**	**49**	**63**

Isermann, Heinz (1977), The enumeration of the set of all efficient solutions for a linear multiple objective program, in: Operations Research Quarterly, Vol. 28, S. 711-725.	**47**	**38**	**59**
Dyckhoff, Harald / Pedrycz, Witold (1984), Generalized means as model of compensative connectives, in: Fuzzy Sets and Systems, Vol. 14, S. 143-154.	**56**	**7**	**57**
Jarke, Matthias / Jelassi, Tawfik M. / Shakun, Melvin F. (1987), MEDIATOR: Towards a negotiation support system, in: European Journal of Operational Research, Vol. 31, S. 314-334.	**29**	**50**	**57**
Camerer, Colin / Loewenstein, George / **Weber, Martin** (1989), The curse of knowledge in economic settings: An experimental analysis, in: Journal of Political Economy, Vol. 97, S. 1232-1254.	**5**	**55**	**55**
Haupt, Reinhard (1989), A survey of priority rule-based scheduling, in: OR Spektrum, Vol. 11, S. 3-16.	**52**	**23**	**55**
Hanssmann, Friedrich / Hess, Sidney W. (1960), A linear programming approach to production and employment scheduling, in: Management Technology, Vol. 1, S. 46-51.	**33**	**43**	**54**
Zimmermann, Hans-Jürgen (1985), Applications of fuzzy set theory to mathematical programming, in: Information Sciences, Vol. 36, S. 29-58.	**46**	**12**	**54**
Stehle, Richard (1977), An empirical test of the alternative hypotheses of national and international pricing of risky assets, in: The Journal of Finance, Vol. 32, S. 493-502.	**0**	**48**	**48**
Fleischmann, Bernhard (1990), The discrete lot-sizing and scheduling problem, in: European Journal of Operational Research, Vol. 44, S. 337-348.	**34**	**34**	**45**
Brucker, Peter / **Drexl, Andreas** / Möhring, Rolf / Neumann, Klaus / **Pesch, Erwin** (1999), Resource-constrained project scheduling: Notation, classification, models, and methods, in: European Journal of Operational Research, Vol. 112, S. 3-41.	**42**	**14**	**43**
Jarke, Matthias / Gallersdörfer, Rainer / Jeusfeld, Manfred A. / Staudt, Martin / Eherer, Stefan (1995), ConceptBase: A deductive object base for meta data management, in: Journal on Intelligent Information Systems, Vol. 4, S. 167-192.	**42**	**3**	**42**
Jacoby, Jacob / Mazursky, David / Troutman, Tracy / **Kuß, Alfred** (1984), When feedback is ignored: Disutility of outcome feedback, in: Journal of Applied Psychology, Vol. 69, S. 531-545.	**4**	**41**	**41**
Simon, Hermann (1982), ADPULS: An Advertising Model with Wearout and Pulsation, in: Journal of Marketing Research, Vol. 19, S. 352-363.	**13**	**39**	**40**
Johnson, Ellis L. / Kostreva, Michael M. / **Suhl, Uwe H**. (1985), Solving 0-1 integer programming problems arising from large scale planning models, in: Operations Research, Vol. 33, S. 803-819.	**34**	**10**	**38**
Albers, Sönke / **Klaus Brockhoff** (1977), A procedure for new product positioning in an attribute space, in: European Journal of Operational Research, Vol. 1, S. 230-238.	**18**	**29**	**36**
Fischer, Edwin O. / Heinkel, Robert / Zechner, Josef (1989), Dynamic capital structure choice: Theory and tests, in: The Journal of Finance, Vol. 44, S. 19-40.	**2**	**35**	**36**

Simon, Hermann (1979), Dynamics of price elasticity and brand life cycles: An empirical study, in: Journal of Marketing Research, Vol. 16, S. 439-452.	**4**	**36**	**36**
Drexl, Andreas (1991), Scheduling of project networks by job assignment, in: Management Science, Vol. 37, S. 1590-1602.	**30**	**26**	**35**
Vandepanne, C. / **Popp, Werner** (1963), Minimum-cost cattle feed under probalistic protein constraints, in: Management Science, Vol. 9, S. 402-430.	**24**	**24**	**35**
Balderjahn, Ingo (1988), Personality variables and environmental attitudes as predictors of ecologically responsible consumption patterns, in: Journal of Business Research, Vol. 17, S. 51-56.	**3**	**34**	**34**
Weber, Martin / Eisenführ, Franz / von Winterfeldt, Detlof (1988), The effects of splitting attributes on weights in multiattribute utility measurement, in: Management Science, Vol. 34, S. 431-445.	**14**	**32**	**34**
Bühner, Rolf (1987), Assessing international diversification of West German corporations, in: Strategic Management Journal, Vol. 8, S. 25-37.	**2**	**33**	**33**
Dorndorf, Ulrich / **Pesch, Erwin** (1995), Evolution based learning in a job-shop scheduling environment, in: Computers and Operations Research, Vol. 22, S. 25-40.	**31**	**8**	**32**
Zimmermann, Hans-Jürgen (1983), Fuzzy mathematical programming, in: Computers and Operations Research, Vol. 10, S. 291-298.	**28**	**11**	**32**
Blazewicz, Jacek / **Domschke, Wolfgang / Pesch, Erwin** (1996), The job shop scheduling problem: Conventional and new solution techniques, in: European Journal of Operational Research, Vol. 93, S. 1-33.	**31**	**8**	**31**
Isermann, Heinz / Steuer, Ralph E. (1987), Computational experience concerning payoff tables and minimum criterion values over the efficient set, in: European Journal of Operational Research, Vol. 33, S. 91-97.	**27**	**12**	**31**
Klee, Victor / **Kleinschmidt, Peter** (1987), The d-step conjecture and its relatives, in: Mathematics of Operations Research, Vol. 12, S. 718-755.	**31**	**0**	**31**
Jacoby, Jacob / Jaccard, James / **Kuß, Alfred** / Mazursky, David / Troutman, Tracy (1987), New directions in behavioral process research: Implications for social psychology, in: Journal of Experimental Social Psychology, Vol. 23, S. 146-175.	**1**	**31**	**31**
Bresser, Rudi K.F. (1988), Matching collective and competitive strategies, in: Strategic Management Journal, Vol. 9, S. 375-385.	**2**	**30**	**30**
Simon, Hermann / Sebastian, Karl-Heinz (1987), Diffusion and advertising: The German telephone campaign, in: Management Science, Vol. 33, S. 451-466.	**13**	**27**	**30**
Wagenhofer, Alfred (1990), Voluntary disclosure with a strategic opponent, in: Journal of Accounting and Economics, Vol. 12, S. 341-363.	**0**	**30**	**30**
Kieser, Alfred (1997), Rhetoric and myth in management fashion, in: Organization, Vol. 4, S. 49-74.	**4**	**29**	**29**
Von Nitzsch, Rüdiger / Weber, Martin (1993), The effect of attribute ranges on weights in multiattribute utility measurements, in: Management Science, Vol. 39, S. 937-943.	**21**	**26**	**29**

Weber, Martin / Borcherding, Katrin (1993), Behavioral influences on weight judgments in multiattribute decision making, in: European Journal of Operational Research, Vol. 67, S. 1-12.	**22**	**28**	**29**
Derigs, Ulrich (1981), A shortest augmenting path method for solving minimal perfect matching problems, in: Networks, Vol. 11, S. 379-390.	**27**	**9**	**28**
Drexl, Andreas / Grünewald, Jürgen (1993), Nonpreemptive multimode resource-constrained project scheduling, in: IIE Transactions, Vol. 25, S. 74-81.	**26**	**17**	**28**
Isermann, Heinz (1978), On some relations between a dual pair of multiple objective linear programs, in: Zeitschrift für Operations Research, Vol. 22, S. 33-41.	**23**	**12**	**28**
Jarke, Matthias (1986), Knowledge sharing and negotiation support in multiperson decision support systems, in: Decision Support Systems, Vol. 2, S. 93-102.	**20**	**22**	**28**
Kolisch, Rainer / Sprecher, Arno (1996), PSPLIB: A project scheduling problem library, in: European Journal of Operational Research, Vol. 96, S. 205-216.	**27**	**14**	**28**
Loistl, Otto (1976), The erroneous approximation of expected utility by means of a Taylor's series expansion: Analytic and computational results, in: The American Economic Review, Vol. 66, S. 904-910.	**8**	**27**	**28**
Sprecher, Arno / **Kolisch, Rainer** / **Drexl, Andreas** (1995), Semi-active, active, and non-delay schedules for the resource-constrained project scheduling problem, in: European Journal of Operational Research, Vol. 80, S. 94-102.	**26**	**17**	**28**
Bresser, Rudi K.F. / Bishop, Ronald C. (1983), Dysfunctional effects of formal planning: 2 theoretical explanations, in: Academy of Management Review, Vol. 8, S. 588-599.	**1**	**27**	**27**
Gehring, Hermann / Menschner, Kerstin / Meyer, M. (1990), A computer-based heuristic for packing pooled shipment containers, in: European Journal of Operational Research, Vol. 44, S. 277-288.	**21**	**8**	**27**
Jarke, Matthias / Jeusfeld, Manfred A. / Rose, Thomas (1990), A software process data model for knowledge engineering in information-systems, in: Information Systems, Vol. 15, S. 85-116.	**27**	**5**	**27**
Milde, Hellmuth / Riley, John G. (1988), Signaling in credit markets, in: Quarterly Journal of Economics, Vol. 103, S. 101-129.	**2**	**27**	**27**
Tempelmeier, Horst / Derstroff, Matthias (1996), A Lagrangean-based heuristic for dynamic multilevel multiitem constrained lotsizing with setup times, in: Management Science, Vol. 42, S. 738-757.	**27**	**22**	**27**
Bresser, Rudi K.F. / Harl, Johannes E. (1986), Collective strategy: Vice or virtue, in: Academy of Management Review, Vol. 11, S. 408-427.	**3**	**26**	**26**
Weber, Martin (1985), A method of multiattributive decision making with incomplete information, in: Management Science, Vol. 31, S. 1365-1371.	**20**	**23**	**26**
Dyckhoff, Harald (1981), A new linear programming approach to the cutting stock problem, in: Operations Research, Vol. 29, S. 1092-1104.	**22**	**10**	**25**
Kolisch, Rainer (1996), Serial and parallel resource-constrained project scheduling methods revisited: Theory and computation, in: European Journal of Operational Research, Vol. 90, S. 320-333.	**25**	**15**	**25**

Sarin, Rakesh K. / **Weber, Martin** (1993), Risk-value models, in: European Journal of Operational Research, Vol. 70, S. 135-149.	**15**	**22**	**25**
Schneeweiß, Christoph (1995), Hierarchical structures in organisations: A conceptual framework, in: European Journal of Operational Research, Vol. 86, S. 4-31.	**18**	**16**	**25**
Albers, Sönke (1979), Extended algorithm for optimal product positioning, in: European Journal of Operational Research, Vol. 3, S. 222-231.	**11**	**20**	**24**
Gupta, Ashok K. / **Brockhoff, Klaus K.L.** / **Weisenfeld, Ursula** (1992), Making trade-offs in the new product development process: A German/US comparison, in: Journal of Product Innovation Management, Vol. 9, S. 11-18.	**20**	**21**	**24**
Rödder, Wilhelm (1977), A generalized saddlepoint theory: Its application to duality theory for linear vector optimum problems, in: European Journal of Operational Research, Vol. 1, S. 55-59.	**21**	**8**	**24**
Schefczyk, Michael (1993), Operational performance of airlines: An extension of traditional measurement paradigms, in: Strategic Management Journal, Vol. 14, S. 301-317.	**10**	**20**	**24**
Spengler, Thomas S. / Püchert, H. / Penkuhn, T. / **Rentz, Otto** (1997), Environmental integrated production and recycling management, in: European Journal of Operational Research, Vol. 97, S. 308-326.	**22**	**12**	**24**
Tempelmeier, Horst / **Helber, Stefan** (1994), A heuristic for dynamic multiitem multi-level capacitated lotsizing for general product structures, in: European Journal of Operational Research, Vol. 75, S. 296-311.	**23**	**18**	**24**
Von Altrock, C. /Krause, B. / **Zimmermann, Hans-Jürgen** (1992), Advanced fuzzy logic control of a model car in extreme situations, in: Fuzzy Sets and Systems, Vol. 48, S. 41-52.	**24**	**1**	**24**
Wagner, Udo / Taudes, Alfred (1986), A multivariate polya model of brand choice and purchase incidence, in: Marketing Science, Vol. 5, S. 219-244.	**5**	**23**	**24**
Ball, Michael O. / **Derigs, Ulrich** (1983), An analysis of alternative strategies for implementing matching algoriths, in: Networks, Vol. 13, S. 517-549.	**23**	**0**	**23**
Fleischmann, Bernhard (1988), A new class of cutting planes for the symmetric travelling salesman problem, in: Mathematical Programming, Vol. 40, S. 225-246.	**21**	**3**	**23**
Hanssmann, Friedrich (1959), Optimal inventory location and control in production and distribution networks, in: Operations Research, Vol. 7, S. 483-498.	**17**	**16**	**23**
Inderfurth, Karl (1997), Simple optimal replenishment and disposal policies for a product recovery system with leadtimes, in: OR Spektrum, Vol. 19, S. 111-122.	**22**	**8**	**23**
Jarke, Matthias / Mylopoulos, John / Schmidt, Joachim W. / Vassiliou, Yannis (1992), DAIDA: An environment for evolving information systems, in: ACM Transactions on Information Systems, Vol. 10, S. 1-50.	**23**	**1**	**23**
Müller-Merbach, Heiner (1981), Heuristics and their design: A survey, in: European Journal of Operational Research, Vol. 8, S. 1-23.	**19**	**14**	**23**

Wiedey, G. / **Zimmermann, Hans-Jürgen** (1978), Media selection and fuzzy linear programming, in: Journal of the Operational Research Society, Vol. 29, S. 1071-1084.	**18**	**12**	**23**
Dichtl, Erwin / Leibold, M. / Köglmayr, H.-G. / **Müller, Stefan** (1984), The export-decision of small and medium-sized firms: A review, in: Management International Review, Vol. 24, S. 49-60.	**1**	**22**	**22**
Jarke, Matthias / Vassiliou, Yannis (1985), A framework for choosing a database query language, in: Computing Surveys, Vol. 17, S. 313-340.	**16**	**11**	**22**
Kieser, Alfred (1994), Why organization theory needs historical analyses: And how this should be performed, in: Organization Science, Vol. 5, S. 608-620.	**1**	**22**	**22**
Weinberg, Peter / Gottwald, Wolfgang (1982), Impulsive consumer buying as a result of emotions, in: Journal of Business Research, Vol. 10, S. 43-57.	**0**	**22**	**22**
Zimmermann, Hans-Jürgen / Zysno, Peter (1985), Quantifying vagueness in decision models, in: European Journal of Operational Research, Vol. 22, S. 148-158.	**18**	**5**	**22**
Brockhoff, Klaus K.L. / Chakrabarti, Alok K. (1988), R&D/Marketing linkage and innovation strategy: Some West German experience, in: IEEE Transactions on Engineering Management, Vol. 35, S. 167-174.	**13**	**20**	**21**
Bui, Tung X. / **Jarke, Matthias** (1986), Communications design for co-op: A group decision support system, in: ACM Transactions on Office Information Systems, Vol. 4, S. 81-103.	**14**	**15**	**21**
Isermann, Heinz (1979), Enumeration of all efficient solutions for a linear multiple-objective transportation problem, in: Naval Research Logistics, Vol. 26, S. 123-139.	**17**	**11**	**21**
Jarke, Matthias / Turner, Jon A. /Stohr, Edward A. / Vassiliou, Yannis / White, Norman H. / Michielsen, Ken (1985), A field-evaluation of natural-language for data-retrieval, in: IEEE Transactions on Software Engineering, Vol. 11, S. 97-114.	**15**	**12**	**21**
Kolisch, Rainer / **Drexl, Andreas** (1996), Adaptive search for solving hard project scheduling problems, in: Naval Research Logistics, Vol. 43, S. 23-40.	**21**	**11**	**21**
Schmidt, Günter (1984), Scheduling on semi-identical processors, in: Zeitschrift für Operations Research, Vol. 28, S. 153-162.	**21**	**4**	**21**
Zoller, Klaus (1977), Deterministic multi-item inventory systems with limited capacity, in: Management Science, Vol. 24, S. 451-455.	**20**	**15**	**21**
Luhmer, Alfred / Steindl, Alois / Feichtinger, Gustav / Hartl, Richard / Sorger, Gerhard (1988), ADPULS in continuous time, in: European Journal of Operational Research, Vol. 34, S. 171-177.	**9**	**19**	**20**
Zäpfel, Günther / **Missbauer, Hubert** (1993), New concepts for production planning and control, in: European Journal of Operational Research, Vol. 67, S. 297-320.	**19**	**7**	**20**

Tabelle 10.2: Bibliografische Angaben und Zitationshäufigkeiten

Verzeichnis der zitierten Literatur

Adam, D. (2002): The Counting House, in: Nature, Vol. 415, S. 726–729.

Ahn, H. (2003): Effektivitäts- und Effizienzsicherung – Controlling-Konzept und Balanced Scorecard, Frankfurt am Main et al.

Albach, H. (1985): Lehre und Forschung als Kuppelproduktion, in: Zeitschrift für Betriebswirtschaft, 55. Jg., S. 862–864.

Albert, H. (2006): Die ökonomische Tradition und die Verfassung der Wissenschaft, in: Perspektiven der Wirtschaftspolitik, 7. Jg., S. 113–131.

Albert, M. (2004): Methodologie und die Verfassung der Wissenschaft – Eine institutionalistische Perspektive, in: Held, M./Kubon-Gilke, G./Sturn, R. (Hrsg.): Ökonomik des Wissens. Jahrbuch Normative und institutionelle Grundfragen der Ökonomik, Bd. 3, Marburg, S. 127–150.

Albrecht, T. (1999): Zitierpräferenzen von Verfassern betriebswirtschaftlicher Fachartikel, in: Wirtschaftswissenschaftliches Studium, 28. Jg., S. 319–324.

Albrecht, T. (2002): Citation-preferences in „Schmalenbachs Zeitschrift für betriebswirtschaftliche Forschung" and „Schmalenbach Business Review", in: Schmalenbach Business Review, 54. Jg., S. 372–379.

Allee, R.W. (1988): The Relationship Between Primary and Secondary Publishers – ISI's Journal Selection Guidelines and Use of the Journal Citation Reports (JCR), in: The Serials Librarian, Vol. 13, S. 47–55.

Amin, M./Mabe, M. (2000) : Impact Factors – Use and Abuse, in: Perspectives in Publishing, No. 1, S. 1–6.

Arbeitskreis Pietzsch der Schmalenbach-Gesellschaft zur Förderung der betriebswirtschaftlichen Forschung und Praxis (e.V.) (1971): Probleme der betriebswirtschaftlichen Informationsverdichtung – Hypothesen und Untersuchungen, Opladen.

Arrow, K.J. (1962): Economic Welfare and the Allocation of Resources for Invention, in: Nelson, R. (Ed.): The Rate and Direction of Inventive Activity – Economic and Social Factors, Princeton, S. 609–625.

Azar, O.H. (2004): Rejections and the Importance of First Response Times, in: International Journal of Social Economics, Vol. 31, S. 259–274.

Backhaus, K. (2006): Die neue Verantwortung wissenschaftlicher Fachzeitschriften, in: Die Betriebswirtschaft, 66. Jg., S. 115–118.

Backhaus, K./Erichson, B./Plinke, W./Weiber, R. (2003): Multivariate Analysemethoden – Eine anwendungsorientierte Einführung, 10. Aufl., Berlin et al.

Ball, R./Halwachi, J. (1987): Performance Indicators in Higher Education, in: Higher Education, Vol. 16, S. 393–405.

Ballas, A./Theoharakis, V. (2003): Exploring Diversity in Accounting through Faculty Journal Perceptions, in: Contemporary Accounting Research, Vol. 20, S. 619–644.

Bänsch, A. (2003): Wissenschaftliches Arbeiten, 8. Aufl., München/Wien.

Barrett, C.B./Olia, A./von Bailey, D. (2000): Subdiscipline-specific Journal Rankings – Wither Applied Economics?, in: Applied Economics, Vol. 32, S. 239–252.

Bayer, C. (2000): Anspruch und Wirklichkeit von Hochschulranking – Vorschlag einer allgemeinen Methodik, in: Die Betriebswirtschaft, 60. Jg., S. 547–569.

Bayer, C. (2004): Hochschul-Ranking – Vorschlag eines ganzheitlichen Ranking-Verfahrens, Berlin.

Beck, U./Hartmann, H. (1983): Wer ist der Schönste im ganzen Land? Überlegungen zur Auswahl eines preiswürdigen Zeitschriftenaufsatzes, in: Soziale Welt, 34. Jg., S. 257–269.

Becker, F.G. (2003): Grundlagen betrieblicher Leistungsbeurteilungen, 4. Aufl., Stuttgart.

Beed, C./Beed, C. (1996): Measuring the Quality of Academic Journals – The Case of Economics, in: Journal of Post Keynesian Economics, Vol. 18, S. 369–396.

Bellinger, B. (1993): Allgemeine und Spezielle Betriebswirtschaftslehre(n), in: Wittmann, W./Kern, W./Köhler, R./Küpper, H.-U./von Wysocki, K. (Hrsg.): Handwörterbuch der Betriebswirtschaft, 5. Aufl., Stuttgart, Sp. 68–84.

Berghoff, S./ Federkeil, G./Giebisch, P./Hachmeister, C.-D./Hennings, M./Müller-Böling, D. (2006): Das CHE ForschungsRanking deutscher Universitäten 2006. Arbeitspapier Nr. 79, Centrum für Hochschulentwicklung.

Bolsenkötter, H. (1986): Ansätze zur Erfassung und Beurteilung von Forschungsleistungen, in: Fisch, R./Daniel, H.-D. (Hrsg.): Messung und Förderung von Forschungsleistung, Konstanz, S. 41–49.

Bommer, R./Ursprung, H.W. (1998): Spieglein, Spieglein an der Wand – Eine publikationsanalytische Erfassung der Forschungsleistung volkswirtschaftlicher Fachbereiche in Deutschland, Österreich und der Schweiz, in: Zeitschrift für Wirtschafts- und Sozialwissenschaften, 118. Jg., S. 1–28.

Bonzi, S./Snyder, H.W. (1991): Motivations for Citation – A Comparison of Self Citation and Citation to Others, in: Scientometrics, Vol. 21, S. 245–254.

Borchardt, K. (1978): Wissenschaftliche Literatur als Medium wissenschaftlichen Fortschritts, in: Jahrbücher für Nationalökonomie und Statistik, Bd. 193, S. 481–499.

Bornmann, L./Daniel, H.-D. (2003): Begutachtung durch Fachkollegen in der Wissenschaft – Stand der Forschung zur Reliabilität, Fairness und Validität des Peer-Review-Verfahrens, in: Schwarz, S./Teichler, U. (Hrsg.): Universitäten auf dem Prüfstand – Konzepte und Befunde der Hochschulforschung, Frankfurt am Main, S. 207–225.

Bräuninger, M./Haucap, J. (2003): Reputation and Relevance of Economics Journals, in: Kyklos, Vol. 56, S. 175–198.

Brenzikofer, B. (2002): Reputation von Professoren – Implikationen für das Human Ressource Management von Universitäten, München/Mehring.

Brockhoff, K. (1999): Forschung und Entwicklung – Planung und Kontrolle, 5. Aufl., München et al.

Brooks, T.A. (1985): Private Acts and Public Objects – An Investigation of Citer Motivations, in: Journal of the American Society for Information Science, Vol. 36, S. 223–229.

Brooks, T.A. (1986): Evidence of Complex Citer Motivations, in: Journal of the American Society for Information Science, Vol. 37, S. 34–36.

Bundesministerium für Bildung und Forschung (Hrsg.) (2005): Forschung und Innovation in Deutschland 2005 – Fortschreibung der Daten und Fakten des Bundesberichts Forschung 2004, Bonn/Berlin.

Butler, L. (2004): What Happens when Funding Is Linked to Publication Counts, in: Moed, H.F./Glänzel, W./Schmoch, U. (Ed.): Handbook of Quantitative Science and Technology Research, Dordrecht et al., S. 389–405.

Butler, L./Visser, M.S. (2006): Extending Citation Analysis to Non-Source Items, in: Scientometrics, Vol. 66, S. 327–323.

Callon, M. (1994): Is Science a Public Good? Fifth Mullins Lecture, Virgina Polytechnic Institute, 23 March 1993, in: Science, Technology, & Human Values, Vol. 19, S. 395–424.

Cano, V. (1989): Citation Behavior – Classification, Utility, and Location, in: Journal of the American Society for Information Science, Vol. 40, S. 284–290.

Cawkell, T./Garfield, E. (2001): Institute for Scientific Information, in: Information Services & Use, Vol. 21, S. 79–86.

Chalmers, A.F. (1999): Grenzen der Wissenschaft, Berlin et al.

Chubin, D.E./Moitra, S.D. (1975): Content Analysis of References – Adjunct or Alternative to Citation Counting? In: Social Studies of Science, Vol. 5, S. 423–441.

Clermont, M./Schmitz, C. (2008): Erfassung betriebswirtschaftlich relevanter Zeitschriften in den ISI-Datenbanken sowie der Scopus-Datenbank, in: Zeitschrift für Betriebswirtschaft (im Erscheinen).

Cole, J.R./Cole, S. (1972): The Ortega Hypothesis, in: Science, Vol. 178, S. 368–375.

Cole, J.R./Cole, S. (1973): Social Stratification in Science, Chicago.

Cozzens, S.E. (1989): What Do Citations Count? The Rhetoric-first Model, in: Scientometrics, Vol. 15, S. 437–447.

Cronin, B. (1982): Norms and Function in Citation – The View of Journal Editors and Referees in Psychology, in: Social Science Information Studies, Vol. 2, S. 65–78.

Cronin, B. (1984): The Citation Process – The Role and Significance of Citations in Scientific Communications, London.

Cronin, B./Snyder, H./Atkins, H. (1997): Comparative Citation Rankings of Authors in Monographic and Journal Literature – A Study of Sociology, in: Journal of Documentation, Vol. 53, S. 263–273.

Daniel, H.-D. (2005): Publications as a Measure of Scientific Advancements and of Scientists' Productivity, in: Learned Publishing, Vol. 18, S. 143–148.

Daniel, H.-D. (2006): The Referee's Comments on Gläser's Criticism, in: Scientometrics, Vol. 67, S. 331–333.

Daniel, H.-D./Fisch, R. (1986): Forschungsproduktivität, in: Fisch, R./Daniel, H.-D. (Hrsg.): Messung und Förderung von Forschungsleistung, Konstanz, S. 151-166.

Dasgupta, P./David, P.A. (1994): Toward a New Economics of Science, in: Research Policy, Vol. 23, S. 487–521.

De Solla Price, D.J. (1974): Little Science, Big Science – Von der Studierstube zur Großforschung, Frankfurt am Main.

Deutsche Forschungsgemeinschaft (Hrsg.) (2005): Publikationsstrategien im Wandel? – Ergebnisse einer Umfrage zum Publikations- und Rezeptionsverhalten unter besonderer Berücksichtigung von Open Access, Bonn.

Dieks, D./Chang, H. (1976): Differences in Impact of Scientific Publications, in: Social Studies of Science, Vol. 6, S. 247-267.

Dilger, A. (2000): Plädoyer für einen Sozialwissenschaftlichen Zitationsindex, in: Die Betriebswirtschaft, 60. Jg., S. 473–485.

Dyckhoff, H. (2003): Neukonzeption der Produktionstheorie, in: Zeitschrift für Betriebswirtschaft, 73. Jg., S. 705–732.

Dyckhoff, H. (2006): Produktionstheorie, 5. Aufl., Berlin et al.

Dyckhoff, H./Ahn, H. (2001): Sicherstellung der Effektivität und Effizienz der Führung als Kernfunktion des Controlling, in: Kostenrechnungspraxis, 45. Jg., S. 111–121.

Dyckhoff, H./Rassenhövel, S./Gilles, R./Schmitz, C. (2005a): Beurteilung der Forschungsleistung und das CHE-Forschungsranking betriebswirtschaftlicher Fachbereiche, in: Wirtschaftswissenschaftliches Studium, 34. Jg., S. 62–69.

Dyckhoff, H./Schmitz, C. (2006): Zitationsanalyse – International häufig zitierte Aufsätze deutschsprachiger Hochschullehrer für Betriebswirtschaft, in: OR News, Nr. 26, S. 13–20.

Dyckhoff, H./Schmitz, C. (2007): Forschungsleistungsmessung mittels SSCI oder SCI-X? Internationale Sichtbarkeit und Wahrnehmung der Betriebswirtschaftslehre von 1990 bis 2004, in: Die Betriebswirtschaft, 67. Jg., S. 640–664.

Dyckhoff, H./Thieme, A./Schmitz, C. (2005b): Die Wahrnehmung deutschsprachiger Hochschullehrer für Betriebswirtschaft in der internationalen Forschung –Eine Pilotstudie zu Zitationsverhalten und möglichen Einflussfaktoren, in: Die Betriebswirtschaft, 65. Jg., S. 350–372.

Ellison, G. (2002): The Slowdown of the Economics Publishing Process, in: Journal of Political Economy, Vol. 110, S. 947–993.

Enders, J./Teichler, U. (1995): Der Hochschullehrerberuf – Aktuelle Studien und ihre hochschulpolitische Diskussion, Neuwied et al.

Engers, M./Gans, J.S. (1998): Why Referees Are Not Paid (Enough), in: The American Economic Review, Vol. 88, S. 1341–1349.

Erdmann, K. (2003): Supply Chain Performance Measurement – Operative und strategische Management- und Controllingansätze, Lohmar/Köln.

European Commission (2004): Mapping of Excellence in Economics, Luxembourg, Office for Official Publications of the European Communities.

Extejt, M.M./Smith, J.E. (1990): The Behavioral Sciences and Management – An Evaluation of Relevant Journals, in: Journal of Management, Vol. 16., S. 539–551.

Eysenck, H.J./Eysenck, S.B.G. (1992): Peer Review – Advice to Referees and Contributors, in: Personality and Individual Differences, Vol. 13, S. 393–399.

Fabel, O./Heße, F. (1999): Befragungsstudie vs. Publikationsanalyse – Zur Interpretation von Ranglisten der Forschungsaktivitäten betriebswirtschaftlicher Fachbereiche, in: Die Betriebswirtschaft, 59. Jg., S. 196–204.

Fiedler, F./Welpe, I./Picot, A. (2006): Terra Incognita – Forschungsleistungen und Qualifizierungswege des deutschsprachigen Hochschullehrernachwuchses für Betriebswirtschaftslehre, in: Die Betriebswirtschaft, 66. Jg., S. 464–486.

Fisch, R./Daniel, H.-D. (1986): Zur Einführung: Messung von Forschungsleistungen – Wie, wozu und mit welchen Implikationen?, in: Fisch, R./Daniel, H.-D (Hrsg.): Messung und Förderung von Forschungsleistung, Konstanz, S. 11–20.

Franck, E. (2000): Gegen die Mythen der Hochschulreformdiskussion – Wie Selektionsorientierung, Nonprofit-Verfassungen und klassische Professorenbeschäftigungsverhältnisse im amerikanischen Hochschulsystem zusammenpassen, in: Zeitschrift für Betriebswirtschaft, Ergänzungsheft 3, S. 19–36.

Franck, E. (2001): Hochschul-Rankings und die ››Filterleistung‹‹ des Hochschulsystems, in: Die Betriebswirtschaft, 61. Jg., S. 143–145.

Franck, E./Opitz, C. (2004): Zur Filterleistung von Hochschulsystemen – Bildungswege von Topmanagern in den USA, Frankreich und Deutschland, in: Zeitschrift für betriebswirtschaftliche Forschung, 56. Jg., S. 72–84.

Franke, N./Schreier, M. (2004): Die Qualität der Zeitschriften im Bereich Technologie-/Innovationsmanagement und Entrepreneurship – Ein integrierendes und kalibriertes „Meta-Ranking", Working Paper, WU Wien.

Frey, B.S. (2003): Publishing as Prostitution? – Choosing Between One's Own Ideas and Academic Success, in: Public Choice, Vol. 116, S. 205–223.

Frey, B.S. (2004): Publizieren als Prostitution?, in: Perspektiven der Wirtschaftspolitik, 5. Jg., S. 333–336.

Frey, B.S. (2007): Evaluierungen, Evaluierungen ... Evaluitis, in: Perspektiven der Wirtschaftspolitik, 8. Jg., S. 207–220.

Garfield, E. (1955): Citation Indexing for Science, in: Science, Vol. 122, S. 108-111.

Garfield, E. (1971): The Mystery of the Transposed Journal Lists – Wherein Bradford´s Law of Scattering Is Generalized According to Garfield´s Law of Concentration, in: Essays of an Information Scientist, Vol. 1, S. 222–223.

Garfield, E. (1976): Introducing Journal Citation Reports, in: Essays of an Information Scientist, Vol. 2, S. 556–571.

Garfield, E. (1979a): Is Citation Analysis a Legitimate Evaluation Tool?, in: Scientometrics, Vol. 1, S. 359–375.

Garfield, E. (1979b): Citation Indexing – Its Theory and Application in Science, Technology, and Humanities, New York et al.

Garfield, E. (1987): The 1983 Articles Most Cited in SSCI, 1983–1985, in: Essays of an Information Scientist, Vol. 10, S. 319–327.

Garfield, E. (1990): How ISI Selects Journals for Coverage – Quantitative and Qualitative Considerations, in: Essays of an Information Scientist, Vol. 13, S. 185–193.

Garfield, E. (1996): Citation Indexes for Retrieval and Research Evaluation, Paper presented at Consensus Conference on the Theory and Practice of Research Assessment, Capri, October 7, 1996. Abruf (21.6.2006) unter: http://www.garfield.library.upenn.edu/papers/ciretreseval-capri.html.

Garfield, E. (1998a): The Diverse Roles of Citation Indexes in Scientific Research, in: La Revista de Investigación Clínica, Vol. 50, S. 497–504.

Garfield, E. (1998b): Random Thoughts on Citationology, in: Scientometrics, Vol. 43, S. 69–78.

Garfield, E. (1999): Journal Impact Factor – A Brief Review, in: Canadian Medical Association Journal, Vol. 161, S. 979–980.

Garfield, E. (2000): Use of Journal Citation Reports and Journal Performance Indicators in Measuring Short and Long Term Journal Impact, in: Croatian Medical Journal, Vol. 41, S. 368–374.

Garvin, D.A. (1984): What Does "Product Quality" Really Mean?, in: Sloan Management Review, Vol. 26, S. 25–43.

Gaugler, E./Koppert, W. (1990): Die Entwicklung der Hochschullehrerstellen und des wissenschaftlichen Nachwuchses in der Betriebswirtschaftslehre an den wissenschaftlichen Hochschulen im deutschsprachigen Raum, in: Die Betriebswirtschaft, 50. Jg., S. 471–490.

George, G. (1998): Kennzahlen für das Projektmanagement – Projektbezogene Kennzahlen und Kennzahlensysteme, Frankfurt am Main et al.

Gerhards, J. (2002): Reputation in der deutschen Soziologie, in: Soziologie, 31. Jg, S. 19–33.

Gerlach, K. (1993): Anreizstruktur und Forschungsaktivitäten in wirtschaftswissenschaftlichen Fachbereichen, in: Jahrbuch Ökonomie und Gesellschaft 10 – Die ökonomische Wissenschaft und ihr Betrieb, Frankfurt am Main et al., S. 245–268.

Gesetz über die Hochschulen des Landes Nordrhein-Westfalen, in der Fassung vom 14. März 2000, geändert durch die Änderungsgesetze vom 27. November 2001 und 18. Dezember 2002.

Gilles, R. (2005): Performance Measurement mittels Data Envelopment Analysis – Theoretisches Grundkonzept und universitäre Forschungsperformance als Anwendungsfall, Lohmar/Köln.

Glänzel, W./Moed, H.F. (2002): Journal Impact Measures in Bibliometric Research, in: Scientometrics, Vol. 53, S. 171–193.

Glänzel, W./Schoepflin, U. (1995): A Bibliometric Study on Ageing and Reception Processes of Scientific Literature, in: Journal of Information Science, Vol. 21, S. 37–53.

Glänzel, W./Schoepflin, U. (1999): A Bibliometric Study of Reference Literature in the Sciences and Social Sciences, in: Information Processing and Management, Vol. 35, S. 31–44.

Glänzel, W./Schubert, A./Schoepflin, U./Czerwon, H.-J. (1999): An Item-by-Item Subject Classification of Papers Published in Journals Covered by the SSCI Database Using Reference Analysis, in: Scientometrics , Vol. 46, S. 431–441.

Gläser, J. (2006a): Correspondence, in: Scientometrics, Vol. 67, S. 327–329.

Gläser, J. (2006b): Die Fallstricke der Bibliometrie, in: Soziologie, 35. Jg., S. 42–51.

Gläser, J./Spurling, T.H./Butler, L. (2004): Intraorganisational Evaluation – Are There Least Evaluable Units, in: Research Evaluation, Vol. 13, S. 19–32.

Gleich, R. (2001): Das System des Performance Measurement, München.

Gmür, M. (2002): Betriebswirtschaftliche Organisationsforschung zwischen Ökonomie und Sozialwissenschaft, in: Die Betriebswirtschaft, 62. Jg., S. 533–546.

Gmür, M. (2005): Ranking der Forscher, in: Personal, H. 11, S. 26–28.

Gorman, M.F./Kanet, J.J. (2005): Evaluating Operations Management-Related Journals via the Author Affiliation Index, in: Manufacturing & Service Operations Management, Vol. 7, S. 3–19.

Günther, T./Scheffler, W. (2005): Bewertung von Zeitschriften des Rechnungswesens und der Steuerlehre aus der Sicht von Hochschullehrern, Dresdener Beiträge der Betriebswirtschaftslehre No. 101/05.

Gutenberg, E. (1983): Grundlagen der Betriebswirtschaftslehre, Bd. 1 – Die Produktion, 24. Aufl., Berlin et al.

Gutierrez, M. (2005): Effizienzmessung in Hochschulen – Evaluation von Forschungs- und Lehreinheiten mit der Data Envelopment Analysis, Wiesbaden.

Haase, M. (2004): Wissen und Information – Annahmen der Ökonomik und ihre Annahmen für die Institutionenanalyse, in: Held, M./Kubon-Gilke, G./Sturn, R. (Hrsg.): Ökonomik des Wissens. Jahrbuch Normative und institutionelle Grundfragen der Ökonomik, Bd. 3, Marburg, S. 67–96.

Hargens, L.L./Felmlee, D.H. (1984): Structural Determinants of Stratification in Science, in: American Sociological Review, Vol. 49, S. 685–697.

Häring, N. (2005): Die klügsten Köpfe der BWL, in: Handelsblatt, Nr. 230, 28.11.2005, S. 11.

Hartl, R.F. (2006): Leserbrief, in: OR News, Nr. 27, S. 88–89.

Harzing, A.-W. (2007): Journal Quality List, 30th Edition, Abruf (01.03.2008) unter: http://www.harzing.com.

Heiber, H. (1983): Messung von Forschungsleistung der Hochschulen – Ein empirischer Ansatz auf Basis von Zitatenanalysen, Baden-Baden.

Heiber, H. (1986): Messung universitärer Forschungsleistung mit Hilfe der Zitatenanalyse, in: Fisch, R./Daniel, H.-D. (Hrsg.): Messung und Förderung von Forschungsleistung, Konstanz, S. 132-140.

Helmstädter, E. (2003/04): Zur Ökonomik des Wissens, in: Institut Arbeit und Technik Jahrbuch 2003/2004, Gelsenkirchen, S. 198–208.

Helmstädter, E. (2004a): Arbeits- und Wissensteilung als Prozesse gesellschaftlicher Interaktion, in: Held, M./Kubon-Gilke, G./Sturn, R. (Hrsg.), Ökonomik des Wissens. Jahrbuch Normative und institutionelle Grundfragen der Ökonomik, Bd. 3, Marburg, S. 97–125.

Helmstädter, E. (2004b): Wirtschaft und Wissen – Die Institutionen der Wissensteilung als Aufgabe der Ordnungspolitik, in: ORDO – Jahrbuch für die Ordnung von Wirtschaft und Gesellschaft, Bd. 55, S. 38–76.

Hennig-Thurau, T./Walsh, G./Schrader, U. (2003): VHB-JOURQUAL – Ein Ranking von betriebswirtschaftlich-relevanten Zeitschriften auf der Grundlage von Expertenurteilen, Working Paper, Bauhaus-Universität Weimar.

Hennig-Thurau, T./Walsh, G./Schrader, U. (2004): VHB-JOURQUAL – Ein Ranking von betriebswirtschaftlich-relevanten Zeitschriften auf der Grundlage von Expertenurteilen, in: Zeitschrift für betriebwirtschaftliche Forschung, 56. Jg., S. 520–545.

Henzel, F. (1967): Kosten und Leistungen, 4. Aufl., Essen.

Hicks, D. (2004): The Four Literatures of Social Science, in: Moed, H.F./Glänzel, W./Schmoch, U. (Ed.): Handbook of Quantitative Science and Technology Research, Dordrecht et al., S. 473-496.

Hirschauer, S. (2004): Peer Review Verfahren auf dem Prüfstand – Zum Soziologiedefizit der Wissenschaftsevaluation, in: Zeitschrift für Soziologie, 33. Jg., S. 62–83.

HRG (2002): Hochschulrahmengesetz (HRG), in der Fassung der Bekanntmachung vom 19. Januar 1999, BGBl. I S. 18, zuletzt geändert durch Artikel 1 des Gesetzes vom 08. August 2002, BGBl. I S. 3138.

Holub, H.W./Tappeiner, G./Eberharter, V. (1991): The Iron Law of Important Articles, in: Southern Economic Journal, Vol. 58, S. 317–328.

Homepage der Wirtschaftswissenschaftlichen Fakultät der Universität Regensburg (2007): Fakultät & Verwaltung, Abruf am 18.09.2007 unter:
http://www-wiwi.uni-regensburg.de/5.php.

Homepage der Wirtschafts- und Sozialwissenschaftlichen Fakultät der Universität zu Köln (2007): Struktur der WiSo-Fakultät, Abruf am 18.09.2007 unter:
http://www.wiso.uni-koeln.de/home/inhalt.asp?l=fak&m=str.

Hopkins, K.D./Gollogly, L./Ogden, S./Horton, R. (2002): Strange Results Mean It's Worth Checking ISI Data, in: Nature, Vol. 415, S. 732.

Hornbostel, S. (1997): Wissenschaftsindikatoren – Bewertungen in der Wissenschaft, Opladen 1997.

Hüfner, K./Hummel, T./Rau, E. (1984): Ansätze zur Messung der Qualität von Hochschulen, in: Zentralinstitut für sozialwissenschaftliche Forschung (Hrsg.): Hochschule zwischen Plan und Markt, Freie Universität Berlin, S. 77–123.

Hüfner, K./Hummel, T./Rau, E. (1987): Forschungsproduktivität in den Wirtschaftswissenschaften – Eine Analyse wirtschaftswissenschaftlicher Fachbereiche in der Bundesrepublik Deutschland 1970 – 1984, Frankfurt am Main/New York.

Hüfner, K./Rau, E. (1989): Publikationsbedingungen in den Wirtschaftswissenschaften, in: Die Betriebswirtschaft, 49. Jg., S. 727–741.

Hult, G.T.M./Neese, W.T./Bashaw, R.E. (1997): Faculty Perceptions of Marketing Journals, in: Journal of Marketing Education, Vol. 19, S. 37–52.

Jaeger, M. (2006): Leistungsbezogene Budgetierung an deutschen Universitäten – Umsetzung und Perspektiven, in: Wissenschaftsmanagement, 12. Jg., H. 3, S. 30–36.

Jansen, D. (Hrsg.) (2007): Forschungspolitische Thesen der Forschergruppe „Governance der Forschung" – Rahmenbedingungen für eine leistungsfähige öffentlich finanzierte Forschung, Deutsches Forschungsinstitut für öffentliche Verwaltung, Speyer.

Jansen, D./Wald, A./Franke, K./Schmoch, U./Schubert, T. (2007): Drittmittel als Performanzindikator der wissenschaftlichen Forschung, in: Kölner Zeitschrift für Soziologie und Sozialpsychologie, 59. Jg., S. 125–149.

Johnes, G./Johnes, H. (1992): Apples and Oranges – The Aggregation Problem in Publications Analysis, in: Scientometrics, Vol. 25, S. 353–365.

Johnes, J./Taylor, J. (1990): Performance Indicators in Higher Education, Buckingham.

Jokić, M./Ball, R. (2006): Qualität und Quantität wissenschaftlicher Veröffentlichungen – Bibliometrische Aspekte der Wissenschaftskommunikation, Jülich.

Kahl, M. (1995): Zitatenanalyse mit den Journal Citation Reports des Institute for Scientific Information, in: Bibliothek, 19. Jg., S. 30–63.

Kalaitzidakis, P./Mamuneas, T.P./Stengos, T. (2003): Rankings of Academic Journals and Institutions in Economics, in: Journal of the European Economic Association, Vol. 1, S. 1346–1366.

Kaltenborn, K.-F./Kuhn, K. (2003): Der Impact-Faktor als Parameter zur Evaluation von Forscherinnen/Forschern und Forschung, in: Klinische Neuroradiologie, 13. Jg., S. 173–193.

Kaplan, N. (1965): The Norms of Citation Behavior – Prolegomena to the Footnote, in: American Documentation, Vol. 16, S. 179–184.

Kieser, A. (1998): Going Dutch – Was lehren niederländische Erfahrungen mit der Evaluation universitärer Forschung, in: Die Betriebswirtschaft, 58. Jg., S. 208–224.

Kieser, A. (2005): Wie wichtig sind Forschungsrankings? Wie wichtig werden sie in Zukunft sein?, in: Journal für Betriebswirtschaft, 55. Jg., S. 169–170.

Klingemann, H.-D. (1988): Zitierhäufigkeit als Qualitätsindikator, in: Daniel, H.-D./Fisch, R. (Hrsg.): Evaluation von Forschung, Konstanz, S. 201–214.

Knackstedt, R./Winkelmann, A. (2006): Online-Literaturdatenbanken im Bereich der Wirtschaftsinformatik – Bereitstellung wissenschaftlicher Literatur und Analyse von Interaktionen der Wissensteilung, in: Wirtschaftsinformatik, 48. Jg., S. 47–59.

Knorr-Cetina, K. (1984): Die Fabrikation von Erkenntnis – Zur Anthropologie der Naturwissenschaft, Frankfurt am Main.

Kocher, M.G./Sutter, M. (2001): Lotkas Gesetz der wissenschaftlichen Produktivität, in: Wirtschaftswissenschaftliches Studium, 30. Jg, S. 157-159.

Köhler, R. (2004): Publish or Perish, in: Die Betriebswirtschaft, 64. Jg., S. 127–130.

Köhler, R./Küpper, H.-U./Pfingsten, A. (2007): Betriebswirtschaftslehre, in: Köhler, R./Küpper, H.-U./Pfingsten, A.: Handwörterbuch der Betriebswirtschaft, 6. Aufl., Stuttgart, Sp. 134–160

Kornhuber, H.H. (1988): Mehr Forschungseffizienz durch objektivere Beurteilung von Forschungsleistungen, in: Daniel, H.-D./Fisch, R. (Hrsg.): Evaluation von Forschung, Konstanz, S. 361–382.

Kräkel, M. (2006): Zur Reform der Professorenbesoldung in Deutschland, in: Perspektiven der Wirtschaftspolitik, 7. Jg., S. 105–126.

Kromrey, H. (2006): Empirische Sozialforschung, 11. Aufl., Stuttgart.

Kuhlmann, S./Heinze, T. (2004): Evaluation von Forschungsleistungen in Deutschland – Erzeuger und Bedarf, in: Wissenschaftsrecht, Bd. 37, S. 53–69.

Küpper, H.-U./Ott, R. (2002): Objektivierung von Hochschul-Rankings – Analyse ihrer Meß- und Bewertungsprobleme auf der Grundlage eines Vergleichs deutscher und US-amerikanischer Ranglisten, in: Betriebswirtschaftliche Forschung und Praxis, 54. Jg., S. 614–630.

Laband, D.N./Piette, M.J. (1994): The Relative Impacts of Economic Journals: 1970–1990, in: Journal of Economic Literature, Vol. XXXII, S. 640–666.

Lange, L.L. (2002): The Impact Factor as a Phantom – Is There a Self-fulfilling Prophecy Effect on Impact?, in: Journal of Documentation, Vol. 58, S. 175–184.

Laux, H./Liermann, F. (2003): Grundlagen der Organisation – Die Steuerung von Entscheidungen als Grundproblem der Betriebswirtschaftslehre, 5. Aufl., Berlin et al.

Lehrl, S./Kinzel, W./Fischer, B. (1988): Der Science Impact Index, in: Daniel, H.-D./Fisch, R. (Hrsg.): Evaluation von Forschung, Konstanz, S. 291–305.

Leonard, T.C. (2002): Reflection on Rules in Science – An Invisible Hand Perspective, in: Journal of Economic Methodology, Vol. 9, S. 141–168.

Lerbinger, P. (1985): Der Studentenberg als Hemmschuh der Forschung? Eine empirische Untersuchung der Beiträge deutscher Hochschulen in betriebswirtschaftlichen Zeitschriften, in: Zeitschrift für Betriebswirtschaft, 55. Jg., S. 848–858.

Liebowitz, S.J./Palmer, J.P. (1984): Assessing the Relative Impacts of Economics Journals, in: Journal of Economic Literature, Vol. 22, S. 77-88.

Liefner, I. (2001): Leistungsorientierte Ressourcensteuerung in Hochschulsystemen – Ein internationaler Vergleich, Berlin.

Lindsey, D. (1989): Using Citation Counts as a Measure of Quality in Science – Measuring What's Measurable Rather Than What's Valid, in: Scientometrics, Vol. 15, S. 189–203.

Linton, J.D./Thongpapanl, N. (2004): PERSPECTIVE – Ranking the Technology Innovation Management Journals, in: The Journal of Product Innovation Management, Vol. 21, S. 123–139.

Litzenberger, R./Sternberg, R. (2005): Die Forschungsleistung der Soziologie an zehn deutschen Universitäten, in: Soziologie, 34. Jg., S. 174–190.

Litzenberger, R./Sternberg, R. (2006): Wenn weiße Schafe krampfhaft nach schwarzen suchen ... und sich dabei dreckig machen! in: Soziologie, 35. Jg., S. 52–55.

Lotka, A.J. (1926): The Frequency Distribution of Scientific Productivity, in: Journal of the Washington Academy of Sciences, Vol. 16, No. 12, S. 317-323.

Macharzina, K./Wolf, J./Oesterle, M.-J. (1993): Quantitative Evaluation of German Research Output in Business Administration, in: Management International Review, Vol. 33, S. 65–83.

Macharzina, K./Wolf, J./Rohn, A. (2004): Quantitative Evaluation of German Research Output in Business Administration, in: Management International Review, Vol. 44, S. 335–359.

Macharzina, K./Wolf, J./Rohn, A. (2006): Zur Forschungsleistung der Betriebswirte im deutschsprachigen Raum – Eine personen- und institutionenbezogene Längsschnittanalyse, in: Wolf, J./Rohn, A./Macharzina, K. (Hrsg.): Forschungsleistung in der deutschsprachigen Betriebswirtschaftslehre – Konzeption und Befunde einer empirischen Untersuchung, Wiesbaden, S. 1–34.

MacRoberts, M.H./MacRoberts, B.R. (1989): Problems of Citation Analysis – A Critical Review, in: Journal of the American Society for Information Science, Vol. 40, S. 342–349.

MacRoberts, M.H./MacRoberts, B.R. (1996): Problems of Citation Analysis, in: Scientometrics, Vol. 36, S. 435–444.

Mag, W. (1977): Entscheidung und Information, München.

Mankiw, N.G. (2004): Einführung in die Volkswirtschaftslehre, 3. Aufl., Stuttgart.

Martin, B.R./Irvine, J. (1983): Assessing Basic Research – Some Partial Indicators of Scientific Progress in Astronomy, in: Research Policy, Vol. 12, S. 61–90.

Marx, W./Schier, H./Wanitschek, M. (1998): Kann man Forschungsqualität messen?, in: MPG-Spiegel, Nr. 3, S. 24–30.

Matzler, K./Hinterhuber, H. H./Pechlaner, H./Geier, J. (2001): Ein Ranking deutschsprachiger Fachzeitschriften der Allgemeinen Betriebswirtschaftslehre, in: Zeitschrift für Betriebswirtschaft, Ergänzungsheft 1/2001, S. 161–175.

McNulty, J.E./Boekeloo, J. (1999): Two Approaches to Measuring Journal Quality – Application to Finance Journals, in: Journal of Economics and Finance, Vol. 23, S. 30–38.

Mellerowicz, K. (1963): Kosten und Kostenrechnung I, 4. Aufl., Berlin.

Merton, R.K. (1968): The Matthew Effect in Science – The Reward and Communication Systems of Science Are Considered, in: Science, Vol. 159, S. 56–63.

Merton, R.K. (1972a): Wissenschaft und demokratische Sozialstruktur, in: Weingart, P. (Hrsg.): Wissenschaftssoziologie 1 – Wissenschaftliche Entwicklung als sozialer Prozess, Frankfurt am Main, S. 45–59.

Merton, R.K. (1972b): Die Priorität bei wissenschaftlichen Entdeckungen – Ein Kapitel in der Wissenschaftssoziologie, in: Weingart, P. (Hrsg.): Wissenschaftssoziologie 1 – Wissenschaftliche Entwicklung als sozialer Prozess, Frankfurt am Main, S. 121–164.

Merton, R.K. (1985): Entwicklung und Wandel von Forschungsinteressen – Aufsätze zur Wissenschaftssoziologie, Frankfurt am Main.

Merton, R.K. (1988): The Matthew Effect in Science, II – Cumulative Advantage and the Symbolism of Intellectual Property, in: ISIS, Vol. 79, S. 606–623.

Meyer, D. (2007): Manuskriptstaus behindern den Wissenschaftsbetrieb – Zur Möglichkeit von Einreichungsgebühren, Autorenhonoraren und Gutachterentgelten, in: Wirtschaftswissenschaftliches Studium, 36. Jg., S. 245–251.

Mingers, J. (2005): Quality of Journals Difficult to Measure, in: OR/MS Today, Vol. 32, Nr. 3. Abruf (18.03.2008) unter: http://www.lionhrtpub.com/orms/orms-6-05/frletters.html.

Moed, H.F. (2002): The Impact-Factors Debate: The ISI´s Uses and Limits, in: Nature, Vol. 415, S. 731–732.

Moed, H.F. (2005): Citation Analysis in Research Evaluation, Dordrecht.

Moed, H.F./Burger, W.J.M./Frankfort, J.G./Van Raan, A.F.J. (1985): A Comparative Study of Bibliometric Past Performance Analysis and Peer Judgement, in: Scientometrics, Vol. 8, S. 149–159.

Moed, H.F./de Bruin, R.E./van Leeuwen, T.N. (1995): New Bibliometric Tools for the Assessment of National Research Performance – Database Description, Overview of Indicators and First Applications. In: Scientometrics, Vol. 33, S. 381–422.

Moed, H.F./van Leeuwen, T.N. (1995): Improving the Accuracy of the Institute for Scientific Information's Journal Impact-Factor, in: Journal of the American Society for Information Science, Vol. 46, S. 461–467.

Moed, H.F./van Leeuwen, T.N./Redijk, J. (1996): A Critical Analysis of the Journal Impact-Factor of Angewandte Chemie and The Journal Of The American Chemical Society – Inaccuracies in Published Impact-Factor Based on Overall Citations Only, in: Scientometrics, Vol. 37, S. 105–116.

Moed, H.F./van Leeuwen, T.N./Reedijk, J. (1998): A New Classification System to Describe the Ageing of Scientific Journals and Their Impact-Factor, in: The Journal of Documentation, Vol. 54, S. 387–419.

Moed, H.F./Van Leeuwen, T.N./Reedijk, J. (1999): Towards Appropriate Indicators of Journal Impact, in: Scientometrics, Vol. 46, S. 575–589.

Moore, W.J. (1972): The Relative Quality of Economics Journals – A Suggested Rating System, in: Western Economic Journal, Vol. 10, S. 156–169.

Moravcsik, M.J./Murugesan, P. (1975): Some Results on the Function and Quality of Citations, in: Social Studies of Science, Vol. 5, S. 86–92.

Mueller, D.C. (2007): Wettbewerb und Leistung auf zwei ungewöhnlichen Märkten, in: Perspektiven der Wirtschaftspolitik, 8. Jg., Sonderheft, S. 133–140.

Müller, S. (2003): Das Monopol, in: Deutsche Universitätszeitschrift, Heft. 21, S. 10–13.

Müller-Merbach, H. (2004): Ein neues "Avanti dilettanti", oder: Wir wählen die fünf führenden Forschungs-Unis in BWL, in: Zeitschrift Führung + Organisation, 73. Jg., S. 287–288.

Münch, R. (2006): Drittmittel und Publikationen – Forschung zwischen Normalwissenschaft und Innovation, in: Soziologie, 35. Jg., S. 440–461.

Myers, C.R. (1970): Journal Citations and Scientific Eminence in Contemporary Psychology, in: American Psychologists, Vol. 25, S. 1041–1048.

Nederhof, A.J. (1988): The Validity and Reliability of Evaluation of Scholarly Performance, in: van Raan (Ed.): Handbook of Quantitative Studies of Science and Technology, S. 193–228.

Nederhof, A.J. (2006): Bibliometric Monitoring of Research Performance in the Social Sciences and the Humanities – A Review, in: Scientometrics, Vol. 66, S. 81–100.

Nederhof, A.J./van Raan, A.F.J. (1987): Peer Review and Bibliometric Indicators of Scientific Performance – A Comparison of Cum Laude Doctorates with Ordinary Doctorates in Physics, in: Scientometrics, Vol. 11, S. 333–350.

Nederhof, A.J./van Raan, A.F.J. (1993): A Bibliometric Analysis of Six Economics Research Groups – A Comparison with Peer Review, in: Research Policy, Vol. 22, S. 353–368.

Neely, A./Gregory, M./Platts, K. (1995): Performance Measurement System Design – A Literature Review and System Design, in: International Journal of Operations & Production Management, Vol. 15, No. 4, S. 80–116.

Nelson, R.R. (1959): The Simple Economics of Basic Scientific Research, in: Journal of Political Economy, Vol. 67, S. 294–306.

Norris, M./Oppenheim, C. (2003): Citation Counts and the Research Assessment Exercise V, in: Journal of Documentation, Vol. 59, S. 709–730.

OECD (Hrsg.) (2002): Frascati Manual – Proposed Standard Practice for Surveys on Research and Experimental Development, Paris.

Oechsler, W.A. (2001): Entwicklung von Professuren und Habilitationen in der Betriebswirtschaftslehre 1998–2001, in: Wirtschaftswissenschaftliches Studium, 30. Jg., S. 447–449.

Ott, R. (1999): Darstellung und Beurteilung von Hochschul-Rankings in Deutschland, in: Beiträge zur Hochschulforschung, H. 4, S. 309–322.

Pendlebury, D.A. (2008): Thomson Scientific Corrects Inaccuracies in Editorial. Abruf (04.01.2008) unter: http://scientific.thomson.com/citationimpactforum/8427045/.

Pfrang, H./Schneider, W. (2006): Internationale Sichtbarkeit und Resonanz der psychologischen Forschung aus Deutschland, in: Psychologische Rundschau, 57. Jg., S. 224-242.

Picot, A. (2002): Jüngste Entwicklungen in der Betriebswirtschaftslehre (ab 1990), in: Gaugler, E./Köhler, R.: Entwicklungen in der Betriebswirtschaftslehre, Stuttgart, S. 165–195.

Plinke, W. (1993): Leistungs- und Erlösrechnung, in: Wittmann, W./Kern, W./Köhler, R./Küpper, H.-U./von Wysocki, K. (Hrsg.): Handwörterbuch der Betriebswirtschaftslehre, Bd. 2, Stuttgart, 5. Aufl., Sp. 2563–2568.

Plümper, T. (2003): Publikationstätigkeit und Rezeptionserfolg der deutschen Politikwissenschaft in internationalen Fachzeitschriften, 1990–2002 – Eine bibliometrische Analyse der Veröffentlichungsleistung deutscher politikwissenschaftlicher Fachbereiche und Institute, in: Politische Vierteljahresschrift, 44. Jg., S. 529–544.

Pommerehne, W.W. (1986): Die Reputation wirtschaftswissenschaftlicher Fachzeitschriften – Ergebnisse einer Befragung deutscher Ökonomen, in: Jahrbücher für Nationalökonomie und Statistik, Bd. 201, S. 280–306.

Pommerehne, W.W./Renggli, M.F.P. (1986): Die Messung universitärer Forschungsleistung am Beispiel der Wirtschaftswissenschaften, in: Fisch, R./Daniel, H.-D. (Hrsg.): Messung und Förderung von Forschungsleistung, Konstanz, S. 89–134.

Prabha, C.G. (1983): Some Aspects of Citation Behavior – A Pilot Study in Business Administration, in: Journal of the American Society for Information Science, Vol. 34, S. 202–206.

Randolph, R. (1979): Pragmatische Theorie der Indikatoren, Göttingen.

Rassenhövel, S. (2003): Transparenz im Hochschulbereich – Indikatoren zur Leistungsmessung wirtschaftswissenschaftlicher Fakultäten, Arbeitsbericht des Lehrstuhls für Unternehmenstheorie an der RWTH Aachen.

Rassenhövel, S./Dyckhoff, H. (2006): Die Relevanz der Drittmittelindikatoren bei der Beurteilung der Forschungsleistung im Hochschulbereich, in: Zelewski, S./Akca, N. (Hrsg.): Fortschritt in den Wirtschaftswissenschaften – Wissenschaftstheoretische Grundlagen und exemplarische Anwendungen, Wiesbaden, S. 85–112.

Rau, E. (1986): Produktivität und Reputation als Indikatoren universitärer Forschungsleistung, in: Fisch, R./Daniel, H.-D. (Hrsg.): Messung und Förderung von Forschungsleistung, Konstanz, S. 61–88.

Rauber, M./Ursprung, H.W. (2006): Evaluation of Researchers – A Life Cycle Analysis of German Academic Economists. CESifo Working Paper No. 1673. München.

Reichmann, T. (2006): Controlling mit Kennzahlen und Managementberichten, 7. Aufl., München.

Rice, R.E./Borgman, C.L./Bednarski, D./Hart, P.J. (1989): Journal-to-Journal Citation Data – Issues of Validity and Reliability, in: Scientometrics, Vol. 15, S. 257–282.

Rinia, E.J./van Leeuwen, T.N./van Vuren, H.G./van Raan, A.F.J. (1998): Comparative Analysis of a Set of Bibliometric Indicators and Central Peer Review Criteria – Evaluation of Condensed Matter Physics in the Netherlands, in: Research Policy, Vol. 27, S. 95–107.

Romer, P.M. (1990): Endogenous Technological Change, in: Journal of Political Economy, Vol. 98, No. 5, S. 71–102.

Rossner, M./van Epps, H./Hill, E. (2007): Show me the Data, in: The Journal of Cell Biology, Vol. 179, S. 1091–1092.

Rousseau, B./Rousseau, R. (2000): LOTKA – A Program to Fit a Power Law Distribution to Observed Frequency Data, in: Cybermetrics, Vol. 4, No. 1. Abruf (25.9.2006) unter: http://www.cindoc.csic.es/cybermetrics/articles/v4ip4.html.

Rousseau, R. (2002): Lack of Standardisation in Informetric Research – Comments on "Power Laws of Research Output. Evidence for Journals of Economics" by Matthias Sutter and Martin G. Kocher, in: Scientometrics, Vol. 55, S. 317-327.

Rousseeuw, P.J. (1991): Why the Wrong Papers Get Published, in: Chance: New Directions for Statistics and Computing, Vol. 4, S. 41–43.

Schäffer, U./Binder, C./Gmür, M. (2006): Struktur und Entwicklung der Controllingforschung – Eine Zitations- und Kozitationsanalyse von Controllingbeiträgen in deutschsprachigen wissenschaftlichen Zeitschriften von 1970 bis 2003, in: Zeitschrift für Betriebswirtschaft, 76. Jg., S. 395–440.

Schenk, A./Lüngen, M./Lauterbach, K. (2004): Messbarkeit von Forschungsleistungen – Der Impact-Faktor, in: Wirtschaftswissenschaftliches Studium, 33. Jg., S. 299–302.

Schenker-Wicki, A. (1996): Evaluation von Hochschulleistungen – Leistungsindikatoren und Performance Measurements, Wiesbaden.

Scherhorn, G. (1969): Der Wettbewerb in der Erfahrungswissenschaft – Ein Beitrag zur Allgemeinen Theorie des Marktes, in: Hamburger Jahrbuch für Wirtschafts- und Gesellschaftspolitik, Bd. 14, S. 63–86.

Schlinghoff, A. (2003): Karriereanreize für deutsche und US-amerikanische Hochschullehrer – Eine personalökonomische und empirische Analyse des langfristigen Forschungsoutputs, Köln.

Schlinghoff, A./Backes-Gellner, U. (2002): Publikationsindikatoren und die Stabilität wirtschaftswissenschaftlicher Zeitschriftenrankings, in: Zeitschrift für betriebswirtschaftliche Forschung, 54. Jg., S. 343–362.

Schnell, R./Hill, P.B./Esser, E. (2005): Methoden der empirischen Sozialforschung, 7. Aufl., München/Wien.

Schmitz, C. (2006): Die Problematik der zitationsbasierten Leistungsmessung mittels des Social Science Citation Index für die Betriebswirtschaftslehre, Arbeitsbericht des Lehrstuhls für Unternehmenstheorie an der RWTH Aachen. Abruf (23.04.2008) unter: http://www.lut.rwth-aachen.de/forschung/arbeitsberichte/Zitationsbasierte_Leistungsmessung.pdf.

Schrank, R. (2002): Neukonzeption des Performance Measurements – Der GOPE Ansatz, Sternenfels.

Schreyögg, G. (2007): Betriebswirtschaftslehre nur noch als Etikett? Betriebswirtschaftslehre zwischen Übernahme und Zersplitterung, in: Zeitschrift für betriebswirtschaftliche Forschung, Sonderheft 56, S. 140–160.

Schröder, T. (2003): Leistungsorientierte Ressourcensteuerung und Anreizstrukturen im deutschen Hochschulsystem – Ein nationaler Vergleich, Berlin.

Schubert, A./Braun, T. (1996): Cross-Field Normalization of Scientometric Indicators, in: Scientometrics, Vol. 36, S. 311–324.

Schweitzer, M./Küpper, H.-U. (1995): Systeme der Kosten- und Erlösrechnung, 6. Aufl., München.

Schwirten, C. (2000): Stellenwert und Kriterien der Studentenauswahl an US-Hochschulen, in: Zeitschrift für Betriebswirtschaft, Ergänzungsheft 3, S. 37-56.

Seglen, P.O. (1991): Die Evaluierung von Wissenschaftlern anhand des 'journal impact', in: Weingart, P./Sehringer, R./Winterhager, M. (Hrsg.): Indikatoren der Wissenschaft und Technik, Frankfurt am Main/New York, S. 72–90.

Seglen, P.O. (1992): The Skewness of Science, in: Journal of the American Society for Information Science, Vol. 43, S. 628–638.

Sher, I.H./Garfield, E. (1966): New Tools for Improving and Evaluating the Effectiveness of Research, in: Yovits, M.C./Gilford, D.M./Wilcox, R.H./Staveley, E./Lemer, H.D. (Ed.): Research Program Effectiveness, New York, S. 135–146.

Simon, H. (1993): Die deutsche Betriebswirtschaftslehre im internationalen Wettbewerb – Ein schwarzes Loch?, in: Zeitschrift für Betriebswirtschaft, Ergänzungsheft 3, S. 73–84.

Sizer, J. (1979): Assessing Institutional Performance – An Overview, in: International Journal of Institutional Management in Higher Education, Vol. 3, S. 49–75.

Smith, A./Eysenck, M. (2002): The Correlation Between RAE Ratings and Citation Counts in Psychology. Technical Report, Psychology, University of London, Royal Holloway. Abruf (24.05.2007) unter: http://cogprints.ecs.soton.ac.uk/archive/00002749/01/citations.pdf.

Spiegel-Rösing, I.S./Fauser, P.M./Baitsch, H. (1975): Beiträge zur Messung von Forschungsleistung – Institutionen, Gruppen und Einzelpersonen, Bonn.

Sporn, B. (2005): Die Internationalisierung der Forschung, in: Journal für Betriebswirtschaft, 55. Jg., S. 79–80.

Starbuck, W.H. (2005): How Much Better Are the Most-Prestigious Journals? The Statistics of Academic Publication, in: Organization Science, Vol. 16, S. 180–200.

Stegmann, J. (1999): Building a List of Journals With Constructed Impact-Factor, in: Journal of Documentation, Vol. 55, S. 310–324.

Stephan, P. (1996): The Economics of Science, in: Journal of Economic Literature, Vol. 34, S. 1199–1235.

Sternberg, R./Litzenberger, T. (2003): Die Forschungsleistung der Wirtschafts- und Sozialwissenschaftlichen Fakultät der Universität zu Köln – Ein bibliometrischer Vergleich von Fächern, Fächergruppen und Fakultäten. Arbeitsbericht Nr. 2003-03. Universität zu Köln 2003.

Sternberg, R./Litzenberger, T. (2005): The Publication and Citation Output of German Faculties of Economics and Social Sciences – A Comparison of Faculties and Disciplines Based upon SSCI data, in: Scientometrics, Vol. 65, S. 29–53.

Sternberg, R./Litzenberger, R. (2006): Response to the Letter from J. Gläser, in: Scientometrics, Vol. 67, S. 329–331.

Stiglitz, J.E. (1999): Knowledge as a Global Public Good, in: Kaul, I./Grunberg, I./Stern, M. A. (Ed.): Global Public Goods – International Cooperation in the 21st Century. New York/Oxford, S. 308–325.

Stock, W.G. (1985): Die Bedeutung der Zitatenanalyse für die Wissenschaftsforschung, in: Zeitschrift für allgemeine Wissenschaftstheorie, Bd. XVI/2, S. 304–314.

Stock, W.G. (2001a): Publikation und Zitat – Die problematische Basis empirischer Wissenschaftsforschung. Kölner Arbeitspapiere zur Bibliothek- und Informationswissenschaft Bd. 29, Köln.

Stock, W. (2001b): Journal Citation Reports – Ein Impact Factor für Bibliotheken, Verlage und Autoren?, in: Password, H. 5, S. 24–39.

Sutter, M./Kocher, M.G. (2001): Power Laws of Research Output – Evidence for Journals of Economics, in: Scientometrics, Vol. 51, S. 405-414.

Szyperski, N. (1999): Erfüllt die Betriebswirtschaftslehre ihre gegenwärtigen Aufgaben? – Blüte oder internationales Schattendasein der deutschen BWL, in: Die Betriebswirtschaft, 59. Jg., S. 725-727.

Testa, J. (2004): The Thomson Scientific Journal Selection Process. Abruf (15.7.2006) unter: http://scientific.thomson.com/free/essays/selectionofmaterial/journalselection/

The Thomson Corporation (2004a): Introduction to Citation Indexing and Citation Indexes. Abruf (15.7.2006) unter: http://www.scientific.thomson.com/media/scpdf/lis_sem_0704.pdf.

The Thomson Corporation (2004b): Journal Citation Reports Science Edition 2004. Abruf (15.7.2006) unter: http://portal.isiknowledge.com/portal.cgi?DestApp=JCR&Func=Frame.

The Thomson Corporation (2004c): Journal Citation Reports Social Sciences Edition 2004. Abruf (15.7.2006) unter: http://portal.isiknowledge.com/portal.cgi?DestApp=JCR&Func=Frame.

The Thomson Corporation (2005a): Journal Citation Reports Science Edition 2005. Abruf (15.7.2006) unter: http://portal.isiknowledge.com/portal.cgi?DestApp=JCR&Func=Frame.

The Thomson Corporation (2005b): Journal Citation Reports Social Sciences Edition 2006. Abruf (15.7.2006) unter: http://portal.isiknowledge.com/portal.cgi?DestApp=JCR&Func=Frame.

The Thomson Corporation (2006a): Science Citation Index Expanded Journal List. Abruf (15.7.2006) unter: http://www.thomsonscientific.com/cgi-bin/jrnlst/jlresults.cgi?PC=D.

The Thomson Corporation (2006b): Social Sciences Citation Index Master Journal List. Abruf (15.7.2006) unter: http://www.thomsonscientific.com/cgi-bin/jrnlst/jlresults.cgi?PC=J.

The Thomson Corporation (2006c): Web of Science 7.8 Workshop. Abruf (15.7.2006) unter: http://www.scientific.thomson.com/media/scpdf/wos_workbook_7_8.pdf.

The Thomson Corporation (2008a): How to Calculate a Five-Year Impact Factor. Abruf (25.01.2008) unter: http://admin.isiknowledge.com/JCR/help/h_fiveyr_if.htm#five_year_if.

The Thomson Corporation (2008b): How to Calculate a Five-Year Impact Factor. Abruf (25.01.2008) unter: http://admin.isiknowledge.com/JCR/help/h_selfcites.htm#selfcites.

Thoms, W. (1940): Rentabilität und Leistung – Die Notwendigkeit des Neubaus der Wirtschaftsrechnung des Betriebs, Stuttgart.

Tomer, C. (1986): A Statistical Assessment of Two Measures of Citation – The Impact Factor and the Immediacy Index, in: Information Processing & Management, Vol. 22, S. 251–258.

Troßmann, E./Baumeister, A. (2007): Das baden-württembergische Modell der Mittelvergabe an Universitäten – aus betriebswirtschaftlicher Sicht betrachtet, in: Zeitschrift für Betriebswirtschaftliche Forschung, 59. Jg., S. 418–446.

Tscharntke, T./Hochberg, M. E./Rand, T. A./Resh, V. H./Krauss, J. (2007): Author Sequence and Credit for Contributions in Multiauthored Publications, in: PLoS Biology, Vol. 5, S. 13–14.

Ursprung, H. (2003): Schneewittchen im Land der Klapperschlangen – Evaluation eines Evaluators, in: Perspektiven der Wirtschaftspolitik, 4. Jg., S. 177–189.

Van Leeuwen, T. (2006): The Application of Bibliometric Analyses in the Evaluation of Social Science Research. Who Benefits from It, and why It Is Still Feasible, in: Scientometrics, Vol. 66, S. 133–154.

Van Leeuwen, T.N./Moed, H.F./Reedijk, J. (1999): Critical Comments on Institute for Scientific Information Impact Factors – A Sample of Inorganic Molecular Chemistry Journals, in: Journal of Information Science, Vol. 25, S. 489–498.

Van Leeuwen, T.N./Moed, H.N./Tijssen, R.J.W./Visser, M.S./Van Raan, A.F.J. (2001): Languages Biases in the Coverage of the *Science Citation Index* and Its Consequences for International Comparisons of National Research Performance, in: Scientometrics, Vol. 51, S. 335–346.

Van Leeuwen, T.N./Visser, M.S./Moed, H.F./Nederhof, T.J./Van Raan, A.F.J. (2003): The Holy Grail of Science Policy – Exploring and Combining Bibliometric Tools in Search of Scientific Excellence, in: Scientometrics, Vol. 57, S. 257–280.

Van Raan, A.F.J. (1996): Advanced Bibliometric Methods as Quantitative Core of Peer Review Based Evaluation and Foresight Exercises, in: Scientometrics, Vol. 36, S. 397–420.

Van Raan, A.F.J. (1998): In Matters of Quantitative Studies of Science the Fault of Theorists Is Offering Too Little and Asking Too Much, in: Scientometrics, Vol. 43, S. 129–139.

Van Raan, A.F.J. (2000): The Pandora´s Box of Citation Analysis: Measuring Scientific Excellence – The Last Evil?, in: Cronin, B./Atkins, H.B. (Ed.), The Web of Knowledge – A Festschrift in Honor of Eugene Garfield, Medford, New Jersey, S. 301–319.

Van Raan, A.F.J. (2004a): Measuring Science, in: Moed, H.F./Glänzel, W./Schmoch, U. (Ed.): Handbook of Quantitative Science and Technology Research, Dordrecht et al., S. 19–50.

Van Raan, A.F.J. (2004b): Sleeping Beauties in Science, in: Scientometrics, Vol. 59, S. 461–466.

Van Raan, A.F.J. (2005a): Fatal Attraction – Conceptual and Methodological Problems in the Ranking of Universities by Bibliometric Methods, in: Scientometrics, Vol. 62, S. 133–143.

Van Raan, A.F.J. (2005b): For Your Citations Only?, Hot Topics in Bibliometric Analysis, in: Measurement, Vol. 3, S. 50–62.

Verband der Hochschullehrer für Betriebswirtschaft e.V. (2004): Mitgliederverzeichnis, Wiesbaden.

Verband der Hochschullehrer für Betriebswirtschaft e.V. (2006): VHB-JOURQUAL, Abruf (15.07.2006) unter: http://pbwi2www.uni-paderborn.de/WWW/VHB/VHB-Online.nsf/id/A7C775150FF1A192C125709600494117

Verband der Hochschullehrer für Betriebswirtschaft e.V. (2007): Mitgliederverzeichnis, Wiesbaden.

Verbeek, A./Debackere, K./Luwel, M./Zimmermann, E. (2002): Measuring Progress and Evolution in Science and Technology – I: The Multiple Uses of Bibliometric Indicators, in: International Journal of Management Reviews, Vol. 4, S. 179–211.

Vinkler, P. (1987): A Quasi-Quantitative Citation Model, in: Scientometrics, Vol. 12, S. 47–72.

Vinkler, P. (1991): Possible Causes of Differences in Information Impact of Journals from Different Subfields, in: Scientometrics, Vol. 20, S. 145–161.

Vinkler, P. (1998): Comparative Investigation of Frequency and Strength of Motives Toward Referencing – The Reference Threshold Model, in: Scientometrics, Vol. 43, S. 107–127.

Vinkler, P. (2002): Dynamic Changes in the Chance for Citedness, in: Scientometrics, Vol. 54, S. 421–434.

Voeth, M./Gawantka, A./Chatzopoulou, G. (2006): Impact auf die deutschsprachige Marketingforschung – Ergebnisse einer Zitationsanalyse der deutschsprachigen Marketing ZFP-Jahrgänge 1979 bis 2004, in: Marketing Zeitschrift für Forschung und Praxis, 28. Jg., S. 7–20.

Von Eckardstein, D./Oechsler, W./Scholz, C. (2001): Personalmanagement und Dienstrechtsreform an deutschen Hochschulen – Eine kritische Analyse, in: Zeitschrift für Personalforschung, 15. Jg., S. 5–17.

Von Stein, J.H. (1993): Betriebswirtschaftslehre, Gegenstand der, in: Wittmann, W./Kern, W./Köhler, R./Küpper, H.-U./von Wysocki, K. (Hrsg.): Handwörterbuch der Betriebswirtschaft, 5. Aufl., Stuttgart, Sp. 470–482.

Walstad, A. (2002): Science as a Market Process, in: The Independent Review, Vol. 7, S. 5–45.

Weingart, P. (2001): Die Stunde der Wahrheit? Zum Verhältnis der Wissenschaft zu Politik, Wirtschaft und Medien in der Wissensgesellschaft, Weilerswist 2001.

Weingart, P. (2003): Evaluation of Research Performance – The Danger of Numbers, in: Forschungszentrum Jülich (Ed.): Bibliometric Analysis in Science and Research – Applications, Benefits and Limitations, Schriften des Forschungszentrums Jülich, Vol. 11, Jülich, S. 7-19.

Weingart, P./Winterhager, M. (1984): Die Vermessung der Forschung – Theorie und Praxis der Wissenschaftsindikatoren, Frankfurt am Main/New York 1984.

Weinstock, M. (1971): Citation Indexes, in: Encyclopaedia of Library & Information Science, Vol. 5, S. 16-40.

Winterhager, M. (1994): Die Messung wissenschaftlicher Leistung mit bibliometrischen Methoden, Bielefeld.

Winterhager, M./Schwechheimer, H./Weingart, P. (2001): Sichtbarkeit Deutschlands in den international führenden Zeitschriften der Wirtschaftswissenschaften – Bericht an den Wissenschaftsrat und an das Bundesministerium für Bildung und Forschung (BMBF). Universität Bielefeld.

Wirtschaftsuniversität Wien (2006): WU Journal Rating. Abruf (15.7.2006) unter: http://bach.wu-wien.ac.at/bachapp/cgi-bin/fides/fides.aspx/fides.aspx?journal=true;lang=DE

Wissenschaftsrat (2004): Empfehlungen zu Rankings im Wissenschaftssystem. Arbeitspapier. Abruf (24.05.2007) unter: http://www.wissenschaftsrat.de/texte/6285-04.pdf.

Wöhe, G/Döring, U. (2005): Einführung in die Allgemeine Betriebswirtschaftslehre, 22. Aufl., München.

Wolf, J./Rohn, A./Macharzina, K. (2005): Institution und Forschungsproduktivität – Befunde und Interpretationen aus der deutschsprachigen Betriebswirtschaftslehre, in: Die Betriebswirtschaft, 65. Jg., S. 62-77.

Wolf, J./Rohn, A./Macharzina, K. (2006): Institution und Forschungsproduktivität – Befunde und Interpretationen aus der deutschsprachigen Betriebswirtschaftslehre, in: Wolf, J./Rohn, A./Macharzina, K. (Hrsg.): Forschungsleistung in der deutschsprachigen Betriebswirtschaftslehre – Konzeption und Befunde einer empirischen Untersuchung, Wiesbaden, S. 65–93.

Zelewski, S. (1999): Grundlagen, in: Corsten, H./Reiß, M.: Betriebswirtschaftslehre, 3. Aufl., München/Wien, S. 5–125.

Lebenslauf

Name: Christian Schmitz
Geburtsdatum: 19. Februar 1979
Geburtsort: Rhede
Familienstand: ledig
Staatsangehörigkeit: deutsch

Schulausbildung

1985 – 1989 **Biemenhorster Schule** (katholische Grundschule)
1989 – 1998 **Euregio-Gymnasium Bocholt**
Abschluss: Abitur

Wehrdienst

1998 – 1999 **Hendryk-de-Wynen-Kaserne, Borken**

Studium

10.1999 – 04.2003 **RWTH Aachen**
Studium der Betriebswirtschaftslehre
Abschluss: Diplom-Kaufmann

Schwerpunkte: Industrielles Controlling
Banken und Finanzierung
Produktionstechnik

Promotion

21.10.2008 **RWTH Aachen**
Promotion zum Dr. rer. pol. an der Fakultät für Wirtschaftswissenschaften

Berufliche Tätigkeiten

11.2000 – 06.2001 **RWTH Aachen**
Studentische Hilfskraft am Lehrstuhl für Betriebswirtschaftslehre, insb. Unternehmensrechnung und Finanzierung

05.2003 – 07.2008 **RWTH Aachen**
Wissenschaftlicher Angestellter und Promovend am Lehrstuhl für Unternehmenstheorie, insb. Nachhaltige Produktion und Industrielles Controlling

10.2005 – 07.2008 **Verwaltungs- und Wirtschaftsakademie Aachen**
Dozent

08.2008 –	**E.ON Ruhrgas AG** Beteiligungscontroller

Praktikum

08.2001 – 09.2001	**Südwind Energy GmbH (Nordex AG)**

Zusatzqualifikationen

Fremdsprachen	Englisch Französisch	fließend Grundkenntnisse
EDV	MS Office SAP	detaillierte Anwendungserfahrung Grundkenntnisse

Stipendien

05.2006 – 04.2007	RWTH Aachen Graduiertenförderung
10.2002 – 05.2007	Stipendiat bei e-fellows.net

Sport und Interessen:

Fußball, Tennis, Tauchen und Reisen

Düsseldorf, 7. Dezember 2008 Christian Schmitz

EINZELSCHRIFTEN

Harald Glander
Anlagevorschriften für Wertpapierfonds und ökonomische Portfoliotheorie – Anlagebeschränkungen im Investmentrecht über Value-at-Risk und/oder Ausnahmen für qualifizierte Anleger?
Lohmar – Köln 2008 ◆ 296 S. ◆ € 59,- (D) ◆ ISBN 978-3-89936-731-7

Holger-Ludwig Riemer
Rechtliche Bewertung von Geruchsimmissionen
Lohmar – Köln 2008 ◆ ISBN 978-3-89936-732-4
172 S., Hardcover mit Fadenheftung ◆ € 58,- (D)

Christoph Siepermann
Logistikkostenrechnung auf Basis von Prozeßteilkosten – Konzeption und Fallbeispiel
Lohmar – Köln 2008 ◆ 64 S. ◆ € 37,- (D) ◆ ISBN 978-3-89936-739-3

Oliver Schlüter
Qualitätsmanagement für Outsourcing-Vorhaben in der Logistik – Strategisches Vorgehensmodell
Lohmar – Köln 2008 ◆ 272 S. ◆ € 58,- (D) ◆ ISBN 978-3-89936-744-7

Christoph Zulehner
Tagesklinik – Konzeption und Evaluation am Beispiel Augenheilkunde
Lohmar – Köln 2008 ◆ 316 S. ◆ € 62,- (D) ◆ ISBN 978-3-89936-733-1

Boris Mittermüller
Zur wertorientierten Kalibrierung betrieblicher Investitionsprozesse – Eine empirische Untersuchung in europäischen Großunternehmen
Lohmar – Köln 2008 ◆ 280 S. ◆ € 58,- (D) ◆ ISBN 978-3-89936-747-8

Christian Schmitz
Messung der Forschungsleistung in der Betriebswirtschaftslehre auf Basis der ISI-Zitationsindizes – Eine kritische Analyse anhand konzeptioneller Überlegungen und empirischer Befunde
Lohmar – Köln 2008 ◆ 276 S. ◆ € 58,- (D) ◆ ISBN 978-3-89936-755-3